地基与基础

（第3版）

主　编　苏　强　刘亚龙　刘永户
副主编　李　庚　聂　堃　孙　羽　刘　欣
参　编　杜永伟　陈胜博

北京理工大学出版社
BEIJING INSTITUTE OF TECHNOLOGY PRESS

内容提要

本书根据地基与基础最新标准规范，并结合高等院校人才培养目标及专业教学改革的需要进行编写。全书共分为十二章，主要内容包括绪论、土的物理性质与工程分类、土的渗透性与渗流、地基中的应力计算、土的压缩性与地基沉降计算、土的抗剪强度与地基承载力、土压力与边坡稳定、天然地基上浅基础的设计、桩基础设计、基坑与地下连续墙工程、软弱地基处理、特殊土地基和土工试验。

本书内容简明扼要，强调针对性和实用性，可作为高等院校土木工程、工程管理等相关专业教学用书，也可作为土建类相关工程技术人员的参考用书。

图书在版编目（CIP）数据

地基与基础／苏强，刘亚龙，刘永户主编.—3版.—北京：北京理工大学出版社，2020.7

ISBN 978-7-5682-8677-0

Ⅰ.①地…　Ⅱ.①苏…②刘…③刘…　Ⅲ.①地基－基础（工程）－高等学校－教材　Ⅳ.①TU47

中国版本图书馆CIP数据核字（2020）第119248号

出版发行／北京理工大学出版社有限责任公司

社　　址／北京市海淀区中关村南大街5号

邮　　编／100081

电　　话／（010）68914775（总编室）

（010）82562903（教材售后服务热线）

（010）68948351（其他图书服务热线）

网　　址／http://www.bitpress.com.cn

经　　销／全国各地新华书店

印　　刷／北京紫瑞利印刷有限公司

开　　本／787毫米×1092毫米　1/16

印　　张／16

字　　数／417千字

版　　次／2020年7月第3版　2020年7月第1次印刷

定　　价／68.00元

责任编辑／封　雪

文案编辑／封　雪

责任校对／刘亚男

责任印制／边心超

第3版前言

地基与基础是一门综合性很强的课程，其涉及工程地质学、土力学、建筑力学、建筑结构、建筑材料、施工技术等学科领域。因此在学习本课程时，学生应熟知相关标准和规范，既要注意与其他学科的联系，又要注意紧紧抓住土的应力、强度和变形这一核心问题。同时要学会阅读和使用工程地质勘察资料，掌握土的现场原位测试和室内土工试验，并应用这些基本知识和原理，结合建筑结构和施工技术等知识，解决地基与基础的工程问题。

本书自出版发行以来，经相关高等院校教学使用，得到了广大师生的认可和喜爱，编者倍感荣幸。为了适应日新月异的地基与基础工程设计与施工水平的发展，我们组织有关专家学者结合近年来高等教育教学改革动态，依据最新地基与基础相关标准规范对本书进行了修订。本次修订主要依据的标准规范包括《岩土工程勘察规范（2009年版）》（GB 50021—2001）及局部修订条文、《建筑地基基础设计规范》（GB 50007—2011）、《建筑抗震设计规范（2016年版）》（GB 50011—2010）、《土工试验方法标准》（GB/T 50123—2019）、《建筑桩基技术规范》（JGJ 94—2008）等。本次修订主要进行了以下工作：

1. 为了突出实用性，本次修订对一些具有较高价值的但在第1、2版中未给予详细介绍的内容进行了补充，对一些实用性不强的理论知识进行了删减。

2. 对部分章节的能力目标、知识目标、思考与练习进行了修订，在修订中对各章节知识体系进行了深入的思考，并联系实际进行知识点的总结与概括，使该部分内容更具有指导性与实用性，便于学生学习与思考。

本书由苏强、刘亚龙、刘永户担任主编，由李庚、聂堃、孙羽、刘欣担任副主编，杜永伟、陈胜博参与了本书部分章节的编写工作。在本书修订过程中，参阅了国内同行的多部著作，部分高等院校的老师提出了很多宝贵的意见供我们参考，在此表示衷心的感谢！

本书虽经反复讨论修改，但限于编者的学识及专业水平和实践经验，修订后的图书仍难免有疏漏和不妥之处，恳请广大读者指正。

编　者

第2版前言

“地基与基础”是一门理论性和实践性较强，且专业技术含量较高的专业课程，学生通过对本课程的学习，应了解地基土的工程性质，掌握土中应力、变形及强度的计算方法，并能阅读和使用工程地质勘察资料，进行一般浅基础设计，具备识读和绘制一般施工图的能力。

本书自出版发行以来，经有关高等院校教学使用，为广大学生了解必要的地基与基础设计相关理论，并能运用所学的相关知识去分析和处理地基与基础工程中的一般问题提供了力所能及的帮助。近年来，随着我国国民经济的飞速发展，建筑工程设计与施工技术水平也取得了长足的发展，大量新材料、新技术、新工艺在建筑工程领域得到了广泛运用，国家对与地基与基础设计与施工有关的相关标准规范也陆续进行了修订与完善，原书中的部分内容已不能满足我国当前高等院校教学工作的需要。根据各高等院校使用者的建议，结合近年来高等教育教学改革的动态及地基与基础方面的最新标准规范，我们对本书的相关内容进行了修订。

本书的修订进一步强化了实用性和可操作性，坚持以理论知识够用为度，以培养面向生产第一线的应用型人才为目的，提升学生的实践能力和动手能力，修订后的本书将能更好地满足高等院校教学工作的需要。本次修订主要做了以下工作：

（1）为体现教材内容的先进性，更好地帮助广大学生了解并掌握地基与基础设计与施工的相关理论，对书中不符合现行地基与基础设计与施工相关国家和行业标准规范的内容进行了修订。本次修订主要依据的标准规范包括《建筑地基基础设计规范》（GB 50007—2011）、《建筑桩基技术规范》（JGJ 94—2008）、《岩土工程勘察规范（2009年版）》（GB 50021—2001）、《建筑抗震设计规范》（GB 50011—2010）等。

（2）为使本书能更好地满足高等院校教学与课程改革的需要，本次修订对部分内容进行了必要的补充与完善，如增补了基坑处理和土工试验方面的内容等。

（3）对各章的“能力目标”“知识目标”及“本章小结”重新进行了编写，明确了学习目标，便于教学重点的掌握。修订时还对各章后的“思考与练习”进行了必要的补充，有利于学生课后复习参考，强化应用所学理论知识解决工程实际问题的能力。

本书由张茹、吴继锋、刘永户担任主编，李庚、聂堃、俞信平、陈守杰担任副主编，崔宇亮、阎凤翔、贺晨云、林楠参与了部分章节的编写，王启亮、陈贤清审阅了全书。

本书在修订过程中，参阅了国内同行多部著作，参考了部分高等院校老师提出的宝贵意见，在此向他们表示衷心的感谢！对于参与本书第1版编写但未参加本次修订的老师、专家和学者，本版书所有编写人员向你们表示敬意，感谢你们对高等教育改革所做出的不懈努力，希望你们对本书保持持续关注并多提宝贵意见。

限于编者的学识及专业水平和实践经验，修订后的书中仍难免有疏漏或不妥之处，恳请广大读者指正。

编　者

第1版前言

在建筑工程中，我们把因承受建筑物荷载而导致应力状态发生改变的土层称为地基，把将建筑物荷载传给地基的那部分结构称为基础。地基与基础是建筑的根基，其勘察、设计和施工质量，直接关系着建筑物的安危。

“地基与基础”是一门综合性很强的课程，它涉及工程地质学、土力学、建筑力学、建筑结构、建筑材料、施工技术等科学领域。因此在学习本课程时，既要注意与其他学科的联系，又要注意紧紧抓住土的应力、强度和变形这一核心问题。同时要特别注意理论联系实际，不能盲目生搬硬套理论，要学会从实际出发分析问题和解决问题。

为此，我们根据高等院校土建专业课程的特点，结合当前工程建设领域对地基基础工程的要求，并针对专业人才培养目标定位和地基基础技术发展，组织编写了本教材。全书共分十章，内容包括土的物理性质及工程分类、地基中的应力计算、土的压缩性与地基沉降计算、土的抗剪强度与地基承载力、土压力与土坡稳定、建筑场地的工程地质勘察、天然地基上浅基础的设计、桩基础、软弱地基处理、区域性地基等。

为方便教学，各章前设置【学习重点】和【培养目标】，对学生学习和教师教学作了引导；各章后设置【本章小结】和【思考与练习】，从更深层次给学生以思考、复习的切入点，构建了“引导—学习—总结—练习”的教学模式。通过本课程的学习，应达到以下几点要求：

◆掌握土的物理指标的测定与换算，土的压实机理，土的工程分类。

◆掌握自重应力的计算，矩形面积均布荷载任意点下应力计算（角点法），基底附加压力的计算方法，自重应力和土中附加应力分布规律。

◆掌握土的抗剪强度理论，直接剪切试验，临塑荷载和临界荷载，地基极限承载力。

◆掌握地质勘察的各种方法，验槽内容以及基槽局部处理的方法。

◆掌握浅基础的类型，基础埋置深度、地基承载力确定的方法和计算过程，刚性基础设计与计算和地基变形验算，刚性扩大基础的设计与计算，减轻不均匀沉降的措施。

◆掌握桩基础的适用条件，桩的作用与分类，桩和桩基础的构造，桩基础的施工方法，单桩竖向承载力的确定，桩基工程施工质量的测试技术及规范标准。

◆掌握软弱地基处理的各种方法及其基本原理、设计与施工要点、质量检验方法。

本教材由王启亮、吴继锋、陈贤清担任主编，聂堃、邓庆阳、俞信平担任副主编，崔宇亮、阎凤翔、贺晨云、杨光、林楠等参与编写。

本教材既可作为高等院校土建类相关专业教材，也可作为工程设计、施工、监理等相关专业人员学习、培训的参考用书。本教材编写过程中，参阅了国内同行多部著作，部分高等院校教师也提出了很多宝贵意见，在此，对他们表示衷心的感谢！

本教材编写过程中，虽经推敲核证，但限于编者的专业水平和实践经验，仍难免有疏漏或不妥之处，恳请广大读者指正。

编　者

Contents

目录

绪 论

一、地基与基础的基本概念

1. 土力学

土力学是运用力学基本原理和土工测试技术，研究土的性质、地基土的应力、地基的变形、土的抗剪强度与地基承载力、土的压力及土坡稳定性等内容的一门学科。它是本课程的理论基础。由于土与其他连续固体介质在性质上的根本不同，仅靠具备系统理论和严密公式的力学知识，还不能描述土体在受力后所表现的性状及由此引起的工程问题，而必须借助经验、现场试验、室内试验辅以理论计算加以描述，因此也可以说土力学是一门依赖于实践的学科。

2. 地基

土层中附加应力和变形所不能忽略的那部分土层称为地基。良好的地基一般应具有较高的承载力与较低的压缩性，以满足地基与基础设计的两个基本条件(强度条件与变形条件)。软弱地基的工程性质较差，需经过人工地基处理才能达到设计要求。通常把不需处理而直接利用天然土层的地基称为天然地基；把经过人工加工处理才能作为地基的称为人工地基。人工地基施工周期长、造价高，因此建筑物一般宜建造在良好的天然地基上。

3. 基础

建筑物埋入土层一定深度并向地基传递荷载的下部承重结构称为基础。根据不同的分类方法，基础可以有多种形式，但无论是何种基础形式，其结构本身均应具有足够的承载力和刚度，在地基反力作用下不发生破坏，并应具有改善沉降与不均匀沉降的能力。通常把埋置深度不大(一般小于 5 m)，只需经过挖槽、排水等普通施工工程序就可以建造起来的基础统称为浅基础(各种单独的和连续的基础)。反之，浅层土质不良，而需把基础埋置于深处土质较好的地层时，就要借助特殊的施工方法，建造各种类型的深基础(桩基础、沉井及地下连续墙等)。

二、地基与基础在建筑工程中的重要性及设计原理

建筑物的地基、基础和上部结构三个部分，虽然各自的功能不同、研究方法相异，然而，对一个建筑物来说，在荷载作用下，这三个部分却是彼此联系、相互制约的整体。

地基与基础是建筑物的根本，又属于地下隐蔽工程。它的勘察、设计和施工质量直接关系着建筑物的安危。实践表明，建筑物事故的发生，很多与地基和基础有关，而且，地基与基础事故一旦发生，补救并非易事。另外，基础工程费用与建筑物总造价的比例，视其复杂程度和设计、施工的合理与否，可以在百分之几到百分之几十之间变动。因此，地基与基础在建筑工程中的重要性是显而易见的。在工程实践中，虽然地基与基础事故屡有发生，但是，只要严格遵循基本建设原则，按照勘察—设计—施工的先后顺序，并切实抓好这三个环节，那么，地基与基础事故一般是可以避免的。

地基与基础设计是整个建筑物设计的一个重要组成部分。它与建筑物的安全和正常使用有着密切的关系。设计时，要考虑场地的工程地质和水文地质条件，同时也要考虑建筑物的使用

要求、上部结构特点及施工条件等各种因素，使基础工程做到安全可靠、经济合理、技术先进和便于施工。

一般认为，地基与基础在设计时应考虑的因素如下：

(1)施工期限、施工方法及所需的施工设备等。

(2)在地震区，应考虑地基与基础的抗震性能。

(3)基础的形状和布置，以及与相邻基础和地下构筑物、地下管道的关系。

(4)建造基础所用的材料与基础的结构形式。

(5)基础的埋置深度。

(6)地基土的承载力。

(7)上部结构的类型、使用要求及其对不均匀沉降的敏感度。

三、本课程的特点与要求

本课程是一门综合性很强的课程，其涉及工程地质学、土力学、建筑力学、建筑结构、建筑材料、施工技术等学科领域。因此在学习本课程时，应熟知《岩土工程勘察规范(2009年版)》(GB 50021—2001)、《建筑地基基础设计规范》(GB 50007—2011)、《建筑抗震设计规范(2016年版)》(GB 50011—2010)、《土工试验方法标准》(GB/T 50123—2019)、《建筑桩基技术规范》(JGJ 94—2008)等标准，既要注意与其他学科的联系，又要注意紧紧抓住土的应力、强度和变形这一核心问题。同时要学会阅读和使用工程地质勘察资料，掌握土的现场原位测试和室内土工试验，并能够应用这些基本知识和原理，结合建筑结构和施工技术等知识，解决地基与基础的工程问题。

学习本课程时应该突出重点，兼顾全面，根据工业与民用建筑专业要求，重视工程地质的基本知识，培养阅读和使用工程地质勘察资料的能力；必须牢固掌握土的应力、变形、强度和地基计算等土力学基本原理，并能够应用这些基本概念和原理，结合有关建筑结构理论和施工知识，分析和解决地基与基础问题。

为了便于学习，本书在每章的学习内容前按教学大纲要求编写了能力目标与知识目标，它们是各章节学习过程要理解、领会和贯彻的内容和标准。

在学习过程中，学生应思路正确，理解和掌握知识的方法得当，学习态度端正，并能有效地将所学知识转化为实际工作技能。

在学习过程中，首先，要求学生具有相关课程的基础知识做保证，能够正确理解并记忆所学名词、定义和各种基本概念，正确理解并领会各种基本原理，理解和掌握所学知识；其次，要求学生逐步掌握运用所学知识解决实际问题的思路、方法和技能；再次，要求学生认真领会理解各种试验目的、过程、方法、推理及结论，还要清楚常用主要计算公式的来由脉络，做到在理解的基础上推导并记忆常用的主要公式；最后，学生要学会正确理解并运用有关的各种设计、施工验收、试验等的相关规范的基本技能。

在学习过程中，学生可通过施工现场的参观、课程设计等其他实训环节，提高课堂学习的成效，达到将所学知识逐步转化为实际工作技能的目的；并认真完成一定数量的思考练习题，加深对有限的课堂教学内容的理解、消化、掌握和巩固；通过持续不断地复习，在理解的基础上记忆和掌握所学知识，最终达到掌握实际工作技能的目的。

四、本学科的发展概况

追本溯源，远古先民在史前的建筑活动中，就已创造了自己的地基与基础工艺。在我国陕西西安的半坡遗址和河南安阳的殷墟遗址的考古发掘中都发现有土台和石础，这就是古代的“堂高三尺、茅茨土阶”(语见《韩非子》)建筑的地基与基础形式。历代修建的无数建筑物都出色地体现了我国古代劳动人民在地基与基础工程方面的高超水平。举世闻名的长城、蜿蜒万里的大运河，如不处理好岩土的有关问题，就不能穿越各种地质条件的广阔地区，而被誉为亘古奇观；宏伟壮丽的宫殿寺院，要依靠精心设计建造的地基与基础，才能逾千百年而留存至今；遍布各地的巍巍高塔，是由于奠基牢固，方可经历多次强震强风的考验而安然无恙。这些事实就是地基与基础学科发展的明证。

从20世纪50年代起，现代科技成就，尤其是电子技术，渗入了土力学与基础工程的研究领域。在实现试验测试技术自动化、现代化的同时，人们对土的基本性质又有了更进一步的认识。随着电子计算机的迅速发展和数值分析法的广泛应用，科学研究和工程设计更具备了强有力的手段，遂使土力学理论和基础工程技术也出现了令人瞩目的进展。因此，有人认为，1957年召开的第四届国际土力学与基础工程会议标志着一个新时期的开始。正是在这个时期，年轻的中华人民共和国以朝气蓬勃的姿态进入了国际土力学与基础工程科技交流发展的行列。从1962年开始的全国土力学与基础工程学术讨论会的多次召开，已成为本学科迅速进展的里程碑。我国在土力学与基础工程各个领域的理论与实践新成就难以尽述。

我国的地基与基础科学技术，作为岩土工程的一个重要组成部分，已经也必将继续遵循现代岩土工程的工作方法和研究方法阔步进入21世纪，从而取得更多更高的成就，为我国的现代化建设做出更大的贡献。

第一章　土的物理性质与工程分类

能力目标

能够充分掌握土的物理性质、状态及地基岩土的分类，并能够确定工程中的地基岩土的状态和名称。

知识目标

1. 了解土的成因与构造；
2. 熟悉土的物理性质指标的三相换算；
3. 掌握土的物理状态指标描述；
4. 理解地基岩土的分类。

第一节　土的成因及其构造

一、土的形成

土是岩石经过风化、剥蚀、搬运、沉积形成的含有固体颗粒、水和气体的松散集合体。从广义上来讲，土包括地壳表层的松散堆积物和地下的岩石。

风化作用与气温变化、雨雪、山洪、风、空气、生物活动等(也称为外力地质作用)密切相关，风化作用是使岩石产生物理和化学变化的破坏作用。根据其性质和影响因素的不同，风化作用可以分为物理风化作用、化学风化作用和生物风化作用三种类型。

物理风化作用主要是在季节变化、昼夜更替、晴雨天气变化的影响下，岩石表面和内部产生温度差，表里胀缩不均，破坏了矿物间的结合作用，岩石就会慢慢地产生裂隙，由表及里发生破坏。因此，引起岩石产生物理风化的主要因素是温度的变化，物理风化只引起岩石的机械破坏，所形成的颗粒成分与原岩石矿物成分相同，称为原生矿物。

化学风化作用是岩石与其周围相接触的物质发生的化学反应，如与水、氧气、二氧化碳等发生的水化、氧化、酸化等化学反应。化学风化作用使原岩石破碎并生成新矿物，称为次生矿物。

生物风化作用是指生物活动过程中对岩石产生的破坏作用。如穴居地下的动物、植物根部的生长等都会对岩石产生机械破坏作用；动物新陈代谢所排出的产物，动物死亡后遗体腐烂的产物及微生物作用等则使岩石成分发生化学变化而遭到破坏。

各种风化作用常常是同时存在、相互促进的，但强弱与原岩石的成分、构造以及所处的环境等因素有密切关系。岩石的风化产物在外力(如重力、风、流水及动物活动等)作用下，脱离岩石表面，有的残留在原地，有的则被搬运到远离原岩的地方沉积下来。风化产物被不断地搬运并一层层地沉积而形成一层厚厚的碎屑堆积物，这就是通常所称的土。

二、土的组成

土是由固体颗粒、水和气体组成的三相分散体系。其中，固体颗粒构成土的骨架，是三相体系中的主体；水和气体填充土骨架之间的空隙。土体三相组成中每一相的特性及三相比例关系都对土的性质有显著影响。

1. 土的固体颗粒

土的固体颗粒是由大小不等、形状不同的矿物颗粒或岩石碎屑按照各种不同的排列方式组合在一起，构成土的骨架，是土的主要组成成分。

土中固体颗粒(简称土粒)的大小和形状、矿物成分及其组成情况是决定土的物理力学性质的重要因素。当土粒的粒径由大到小逐渐变化时，土的性质也相应发生变化。随着土粒粒径变小，无黏性且透水性强的土逐渐变为有黏性且低透水性的可塑性土。所以应根据土中不同粒径的土粒，按某一粒径范围分成若干组，通常将土划分为六大粒组，即漂石或块石颗粒、卵石或碎石颗粒、圆砾或角砾颗粒、砂粒、粉粒及黏粒。各粒组的界限粒径分别是 200 mm、60 mm、2 mm、0.075 mm 和 0.005 mm，见表 1-1。

表 1-1 土粒粒组划分

<table>
<tr><th colspan="2">粒组名称</th><th>粒径 d 的范围/mm</th><th>一般特征</th></tr>
<tr><td colspan="2">漂石或块石颗粒</td><td>$d>200$</td><td rowspan="2">透水性较大，无黏性，无毛细水</td></tr>
<tr><td colspan="2">卵石或碎石颗粒</td><td>$60<d\leqslant 200$</td></tr>
<tr><td rowspan="3">圆砾或角砾颗粒</td><td>粗</td><td>$20<d\leqslant 60$</td><td rowspan="3">透水性大，无黏性，毛细水上升高度不超过粒径大小</td></tr>
<tr><td>中</td><td>$5<d\leqslant 20$</td></tr>
<tr><td>细</td><td>$2<d\leqslant 5$</td></tr>
<tr><td rowspan="3">砂粒</td><td>粗</td><td>$0.5<d\leqslant 2$</td><td rowspan="3">易透水，当混入云母等杂质时透水性减小，而压缩性增加，无黏性，通水不膨胀，干燥时松散，毛细水上升高度不大，随粒径变小而增大</td></tr>
<tr><td>中</td><td>$0.25<d\leqslant 0.5$</td></tr>
<tr><td>细</td><td>$0.075<d\leqslant 0.25$</td></tr>
<tr><td colspan="2">粉粒</td><td>$0.005<d\leqslant 0.075$</td><td>透水性小，湿时稍有黏性，遇水膨胀小；干燥时稍有收缩，毛细水上升高度较大、较快，极易出现冻胀现象</td></tr>
<tr><td colspan="2">黏粒</td><td>$d\leqslant 0.005$</td><td>透水性较小，湿时有黏性、可塑性，遇水膨胀大；干燥时收缩显著，毛细水上升高度大，但速度较慢</td></tr>
</table>

为了说明天然土颗粒的组成情况，不仅要了解土颗粒的大小，还需要了解各种颗粒所占的比例。在实际工程中，常以土中各个粒组的相对含量(各粒组占土粒总重的百分数)表示土中颗粒的组成情况，称为土的颗粒级配。土的颗粒级配直接影响土的性质，如土的密实度、透水性、强度、压缩性等。

为了直观起见，工程中常用颗粒级配曲线直接表示土的级配情况。曲线的横坐标用对数表示土的粒径(因为土粒粒径相差常在百倍、千倍以上，所以宜采用对数坐标表示)，单位为 mm；纵坐标则表示小于或大于某粒径的土重含量或称累计百分含量。从曲线中可直接求得各粒组的颗粒含量及粒径分布的均匀程度，进而估测土的工程性质，如图 1-1 所示。由曲线的形态可以大致判断土粒大小的均匀程度。如曲线较陡，则表示粒径范围较小，土粒较均匀，级配不良；反之，则表示粒径大小相差悬殊，土粒不均匀，级配良好。

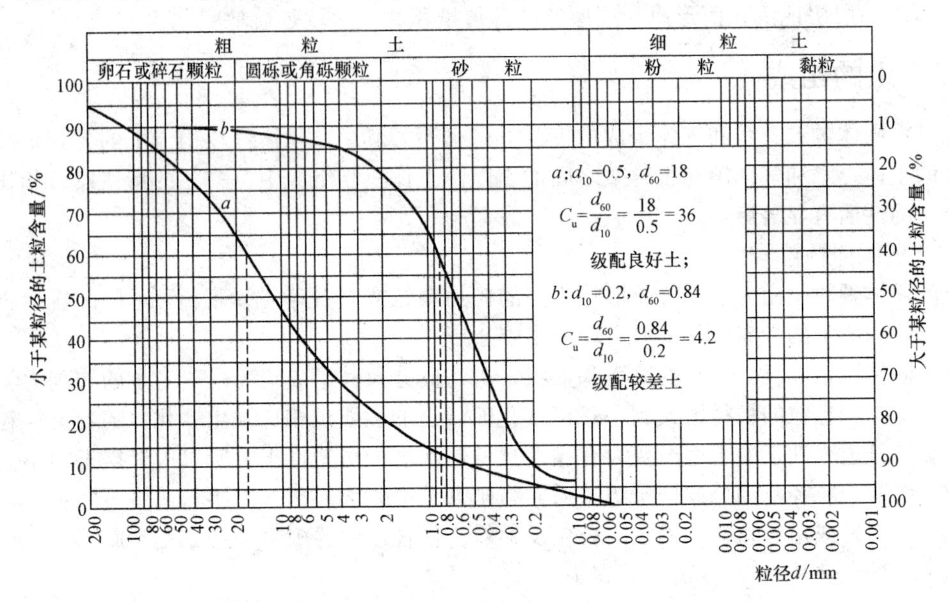

图 1-1　土的颗粒级配曲线

为了定量反映土的级配特征，工程中常用不均匀系数 C_u 来评价土的级配优劣。

$$C_u = d_{60}/d_{10} \tag{1-1}$$

式中　d_{10}——土的颗粒级配曲线上的某粒径，小于该粒径的土含量占总土质量的 10%，称为有效粒径；

d_{60}——土的颗粒级配曲线上的某粒径，小于该粒径的土含量占总土质量的 60%，称为限定粒径。

在工程建设中，常根据不均匀系数 C_u 值来选择填土的土料，若 C_u 值较大，表明土粒不均匀，则其较颗粒均匀的土更容易被夯实(级配均匀的土不容易被夯实)。通常把 $C_u<5$ 的土看作级配均匀的土，把 $C_u>10$ 的土看作级配良好的土。

【例 1-1】　若图 1-1 中 a 曲线上，$d_{60}=0.8$，$d_{10}=0.18$，计算其级配是否均匀。

解：

$$C_u=\frac{d_{60}}{d_{10}}=\frac{0.8}{0.18}=4.44$$

由于 $C_u=4.44<5$，则其级配均匀，不容易被夯实。

2. 土中的水

土中的水在自然界中存在的状态可以分为固态水、气态水和液态水三种形态。

固态水又称为矿物质内部结晶水，是指在温度低于 0 ℃时土中水以冰的形式存在，形成冻土。其特点是冻结时强度高，而解冻时强度迅速降低。

气态水是指土中的水蒸气，对土的性质影响不大。

液态水包括存在于土中的结合水和自由水两大类。

(1)结合水。结合水是指在电场作用力范围内，受电分子吸引力作用吸附于土粒表面的土中水。它距离土颗粒越近，作用力越大；距离越远，作用力越小，直至不受电场力作用(图 1-2)。结合水的特点是包围在土颗粒四周，不传递静水压力，不能任意流动。由于土颗粒的电场有一定的作用范围，因此结合水有一定的厚度，其厚度与颗粒的黏土矿物成分有关。

结合水又可分为强结合水和弱结合水，强结合水相当于固定层中的水，而弱结合水则相当于扩散层中的水。

1)强结合水是指靠近土粒表面的水。它没有溶解能力，不能传递静水压力，只有在105 ℃时才能蒸发。这种水牢固地结合在土粒表面，其性质接近固体，重力密度为 12～24 kN/m^3，冰点为－78 ℃，具有极大的黏滞度、弹性和抗剪强度。

2)弱结合水是存在于强结合水外围的一层结合水。它仍不能传递静水压力，但水膜较厚的弱结合水能向邻近的薄水膜缓慢转移。当黏性土中含有较多弱结合水时，土具有一定的可塑性。

(2)自由水。自由水是存在于土粒表面电场范围以外的水，土的性质与普通水一样，服从重力定律，能传递静水压力，冰点为 0℃，有溶解力。自由水按其移动所受作用力的不同，可分为自重水和毛细水。

1)自重水是指土中受重力作用而移动的自由水，它存在于地下水水位以下的透水层中。

2)毛细水受到它与空气交界面处表面张力的作用，存在于潜水水位以上透水土层中。当孔隙中局部存在毛细水时，毛细水的弯液面和土粒接触处的表面张力作用于土粒，使土粒之间由于这种毛细压力而相互挤紧，从而具有微弱的黏聚力，称为毛细黏结力，如图 1-3 所示。

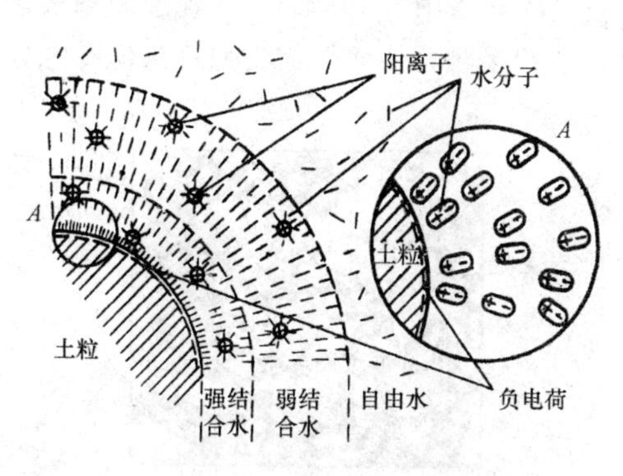

图 1-2　结合水示意

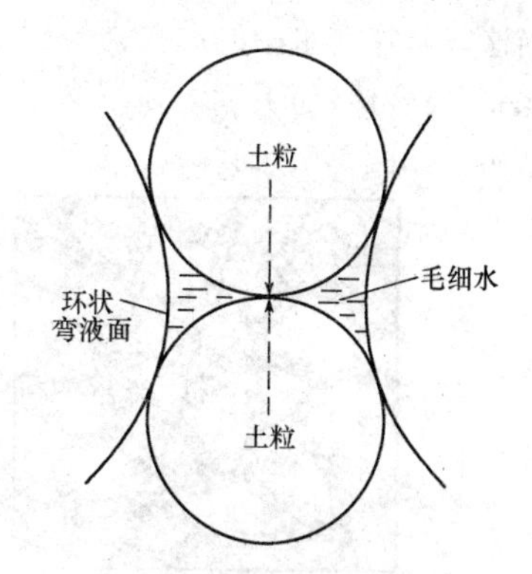

图 1-3　土中的毛细水示意

在工程中，毛细水的上升对建筑物地下部分的防潮措施与地基土的浸湿和冻胀有重要的影响。碎石土中无毛细现象。

3. 土中的气体

土中的气体存在于土孔隙中未被水占据的空间。它一般可以分为自由气体和封闭气体。自由气体是指在粗粒的沉积物中常见的与大气连通的空气，在外力作用下，将很容易被从空隙中挤出，所以，它对土工程性质影响不大。与大气不相通的气体称为封闭气体，常存在于细粒土中，在外力作用下，使土的弹性变形增加，可在车辆碾压时，使土形成有弹性的橡皮土。

三、土的结构

土的结构是指由土粒单元的大小、形状、相互排列及其联结关系等因素形成的综合特征，一般分为单粒结构、蜂窝状结构和絮状结构三种基本类型。

(1)单粒结构是由于粗大土粒在水或空气中下沉而形成的。全部由砂粒及更粗的土粒组成的土都具有单粒结构。因其颗粒较大，土粒间的分子吸引力相对很小，所以颗粒间几乎没有联结，至于未充满孔隙的水分只可能通过微弱的毛细水联结。单粒结构可以是疏松的，也可以是紧密的，如图 1-4 所示。

呈紧密状单粒结构的土，由于其土粒排列紧密，在动、静荷载作用下都不会产生较大的沉降，所以强度较大，压缩性较小，是较为良好的天然地基。具有疏松单粒结构的土，其骨架是不稳定的，当受到振动及其他外力作用时，土粒易发生移动，土中孔隙剧烈减小，引起土的变形，因此，这种土层如未经处理一般不宜作为建筑物的地基。

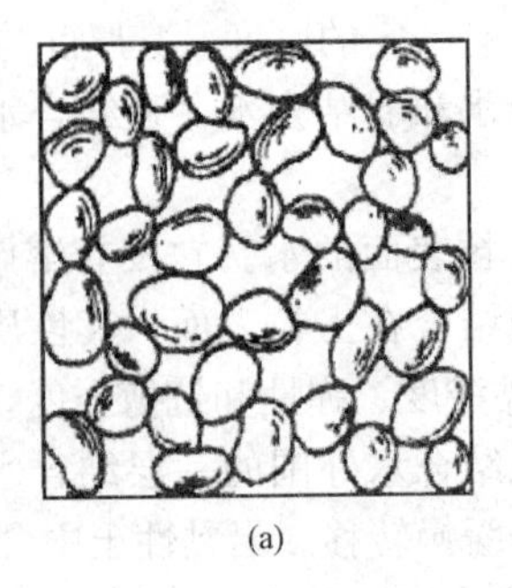

(a)

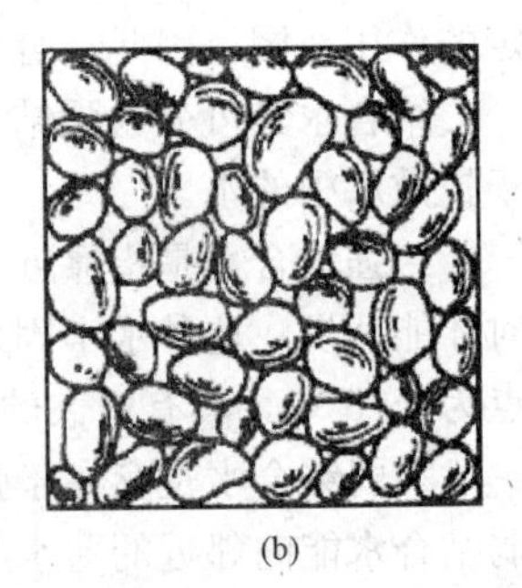

(b)

图 1-4　单粒结构

(a)疏松的单粒结构；(b)紧密的单粒结构

(2)蜂窝状结构主要是由粉粒组成的土的结构。粒径在 0.005～0.075 mm 的土粒在水中沉积时，基本上是以单个土粒下沉，当碰上已沉积的土粒时，由于它们之间的相互引力大于其重力，因此，土粒就停留在最初的接触点上不再下沉，逐渐形成土粒链。土粒链组成弓形结构，形成具有很大孔隙的蜂窝状结构，如图 1-5 所示。

(3)絮状结构是由黏粒集合体组成的结构形式。黏粒能够在水中长期悬浮，不因自重而下沉。当这些悬浮在水中的黏粒被带到电解质浓度较大的环境中(如海水)时，黏粒凝聚成絮状的集粒(黏粒集合体)而下沉，并相继与已沉积的絮状集粒接触，从而形成类似蜂窝但孔隙较大的絮状结构，如图 1-6 所示。

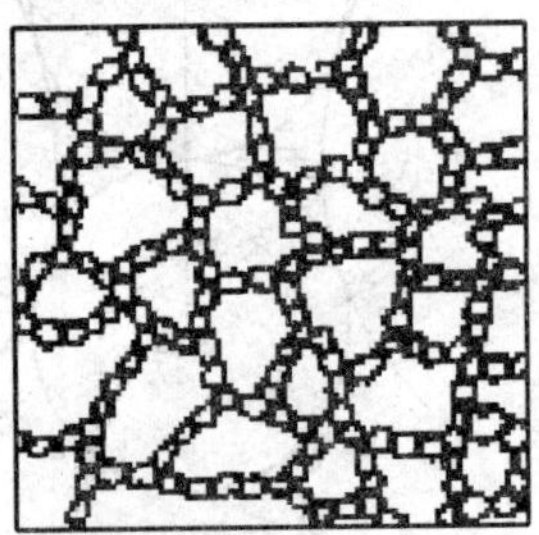

图 1-5　细砂和粉土的蜂窝状结构

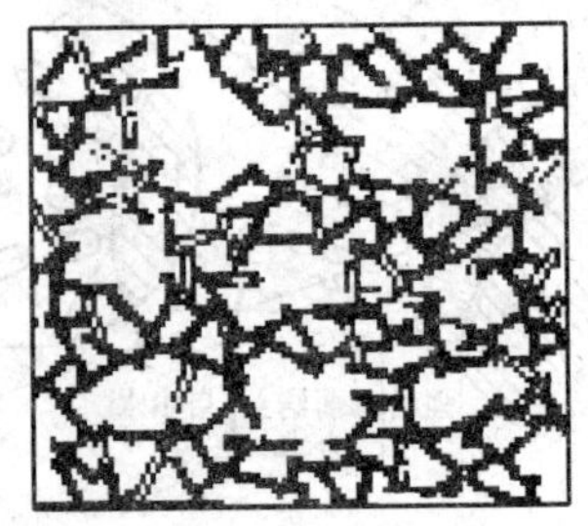

图 1-6　黏性土的絮状结构

第二节　土的物理性质指标

一、土的三相图

土是固、液、气三相组成的分散体系。土中三相组成的比例指标反映着土的物理状态，如干燥或潮湿、疏松或紧密。这些指标是最基本的物理性质指标，它们对于评价土的工程性质具

有重要的意义。

土的三相本来是混合分布的，但为了阐述和标记的方便，将三相的各部分集合起来，可画出土的三相示意图，如图 1-7 所示。

图 1-7　土的三相示意图

图中各符号意义如下：

V——土的总体积；

V_s——土中固体颗粒的体积；

V_v——土中孔隙的体积；

V_w——土中水所占的体积；

V_a——土中气体所占的体积；

m——土的总质量；

m_s——土中固体颗粒的质量；

m_w——土中水的质量；

m_a——土中气体的质量(一般认为 $m_a=0$)。

二、土的主要物理指标

1. 土的饱和密度和饱和重度

土的饱和密度是指当土的孔隙中充满水时，土中的固体颗粒和水的质量之和与土样的总体积之比，用符号 ρ_{sat} 表示。

$$\rho_{sat}=\frac{m_s+V_v\rho_w}{V} \tag{1-2}$$

土的饱和重度

$$\gamma_{sat}=\rho_{sat}g \tag{1-3}$$

式中　ρ_{sat}——土的饱和密度；

γ_{sat}——土的饱和重度；

m_s——固体部分的质量；

g——重力加速度。

2. 土的浮密度和浮重度

地下水水位以下的土，其固体颗粒受到重力水的浮力作用，此时土中固体颗粒的质量减去固体颗粒排开水的质量再与土样的总体积之比，称为浮密度，用符号 ρ' 表示。

$$\rho'=\frac{m_s-V_s\rho_w'}{V} \tag{1-4}$$

土的浮重度

$$\gamma'=\rho'g \tag{1-5}$$

由土的浮密度和浮重度的定义可知

$$\rho'=\rho_{sat}-\rho_w \tag{1-6}$$

$$\gamma'=\gamma_{sat}-\gamma_w \tag{1-7}$$

3. 土的干密度和干重度

土的干密度是土中固体部分的质量与土样总体积之比或土样单位体积内的干土质量，用符号 ρ_d 表示。

$$\rho_d=\frac{m_s}{V} \tag{1-8}$$

土的干重度

$$\gamma_d = \rho_d g \tag{1-9}$$

式中 ρ_d——土的干密度；

γ_d——土的干重度。

4. 土粒相对密度

土粒相对密度是土粒质量与同体积水(在 4 ℃时)的质量之比，用符号 d_s 表示。

$$d_s = \frac{m_s}{m_w} = \frac{V_s \rho_s}{V_s \rho_w} = \frac{\rho_s}{\rho_w} \tag{1-10}$$

式中 m_s，m_w——固体、水的质量；

V_s——固体的体积；

ρ_s——土粒的密度(在 4 ℃时)；

ρ_w——水的密度(在 4 ℃时)。

5. 天然土的密度

天然土的密度是土样的总质量与其总体积之比，用符号 ρ 表示。

$$\rho = \frac{m}{V} \tag{1-11}$$

$$\rho = \frac{d_s(1+w)\rho_w}{1+e} \tag{1-12}$$

式中 w——土的天然含水量；

e——土的孔隙比；

V——土样的总体积，$V = V_s + V_v$(V_v 为土中孔隙的体积，$V_v = V_w + V_a$，V_w、V_a 分别为水、气体的体积)；

m——土样的总质量，$m = m_s + m_w + m_a$(m_s 为固体的质量，m_w 为水的质量，m_a 为气体的质量，常可忽略)。

其中，m、V 如图 1-7 所示，其他符号意义同前。

6. 土的天然含水量

在天然状态下，土中含水的质量与土粒的质量之比，称为土的天然含水量，用符号 w 并用百分数表示。

$$w = \frac{m_w}{m_s} \times 100\% \tag{1-13}$$

式中 m_s——土中固体部分的质量。

7. 孔隙比

孔隙比是土中孔隙体积与固体颗粒体积之比，用符号 e(一个正有理数)表示。

$$e = \frac{V_v}{V_s} \tag{1-14}$$

式中 e——土的孔隙比；

V_v——孔隙体积；

V_s——固体颗粒体积。

8. 孔隙率

孔隙率是土中的孔隙体积与总体积之比，用符号 n 表示。

$$n = \frac{V_v}{V} \times 100\% \tag{1-15}$$

式中 n——孔隙率；

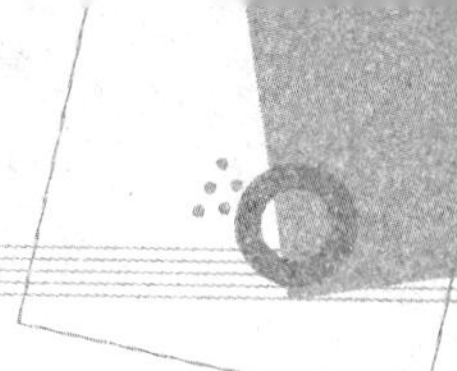

V_v——孔隙体积；

V——总体积。

三、土的三相物理性质指标的关系

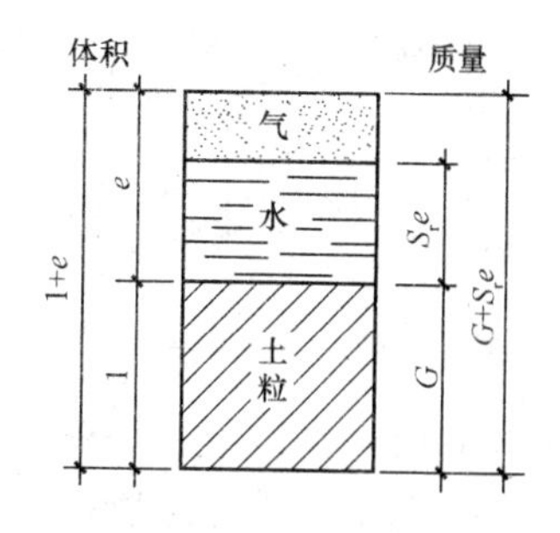

图 1-8　土的三相物理性质指标换算图

土的三相物理性质指标相互之间有一定的关系。只要知道其中某些指标，通过简单的计算，就可以得到其他指标。上述各指标中，土粒相对密度 d_s、含水量 w、重度 γ 三个指标必须通过试验测定，其他指标可由这三个指标换算得来。其换算方法可从土的三相物理性质指标换算图(图 1-8)来说明。令固体颗粒体积 $V_s=1$，根据定义即可得出 $V_v=e$，$V=1+e$，$m_s=\gamma_w d_s$，$m_w=w\gamma_w d_s$，$m=\gamma_w d_s(1+w)$。据此，可以推导出各指标间的换算公式，见表 1-2。

表 1-2　土的三相物理性质指标常用换算公式

序号	指标名称	符号	表达式	单位	换算公式	备注
1	重度	γ	$\gamma=\frac{m}{V}g$	kN/m³ 或 N/cm³	$\gamma=\frac{d_s+S_re}{1+e}$ $\gamma=\frac{d_s(1+0.01w)}{1+e}$	由试验直接测定
2	相对密度	d_s	$d_s=\frac{m_s}{V_s\gamma_w}$	—	$d_s=\frac{S_re}{w}$	
3	含水量	w	$w=\frac{m_w}{m_s}\times100$	%	$w=\frac{S_re}{d_s}\times100$ $w=\left(\frac{\gamma}{\gamma_d}-1\right)\times100$	
4	孔隙比	e	$e=\frac{V_v}{V_s}$	—	$e=\frac{d_s\gamma_w(1+w)}{\gamma}-1$ $e=\frac{d_s\gamma_w}{\gamma_d}-1$	—
5	孔隙率	n	$n=\frac{V_v}{V}\times100$	%	$n=\frac{e}{1+e}\times100$ $n=\left(1-\frac{\gamma_d}{d_s\gamma_w}\right)\times100$	—
6	饱和度	S_r	$S_r=\frac{V_w}{V_v}\times100$	%	$S_r=\frac{wd_s}{e}$ $S_r=\frac{w\gamma_d}{n}$	—
7	干重度	γ_d	$\gamma_d=\frac{m_s}{V}g$	kN/m³ 或 N/cm³	$\gamma_d=\frac{d_s}{1+e}$ $\gamma_d=\frac{\gamma}{1+0.01w}$	—

续表

序号	指标名称	符号	表达式	单位	换算公式	备注
8	饱和重度	γ_m	$\gamma_m=\frac{m_s+V_v\gamma_w}{V}g$	kN/m³ 或 N/cm³	$\gamma_m=\frac{d_s+e}{1+e}$	—
9	浮重度	γ'	$\gamma'=\gamma_m-\gamma_w$	kN/m³ 或 N/cm³	$\gamma'=\gamma_m-\gamma_w$ $\gamma'=\frac{(d_s-1)\gamma_w}{1+e}$	—

【例 1-2】 某原状土，测得天然重度 $\gamma=19\ kN/m^3$，含水量 $w=20\%$，土粒相对密度 $d_s=2.70$，试求土的孔隙比 e、孔隙率 n 及饱和度 S_r。

解：

$$e=\frac{d_s\gamma_w(1+w)}{\gamma}-1=\frac{2.70\times10\times(1+0.20)}{19}-1\approx0.705$$

$$n=\frac{e}{1+e}=\frac{0.705}{1+0.705}\approx0.41=41\%$$

$$S_r=\frac{wd_s}{e}=\frac{0.20\times2.70}{0.705}\approx0.77=77\%$$

【例 1-3】 环刀切取一土样，测得体积为 50 cm³，质量为 110 g，土样烘干后质量为100 g，土粒相对密度为 2.70，试求该土的密度 ρ、含水率 w 及孔隙比 e。($\rho_w=1.0\ kg/cm^3$)

解：

$$\rho=\frac{m}{v}=\frac{110}{50}=2.2(kg/cm^3)$$

$$w=\frac{m_w}{m_s}\times100\%=\frac{110-100}{100}\times100\%=10\%$$

$$e=\frac{\rho_w d_s(1+w)}{\rho}-1=\frac{1\times2.70\times(1+0.10)}{2.2}-1=0.35$$

第三节 土的物理状态指标

一、无黏性土

无黏性土一般是指具有单粒结构的砂土与碎石土，土粒之间无黏结力，呈松散状态。它们的工程性质与其密实程度有关。密实状态时，结构稳定，强度较高，压缩性小，可作为良好的天然地基；疏松状态时，则是不良地基。

1. 砂土的密实度

砂土的密实度通常采用相对密实度 D_r 来判别，其表达式为

$$D_r=\frac{e_{max}-e}{e_{max}-e_{min}} \tag{1-16}$$

式中 e——砂土在天然状态下的孔隙比；

e_{max}——砂土在最松散状态下的孔隙比，即最大孔隙比；

e_{min}——砂土在最密实状态下的孔隙比，即最小孔隙比。

由式(1-16)可以看出，当 $e=e_{min}$ 时，$D_r=1$，表示土处于最密实状态；当 $e=e_{max}$ 时，$D_r=0$，表示土处于最松散状态。判定砂土密实度的标准如下：

$0.67<D_r\leqslant 1$　　密实的

$0.33<D_r\leqslant 0.67$　　中密的

$0<D_r\leqslant 0.33$　　松散的

具体工程中可根据标准贯入试验锤击数 N 来评定砂土的密实度(见表 1-3)。

表 1-3　砂土的密实度

标准贯入试验锤击数 N	密实度	标准贯入试验锤击数 N	密实度
$N\leqslant 10$	松散	$15<N\leqslant 30$	中密
$10<N\leqslant 15$	稍密	$N>30$	密实
注：当用静力触探探头阻力判定砂土的密实度时，可根据当地经验确定。			

【例 1-4】 某细土测得 $w=23.2\%$，$\gamma=16\ \text{kN/m}^3$，$G_s=2.68$，取 $\gamma_w=10\ \text{kN/m}^3$。将该砂样放入振动容器中，振动后砂样的质量为 0.415 kg，量得体积为 $0.22\times10^{-3}\ \text{m}^3$。松散时，质量为 0.420 kg 的砂样，量得体积为 $0.35\times10^{-3}\ \text{m}^3$。试求该砂土的天然孔隙比和相对密实度，并判断该土样的密实状态。

解： 天然孔隙比

$$e=\frac{\gamma_w G_s(1+w)}{\gamma}-1=\frac{10\times2.68\times(1+0.232)}{16}-1=1.064$$

密实时最大干重度

$$\gamma_{dmax}=\frac{m_s g}{V}=\frac{0.415\times9.80665\times10^{-3}}{0.22\times10^{-3}}=\frac{4.07}{0.22}=18.5(\text{kN/m}^3)$$

松散时最小干重度

$$\gamma_{dmin}=\frac{m_s g}{V}=\frac{0.420\times9.80665\times10^{-3}}{0.35\times10^{-3}}=\frac{4.12}{0.35}=11.8(\text{kN/m}^3)$$

计算松散时最大孔隙比，由表 1-2 可知

$$e=\frac{\gamma_w G_s}{\gamma_d}-1$$

所以

$$e_{max}=\frac{\gamma_w G_s}{\gamma_{dmin}}-1=\frac{10\times2.68}{11.8}-1=1.271$$

密实时最小孔隙比

$$e_{min}=\frac{\gamma_w G_s}{\gamma_{dmax}}-1=\frac{10\times2.68}{18.5}-1=0.449$$

于是得该砂土的相对密实度

$$D_r=\frac{e_{max}-e}{e_{max}-e_{min}}=\frac{1.271-1.064}{1.271-0.449}=0.25$$

即可判断该砂土处于松散状态。

2. 碎石土的密实度

碎石土的颗粒较粗，试验时不易取得原状土样，根据重型圆锥动力触探锤击数 $N_{63.5}$ 可将碎石土的密实度划分为松散、稍密、中密和密实(见表 1-4)，也可根据野外鉴别方法确定其密实度(见表 1-5)。

表 1-4　碎石土的密实度

重型圆锥动力触探锤击数 $N_{63.5}$	密实度	重型圆锥动力触探锤击数 $N_{63.5}$	密实度
$N_{63.5} \leqslant 5$	松散	$10 < N_{63.5} \leqslant 20$	中密
$5 < N_{63.5} \leqslant 10$	稍密	$N_{63.5} > 20$	密实
注：1. 本表适用于平均粒径小于或等于 50 mm 且最大粒径不超过 100 mm 的卵石、碎石、圆砾、角砾；对于平均粒径大于 50 mm 或最大粒径大于 100 mm 的碎石土，可按表 1-5 鉴别其密实度。 2. 表内 $N_{63.5}$ 为经综合修正后的平均值。			

表 1-5　碎石土密实度的野外鉴别方法

密实度	骨架颗粒含量和排列	可挖性	可钻性
密实	骨架颗粒含量大于总重的 70%，呈交错排列，连续接触	锹镐挖掘困难，用撬棍方能松动，井壁一般稳定	钻进极困难，冲击钻探时，钻杆、吊锤跳动剧烈，孔壁较稳定
中密	骨架颗粒含量等于总重的 60%～70%，呈交错排列，大部分接触	锹镐可挖掘，井壁有掉块现象，从井壁取出大颗粒处能保持颗粒凹面形状	钻进较困难，冲击钻探时，钻杆、吊锤跳动不剧烈，孔壁有坍塌现象
稍密	骨架颗粒含量等于总重的 55%～60%，排列混乱，大部分不接触	锹可以挖掘，井壁易坍塌，从井壁取出大颗粒后，砂土立即塌落	钻进较容易，冲击钻探时，钻杆稍有跳动，孔壁易坍塌
松散	骨架颗粒含量小于总重的 55%，排列十分混乱，绝大部分不接触	锹易挖掘，井壁极易坍塌	钻进很容易，冲击钻探时，钻杆无跳动，孔壁极易坍塌
注：1. 骨架颗粒系指平均粒径大于 50 mm 或最大粒径大于 100 mm 的碎石土。 2. 碎石土的密实度应按表列各项要求综合确定。			

二、黏性土

黏性土主要的物理状态特征是软硬程度。由于黏性土的主要成分是黏粒，土颗粒很细，土粒比表面积(单位体积颗粒的总表面积)大，与水相互作用的能力较强，故水对其工程性质影响较大。

黏性土物理状态的主要指标见表 1-6。

表 1-6　黏性土物理状态的指标

类别	内容
界限含水量	当土中含水量较大时，土粒被自由水所隔开，土处于流动状态；随着含水量的减少，逐渐变成可塑状态，这时土中水分主要为弱结合水；当土中主要含强结合水时，土处于固体状态，如下图所示。 缩限 w_S　塑限 w_P　液限 w_L　含水量 w/% 固态　半固态　可塑状态　流动状态 黏性土的物理状态与含水量的关系 黏性土由一种状态转变到另一种状态的分界含水量称为界限含水量。 (1)液限是土由流动状态转变到可塑状态时的界限含水量(也称为流限或塑性上限)。 (2)塑限是土由可塑状态转变到半固态时的界限含水量(也称为塑性下限)。 (3)缩限是土由半固态转变到固态时的界限含水量。 工程上常用的界限含水量有液限和塑限，缩限常用缩限试验确定，是土由半固态不断蒸发水分，体积逐渐缩小，直到体积不再缩小时的含水量

续表

类别	内容
塑性指数	液限与塑限的差值(计算时省略百分号)称为塑性指数，用符号 I_P 表示，即 $$I_P = w_L - w_P$$ 塑性指数表示土的可塑性范围，它主要与土中黏粒(直径小于 0.005 mm 的土粒)含量有关。黏粒含量增多，土粒比表面积增大，土中结合水含量高，塑性指数就大。 塑性指数是描述黏性土物理状态的重要指标之一，工程上常用它对黏性土进行分类
液性指数	土的天然含水量与塑限的差值除以塑性指数称为液性指数，用符号 I_L 表示，即 $$I_L = \frac{w_0 - w_P}{I_P}$$ 由上式可见，当 $I_L<0$，即 $w<w_P$ 时，土处于坚硬状态；当 $I_L>1.0$，即 $w>w_L$，土处于流动状态。因此，液性指数是判别黏性土软硬程度的指标。黏性土根据液性指数可划分为坚硬、硬塑、可塑、软塑及流塑五种状态，见表 1-15
灵敏度和触变性	黏性土的一个重要特征是具有天然结构性，当天然结构被破坏时，黏性土的强度降低，压缩性增大。通常将反映黏性土结构性强弱的指标称为灵敏度，用 S_t 表示。 $$S_t = \frac{q_u}{q_0}$$ 式中 q_u——原状土强度； q_0——与原状土含水量、重度等相同，结构完全破坏的重塑土强度。 根据灵敏度可将黏性土分为如下三种类型： $S_t > 4$ 高灵敏度 $2 < S_t \leqslant 4$ 中灵敏度 $1 < S_t \leqslant 2$ 低灵敏度 土的灵敏度越高，结构性越强，扰动后土的强度降低就越多。因此，对灵敏度高的土，施工时应特别注意保护基槽，使结构不扰动，避免降低地基承载力。 黏性土扰动后土的强度降低，但静置一段时间后，土粒、离子和水分子之间又趋于新的平衡状态，土的强度又逐渐增大，这种性质称为土的触变性

【例 1-5】 某工程的土工试验成果见表 1-7。试求两个土样的液性指数，并判断该土的物理状态。

表 1-7　土工试验成果

土样编号	土的质量分数 w/%	密度 ρ/(g·cm^{-3})	相对密实度 D_r	孔隙比 e	饱和度 S_r/%	液限 w_L/%	塑限 w_P/%
1—1	29.5	1.97	2.73	0.79	100	34.8	20.9
2—1	27.0	2.00	2.74	0.75	100	36.8	23.8

解：(1)土样 1—1。

$$I_P = w_L - w_P = 34.8 - 20.9 = 13.9$$

$$I_L = (w - w_P)/I_P = (29.5 - 20.9)/13.9 = 0.62$$

由于 $0.25 < I_L = 0.62 < 0.75$，则该土处于可塑性状态。

(2)土样2—1。

$$I_P = w_L - w_P = 36.8 - 23.8 = 13.0$$

$$I_L = (w - w_P)/I_P = (27.0 - 23.8)/13.0 = 0.246$$

由于 $0 < I_L = 0.246 < 0.25$，则该土处于硬塑性状态。

第四节　地基岩土的分类

根据《建筑地基基础设计规范》(GB 50007—2011)规定，作为建筑地基的岩土，可分为岩石、碎石土、砂土、粉土、黏性土和人工填土六类。

一、岩石

岩石是指颗粒间牢固黏结，呈整体或具有节理裂隙的岩土。作为建筑地基的岩石，除应确定岩石的地质名称外，还应确定岩石的坚硬程度与岩体的完整程度。岩石的坚硬程度应根据岩块的饱和单轴抗压强度标准值 f_{rk} 按表1-8分为坚硬岩、较硬岩、较软岩、软岩和极软岩。当缺乏饱和单轴抗压强度资料或不能进行该项试验时，可在现场通过观察定性划分，划分标准见表1-9。

表1-8　岩石坚硬程度的划分

坚硬程度类别	坚硬岩	较硬岩	较软岩	软岩	极软岩
饱和单轴抗压强度标准值 f_{rk}/MPa	$f_{rk}>60$	$60 \geqslant f_{rk}>30$	$30 \geqslant f_{rk}>15$	$15 \geqslant f_{rk}>5$	$f_{rk} \leqslant 5$

表1-9　岩石坚硬程度的定性划分

名称		定性鉴定	代表性岩石
硬质岩	坚硬岩	锤击声清脆，有回弹，振手，难击碎，基本无吸水反应	未风化—微风化的花岗岩、闪长岩、辉绿岩、玄武岩、安山岩、片麻岩、石英岩、硅质砾岩、石英砂岩、硅质石灰岩等
	较硬岩	锤击声较清脆，有轻微回弹，稍振手，较难击碎，有轻微吸水反应	(1)微风化的坚硬岩； (2)未风化—微风化的大理岩、板岩、石灰岩、白云岩、钙质砂岩等
软质岩	较软岩	锤击声不清脆，无回弹，较易击碎，浸水后指甲可刻出印痕	(1)中等风化—强风化的坚硬岩或较硬岩； (2)未风化—微风化的凝灰岩、千枚岩、砂质泥岩、泥灰岩等
	软岩	锤击声哑，无回弹，有凹痕，易击碎，浸水后手可掰开	(1)强风化的坚硬岩和较硬岩； (2)中等风化—强风化的较软岩； (3)未风化—微风化的页岩、泥质砂岩、泥岩等
极软岩		锤击声哑，无回弹，有较深凹痕，手可捏碎，浸水后可捏成团	(1)全风化的各种岩石； (2)各种半成岩

岩体完整程度应按表 1-10 划分为完整、较完整、较破碎、破碎和极破碎。当缺乏试验数据时可按表 1-11 确定。

表 1-10　岩体完整程度的划分

完整程度等级	完整	较完整	较破碎	破碎	极破碎
完整性指数	＞0.75	0.75～0.55	0.55～0.35	0.35～0.15	＜0.15
注：完整性指数为岩体纵波波速与岩块纵波波速之比的平方。选定岩体、岩块测定波速时应有代表性。					

表 1-11　岩体完整程度的划分(缺乏试验数据时)

名　称	结构面组数	控制性结构面平均间距/m	代表性结构类型
完整	1～2	＞1.0	整状结构
较完整	2～3	0.4～1.0	块状结构
较破碎	＞3	0.2～0.4	镶嵌状结构
破碎	＞3	＜0.2	碎裂状结构
极破碎	无序	—	散体状结构

二、碎石土

碎石土为粒径大于 2 mm 的颗粒含量超过总质量 50％的土。碎石土可按表 1-12 分为漂石、块石、卵石、碎石、圆砾和角砾。

表 1-12　碎石土的分类

土的名称	颗粒形状	粒组含量
漂石	以圆形及亚圆形为主	粒径大于 200 mm 的颗粒含量超过土总质量 50％
块石	以棱角形为主	
卵石	以圆形及亚圆形为主	粒径大于 20 mm 的颗粒含量超过土总质量 50％
碎石	以棱角形为主	
圆砾	以圆形及亚圆形为主	粒径大于 2 mm 的颗粒含量超过土总质量 50％
角砾	以棱角形为主	
注：分类时应根据粒组含量栏从上到下以最先符合者确定。		

三、砂土

砂土为粒径大于 2 mm 的颗粒含量不超过总质量 50％、粒径大于 0.075 mm 的颗粒超过总质量 50％的土。砂土可按表 1-13 分为砾砂、粗砂、中砂、细砂和粉砂，见表 1-13。

表 1-13　砂土的分类

土的名称	粒组含量
砾砂	粒径大于 2 mm 的颗粒含量占土总质量 25％～50％
粗砂	粒径大于 0.5 mm 的颗粒含量超过土总质量 50％
中砂	粒径大于 0.25 mm 的颗粒含量超过土总质量 50％
细砂	粒径大于 0.075 mm 的颗粒含量超过土总质量 85％

续表

土的名称	粒组含量
粉砂	粒径大于 0.075 mm 的颗粒含量超过土总质量 50%
注：分类时应根据粒组含量栏从上到下以最先符合者确定。	

四、粉土

粉土为介于砂土与黏性土之间，塑性指数 I_P 小于或等于 10 且粒径大于 0.075 mm 的颗粒含量不超过土总质量 50%的土。

五、黏性土

黏性土是指塑性指数 I_P 大于 10 的土，一般可分为黏土和粉质黏土，见表 1-14。

表 1-14　黏性土的分类

塑性指数 I_P	土的名称
$I_P>17$	黏土
$10<I_P\leqslant 17$	粉质黏土
注：塑性指数由相应于 76 g 圆锥体沉入土样中深度为 10 mm 时测定的液限计算而得。	

黏性土的状态，可按表 1-15 分为坚硬、硬塑、可塑、软塑和流塑。

表 1-15　黏性土的状态

液性指数 I_L	状　态
$I_L\leqslant 0$	坚硬
$0<I_L\leqslant 0.25$	硬塑
$0.25<I_L\leqslant 0.75$	可塑
$0.75<I_L\leqslant 1$	软塑
$I_L>1$	流塑
注：当用静力触探探头阻力判定黏性土的状态时，可根据当地经验确定。	

六、人工填土

人工填土是指由人类活动而堆填的土，根据其物质组成和成因可分为素填土、压实填土、杂填土和冲填土四类。

(1)素填土为由碎石土、砂土、粉土、黏性土等组成的填土。

(2)压实填土为经过压实或夯实的素填土。

(3)杂填土为含有建筑垃圾、工业废料、生活垃圾等杂物的填土。

(4)冲填土为由水力冲填泥砂形成的填土。

【例 1-6】 已知某天然土样的天然含水量 $w=40.5\%$，天然重度 $\gamma=18.50\ \mathrm{kN/m^3}$，土粒相对密度 $G_s=2.75$，液限 $w_L=40.2\%$，塑限 $w_P=22.5\%$。试确定土的状态和名称。

解：

$$I_P = w_L - w_P = 40.2 - 22.5 = 17.7$$

$$I_L = (w - w_P)/I_P = (40.5 - 22.5)/17.7 = 1.02$$

则 $I_P > 17$，为黏土；$I_L > 1$，为流塑状态。

该土样的孔隙比

$$e = \frac{G_s \gamma_w (1 + w)}{\gamma} - 1 = \frac{2.75 \times 9.8 \times (1 + 0.405)}{18.50} - 1 = 1.047$$

因 $w > w_L$，且 $1 < e < 1.5$（天然含水量大于液限而天然孔隙比小于1.5但大于或等于1.0的黏性土或粉土为淤泥质土），故该土定名为淤泥质黏土。

本章小结

本章主要介绍土的成因与组成、土的结构与构造、土的物理性质指标、土的压实原理、最优含水量、物理状态指标及地基岩土的分类。

通过了解地质构造变迁，结合工程地质的演化过程，学习土的成因与组成；结合土体三相图的表达方式，进行土体物理性质指标的换算；重点理解击实功能对压实曲线的影响，以及最优含水量的概念；区别无黏性土密实度和黏性土物理状态的描述，并结合单向坐标轴进行物理状态的描述。

思考与练习

一、选择题

1. 在工程建设中，常根据不均匀系数 C_u 值来选择填土的土料，下列属于级配良好的土的是（　　）。

   A. $C_u=3$　　B. $C_u=5$　　C. $C_u=8$　　D. $C_u=11$

2. 砂土的密实度通常采用相对密实度 D_r 来判别，当 $D_r=0.5$ 时，属于（　　）砂土。

   A. 密实的　　B. 中密的　　C. 稍密的　　D. 松散的

3. 环刀切取一土样，测得体积为50 cm^3，质量为110 g，土样烘干后质量为100 g，土粒相对密度为2.70，则该土的相对密度为（　　）。

   A. 1.8　　B. 2.0　　C. 2.1　　D. 2.2

4. 粒径大于2 mm的颗粒含量超过总质量50%的土为（　　）。

   A. 碎石土　　B. 砂土　　C. 粉土　　D. 黏性土

5. 黏性土的液限指数为0.5时，其状态为（　　）。

   A. 硬塑　　B. 可塑　　C. 软塑　　D. 流塑

二、简答题

1. 土是怎样形成的？
2. 土体结构有哪几种？它与矿物成分及成因条件有何关系？
3. 土中三相比例指标中，哪些指标是直接测定的？哪些指标是推导得出的？
4. 土的物理性质指标中哪些对砂土的影响较大？哪些对黏土的影响较大？
5. 地基岩土分为几类？各类土划分的依据是什么？

三、计算题

1. 某原状土，测得天然重度 $\gamma=17\ kN/m^3$，含水量 $w=20\%$，土粒相对密度 $d_s=2.40$。试求土的孔隙比 e、孔隙率 n 及饱和度 S_r。

2. 某细土测得 $w=25\%$，$\gamma=17\ kN/m^3$，$G_s=2.68$，取 $\gamma_w=10\ kN/m^3$。将该砂样放入振动容器中，振动后砂样的质量为 0.535 kg，量得体积为 $0.22\times10^{-3}\ m^3$。松散时，质量为 0.540 kg 的砂样，量得体积为 $0.35\times10^{-3}\ m^3$。试求该砂土的天然孔隙比和相对密实度，并判断该土样的密实状态。

3. 用薄壁取样器采取某土的天然含水量 $w=36\%$，塑限 $w_P=24\%$，液限 $w_L=42\%$。试判别土的软硬程度和土的类别。

4. 已知某天然土样的天然含水量 $w=35\%$，天然重度 $\gamma=18.50\ kN/m^3$，土粒相对密度 $d_s=2.75$，液限 $w_L=33.5\%$，塑限 $w_P=20\%$。试确定土的状态和名称。

第二章　土的渗透性与渗流

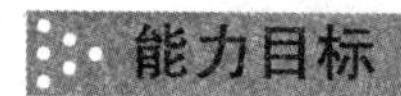

能力目标

能进行渗透力的计算；能够分辨渗透变形的形式，并能采取相应措施。

知识目标

1. 了解二维渗流方程，流网的特征、流网的绘制及流网的工程应用；
2. 熟悉水头和水力坡降的计算公式及达西定律的使用范围；
3. 熟悉土的渗透系数的影响因素，确定土的渗透系数的试验，渗透系数的适用条件；
4. 掌握渗透力的计算，渗透变形的形式及防治措施。

第一节　概　　述

由于土体本身具有连续的孔隙，当存在水位差时，水就会透过土体孔隙产生流动，这一现象称为渗透。土具有被水透过的性质称为土的渗透性。地下水在土孔隙或其他透水性介质中流动的现象称为渗流。这里所论及的水是指重力水。

水的渗流会引起两类工程问题——渗漏问题和渗透稳定问题。前者是因渗透而引起的水量损失。例如，无论用什么土筑坝，总会有一定渗透水量的损失。因此，渗漏问题可能会影响闸坝蓄水、渠道输水等工程的经济效益。后者是土的稳定性受到渗流破坏的问题。水在土中渗流会引起土体内部应力状态的变化，产生一系列与强度、变形有关的问题，从而改变土体的稳定条件，严重时还会酿成破坏事故。因此，如何确保在有渗流作用时的稳定性是非常重要的，关系到工程的成败。渗透水流将土体的细颗粒冲出、带走或局部土体产生移动等土体变形而引起的问题，常称为渗透变形问题，主要表现为流砂和管涌；由于渗流作用，水压力发生变化，导致整个土体发生滑动、坍塌或建筑物失稳，主要表现为岸坡滑动、挡土墙等构筑物的整体失稳。图 2-1 所示为土木、水利工程中典型的渗流问题。

土的渗透性的强弱，对土体的力学性质以及工程施工都会产生非常重要的影响。因此，必须对土的渗透性、水在土中的渗透规律及其与工程的关系进行深入研究，从而为土工建筑物或地基的设计、施工提供必要的参考依据。

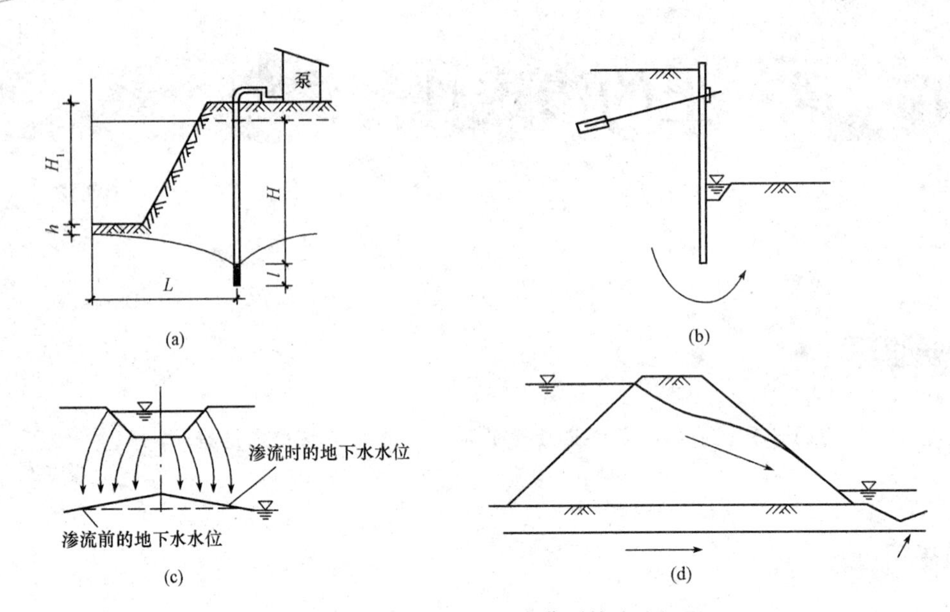

图 2-1　土木、水利工程中典型的渗流问题

(a)基坑外降水；(b)基坑内排水；(c)渠道渗流；(d)堤坝及坝基渗流

第二节　土的渗透性

一、水头和水力坡降

由水力学知识可知，水的流动符合能量守恒定律，如果由摩擦等引起的能量损失忽略不计，则伯努利(Bernoulli)方程可用下式表示：

$$\frac{v^2}{2g}+z+\frac{u}{\gamma_w}=h=\text{常数} \tag{2-1}$$

式中　$v^2/(2g)$——速度水头(v 为流速，g 为重力加速度)；

z——位置水头(从基准面到计算点的高度)；

u/γ_w——压力水头(u 为水压力，γ_w 为水的重度)；

h——总水头。

因为土中水的流速较小，速度水头项可忽略不计，此时可将式(2-1)写为

$$z+\frac{u}{\gamma_w}=h \tag{2-2}$$

所以土中水流动时，是从总水头(称之为势)h 高的地方向低的地方流。常说的“水从高处向低处流”，在这里不只是包括位置水头 z，还应该加上压力水头 u/γ_w。

图 2-2 表示渗流在土体中流经 A、B 两点时，各种水头的相互关系。按照式(2-2)，A、B 两点的总水头可分别表示为

$$h_A=z_A+\frac{u_A}{\gamma_w}$$

$$h_B = z_B + \frac{u_B}{\gamma_w}$$

$$h_A = h_B + \Delta h$$

式中　Δh——A 点和 B 点间的总水头差，表示单位质量液体从 A 点向 B 点流动时，为克服阻力而损失的能量。

如果为稳定渗流，将图 2-2 中 A、B 两点的测管水头连接起来，可得到测管水头线(又称水力坡降线)。由于渗流过程中存在能量损失，测管水头线沿渗流方向逐步下降。根据 A、B 两点间的水头损失，可定义水力坡降 i：

$$i = \frac{\Delta h}{L} \tag{2-3}$$

式中　L——A、B 两点间的渗流途径，简称渗径，也就是使水头损失为 Δh 的渗流长度。

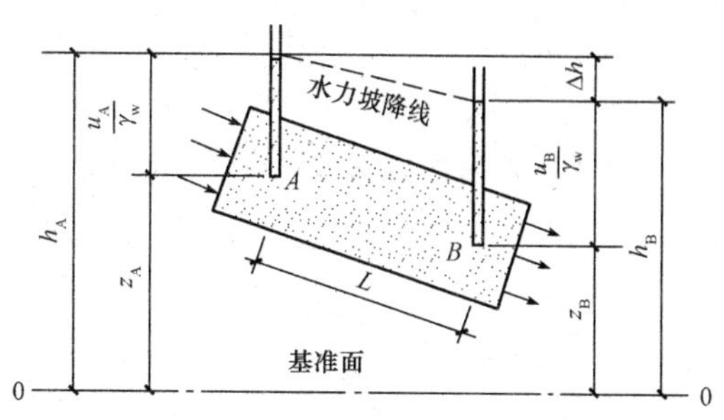

图 2-2　渗流中的各种水头和渗透坡降

可见，水力坡降 i 的物理意义为单位渗流长度上的水头损失。在研究土体的渗透规律时，水力坡降 i 是个十分重要的物理量。

二、达西定律

地下水在土体孔隙中渗透时，由于渗透阻力的作用，沿程必然伴随着能量的损失。为了揭示水在土体中的渗透规律，法国工程师达西(H. Darcy)经过大量的试验研究，于1856 年总结得出渗透能量损失与渗透速度之间的相互关系，即达西定律。

达西渗透试验装置如图 2-3 所示。装置中的①是横截面面积为 A 的直立圆筒，其上端开口，在其侧壁装有两支相距为 l 的侧压管。筒底以上一定距离处装一滤板②，滤板上填放颗粒均匀的砂土。水由上端注入圆筒，多余的水从溢水管③溢出，使筒内的水位维持一个恒定值。渗透过砂层的水从短水管④流入量杯⑤中，并以此来计算渗流量 q。设 Δt 时间内流入量杯的水体体积为 ΔV，则渗流量 $q = \Delta V / \Delta t$。同时读取断面 1—1 和断面 2—2 处的侧压管水头值 h_1 和 h_2，Δh 为两断面之间的水头损失。

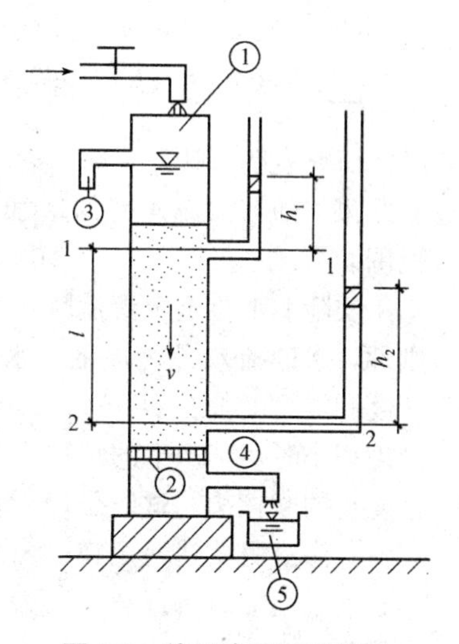

图 2-3　达西渗透试验装置

达西分析了大量试验资料，发现土中渗透的渗流量 q 与圆筒横截面面积 A 及水头损失 Δh 成正比，与横截面间距 l 成反比，即

$$q = kA\frac{\Delta h}{l} = kAi \tag{2-4}$$

或

$$v = \frac{q}{A} = ki \tag{2-5}$$

式中　i——水力梯度，也称水力坡降，$i = \Delta h / l$；

k——渗透系数，其值等于水力梯度为 1 时水的渗透速度(cm/s)；

A——土样横截面面积(cm^2 或 m^2)；

v——渗透速度(cm/s 或 m/d)；

q——单位时间渗流量(cm^3/s 或 m^3/d)。

式(2-4)和式(2-5)所表示的关系称为达西定律，它是渗透的基本定律。达西定律是由砂质土体试验得到的，后来推广应用于其他土体，如黏性土和具有细裂隙的岩石等。

【例 2-1】 在达西渗透试验中，假设试管中的砂土为两种土样，土样 1 位于土样 2 的上部，它们的高度都是 20 cm，总水头损失为 40 cm，土样 1 的渗透系数为 0.03 cm/s，土样 2 的水力坡降为 0.5。求土样 2 的渗透系数和土样 1 的水力坡降。

解：水流过土样 1 和土样 2 的水头损失之和等于总水头损失，即

$$\Delta h_1 + \Delta h_2 = \Delta h = 40 \text{ cm}$$

根据水力坡降的概念，有

$$i_2 = \Delta h_2 / L_2 = 0.5$$

$$\Delta h_2 = 0.5 \times 20 = 10(\text{cm})$$

解得

$$\Delta h_1 = 30 \text{ cm}$$

$$i_1 = \Delta h_1 / L_1 = 30/20 = 1.5$$

水在土样 1 和土样 2 中渗流时的速度是相同的，满足水流连续条件。根据达西定律得

$$v = k_1 i_1 = k_2 i_2$$

于是可得

$$k_2 = \frac{k_1 i_1}{i_2} = \frac{0.03 \times 1.5}{0.5} = 0.09(\text{cm/s})$$

三、达西定律的适用范围

研究表明，达西定律所表示渗流速度与水力坡降呈正比关系是在特定的水力条件下的试验结果。随着渗流速度的增加，这种线性关系不再存在，因此，达西定律应该有一个适用范围。

实际上水在土中渗流时，由于土中孔隙的不规则性，水的流动是无序的，水在土中渗流的方向、速度和加速度都在不断改变。当水运动的速度和加速度很小时，其产生的惯性力远远小于由液体黏滞性产生的摩擦力，这时黏滞力占优势，水的运动是层流，渗流服从达西定律；当水运动速度达到一定的程度，惯性力占优势时，由于惯性力与速度的平方呈正比，达西定律就不再适用了，但是这时的水流仍属于层流范围。图 2-4 所示为一条典型的水力坡降与渗流速度之间的关系曲线，图中虚线为达西定律。当雷诺数 $Re<10$ 时，渗流服从达西定律，而层流的临界 Re 一般要大于 100。

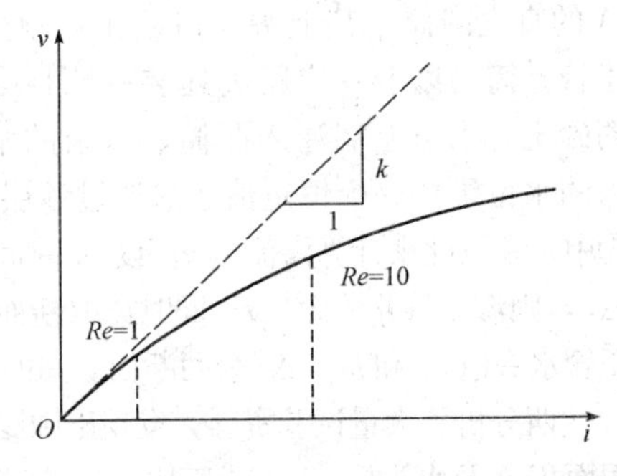

图 2-4　水力坡降与渗流速度的关系曲线

实际上，水在土中渗流时服从达西定律存在一个界限问题。现在来讨论一下达西定律的上限值，如水在粗颗粒土中渗流时，随着渗流速度的增加，水在土中的运动状态可以分成以下三种情况：

(1)水流速度很小，为黏滞力占优势的层流，达西定律适用，这时雷诺数 Re 为 1～10。

(2)水流速度增加到惯性力占优势的层流和层流向紊流过渡时，达西定律不再适用，这时雷诺数 Re 为 10～100。

(3)随着雷诺数 Re 的增大，水流进入紊流状态，达西定律完全不适用。

另外，在黏性土中，土颗粒周围结合水膜的存在使土体呈现一定的黏滞性。因此，一般认为黏土中自由水的渗流必然会受到结合水膜黏滞力的影响，只有当水力坡降达到一定数值后渗流才能发生，将这一水力坡降称为黏性土的起始水力坡降 i_0，即存在一个达西定律有效范围的下限值。此时，达西定律可写成

$$v=k(i-i_0) \tag{2-6}$$

图 2-5 绘制出典型砂土和黏性土的渗透试验结果。其中，直线 a 表示砂土的结果，虚线 b 表示黏性土的结果，对于后者，为应用方便起见，一般用折线来代替(直线 c)。

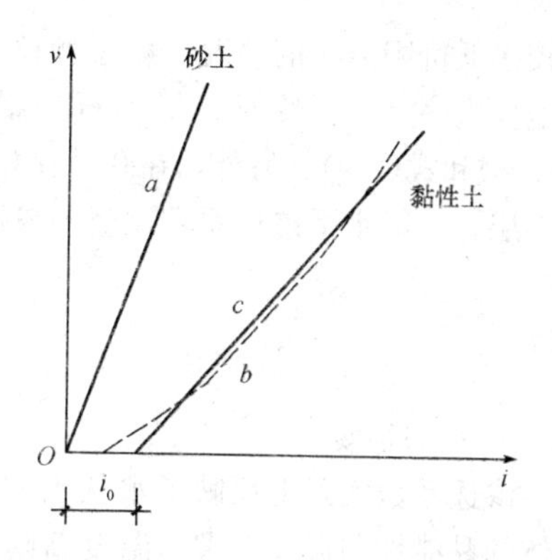

图 2-5　砂土和黏土渗透规律的比较

四、土的渗透系数的影响因素

渗透系数是土的一个重要的特性指标，影响渗透系数的有土的因素和水的因素。土的因素包括孔隙比、颗粒的大小与级配、土的矿物成分、土体的结构以及土的饱和度等；水的因素主要有水的温度与孔隙水中的离子成分等。其中，影响最大的因素是土的颗粒大小与级配和孔隙比。

1. 土的孔隙比

由于渗流是在土中联通的孔隙中发生的，孔隙比 e 较大，表明土中的实际过水断面较大，则达西渗流流速 v 就较大。试验结果表明，砂土的 k 近似与 e^2、$e^2/(1+e)$ 或者 $e^3/(1+e)$ 成正比。但是对于黏性土，这种关系不完全成立。

2. 土的颗粒大小与级配

土中的孔隙通道越细小，在相同过流面积的情况下，水与固体间的接触周长(或水力季中的“湿周”)就越大，对水流的阻力也就越大，水的平均流速就降低了。而土中的孔隙通道的粗细与土的颗粒大小与级配是有关的，尤其是受土的细颗粒影响较大。例如，对于均匀的砂土，哈臣(A. Hazen，1911)建议如下经验公式：

$$k=Cd_{10}^2\text{(cm/s)} \tag{2-7}$$

式中　d_{10}——土的有效粒径(mm)；

C——与土性有关的经验系数，$C=0.4\sim1.2$。

3. 土的饱和度

本章主要讨论饱和土中水的渗流。实际上，自然界存在大量的非饱和土，即使是地下水水位以下的土，也不一定是完全饱和的。孔隙水中哪怕是存在少量的小气泡，也会减少孔隙通道的截面面积，堵塞小的孔隙流道，从而明显减少土的渗透系数。所以，在渗透试验中需要对土样进行处理，使其达到充分饱和。图 2-6 所示的是某砂土的饱和度与渗透系数的关系。

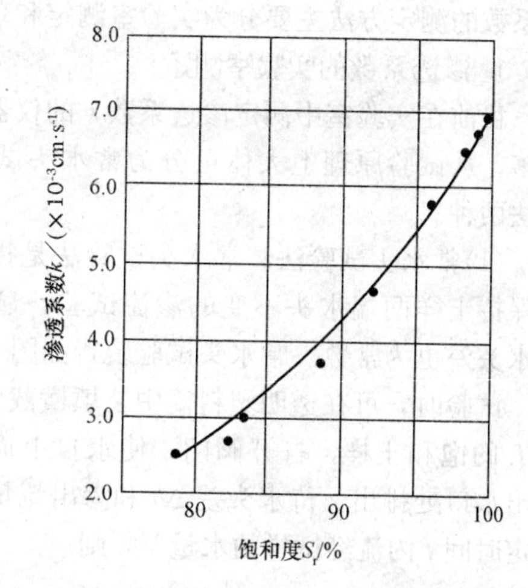

图 2-6　某砂土的饱和度与渗透系数的关系

4. 土的矿物成分与土体的结构

与砂土比较，孔隙比 e 相同的黏土的渗透系数要小得多。这是由于黏土颗粒及孔隙细小，对水流的阻力更大；也是由于黏土颗粒表面双电层的结合水阻碍了水的流动，对于孔隙水中含

有较多低价阳离子的情况，黏土颗粒表面的结合水膜更厚，其渗透系数也就更小。黏土矿物的渗透性次序是：高岭石＞伊利石＞蒙脱石。黏土渗透系数与孔隙比及塑性指数间的关系，见式(2-8)和式(2-9)。另外，在孔隙比相同时，絮凝结构比分散结构的土渗透系数更大。天然沉积的土层，一般水平渗透系数比竖向渗透系数大。

$$\lg k=\frac{e-10\beta}{\beta} \tag{2-8}$$

$$\beta=0.01I_P+0.05 \tag{2-9}$$

5. 水的温度

渗透系数实际上反映了水从土的孔隙通道中流过时与土颗粒表面间的摩擦阻力或黏滞力。流体的黏滞性与温度有关，温度高则黏滞性降低，渗透系数提高。所以，从试验测得的渗透系数 k_T 需要经过温度修正，得到在20℃下的标准值 k_{20}。我国《土工试验规程》(SL 237—1999)中规定：

$$k_{20}=k_T\frac{\eta_T}{\eta_{20}} \tag{2-10}$$

式中 η_T——T℃时水的动力黏滞系数，[kPa·s(10^{-6})]；

η_{20}——20℃时水的动力黏滞系数[kPa·s(10^{-6})]。

其中，黏滞系数比 η_T/η_{20} 与温度的关系见表2-1。

表2-1 黏滞系数比与温度的关系

T/℃	5	10	15	20	25	30	35
η_T/η_{20}	1.501	1.297	1.133	1.000	0.890	0.798	0.720

五、确定土的渗透系数的试验

渗透系数 k 是代表土渗透性强弱的定量指标，也是进行渗流计算时必须用到的一个基本参数。不同种类的土，k 值差别很大。因此，准确地测定土的渗透系数是一项十分重要的工作。渗透系数的测定方法主要分为实验室测定和现场测定两种。

1. 渗透系数的实验室测定

目前在实验室中测定渗透系数 k 的仪器种类和试验方法很多，从试验原理上大体可分为常水头试验法和变水头试验法两种。

(1)常水头试验法。常水头试验法是指在整个试验过程中保持土样两端水头不变的渗流试验。显然此时土样两端的水头差也为常数。常水头试验装置如图2-7所示。

试验时，可在透明塑料筒中装填横截面面积为 A，长度为 L 的饱和土样，打开阀门，使水自上而下渗过土样，并自出水口处排出。待水头差 Δh 和渗出流量 Q 稳定后，量测一定时间 t 内流经试样的水量 V，则

$$V=Qt=vAt$$

根据达西定律 $v=ki$ 得

$$V=k\frac{\Delta h}{L}At$$

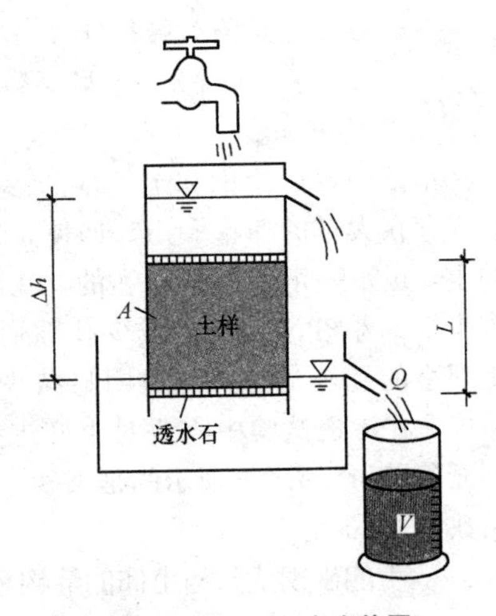

图2-7 常水头试验装置

从而得出

$$k=\frac{VL}{A\Delta ht} \tag{2-11}$$

常水头试验适用于测定透水性较大的砂性土的渗透系数。黏性土由于渗透系数小，渗透水量少，用这种试验不易准确测定，需改用变水头试验。

(2)变水头试验法。变水头试验法是指在试验过程中土样两端水头差随时间变化的渗流试验，其装置如图 2-8 所示。水流从一根直立的带有刻度的玻璃管和 U 形管自下而上渗过土样。试验时，先将玻璃管充水至需要的高度后，测记土样两端在 $t=t_1$ 时刻的起始水头差 Δh_1。之后打开渗流开关，同时开动秒表，经过一定时间后，再测记土样两端在终了时刻$t=t_2$的水头差 Δh_2。根据上述试验结果和达西定律，即可推出土样渗透系数的表达式。

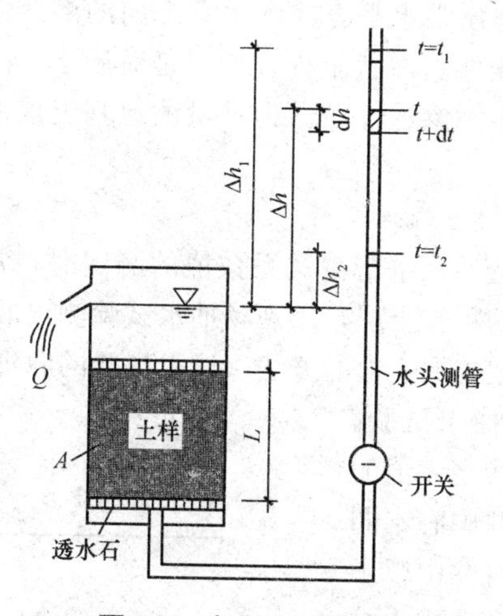

图 2-8　变水头试验装置

设试验过程中任意时刻 t 作用于土样两端的水头差为 Δh，经过 $\mathrm{d}t$ 微时段后，管中水位下降 $\mathrm{d}h$，则 $\mathrm{d}t$ 时段内流入试样的水量微增量为

$$\mathrm{d}V_s=-a\mathrm{d}h$$

式中　a——玻璃管横断面面积，负号表示流入水量随 Δh 的减少而增加。

根据达西定律，$\mathrm{d}t$ 时段内流出土样的渗流量为

$$\mathrm{d}V_o=kiA\mathrm{d}t=k\frac{\Delta h}{L}A\mathrm{d}t$$

式中　A——土样的横断面面积；

L——土样长度。

根据水流连续原理，应有 $\mathrm{d}V_e=\mathrm{d}V_o$，即

$$-a\mathrm{d}h=k\frac{\Delta h}{L}A\mathrm{d}t$$

$$\mathrm{d}t=-\frac{aL}{kA}\cdot\frac{\mathrm{d}h}{\Delta h}$$

等式两边各自积分：

$$\int_{t_1}^{t_2}\mathrm{d}t=-\frac{aL}{kA}\int_{\Delta h_1}^{\Delta h_2}\frac{\mathrm{d}h}{\Delta h}$$

$$t_2-t_1=\Delta t=\frac{aL}{kA}\ln\frac{\Delta h_1}{\Delta h_2}$$

从而得到土样的渗透系数：

$$k=\frac{aL}{A\Delta t}\ln\frac{\Delta h_1}{\Delta h_2} \tag{2-12}$$

若改用常用对数表示，则上式可写为

$$k=2.3\frac{aL}{A\Delta t}\lg\frac{\Delta h_1}{\Delta h_2} \tag{2-13}$$

通过选定几组不同的 Δh_1、Δh_2 值，分别测出它们所需的时间 Δt，利用式(2-12)或式(2-13)计算土体的渗透系数 k，然后取平均值，作为该土样的渗透系数。变水头试验适用于测定透水性较小的黏性土的渗透系数。

实验室内测定土体渗透系数的优点是试验设备简单，费用较省。但是，由于土体的渗透性与土体的结构有很大的关系，地层中水平方向和垂直方向的渗透性也往往不一样；再加之取土样时的扰动，不易取得具有代表性的原状土样，特别是对砂土。因此，室内试验测出的数值常常不能很好地反映现场土层的实际渗透性质。为了量测地基土层的实际渗透系数，可直接在现场进行渗透系数的原位测定。

2. 渗透系数的现场测定

在现场研究地基土层的渗透性，进行渗透系数值的测定时，常采用现场井孔抽水试验或井孔注水试验的方法。对于均质的粗粒土层，用现场抽水试验测出的值往往比室内试验更为可靠。下面主要介绍采用抽水试验确定土层 k 值的方法。注水试验的原理与抽水试验十分类似。

图 2-9 所示为潜水层中的抽水试验。在现场打一口试验井，贯穿要测定 k 值的含潜水的均质砂土层，并在距井中心不同距离处设置两个观察孔，然后自井中以不变的流量连续进行抽水。抽水会造成水井周围的地下水水位逐渐下降，形成一个以井孔为轴心的降落漏斗状的地下水面。测定试验井和观察孔中的稳定水位，可以得到试验井周围测压管水面的分布图。测管水头差形成的水力坡降，使土中水流向井内。假定水流是水平流向，则流向水井渗流的过水断面应是以抽水井为中心的一系列同心圆柱面。待抽水量和井中的水位稳定一段时间后，可测得抽水量为 Q，距离抽水井轴线分别为 r_1、r_2 的观察孔中的水位高度为 h_1、h_2。根据上述结果，利用达西定律即可求出土层的平均渗透系数 k 值。

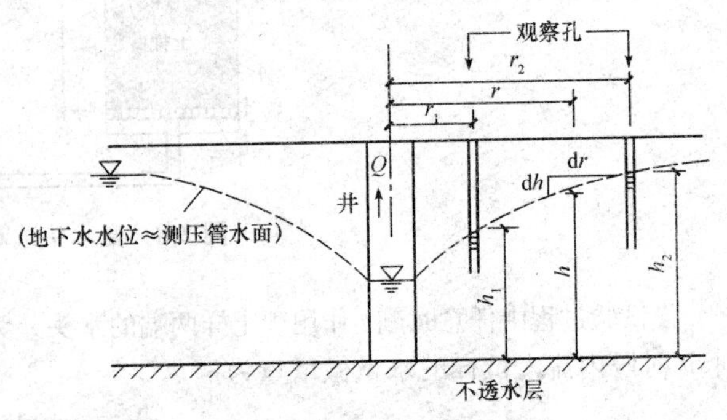

图 2-9　潜水层中的抽水试验

现围绕井中心轴线取一过水圆柱断面，该断面距井中心轴线的距离为 r，水面高度为 h，则该圆柱断面的过水断面面积 A 为

$$A=2\pi rh$$

设该过水断面上各处的水力坡降为常数，且等于地下水水位线在该处的坡降，则

$$i=\frac{dh}{dr}$$

根据达西定律，单位时间内井内抽出的水量为

$$q=Aki=2\pi rhk\frac{dh}{dr}$$

$$q\frac{\mathrm{d}r}{r}=2\pi hk\mathrm{d}h$$

两边积分得

$$q\int_{r_1}^{r_2}\frac{\mathrm{d}r}{r}=2\pi k\int_{h_1}^{h_2}h\mathrm{d}h$$

可得渗透系数：

$$k=\frac{q}{\pi}\frac{\ln(r_2/r_1)}{(h_2^2-h_1^2)}$$

六、渗透系数的适用条件

达西定律指出，土的渗透流速与其水力坡降间呈线性关系，比例常数是渗透系数 k。

这是在流体处于层流和流体的流变方程符合牛顿定律(剪应力与剪应变的速率成正比)的前提下才成立的。对于粗颗粒土，存在大孔隙通道，在高水力坡降下可能会使渗流变成紊流；在黏土中，由于水与土颗粒表面相互作用，也可能使流变方程偏离牛顿定律。这分别成了达西定律适用情况的上、下限。

1. 粗粒料的渗透性

水在某些粗颗粒土，如砾石、卵石的孔隙中流动时，水流形态可能发生变化，随流速增大，呈紊流状态，渗流不再服从达西定律。用雷诺数 Re 可判断粗粒土中的流态，土体中水流的雷诺数可按式(2-14)计算而得，即

$$Re=\frac{vd_{10}}{\eta} \tag{2-14}$$

式中 v——流速；

d_{10}——土的有效粒径；

η——水的动力黏滞系数。

则土中水流的平均流速可依不同的雷诺数，按式(2-15)计算。

$$\begin{aligned}&Re<5\text{ 时，为层流，}v=ki\\&200>Re>5\text{ 时，为过渡区，}v=ki^{0.74}\\&Re>200\text{ 时，为紊流，}v=ki^{0.5}\end{aligned} \tag{2-15}$$

也可不计流动形态，用统一公式模拟试验结果，例如：

$$i=aq+bq^2 \tag{2-16}$$

或

$$i=aq^m(m=1\sim2) \tag{2-17}$$

式中 q——单位面积断面的流量；

a，b——试验确定的常数。

层流区、过渡区与紊流区，如图 2-10 所示。

2. 黏性土的渗透性

一般认为，达西定律对于黏性土也是适用的。可是，在较低的水力坡降下，某些黏性土的渗透试验表明，v 与 i 之间偏离牛顿流体的直线关系，如图 2-11 所示。对于这一现象有不同解释，但是一般认为这是由于黏性土颗粒表面与孔隙水间的物理化学作用产生的结果，也即双电层内的结合水与一般流体不同，呈半固体和黏滞状态，因而有较大的黏滞性，即不服从牛顿黏滞定律，只有在较大的起始坡降 i_0 下，达到其屈服强度才开始正常流动。这种情况可以表示为

两段，即 $v=ki^n$ 和 $v=k(i-i_0)$，一般可选 $n=1.6$。

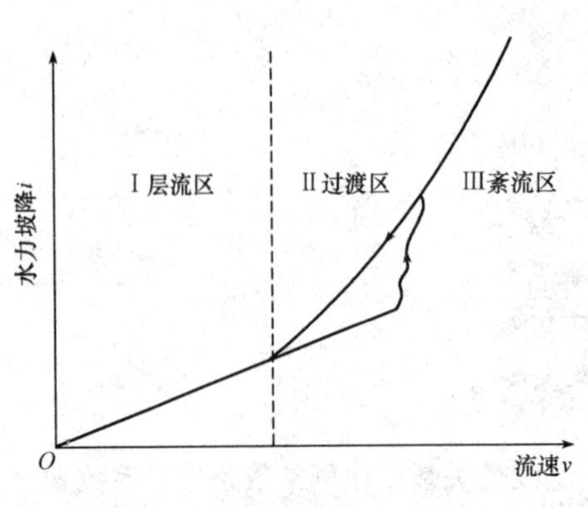

图 2-10　层流区、过渡区与紊流区

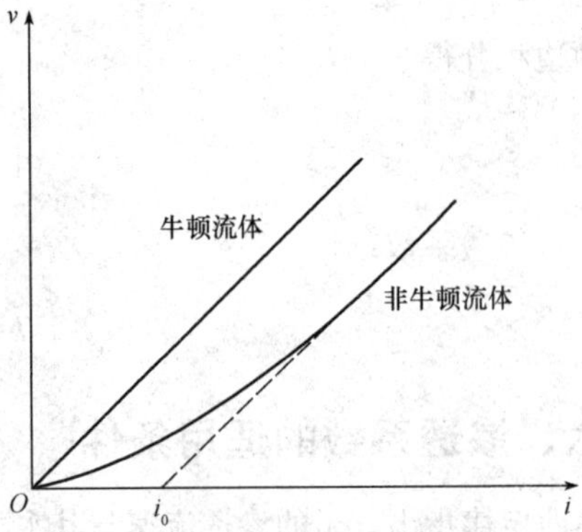

图 2-11　黏性土的初始水力坡降

第三节　二维渗流和流网

当土中水在孔隙中只沿一个方向渗流时，称为一维渗流。一维渗流可直接利用达西定律进行渗流计算。在实际工程中遇到的渗流问题，常常属于边界条件复杂的二维或三维渗流问题。例如，混凝土坝下透水地基中的渗流可近似当成二维渗流，而基坑降水一般是三维的渗流，如图 2-12 所示。在这些问题中，渗流的轨迹(流线)都是弯曲的，不能再视为一维渗流。为了求解这些渗流场中各处的测管水头、水力坡降和渗流速度等，需要建立多维渗流的控制方程，并在相应的边界条件下进行求解。

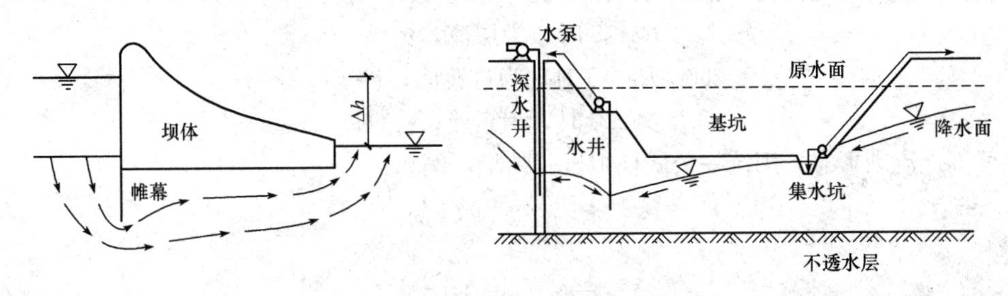

图 2-12　二维和三维渗流

一、二维渗流方程

从二维稳定渗流场中任取一微单元体，如图 2-13 所示，其厚度为 $dy=1$，面积为 $dxdz$，沿 x 轴方向和 z 轴方向的渗流速度分别为 v_x 和 v_z，则单位时间内流入微单元体的水量 dq_e 为

$$dq_e=v_x dz+v_z dx \tag{2-18}$$

单位时同内流出微单元体的水量 dq_o 为

$$dq_o=\left(v_x \frac{\partial v_x}{\partial x}+dx\right)dz+\left(v_z+\frac{\partial v_z}{\partial z}dz\right)dx \tag{2-19}$$

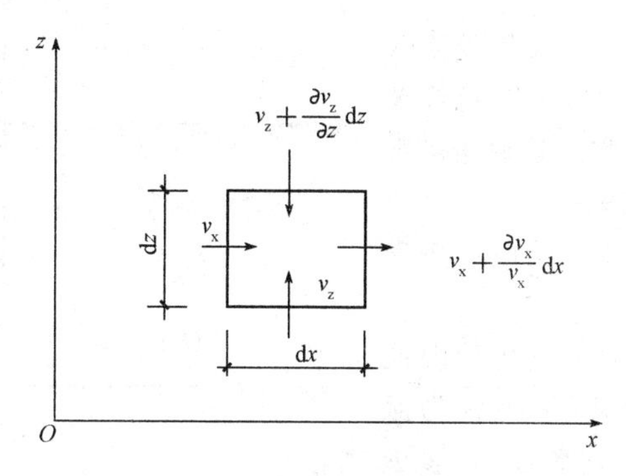

图 2-13　二维渗流的连续条件

根据水流连续原理，单位时间内流入和流出微单元体的水量应相等，即

$$dq_e = dq_o \tag{2-20}$$

可进一步得

$$\frac{\partial v_x}{\partial x}+\frac{\partial v_z}{\partial z}=0 \tag{2-21}$$

根据达西定律有

$$v_x = k_x i_x = k_x\frac{\partial h}{\partial x} \tag{2-22}$$

代入式(2-22)即可得出

$$k_x\frac{\partial^2 h}{\partial x^2}+k_z\frac{\partial^2 h}{\partial z^2}=0 \tag{2-23}$$

式(2-23)是二维稳定渗流的基本方程。

对于各向同性的均质土，$k_x=k_z$，式(2-23)变为

$$\frac{\partial^2 h}{\partial x^2}+\frac{\partial^2 h}{\partial z^2}=0 \tag{2-24}$$

式(2-23)为拉普拉斯方程，是各向同性均质土中二维稳定渗流的基本方程。

利用边界条件对式(2-23)和式(2-24)进行求解后，就可计算渗流速度、流量等值。

二、流网

拉普拉斯方程表明，渗流场内任一点水头是其坐标的函数，知道了水头分布，即可确定渗流场的其他特征。求解拉氏方程一般有四种方法，即数学解析法、数值解法、近似作图法和模型试验法。实际工程中的渗流问题，其边界条件往往比较复杂，数学解析法虽然严密，但数学求解上存在较大困难；数值解法目前在工程中难以推广；模型试验法在操作上比较复杂。故常用的方法还是近似作图法，其简便、快速，在工程中应用广泛。近似作图法应用绘制流网的方法求解拉氏方程的近似解。

1. 流网的特征

流网是由流线和等势线所组成的曲线正交网格。在稳定渗流场中，流线表示水质点的流动路线，流线上任一点的切线方向都是流速矢量的方向。等势线是渗流场中势能或水头的等值。图 2-14 为板桩墙围堰流网，图中实线为流线，虚线为等势线。

对于各向同性渗流介质，由水力学知，流网具有下列特征：

(1)流线与等势线互相正交。

(2)流网为曲边正方形。流线与等势线构成的各个网格的长宽比为常数。当长宽比为1时，网格为曲线正方形，这也是最常见的一种流网。

(3)任意两条相邻等势线之间的水头损失相等。

(4)任意两条相邻流线之间的单位渗流量相等，相邻流线之间的渗流区域称为流槽，每一流槽的单位流量与总水头 h、渗透系数 k 及等势线间隔数有关，与流槽位置无关。

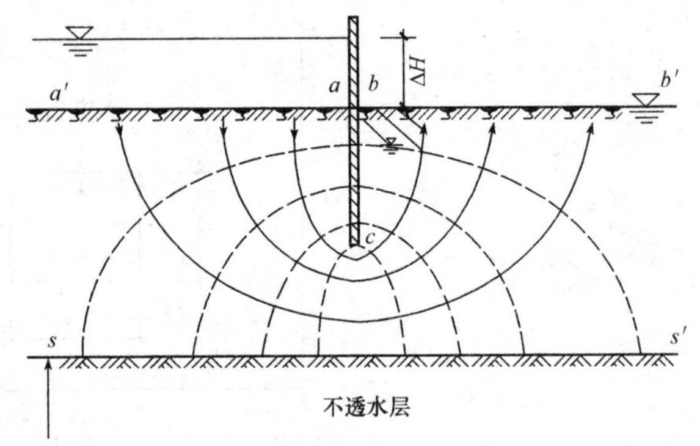

图 2-14　板桩墙围堰流网

(5)上下游水位下的坝坡和库底均为等势线，总水头分别为上下游库水位。

(6)坝下不透水层面为流线。

(7)浸润线为一流线，其水头等于线上各点标高。

(8)渗流在下游坝坡上的溢出段与浸润线一样，各点水头随标高而变化。

(9)不同土层交界面上，$\tan\alpha_1/\tan\alpha_2=k_1/k_2$。

2. 流网的绘制

图 2-14 所示的流网的绘制步骤如下：

(1)按一定比例绘制出结构物和土层的剖面图。

(2)判定边界条件，图中 aa' 和 bb' 为等势线(透水面)；acb 和 ss' 为流线(不透水面)。

(3)试绘制若干条流线(应相互平行，不交叉且是缓和曲线)。流线应与进水面、出水面(等势线 aa' 和 bb')正交，并与不透水面(流线 ss')接近平行，不交叉。

(4)绘制等势线。需与流线正交，且每个渗流区的形状接近“方块”。

上述过程不可能一次就合适，需经过反复修改等势线和流线，直到满足上述条件为止。流网绘制出后，既可直观地获得渗流特性的总体轮廓，又可求得渗流场中各点的测管水头、水力梯度、渗透速度和渗流量。

3. 流网的工程应用

正确绘制出流网后，可以用它来求解渗流量、渗流速度及渗流区的孔隙水压力等。下面以图 2-15为例，来说明流网的工程应用。

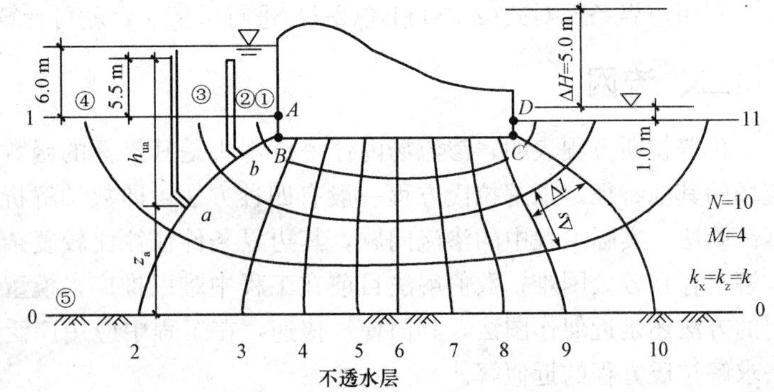

图 2-15　混凝土坝下流网

(1)测管水头。根据流网特征可知，任意两相邻等势线间的势能差相等，即水头损失相等，从而算出相邻两条等势线之间的水头损失 Δh，即

$$\Delta h=\Delta H/N=\Delta H/(n-1) \tag{2-25}$$

式中　ΔH——上、下游水位差，也就是水从上游渗到下游的总水头损失；

N——等势线间隔数($N=n-1$)；

n——等势线数。

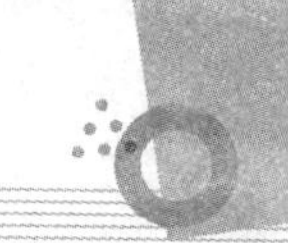

此处，$n=11$，$N=10$，$\Delta H=5.0$ m，故每一个等势线间隔所消耗的水头 $\Delta h=5/10=0.5$(m)。有了 Δh 就可求出任意点的测管水头。例如，求 n 点的测管水头 h_a，以 0—0 为基准面，$h=h_{ua}+z_a$；z_a 为 a 点的位置高度，为已知值，关键是求 h_{ua} 值的大小。因为 a 点位于第 2 条等势线上，所以，测管水位应在上游降低一个 Δh，故其测管水位应在上游地表面以上的 $6.0-0.5=5.5$(m)处。压力水头 h_{ua}的高度可自图中按比例直接量出。

(2)孔隙水压力。如前所述，渗流场中各点的孔隙水压力，等于该点测压管水柱高度 h_{ua}与水的重度 γ_w 的乘积，故 a 点的孔隙水压力为

$$u_a=h_{ua}\times\gamma_w \tag{2-26}$$

应注意，图中 2-15 所示 a、b 两点位于同一等势线上，其测管水头虽然相同，即$h_a=h_b$，但其孔隙水压力却不同，$u_a\neq u_b$。

(3)水力坡降。流网中任意网络的平均水力坡降 $i=\Delta h/\Delta l$，Δl 为该网格处流线的平均长度，可从图 2-15 中量出。由此可知，流网中网格越密，其水力坡降越大。故图 2-15 中，下游坝址水流渗出地面处(CD 段)的水力坡降最大。该处的坡降称为逸出坡降。

(4)渗流速度。各点的水力坡降已知后，渗流速度的大小可根据达西定律求出，即$v=ki$，其方向为流线的切线方向。

(5)渗流量。流网中任意两相邻流线间的单宽流量 Δq 是相等的，因为

$$\Delta q=v\Delta A=ki\Delta s\times1.0=k(\Delta h/\Delta l)\Delta s \tag{2-27}$$

当取 $\Delta l=\Delta s$ 时

$$\Delta q=k\Delta h \tag{2-28}$$

由于 Δh 是常数，故 Δq 也是常数。

通过坝下渗流区的总单宽流量可知

$$q=\sum\Delta q=M\Delta q=Mk\Delta h \tag{2-29}$$

式中 M——流网中的流槽线，数值上等于流线数减 1，此处，$M=4$。

通过坝底的总渗流量为

$$Q=qL \tag{2-30}$$

式中 L——坝基长度。

另外，还可通过流网上的等势线求解作用于坝底上的渗透压力，可参考水工建筑物方面的相关文献。

【例 2-2】 图 2-16 所示为板桩打入透水土层后形成的流网。已知透水土层深为 18.0 m，渗透系数 $k=5\times10^{-4}$ mm/s，板桩打入土层表面以下 9.0 m，板桩前后水深如图 2-16 所示。

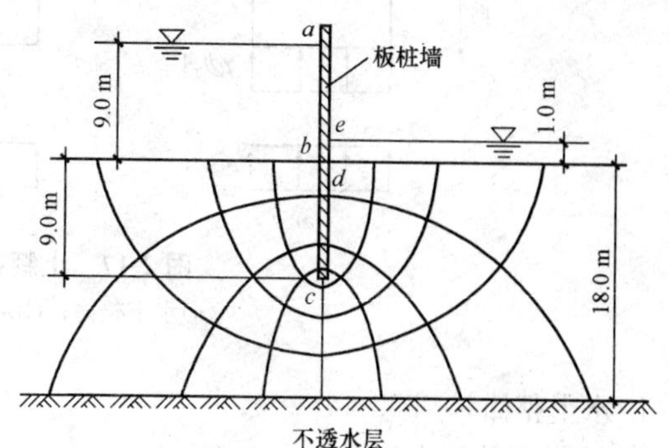

图 2-16 例 2-2 图

试求：(1)图中所示 a、b、c、d、e 各点的孔隙水压力。

(2)地基的单宽渗流量。

解：(1)根据图的流网可知，每一等势线间隔的水头降落 $\Delta h=(9.0-1.0)/8=1.0$(m)。

列表计算 a、b、c、d、e 点的孔隙水压力，见表 2-2。其中，$\gamma_w=9.8$ kN/m³。

(2)地基的单宽渗流量。

将$M=4$，$\Delta h=1.0\ \text{m}$，$k=5\times10^{-4}\ \text{mm/s}=5\times10^{-7}\ \text{m/s}$，代入式$q=\sum\Delta q=M\Delta q=Mk\Delta h$得$q=4\times1.0\times5\times10^{-7}=2\times10^{-6}(\text{m}^2/\text{s})$。

表 2-2 例 2-2 计算表

位置	位置水头 z/m	测管水头 h/m	压力水头 h_u/m	孔隙水压力 u/kPa
a	27.0	27.0	0	0
b	18.0	27.0	9.0	88.2
c	9.0	23.0	14.0	137.2
d	18.0	19.0	1.0	9.8
e	19.0	19.0	0	0

第四节 渗透力与渗透变形

一、渗透力的计算

如果土体中任意两点的总水头相同，它们之间没有水头差产生，那么渗流就不会发生；如果它们之间存在水头差，土中将产生渗流。水头差Δh是渗流穿过L高度土体时所损失的能量，说明土粒给水流施加了阻力；反之，渗流必然对每个土粒有推动、摩擦和拖曳作用。渗透力，也称渗流力，就是当在饱和土体中出现水头差时，作用于单位体积土骨架上的力，用j表示。

在渗流场中沿流线方向取一截面面积为A、长为L的土样进行分析。由于渗透力是水流和土颗粒之间的作用力，因此对水土整体来说，它是一个内力。基于此，将水和土颗粒的受力情况分开来考虑。如图 2-17 所示，等号左边为水土整体的受力情况，等号右边的第一项为土颗粒的受力情况，第二项为水的受力情况，这时作用在土样上的力如下。

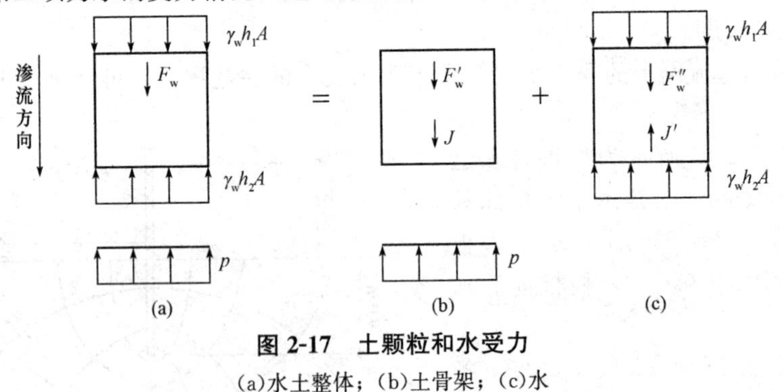

图 2-17 土颗粒和水受力

(a)水土整体；(b)土骨架；(c)水

1. 水土整体

(1)流入面的静水压力为$\gamma_w h_1 A$。

(2)流出面的静水压力为$\gamma_w h_2 A$。

(3)土样重力在流线上的分量$F_w=\gamma_{sat}LA$。

(4)土样底面所受的反力p。

其中，$h_2=h_1+L-\Delta h$。

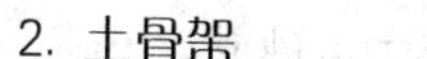

2. 土骨架

(1)由于土骨架浸于水中，故受浮重力 $F'_w=\gamma' LA$。

(2)总渗透力 $J=jLA$，方向向下。

(3)土样底面所受的反力为 p。

3. 水

(1)孔隙水质量和土粒浮力反力之和为 $F''_w=\gamma_w LA$。

(2)流入面和流出面的静水压力为 $\gamma_w h_1 A$ 和 $\gamma_w h_2 A$。

(3)土粒对水的阻力作用 J'，大小与渗透力相同，方向相反，即 $J'=J=jLA$。

以土样中的水为隔离体进行受力分析，在垂直方向满足力的平衡条件，那么

$$\gamma_w h_1 A+\gamma_w LA-\gamma_w h_2 A=J'=jLA \tag{2-31}$$

利用条件 $h_2=h_1+L-\Delta h$，得到单位土体土颗粒所受的渗透力为

$$j=\frac{\gamma_w \Delta h}{L}=\gamma_w i$$

总渗透力为

$$J=\gamma_w \Delta h A \tag{2-32}$$

渗透力表示的是水流对单位体积土体颗粒的作用力，是由水流的外力转化为均匀分布的体积力，普遍作用于渗流场中所有的颗粒骨架上，其大小与水力坡降呈正比，方向与渗流的方向一致。

因此，当水的渗流由上向下时，土颗粒之间的接触压力增大；当水的渗流由下向上时，土颗粒之间的接触压力减小，如图 2-18 所示。此时在土体表面取一单元土体进行分析，则当向上的渗透力 j 与土的有效重度 γ' 相等时，土颗粒之间的压力为 0，即

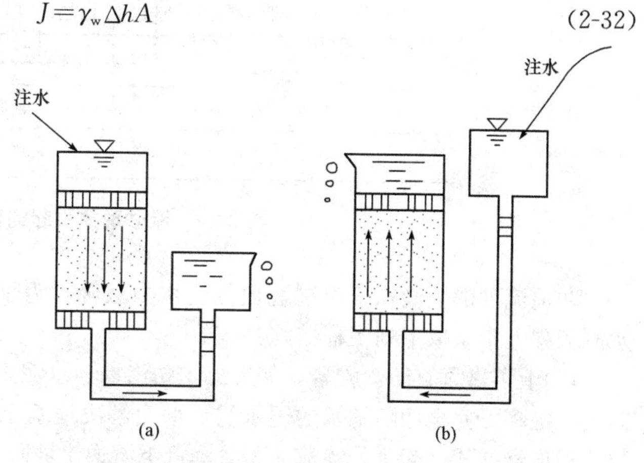

图 2-18　渗流方向对土颗粒间作用力的影响

(a)向下渗透；(b)向上渗透

$$j=\gamma_w i=\gamma'=\gamma_{sat}-\gamma_w$$

此时，可定义临界水力坡降为

$$i_{cr}=\frac{\gamma'}{\gamma_w} \tag{2-33}$$

工程上常用临界水力坡降 i_{cr} 来评价土体是否发生渗透破坏。

二、渗透变形(渗透破坏)和防治

渗透变形是指水在土中渗透时土体在渗透力的作用下发生的变形或破坏。渗透变形可分为流砂(流土)和管涌两种形式。

1. 流砂(流土)

由于渗透力方向与水流方向一致，因此，当渗透水流自上而下运动时，渗透力方向与土体重力方向一致，这样土颗粒压得更紧，对工程有利。当渗透水流自下而上运动时，渗透力方向与土体重力方向相反，将减少土粒间的压力。当渗流力 j 大于或等于土的有效重度 γ' 时，土粒

之间的压力被抵消，土粒处于悬浮状态而失去稳定随水流动，这种现象称为流砂或流土。

水力坡降达到临界水力坡降，是发生流砂现象的必要水力条件。流砂多发生在细砂、粉砂、粉土等土层中。流砂发生时一定范围内的土体会被抬起或冲毁，具有突发性，大量土颗粒流失，使土结构破坏，强度降低，地面发生凹陷，不仅给施工带来很大困难，严重的还会影响邻近建筑物和地下管线的稳定和安全。

流砂现象发生在土体表面渗流逸出处，不会发生在土体内部。

在地下水水位以下开挖基坑时应特别注意：若地基土为易出现流砂的土，应避免表面直接排水。

如图 2-19 所示，由于地基内埋藏着砂土层，在渗透力作用下，砂土向上涌出，引起流砂现象，造成大量土粒流失，使房屋不均匀下沉且引起开裂。

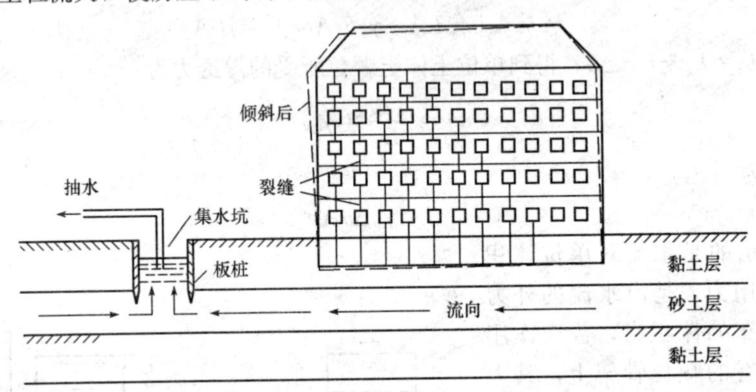

图 2-19　流砂现象引起的破坏示例

防治流砂的关键在于控制逸出处的水力坡降，为了保证实际的逸出坡降不超过允许坡降，水利工程上常采取下列工程措施：

(1)上游做垂直防渗帷幕，如混凝土防渗墙、水泥土截水墙、板桩或灌浆帷幕等。根据实际需要，帷幕可完全切断地基的透水层，彻底解决地基土的渗透变形问题。也可不完全切断透水层，做成悬挂式，起延长渗流途径、降低下游逸出坡降的作用。

(2)上游做水平防渗铺盖，以延长渗流途径、降低下游的逸出坡降。

(3)在下游水流逸出处挖减压沟或打减压井，贯穿渗透性小的黏性土层，以降低作用在黏性土层底面的渗透压力。

(4)在下游水流逸出处填筑一定厚度的透水盖，以防止土体被渗透压力所推起。

以上几种工程措施往往是联合使用的，具体的设计方法可参阅水工建筑专业的有关书籍。

2. 管涌

水在土中渗流时，土中的细颗粒在渗透力作用下通过粗颗粒的孔隙被水流带走，随着细粒土不断被带走，土的孔隙不断扩大，较粗的颗粒也被水流逐渐带走，最终导致土体内形成贯通的通道，造成土体塌陷，这种现象叫作管涌，如图 2-20 所示。

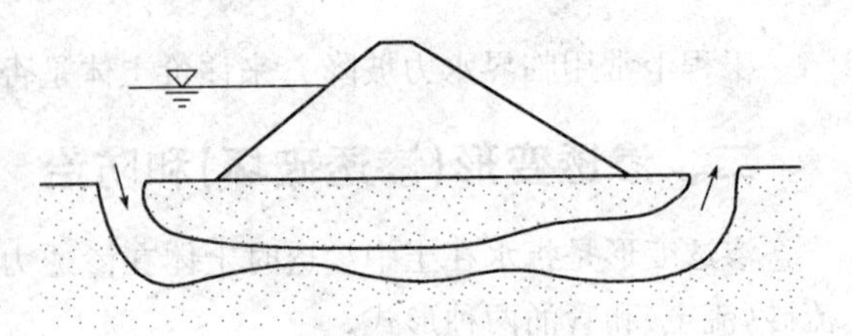

图 2-20　通过坝基的管涌

发生管涌必须具备两个条件：

(1)几何条件。粗颗粒构成的孔隙直径大于细颗粒的直径，不均匀系数 $C_u>10$ 的土才会发生管涌。

(2)水力条件。水力坡降超过临界水力坡降，管涌的临界水力坡降计算方法至今还不成熟，尚无公认的计算公式，大型工程由渗透变形试验确定。表 2-3 给出了发生管涌时的临界坡降。

表 2-3　发生管涌时的临界坡降

水力坡降	级配连续土	级配不连续土
临界坡降 i_{cr}	0.2～0.4	0.1～0.3
允许坡降 i	0.15～0.25	0.1～0.2

管涌可发生在土体表面渗流逸出处，具有渐进性。

防止管涌一般可从以下两个方面采取措施：

(1)改变水力条件。降低土层内部和渗流逸出处的渗透坡降，如在上游做防渗铺盖或竖直防渗结构等。

(2)改变几何条件。在渗流逸出部位铺设反滤保护层，是防止管涌破坏的有效措施。反滤保护层一般是 1～3 层级配较为均匀的砂土和砾石层，用以保护基土，不让其中的细颗粒被带出；同时应具有较大的透水性，使渗流可以畅通，具体设计方法可参阅相关的专业教材。

【例 2-3】 对某土样进行渗透试验，土样的长度为 30 cm，试验水头差为 40 cm，试样的土粒比重为 2.65，孔隙率为 0.45，试求：

(1)通过土样的单位体积渗透力。

(2)判别土样是否发生流土，并计算土体将要产生流土所需要的临界水头差。

解：(1)水力坡降 $i=\dfrac{\Delta h}{L}=\dfrac{40}{30}=1.33$

渗透力 $j=\gamma_w i=9.8\times1.33=13.0(\mathrm{kN/m^3})$

(2)土样的孔隙比 $e=\dfrac{n}{1-n}=\dfrac{0.45}{1-0.45}=0.82$

土样的浮重度为

$$\gamma'=\gamma_{sat}-\gamma_w=\frac{G_s-1}{1+e}\cdot\gamma_w=\frac{2.65-1}{1+0.82}\times9.8=8.9(\mathrm{kN/m^3})$$

发生流土的临界水力坡降为

$$i_{cr}=\frac{\gamma'}{\gamma_w}=\frac{8.9}{9.8}=0.91$$

由于 $i>i_{cr}$，所以发生流土现象。

根据临界水力坡降，可计算将要出现流土时的临界水头差：$\Delta h_{cr}=i_{cr}L=0.91\times30=27.3(\mathrm{cm})$。

【例 2-4】 如图 2-21 所示，在长为 10 cm、面积为 8 cm² 的圆筒内装满砂土。经测定，粉砂的 $G_s=2.65$，$e=0.90$，筒下端与管相连，管内水位高出筒 5 cm(固定不变)，水流自下而上通过试样后溢流出去。

试求：渗透力的大小，判别是否会产生流土现象；临界水力坡降值。

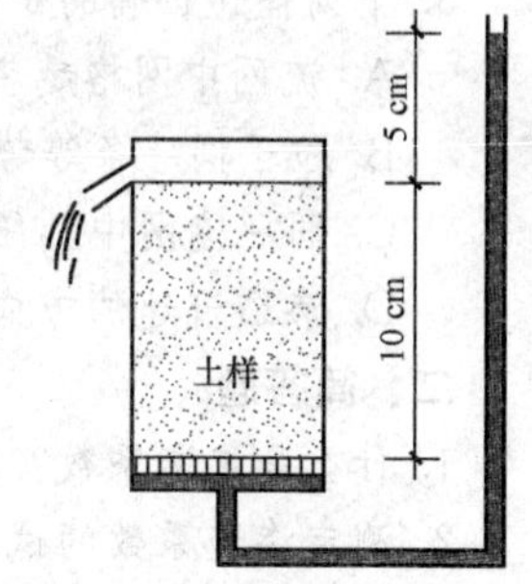

图 2-21　例 2-4 图

解：(1)渗透力 $j=\gamma_w i=\gamma_w\dfrac{\Delta h}{L}=10\times\dfrac{5}{10}=5(\mathrm{kN/m^3})$

土样的有效重度 $\gamma'=\dfrac{G_s-1}{1+e}\gamma_w=\dfrac{2.65-1}{1+0.9}\times10=8.7(\mathrm{kN/m^3})$

由于 $j<\gamma'$，所以不会发生流土现象。

(2)临界水力坡降 $i_{cr}=\frac{\gamma'}{\gamma_w}=\frac{8.7}{10}=0.87$

本章小结

土是一种碎散的多孔介质，其孔隙在空间中互相连通。当饱和土中的两点存在能量差时，水就在土的孔隙中从能量高的点向能量低的点流动。水在土体孔隙中流动的现象称为渗流。水的渗流会引起两类工程问题——渗漏问题和渗透稳定问题，渗流对铁路、水利、建筑和交通等工程的影响及由此而产生的破坏是多方面的，会直接影响土工建筑物和地基的稳定和安全，所以必须采取相应的措施。

通过本章的学习，在掌握水在土中的渗透规律的基础上，进行渗透力的计算及渗透变形的分析，采取相应的防止措施。

思考与练习

一、选择题

1. 反映土透水性质的指标是(　　)。

A. 不均匀系数　　B. 相对密实度　　C. 压缩系数　　D. 渗透系数

2. 发生在地基中的下列现象，(　　)不属于渗透变形。

A. 坑底隆起　　B. 流土　　C. 砂沸　　D. 流砂

3. 下列关于渗流力的描述不正确的是(　　)。

A. 其数值与水力梯度成正比，其方向与渗流方向一致

B. 是一种体积力，其量纲与重度的量纲相同

C. 流网中等势线越密的区域，其渗流力也越大

D. 渗流力的存在对土的稳定总是不利的

4. 在渗流场中某点的渗流力(　　)。

A. 随水力梯度增加而增加　　B. 随水力梯度增加而减少

C. 与水力梯度无关

5. 下列描述正确的是(　　)。

A. 流网中网格越密处，其水力梯度越小

B. 位于同一条等势线上的两点，其孔隙水压力总是相同的

C. 同一流网中，任意两相邻等势线间的势能差相等

D. 渗透流速的方向为流线的发线方向

二、简答题

1. 什么是渗透系数？土的渗透系数的影响因素有哪些？
2. 测定渗透系数的试验方法有哪两种？
3. 什么是流网？流网具有哪些特征？
4. 什么是渗透变形？渗透变形的形式有哪几种？

三、计算题

1. 某基坑开挖深度为 5 m，土体为细砂，饱和重度 $r_{sat}=19.5\ kN/m^3$，地下水水位在地表。基坑坑壁用不透水的板桩支撑，板桩打入坑底以下 4 m。若在坑底四周设置排水沟，问是否可能发生流砂现象？

2. 在 9 m 厚的黏土层上开挖基坑，黏土层下为砂层（图 2-22）。砂层顶面具有 7.5 m 高的水头（承压水）。问：开挖深度为 6 m 时，基坑中水深 h 至少需多大才能防止发生流土现象？

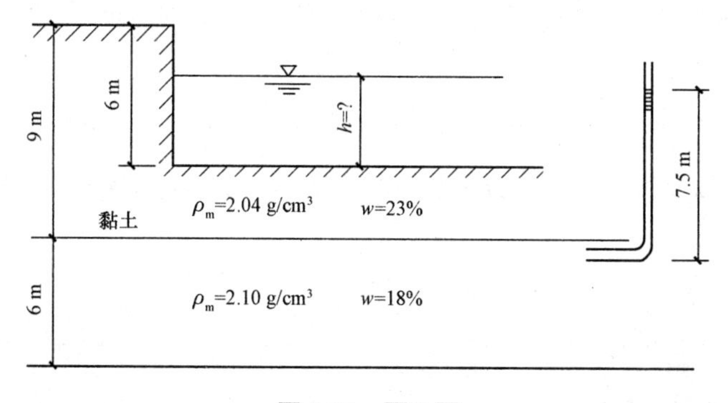

图 2-22　题 2 图

第三章　地基中的应力计算

能力目标

能够对地基基底压力及其附加应力进行简单的计算，用以保证施工及建筑物的安全。

知识目标

1. 了解土的自重应力基本知识；
2. 掌握地基基底压力的计算方法；
3. 掌握地基附加应力的计算方法。

第一节　概　　述

一、土中应力的基本概念

土中应力按其产生的原因不同，可分为自重应力和附加应力。由土的自重在地基内所产生的应力，称为自重应力；由建筑物传来的荷载或其他荷载(如地面堆放的材料、停放的车辆)在地基内所产生的应力，称为附加应力。

二、饱和土的有效应力原理

根据有效应力原理可知，饱和土中的总应力 σ 等于有效应力 σ' 与孔隙水压力 u 之和。其表达式为

$$\sigma=\sigma'+u \tag{3-1}$$

式中　σ——总应力；

σ'——通过土粒承受和传递的粒间应力，又称为有效应力；

u——孔隙中水压力。

其中，孔隙中水压力的特征如下：

(1)对各个方向的作用是相等的，因此不能使颗粒产生移动；

(2)承担一部分正应力，而不承担剪应力；

(3)只有有效应力才能同时承担正应力和剪应力。

在饱和土中，无论是土的自重应力还是附加应力，均应满足式(3-1)要求。对自重应力而言，σ为水与土颗粒的总自重应力，u为静水压力，σ'为土的有效自重应力；对附加应力而言，σ为附加应力，u为超静孔隙水压力，σ'为有效应力增量。由此可知，凡涉及土的体积变形或强度变化的应力均是有效应力σ'，而不是总应力σ。

第二节　土体自重应力的计算

一、土的自重应力的计算原理

在一般情况下，土层的覆盖面积很大，所以土的自重可看成分布面积为无限大的荷载。土体在自重作用下既不能有侧向变形，又不能有剪切变形，只能产生竖向变形。假定地面是无限延伸的平面，对于天然重度γ的均质土层，如图3-1所示的土柱微单元体，任意深度z处单位面积上的竖向自重应力σ_{cz}为

$$\sigma_{cz}=\gamma z \tag{3-2}$$

图3-1　均质土的自重应力

式中　z——从天然地面算起的深度(m)；

γ——土的天然重度(kN/m^3)。

通常地基土是由不同重度的土层所构成(图3-2)，因此，计算成层土在z深度处的自重应力σ_{cz}时，应分层计算再叠加，即

$$\sigma_{cz}=\gamma_1 h_1+\gamma_2 h_2+\cdots+\gamma_n h_n=\sum_{i=1}^{n}\gamma_i h_i$$

式中　σ_{cz}——天然地面下任意深度z处的竖向自重应力(kPa)；

n——深度z范围内土层总数；

h_i——第i层土的厚度(m)。

【例3-1】　试计算图3-2中水面以上各土层界面处的自重应力。

解：粉土层底处

$$\sigma_{c1}=\gamma_1 h_1=18\times 5=90(\text{kPa})$$

地下水水位面处黏土层

$$\sigma_{c2}=\gamma_1 h_1+\gamma_2 h_2=90+18.4\times 3=145.2(\text{kPa})$$

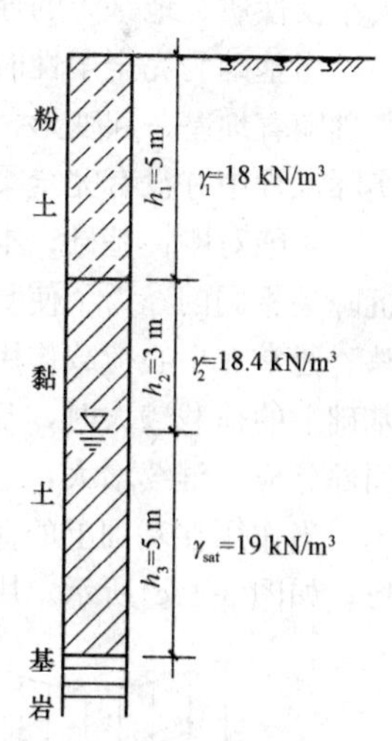

图3-2　地基土各土层

二、地下水对自重力的影响

地下水水位以下的土，由于受到水的浮力作用，土的重度减轻，计算时采用土的有效重度$\gamma'=\gamma_{sat}-\gamma_w$。地下水水位的变化会引起土中自重应力的变化。当水位下降时，原水位以下自重应力增加；当水位上升时，对设有地下室的建筑或地下建筑工程地基的防潮不利。过度开采地下水及工程建设基坑开挖时的降水，导致城市地下水水位逐年下降，造成许多城市地表下沉。

地下水水位下沉后，新增的自重应力会引起土体本身产生变形，造成地表大面积下沉或塌陷。

【例 3-2】 试计算图 3-2 中地下水水位面以下各土层界面处及地下水水位面处的自重应力。

解： 地下水水位面

$\sigma_{c2}=145.2(\text{kPa})$

粉土层底处

$\sigma_{c3}=\gamma_1 h_1+\gamma_2 h_2+(\gamma_{sat}-\gamma_w)h_3=145.2+(19-10)\times 5$

$=190.20(\text{kPa})$

基岩面层处

$\sigma_{c4}=\gamma_1 h_1+\gamma_2 h_2+(\gamma_{sat}-\gamma_w)h_3+\gamma_w h_3=190.20+10\times 5$

$=240.20(\text{kPa})$

第三节 地基基底压力的计算

一、地基基底压力的分布

建筑物荷载通过基础传递给地基，基础底面传递到地基表面的压力称为基底压力，而地基支承基础的反力称为地基反力。基底压力与地基反力是大小相等、方向相反的作用力与反作用力。基底压力是分析地基中应力、变形及稳定性的外荷载，地基反力则是计算基础结构内力的外荷载。

地基基底压力的分布形态与基础的刚度、平面形状、尺寸、埋置深度、基础上作用荷载的大小及性质、地基土的性质等因素有关。

当基础为完全柔性时，就像放在地上的薄膜，在垂直荷载作用下没有抵抗弯矩变形的能力，基础随着地基一起变形。基底压力的分布与作用在基础上的荷载分布完全一致，如图 3-3 所示。实际工程中并没有完全柔性的基础，常把土坝(堤)及用钢板做成的储油罐底板等视为柔性基础。

对绝对刚性基础，本身刚度很大，在外荷载作用下，基础底面保持不变形，即基础各点的沉降是相同的，为了使基础与地基的变形保持协调一致，刚性基础的基底压力的分布要重新调整。通常在中心荷载作用下，基底压力呈马鞍形分布，中间小而两边大，如图 3-4(a)所示。当基础上的荷载较大时，基础边缘因为应力很大，土产生塑性变形，边缘应力不再增大，而使中间部分应力继续增大，基底压力呈抛物线形分布，如图 3-4(b)所示。

当作用在基础上的荷载继续增大，接近地基的破坏荷载时，应力图形又变成中部突出的钟形，如图 3-4(c)所示。块式整体基础、素混凝土基础通常被视为刚性基础。

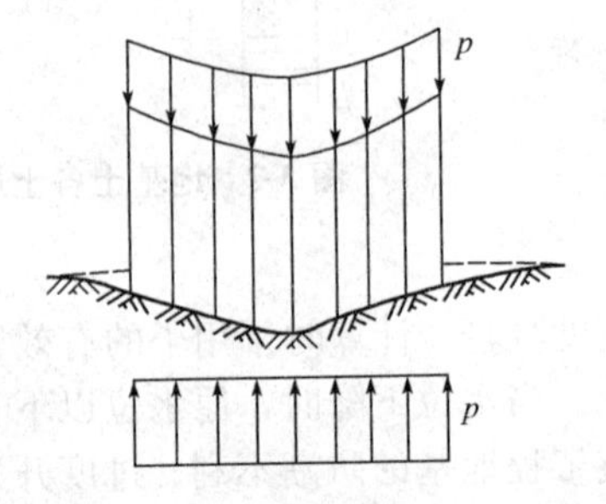

图 3-3 柔性基础基底压力分布

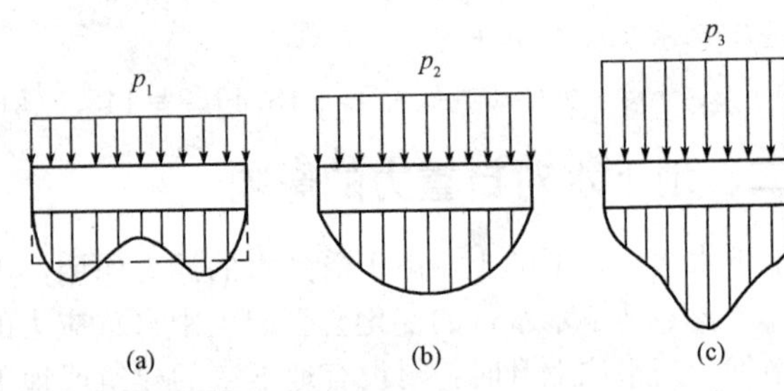

图 3-4 刚性基础基底压力分布

二、地基基底压力的简化计算

1. 轴心荷载作用下的地基基底压力

轴心荷载作用下的基础所受竖向荷载的合力通过基底形心，如图 3-5 所示，基底压力按式(3-3)计算：

$$p_k = \frac{F_k + G_k}{A} \tag{3-3}$$

式中 F_k——相应于作用的标准组合时，上部结构传至基础顶面的竖向力值(kN)；

G_k——基础及其上回填土的总重(kN)；$G_k = \gamma_G A d$[γ_G 为基础及回填土的平均重度，一般取 20 kN/m³，但在地下水水位以下部分应扣去浮力，即取 10 kN/m³；d 为基础埋深(m)，当室内外设计地面不同时取平均值]；

A——基础底面面积(m²)。

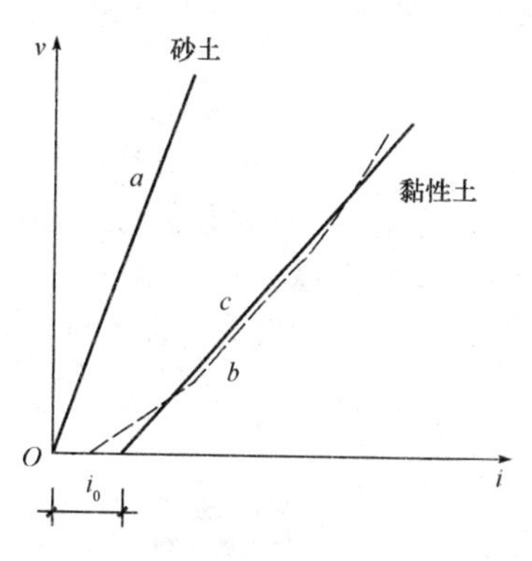

图 3-5 轴心荷载下基底压力

2. 偏心荷载作用下的地基基底压力

常见的偏心荷载作用在矩形基础的一个主轴上(称为单向偏心)，为了抵抗荷载的偏心作用，设计时通常把基础底面的长边放在偏心方向。此时，两短边边缘最大压力 p_{kmax} 与最小压力 p_{kmin} 按材料力学公式计算：

$$p_{kmax} = \frac{F_k + G_k}{A} + \frac{M_k}{W} \tag{3-4}$$

$$p_{kmin} = \frac{F_k + G_k}{A} - \frac{M_k}{W} \tag{3-5}$$

式中 M_k——相应于作用的标准组合时，基础底面边缘的最小力矩值(kPa)；

W——基础底面的抵抗矩(m³)。

若偏心距 $e = \frac{M_k}{F_k + G_k}$，面积 $A = bl$，地基底面的抵抗矩 $W = \frac{bl^2}{6}$，则

$$p_{max} = \frac{F_k + G_k}{bl}\left(1 + \frac{6e}{l}\right) \tag{3-6}$$

$$p_{min} = \frac{F_k + G_k}{bl}\left(1 - \frac{6e}{l}\right) \tag{3-7}$$

式中 p_{max}，p_{min}——基础底面边缘的最大压力和最小压力(kPa)；

e——偏心距(m)；

l——矩形基础底面长度(m)；

b——矩形基础底面宽度(m)。

偏心荷载作用下的基底压力分布如图 3-6 所示。

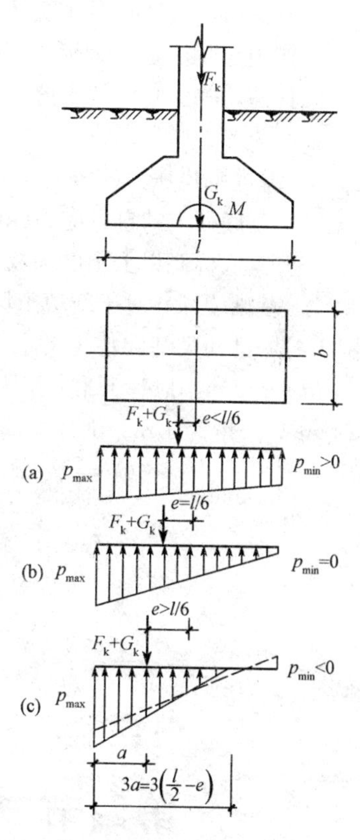

图 3-6 偏心荷载作用下的基底压力分布

(a)偏心距($e<l/6$)时基底压力分布；

(b)偏心距($e=l/6$)时基底压力分布；

(c)偏心距($e>l/6$)时基底压力分布

当 $e<l/6$ 时，$p_{min}>0$，基底压力呈梯形分布；当 $e=l/6$ 时，$p_{min}=0$，基底压力呈三角形分布；当 $e>l/6$ 时，$p_{min}<0$，由于基底与地基之间不能承受拉力，此时基底与地基之间局部脱开，而使基底压力重新分布，故此时根据受力平衡条件可求得基底的最大压力为

$$p_{max}=\frac{2(F_k+G_k)}{3ab} \tag{3-8}$$

式中 a——单向偏心荷载作用点至基底最大压力边缘的距离(m)，$a=l/2-e$；

b——基础底面宽度(m)。

【例 3-3】 已知矩形基础，基础底面长 5 m，宽 2 m，基底中心处的偏心力矩 $M=$ 200 kN·m，竖向的合力为 500 kN，求基底压力。

解：

$$e=\frac{M_k}{F_k+G_k}=\frac{M}{N}=\frac{200}{500}=0.4(\mathrm{m})<\frac{l}{6}$$

则

$$p_{max}=\frac{F_k+G_k}{bl}\left(1+\frac{6e}{l}\right)=\frac{N}{bl}\left(1+\frac{6e}{l}\right)=\frac{500}{2\times5}\times\left(1+\frac{6\times0.4}{5}\right)=74(\mathrm{kPa})$$

$$p_{min}=\frac{F_k+G_k}{bl}\left(1-\frac{6e}{l}\right)=\frac{N}{bl}\left(1-\frac{6e}{l}\right)=\frac{500}{2\times5}\times\left(1-\frac{6\times0.4}{5}\right)=26(\mathrm{kPa})$$

3. 地基底面附加应力

在基坑开挖前，基础底面深度 d 处平面就有土的自重应力的作用。在建筑物建造后，基底处基底压力作用与开挖基坑前相比，应力将增加，增加的应力即为基底附加压应力。基底附加压力向基础传递，并引起地基变形。基础底面处的附加压力为

$$p_0=p-\sigma_{cz}=p-\gamma_m d \tag{3-9}$$

式中 p——基底平均压力(kPa)；

σ_{cz}——基底处土的自重应力(kPa)；

γ_m——基底标高以上土的加权平均重度；

d——基础埋深，对于新填土场地，一般从天然地面算起。

【例 3-4】 已知某基础基底尺寸为 3 m×2.4 m，基础上柱子传给基础的竖向力 $F=500$ kN，基础埋深 $d=1.5$ m，地基土第一层为杂填土，$\gamma=17$ kN/m³，厚度为 0.5 m，第二层为黏土，$\gamma=$ 18.6 kN/m³，厚度为 1 m。试计算基础底面压力和基底附加压力。

解：

$$G_k=\bar{\gamma}_G Ad=20\times3\times2.4\times1.5=216(\mathrm{kN})$$

$$p=\frac{F_k+G_k}{A}=\frac{500+216}{3\times2.4}=99.4(\mathrm{kPa})$$

$$\gamma_m=\frac{17\times0.5+18.6\times1}{1.5}=18.07\ (\mathrm{kN/m^3})$$

$$p_0=p-\sigma_{cz}=p-\gamma_m d=99.4-18.07\times1.5=72.3\ (\mathrm{kPa})$$

第四节 地基附加应力的计算

一、竖向集中荷载作用下土中附加应力的计算

在半无限直性变形体(即地基)表面作用一个集中力时，半无限体内任意点处所引起的应力和位移，可由法国学者布辛奈斯克(Boussinesq)于 1885 年用弹性理论来解答。如图 3-7 所示，地

基中任意一点$M(x、y、z)$处将有六个应力分量及三个位移分量，由于建筑物荷载多以竖向荷载为主，因此主要介绍地基中任意一点M处的竖向附加应力σ_z的表达式，即

$$\sigma_z=\frac{3p}{2\pi}\frac{z^3}{R^5}=\frac{3p}{2\pi R^2}\cos^3\theta \tag{3-10}$$

式中 p——作用于坐标原点O的竖向集中力(kN)；

z——M点的深度(m)；

R——集中力作用点(即坐标原点O)至M点的直线距离(m)。

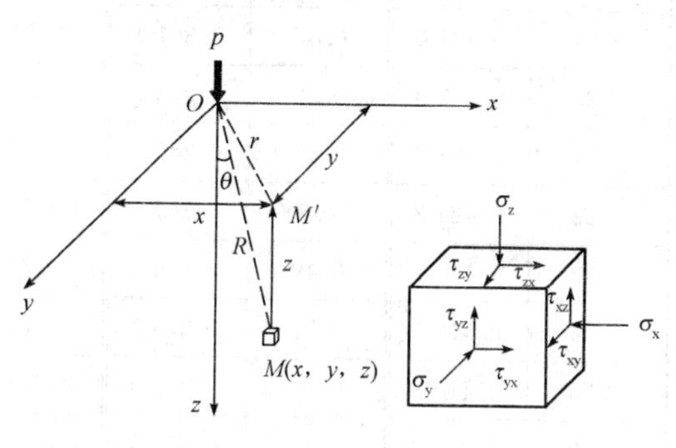

图 3-7 竖向集中力作用下的附加应力

由于 $R=\sqrt{x^2+y^2+z^2}=\sqrt{r^2+z^2}=z/\cos\theta$，为方便计算将 $R=\sqrt{r^2+z^2}$ 代入式(3-10)可得

$$\sigma_z=\frac{3p}{2\pi}\frac{z^3}{(r^2+z^2)^{5/2}}=\frac{3}{2\pi}\frac{1}{[(r/z)^2+1]^{5/2}}\frac{p}{z^2}=\alpha\frac{p}{z^2} \tag{3-11}$$

式中 α——集中荷载作用下土中竖向附加应力系数，它是r/z的函数，可根据r/z由表3-1查得；

r——集中力作用点至计算点M在Oxy平面上投影点M'的水平距离(m)。

表 3-1 集中荷载作用下竖向附加应力系数 α

r/z	α	r/z	α	r/z	α	r/z	α	r/z	α
0.00	0.477 5	0.26	0.405 4	0.52	0.262 5	0.78	0.145 5	1.04	0.076 4
0.01	0.477 3	0.27	0.400 4	0.53	0.257 1	0.79	0.142 0	1.05	0.074 4
0.02	0.477 0	0.28	0.395 4	0.54	0.251 8	0.80	0.138 6	1.06	0.072 7
0.03	0.476 4	0.29	0.390 2	0.55	0.246 6	0.81	0.135 3	1.07	0.070 9
0.04	0.475 6	0.30	0.384 9	0.56	0.241 4	0.82	0.132 0	1.08	0.069 1
0.05	0.474 5	0.31	0.379 6	0.57	0.236 3	0.83	0.128 8	1.09	0.067 4
0.06	0.473 2	0.32	0.374 2	0.58	0.231 3	0.84	0.125 7	1.10	0.065 8
0.07	0.471 7	0.33	0.368 7	0.59	0.226 3	0.85	0.122 6	1.11	0.064 1
0.08	0.469 9	0.34	0.363 2	0.60	0.221 4	0.86	0.119 6	1.12	0.062 6
0.09	0.467 9	0.35	0.357 7	0.61	0.216 5	0.87	0.116 6	1.13	0.061 0
0.10	0.465 7	0.36	0.352 1	0.62	0.211 7	0.88	0.113 8	1.14	0.059 5
0.11	0.463 3	0.37	0.346 5	0.63	0.207 0	0.89	0.111 0	1.15	0.058 1
0.12	0.460 7	0.38	0.340 8	0.64	0.202 4	0.90	0.108 3	1.16	0.056 7
0.13	0.457 9	0.39	0.335 1	0.65	0.199 8	0.91	0.105 7	1.17	0.055 3
0.14	0.454 8	0.40	0.329 4	0.66	0.193 4	0.92	0.103 1	1.18	0.053 9
0.15	0.451 6	0.41	0.323 8	0.67	0.188 9	0.93	0.100 5	1.19	0.052 6
0.16	0.448 2	0.42	0.318 3	0.68	0.184 6	0.94	0.098 1	1.20	0.051 3
0.17	0.444 6	0.43	0.312 4	0.69	0.180 4	0.95	0.095 6	1.21	0.050 1
0.18	0.440 9	0.44	0.306 8	0.70	0.176 2	0.96	0.093 3	1.22	0.048 9

续表

r/z	α	r/z	α	r/z	α	r/z	α	r/z	α
0.19	0.437 0	0.45	0.301 1	0.71	0.172 1	0.97	0.091 0	1.23	0.047 7
0.20	0.432 9	0.46	0.295 5	0.72	0.168 1	0.98	0.088 7	1.24	0.046 6
0.21	0.428 6	0.47	0.289 9	0.73	0.164 1	0.99	0.086 5	1.25	0.045 4
0.22	0.424 2	0.48	0.284 3	0.74	0.160 3	1.00	0.084 4	1.26	0.044 3
0.23	0.419 7	0.49	0.278 8	0.75	0.156 5	1.01	0.082 3	1.27	0.043 3
0.24	0.415 1	0.50	0.273 3	0.76	0.152 7	1.02	0.080 3	1.28	0.042 2
0.25	0.410 3	0.51	0.267 9	0.77	0.149 1	1.03	0.078 3	1.29	0.041 2
1.30	0.040 2	1.44	0.028 8	1.58	0.020 9	1.74	0.014 7	2.10	0.007 0
1.31	0.039 3	1.45	0.028 2	1.59	0.020 4	1.76	0.014 1	2.20	0.005 8
1.32	0.038 4	1.46	0.027 5	1.60	0.020 0	1.78	0.013 5	2.30	0.004 8
1.33	0.037 4	1.47	0.026 9	1.61	0.019 5	1.80	0.012 9	2.40	0.004 0
1.34	0.036 5	1.48	0.026 3	1.62	0.019 1	1.82	0.012 4	2.50	0.003 4
1.35	0.035 7	1.49	0.025 7	1.63	0.018 7	1.84	0.011 9	2.60	0.002 9
1.36	0.034 8	1.50	0.025 1	1.64	0.018 3	1.86	0.011 4	2.70	0.002 4
1.37	0.034 0	1.51	0.024 5	1.65	0.017 9	1.88	0.010 9	2.80	0.002 1
1.38	0.033 2	1.52	0.024 0	1.66	0.017 5	1.90	0.010 5	2.90	0.001 7
1.39	0.032 4	1.53	0.023 4	1.67	0.017 1	1.92	0.010 1	3.00	0.001 5
1.40	0.031 7	1.54	0.022 9	1.68	0.016 7	1.94	0.009 7	3.50	0.000 7
1.41	0.030 9	1.55	0.022 4	1.69	0.016 3	1.96	0.009 3	4.00	0.000 4
1.42	0.030 2	1.56	0.021 9	1.70	0.016 0	1.98	0.008 9	4.50	0.000 2
1.43	0.029 5	1.57	0.021 4	1.72	0.015 3	2.00	0.008 5	5.00	0.000 1

【例 3-5】 如图 3-8 所示，在地基表面作用一个集中荷载 $p=200$ kN。试求在地基中 $z=2$ m 的水平面上，水平距离 $r=1$ m、2 m、3 m、4 m 处各点的附加应力 σ_z 的值。

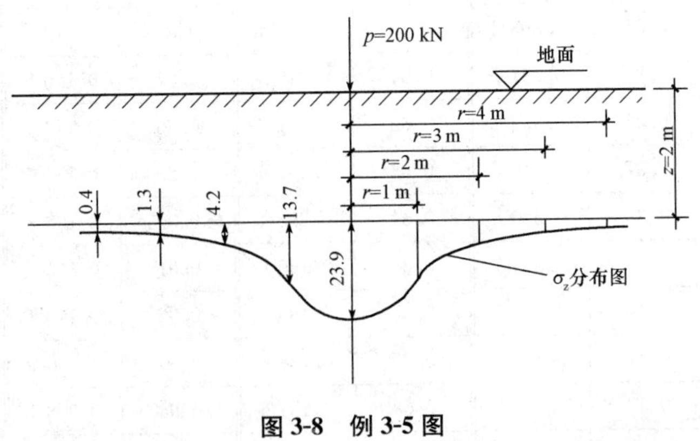

图 3-8　例 3-5 图

解：计算结果见表 3-2。

表 3-2 $z=2$ m 的水平面上指定点的 σ_z 值

z/m	r/m	r/z	α(查表 3-1)	$\sigma_z=\alpha \frac{p}{z^2}$/kPa
2	0	0	0.477 5	23.9
2	1	0.5	0.273 3	13.7
2	2	1.0	0.084 4	4.2
2	3	1.5	0.025 1	1.3
2	4	2.0	0.008 5	0.4

二、均布的矩形荷载作用下的附加应力计算

轴心受压柱的基底附加压力即属于均布矩形荷载情况。求解时一般先以积分法求得矩形荷载截面角点下的附加应力，然后运用角点法求得矩形荷载任意点的地基附加应力。矩形截面的长边和短边尺寸分别为 l 和 b，竖向均布荷载为 p_0，则对矩形基础底面角点下任意深度 z 处的附加应力积分得

$$d\sigma_z=\frac{3}{2\pi}\frac{p_0 z^3}{(x^2+y^2+z^2)^{5/2}}dxdy \tag{3-12}$$

作用下土中竖向附加应力的计算得

$$\begin{aligned}\sigma_z &= \iint_a d\sigma_z = \frac{3p_0 z^3}{2\pi}\int_0^l\int_0^b \frac{1}{(x^2+y^2+z^2)^{5/2}}dxdy \\ &= \frac{p_0}{2\pi}\left[\frac{lbz(l^2+b^2+2z^2)}{(l^2+z^2)(b^2+z^2)\sqrt{l^2+b^2+z^2}}+\arctan\frac{lb}{z\sqrt{l^2+b^2+z^2}}\right]\end{aligned}$$

令

$$\alpha_c=\frac{1}{2\pi}\left[\frac{lbz(l^2+b^2+2z^2)}{(l^2+z^2)(b^2+z^2)\sqrt{l^2+b^2+z^2}}+\arctan\frac{lb}{z\sqrt{l^2+b^2+z^2}}\right]$$

$$\sigma_z=\alpha p_0 \tag{3-13}$$

式中，α_c 为均布矩形荷载角点下的竖向附加应力系数，将计算各种不同情况下的取值按表 3-3 查用。

表 3-3 均布矩形荷载角点下的竖向附加应力系数 α_c

$n=z/b$	$m=l/b$										
	1.0	1.2	1.4	1.6	1.8	2.0	3.0	4.0	5.0	6.0	10.0
0.0	0.250 0	0.250 0	0.250 0	0.250 0	0.250 0	0.250 0	0.250 0	0.250 0	0.250 0	0.250 0	0.250 0
0.2	0.248 6	0.248 9	0.249 0	0.249 1	0.249 1	0.249 1	0.249 2	0.249 2	0.249 2	0.249 2	0.249 2
0.4	0.240 1	0.242 0	0.242 9	0.243 4	0.243 7	0.243 9	0.244 2	0.244 3	0.244 3	0.244 3	0.244 3
0.6	0.222 9	0.227 5	0.230 0	0.235 1	0.232 4	0.232 9	0.233 9	0.234 1	0.234 2	0.234 2	0.234 2
0.8	0.199 9	0.207 5	0.212 0	0.214 7	0.216 5	0.217 6	0.219 6	0.220 0	0.220 2	0.220 2	0.220 2
1.0	0.175 2	0.185 1	0.191 1	0.195 5	0.198 1	0.199 9	0.203 4	0.204 2	0.204 4	0.204 5	0.204 6
1.2	0.151 6	0.162 6	0.170 5	0.175 8	0.179 3	0.181 8	0.187 0	0.188 2	0.188 5	0.188 7	0.188 8
1.4	0.130 8	0.142 3	0.150 8	0.156 9	0.161 3	0.164 4	0.171 2	0.173 0	0.173 5	0.173 8	0.174 0
1.6	0.112 3	0.124 1	0.132 9	0.143 6	0.144 5	0.148 2	0.156 7	0.159 0	0.159 8	0.160 1	0.160 4

续表

$n=z/b$	$m=l/b$										
	1.0	1.2	1.4	1.6	1.8	2.0	3.0	4.0	5.0	6.0	10.0
1.8	0.096 9	0.108 3	0.117 2	0.124 1	0.129 4	0.133 4	0.143 4	0.146 3	0.147 4	0.147 8	0.148 2
2.0	0.084 0	0.094 7	0.103 4	0.110 3	0.115 8	0.120 2	0.131 4	0.135 0	0.136 3	0.136 8	0.137 4
2.2	0.073 2	0.083 2	0.091 7	0.098 4	0.103 9	0.108 4	0.120 5	0.124 8	0.126 4	0.127 1	0.127 7
2.4	0.064 2	0.073 4	0.081 2	0.087 9	0.093 4	0.097 9	0.110 8	0.115 6	0.117 5	0.118 4	0.119 2
2.6	0.056 6	0.065 1	0.072 5	0.078 8	0.084 2	0.088 7	0.102 0	0.107 3	0.109 5	0.110 6	0.111 6
2.8	0.050 2	0.058 0	0.064 9	0.070 9	0.076 1	0.080 5	0.094 2	0.099 9	0.102 4	0.103 6	0.104 8
3.0	0.044 7	0.051 9	0.058 3	0.064 0	0.069 0	0.073 2	0.087 0	0.093 1	0.095 9	0.097 3	0.098 7
3.2	0.040 1	0.046 7	0.052 6	0.058 0	0.062 7	0.066 8	0.080 6	0.087 0	0.090 0	0.091 6	0.093 3
3.4	0.036 1	0.042 1	0.047 7	0.052 7	0.057 1	0.061 1	0.074 7	0.081 4	0.084 7	0.086 4	0.088 2
3.6	0.032 6	0.038 2	0.043 3	0.048 0	0.052 3	0.056 1	0.069 4	0.076 3	0.079 9	0.081 6	0.083 7
3.8	0.029 6	0.034 8	0.039 5	0.043 9	0.047 9	0.051 6	0.064 5	0.071 7	0.075 3	0.077 3	0.079 6
4.0	0.027 0	0.031 8	0.036 2	0.040 3	0.044 1	0.047 4	0.060 3	0.067 4	0.071 2	0.073 3	0.075 8
4.2	0.024 7	0.029 1	0.033 3	0.037 1	0.040 7	0.043 9	0.056 3	0.063 4	0.067 4	0.069 6	0.072 4
4.4	0.022 7	0.026 8	0.030 6	0.034 3	0.037 6	0.040 7	0.052 7	0.059 7	0.063 9	0.066 2	0.069 6
4.6	0.020 9	0.024 7	0.028 3	0.031 7	0.034 8	0.037 8	0.049 3	0.056 4	0.060 6	0.063 0	0.066 3
4.8	0.019 3	0.022 9	0.026 2	0.029 4	0.032 4	0.035 2	0.046 3	0.053 3	0.057 6	0.060 1	0.063 5
5.0	0.017 9	0.021 2	0.024 3	0.027 4	0.030 2	0.032 8	0.043 5	0.050 4	0.054 7	0.057 3	0.061 0
6.0	0.012 7	0.015 1	0.017 4	0.019 6	0.021 8	0.023 3	0.032 5	0.038 8	0.043 1	0.046 0	0.050 6
7.0	0.009 4	0.011 2	0.013 0	0.014 7	0.016 4	0.018 0	0.025 1	0.030 6	0.034 6	0.037 6	0.042 8
8.0	0.007 3	0.008 7	0.010 1	0.011 4	0.012 7	0.014 0	0.019 8	0.024 6	0.028 3	0.031 1	0.036 7
9.0	0.005 8	0.006 9	0.008 0	0.009 1	0.010 2	0.011 2	0.016 1	0.020 2	0.023 5	0.026 2	0.031 9
10.0	0.004 7	0.005 6	0.006 5	0.007 4	0.008 3	0.009 2	0.013 2	0.016 7	0.019 8	0.022 2	0.028 0

利用矩形面积角点下的附加应力计算公式和应力叠加原理，可以推导出地基中任意点的附加应力，这种方法称为角点法。计算点位于角点下的四种情况如图 3-9 所示。

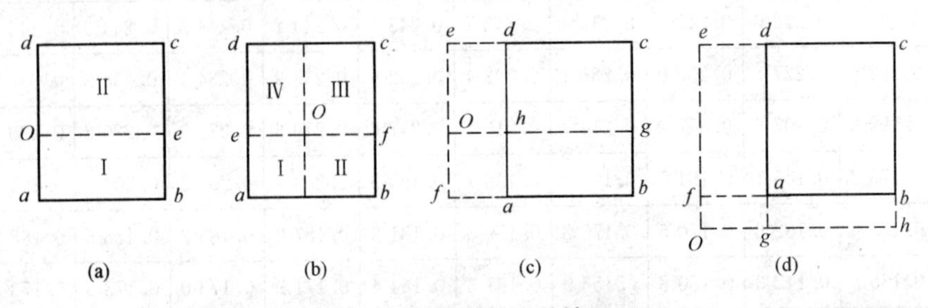

图 3-9 角点下的四种情况

(1)O点在荷载面边缘[图 3-9(a)]。过O点作辅助线Oe，将荷载面分成Ⅰ、Ⅱ两块面积，由叠加原理可得

$$\sigma_z=(\alpha_{c\text{I}}+\alpha_{c\text{II}})p_0$$

式中，$\alpha_{c\text{I}}$、$\alpha_{c\text{II}}$分别是按两块小矩形面积Ⅰ、Ⅱ，由(l_I/b_I，z/b_I)、(l_II/b_II，z/b_II)查得的附加应力系数。

(2)O点在荷载面内[图 3-9(b)]。过O点作两条辅助线ef，将荷载分成Ⅰ、Ⅱ、Ⅲ、Ⅳ共四块面积，于是有

$$\sigma_z=(\alpha_{c\text{I}}+\alpha_{c\text{II}}+\alpha_{c\text{III}}+\alpha_{c\text{IV}})p_0$$

(3)O点在荷载面边缘外侧[图 3-10(c)]，则

$$\sigma_z=(\alpha_{c\text{I}}-\alpha_{c\text{II}}+\alpha_{c\text{III}}-\alpha_{c\text{IV}})p_0$$

(4)O点在荷载面角点外侧[图 3-10(d)]，则

$$\sigma_z=(\alpha_{c\text{I}}-\alpha_{c\text{II}}-\alpha_{c\text{III}}+\alpha_{c\text{IV}})p_0$$

【例 3-6】 有均布荷载$p=100\ \text{kN/m}^2$，荷载面积为$2.0\ \text{m}\times1.0\ \text{m}$，如图 3-10 所示。求荷载面积上角点$A$、边点$E$、中心点$O$以及荷载面积外点$F$和点$G$等各点下$z=1.0\ \text{m}$深度处的附加应力，并利用计算结果说明附加应力的扩散规律。

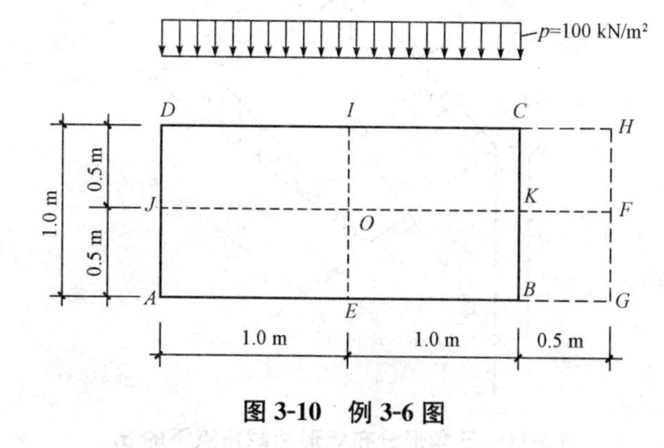

图 3-10 例 3-6 图

解：(1)点A下的附加应力。点A是矩形$ABCD$的角点，且$m=l/b=2/1=2$；$n=\dfrac{z}{b}=1$，查表 3-3 得$\alpha_c=0.199\ 9$，故$\sigma_{zA}=\alpha_c p=0.199\ 9\times100=20(\text{kN/m}^2)$。

(2)点E下的附加应力。通过点E将矩形荷载面积划分为两个相等的矩形$EADI$和$EBCI$。

$$m=\frac{l}{b}=\frac{1}{1}=1；\ n=\frac{z}{b}=\frac{1}{1}=1$$

查表 3-3 得$\alpha_c=0.175\ 2$，故$\sigma_{zE}=2\alpha_c \text{p}=2\times0.175\ 2\times100=35(\text{kN/m}^2)$。

(3)点O下的附加应力。通过点O将原矩形面积分为四个相等的矩形$OEAJ$、$OJDI$、$OICK$和$OKBE$。

$$m=\frac{l}{b}=\frac{1}{0.5}=2；\ n=\frac{z}{b}=\frac{1}{0.5}=2$$

查表 3-3 得$\alpha_c=0.120\ 2$，故$\sigma_{zO}=4\alpha_c p=4\times0.120\ 2\times100=48.1(\text{kN/m}^2)$。

三、三角形分布的矩形荷载作用下的附加应力计算

设竖向荷载沿矩形截面一边b方向上呈三角形分布(沿另一边z的荷载不变)，荷载的最大值p_0，设荷载零值边的角点 1 为坐标原点，如图 3-11 所示，将荷载面内某点(x，y)处所取微面

积 $\mathrm{d}x\mathrm{d}y$ 上的分布荷载以集中力 $\frac{x}{b}p_0\mathrm{d}x\mathrm{d}y$ 代替。用积分法可求得角点 1 下任意深度 z 处 M 点的竖向附加应力，即

$$\sigma_z = \iint_A \mathrm{d}\sigma_z = \iint_A \frac{3}{2\pi}\frac{p_0 x z^3}{(x^2+y^2+z^2)^{\frac{5}{2}}}\mathrm{d}x\mathrm{d}y$$

积分得

$$\sigma_z = \alpha_{t1} p_0 \tag{3-14}$$

式中

$$\alpha_{t1} = \frac{mn}{2\pi}\left[\frac{1}{\sqrt{m^2+n^2}} - \frac{n^2}{(1+n^2)\sqrt{m^2+n^2+1}}\right]$$

荷载最大值边的角点 2 下任意深度 z 处的竖向附加应力 σ_z 为

$$\sigma_z = \alpha_{t2} p_0 \tag{3-15}$$

式中，α_{t1}、α_{t2} 均为 $m=l/b$ 和 $n=z/b$ 的函数，由《建筑地基基础设计规范》(GB 50007—2011)附录 K 查取。

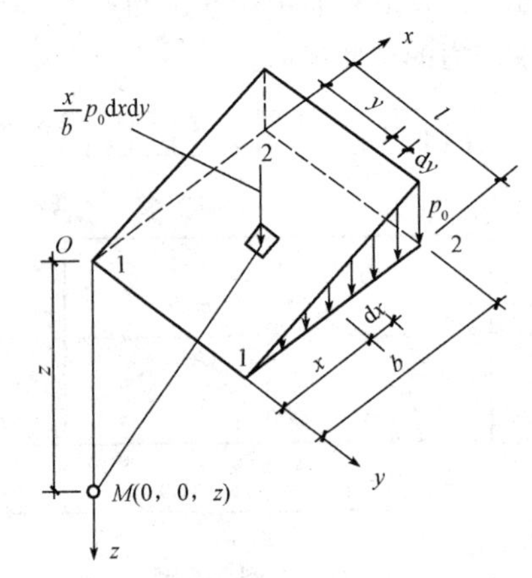

图 3-11　三角形分布矩形荷载角点下的 σ_z

四、均布圆形荷载作用下土中竖向附加应力的计算

如图 3-12 所示，半径为 r_0 的圆形荷载面积上作用有竖向均布荷载 p_0，为求荷载面中心点下任意深度 z 处 M 点的 σ_z 值，运用积分法可求得 σ_z 为

$$\begin{aligned}\sigma_z &= \iint_A \mathrm{d}\sigma_z = \frac{3p_0 z^3}{2\pi}\int_0^{2\pi}\int_0^{r_0}\frac{r\mathrm{d}\theta\mathrm{d}r}{(r^2+z^2)^{5/2}} \\ &= p_0\left[1-\frac{z^3}{(r_0^2+z^2)^{3/2}}\right] \\ &= p_0\left[1-\frac{1}{\left(\frac{r_0^2}{z^2}+1\right)^{3/2}}\right] = \alpha_r p_0\end{aligned} \tag{3-16}$$

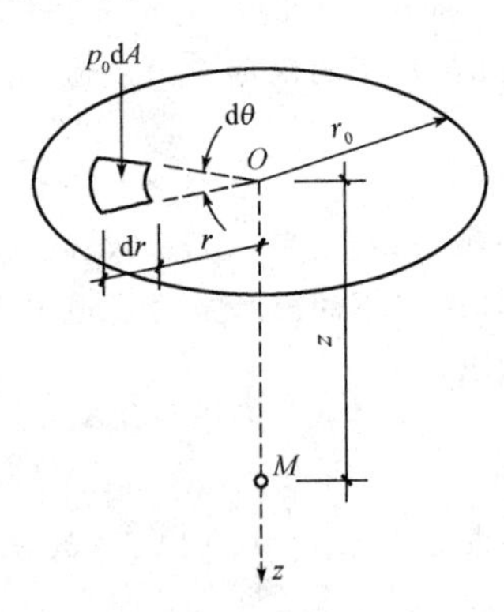

图 3-12　均布圆形荷载中点下的 σ_z

式中，α_r 为均布圆形荷载中心点下的附加应力系数，可由《建筑地基基础设计规范》(GB 50007—2011)附录 K 查取。

五、线荷载作用下地基的附加应力计算

线荷载是在半空间表面一条无限长直线上的均布荷载。设一竖向线荷载 $\overline{p}$ 作用在 y 坐标轴上，沿 y 轴截取一微分段 dy，如图 3-13 所示，通过积分可得

$$\sigma_z=\frac{2\overline{p}z^3}{\pi R_1^4}=\frac{2\overline{p}}{\pi R_1}\cos^3\beta \tag{3-17}$$

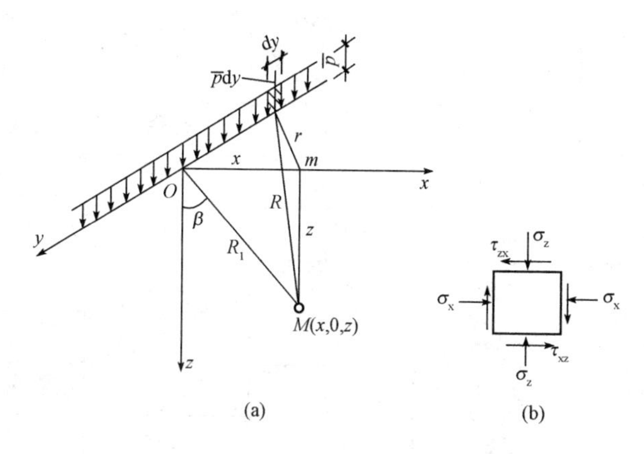

图 3-13　线荷载作用下地基的附加应力

六、均布条形荷载作用下地基的附加应力计算

均布条形荷载是沿宽度方向和长度方向均匀分布，而长度方向为无限长的荷载。条形分布荷载下土中应力计算属于平面应变问题，对路堤、堤坝以及长宽比 $l/b\geqslant10$ 的条形基础均可视为平面应变问题进行处理。

如图 3-14 所示，在土体表面作用分布宽度为 B 的均布条形荷载 q 时，土中任一点的竖向应力 σ_z 可用式(3-18)求解：

$$\sigma_z=\alpha_s p \tag{3-18}$$

式中，应力系数 α_s 是 $n=x/b$ 及 $m=z/b$ 的函数，即

$$\alpha_s=\frac{1}{\pi}\left[\left(\arctan\frac{1-2n}{2m}+\arctan\frac{1+2n}{2m}\right)-\frac{4m(4n^2-4m^2-1)}{(4n^2+4m^2-1)+16\ m^2}\right] \tag{3-19}$$

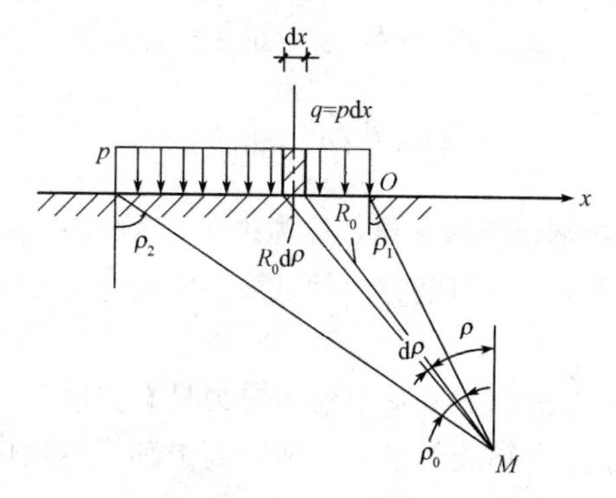

图 3-14　均布条形荷载作用下地基的附加应力

式中，α_s 为竖直均布条形荷载作用下的竖向附加应力分布系数，见表 3-4。

表 3-4　竖直均布条形荷载作用下的竖向附加应力分布系数 α_s

z/b \ x/b	0.00	0.25	0.50	1.00	1.50	2.00
0.00	1.00	1.00	0.50	0	0	0
0.25	0.96	0.90	0.50	0.02	0	0
0.50	0.82	0.74	0.48	0.08	0.02	0
0.75	0.67	0.61	0.45	0.15	0.04	0.02
1.00	0.55	0.51	0.41	0.19	0.07	0.03
1.25	0.46	0.44	0.37	0.20	0.10	0.04
1.50	0.40	0.38	0.33	0.21	0.11	0.06
1.75	0.35	0.34	0.31	0.21	0.13	0.07
2.00	0.31	0.31	0.28	0.20	0.14	0.08
3.00	0.21	0.21	0.20	0.17	0.13	0.10
4.00	0.16	0.13	0.15	0.14	0.12	0.10
5.00	0.13	0.13	0.12	0.12	0.11	0.09
6.00	0.11	0.10	0.10	0.10	0.10	—

此时，x 坐标轴的原点是在均布荷载的中点处，均布条形荷载作用下地基中任意点 M 处附加应力的极坐标表达式为

$$\sigma_z = \frac{p}{n}[\sin\beta_2\cos\beta_2 - \sin\beta_1\cos\beta_1 + (\beta_2 - \beta_1)] \tag{3-20}$$

式中，当 M 点位于荷载分布宽度两端点竖直线之间时，β_1 取负值，计算中 β_1 及 β_2 采用弧度为计算单位。

M 点的最大主应力 σ_1 和最小主应力 σ_3 分别为

$$\sigma_1 = \frac{p}{\pi}(\beta_0 + \sin\beta_0)$$

$$\sigma_3 = \frac{p}{\pi}(\beta_0 - \sin\beta_0) \tag{3-21}$$

式中，β_0 为 M 点与条形荷载两端连线的夹角，称为视角，$\beta_0 = \beta_2 - \beta_1$。视角 β_0 的二等分线即为最大主应力 σ_1 的方向，与二等分线垂直的方向就是最小主应力 σ_3 的方向。均布条形荷载下地基中的附加应力分布规律如图 3-15 所示。

从图中可以看出，均布条形荷载下地基中附加应力具有扩散分布性；在离基底不同深度处的各个水平面上，以基底中心点下轴线处最大，随距离中轴线越远应力越小；在荷载分布范围之下沿垂线方向的任意点，随深度越向下附加应力越小。

【例 3-7】 某条形基础如图 3-16 所示，基础埋深 1.5 m，其上作用荷载 $F=340$ kN，$M=50$ kN·m，基础及其以上覆土重 $G=60$ kN。试求基础中心点下的附加应力。

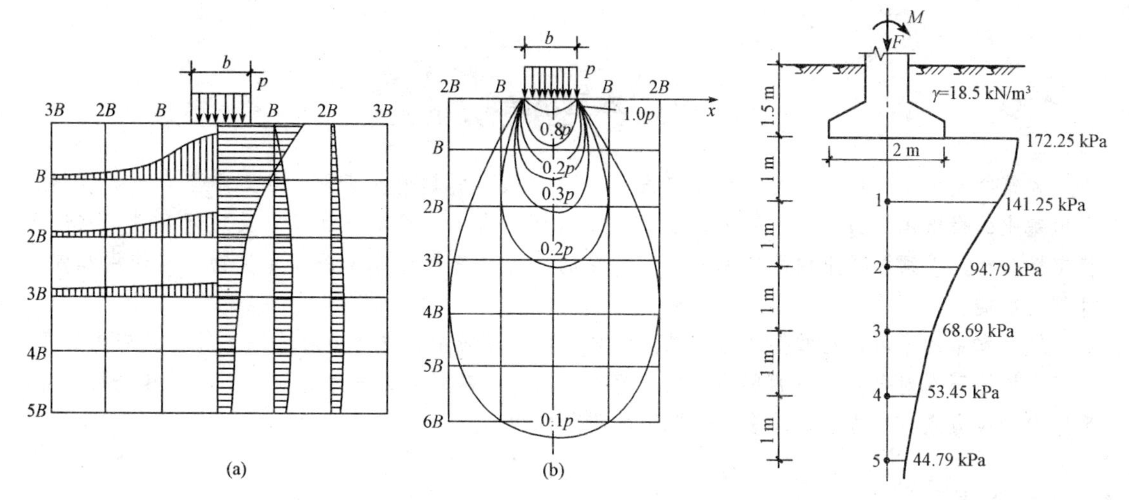

图 3-15　均布条形荷载下地基中附加应力等值线

图 3-16　极坐标法放样

解：(1)基底附加应力。

偏心距

$$e=\frac{M}{F+G}=\frac{50}{340+60}=0.125(\text{m})$$

基底压力

$$p_{\max}=\frac{N}{b}\left(1+\frac{6e}{b}\right)=\frac{340+60}{2}\times\left(1+\frac{6\times0.125}{2}\right)=275(\text{kPa})$$

$$p_{\min}=\frac{N}{b}\left(1-\frac{6e}{b}\right)=\frac{340+60}{2}\times\left(1-\frac{6\times0.125}{2}\right)=125(\text{kPa})$$

基底附加应力

$$p_{0\max}=275-18.5\times1.5=247.25(\text{kPa})$$

$$p_{0\min}=125-18.5\times1.5=97.25(\text{kPa})$$

(2)基础中心点下的附加应力。

将梯形分布的基底附加应力视为由均布荷载和三角形分布荷载两部分组成，其中，均布荷载 $p_0=97.25$ kPa；三角形分布荷载 $p_t=150$ kPa。分别计算 $z=0$ m、0.5 m、1 m、2 m、3 m、4 m、5 m 处的附加应力，将计算结果列于表 3-5 中。

表 3-5　计算结果

点号	深度/m	$\frac{z}{b}$	均布荷载 $p_0=97.25$ kPa			三角形分布荷载 $p_t=150$ kPa			$\sigma=\sigma'_z+\sigma''_z$ /kPa
			$\frac{x}{b}$	a_{sz}	σ'_z	$\frac{x}{b}$	α_t	σ''_z	
0	0	0	0	1.00	97.25	0.5	0.500	75.0	172.25
1	0.5	0.25	0	0.96	93.36	0.5	0.480	72.0	165.36
2	1.0	0.5	0	0.82	79.75	0.5	0.410	61.5	141.25
3	2.0	1.0	0	0.55	53.49	0.5	0.275	41.3	94.79
4	3.0	1.5	0	0.40	38.90	0.5	0.200	30.0	68.9
5	4.0	2.0	0	0.31	38.15	0.5	0.155	23.3	53.45
6	5.0	2.5	0	0.26	25.29	0.5	0.130	19.5	44.79

本章小结

建筑物使地基土中原有的应力状态发生变化，从而引起地基变形。若土中应力过大，超过了地基土的极限承载力，则可能引起地基剪切破坏。为了计算基础沉降以及对地基进行强度与稳定性分析，必须知道土中的应力分布。地基的应力与变形计算是保证建筑物正常使用和安全可靠的前提。

通过本章的学习，在掌握均匀地基土的自重应力基础上，进行多层地基土的自重应力计算，进而掌握地下水对自重应力的影响。在理解基底压力和基底附加压力的前提下，对其进行计算。采用附加应力系数的方法计算多种情况下的附加应力。

思考与练习

一、简答题

1. 土的自重应力和附加应力分别是什么？

2. 地下水对土的自重有什么影响？

3. 基底压力分布与哪些因素有关？

二、计算题

1. 已知矩形基础，基础底面长为 5 m，宽为 2 m，基底中心处的偏心力矩 M=240 kN·m，竖向的合力为 450 kN，求基底压力。

2. 某地基土层剖面如图 3-17 所示，试计算各土层自重应力。

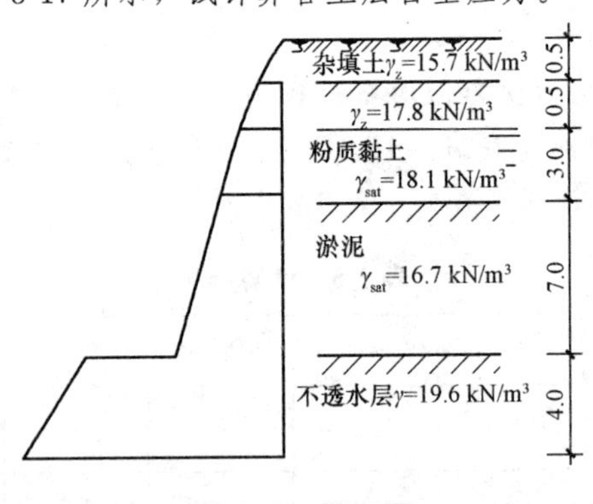

图 3-17　题 2 图

3. 已知某基础基底尺寸为 3 m×2 m，基础上柱子传给基础的竖向力 F=400 kN，基础埋深 d=1.3 m，地基土第一层为杂填土，γ=17 kN/m³，厚度为 0.5 m，第二层为黏土，γ=18.6 kN/m³，厚度为 1 m。试计算基础底面压力和基底附加压力。

第四章　土的压缩性与地基沉降计算

能力目标

能够对工程中地基的沉降量进行熟练的计算，并可以通过对地基变形与时间关系的认识，对工程中的地基进行判断及保护。

知识目标

1. 熟悉土的压缩特性、侧限压缩试验、土的侧限压缩试验指标；
2. 理解现场载荷试验及变形模量；
3. 掌握斯肯普顿—比伦法计算地基沉降，分层总和法计算地基沉降，规范法计算地基沉降；
4. 理解地基变形与时间的关系。

第一节　土的压缩性

一、土的压缩特性

土的压缩性是指土在压力作用下体积缩小的特性。地基土层承受上部建筑物的荷载，必然会产生变形，从而引起建筑物沉降。当场地土质坚实时，地基的沉降较小，对工程正常使用没有影响；但若地基为软弱土层且厚薄不均，或上部结构荷载轻重变化悬殊时，地基将发生严重的沉降和不均匀沉降，其结果是使建筑物发生各类事故，影响建筑物的正常使用与安全。地基土产生压缩变形是内外因共同作用的结果，外因包括建筑物荷载作用、地下水水位大幅度下降、施工影响、振动影响、温度变化影响等；内因主要有固相矿物本身压缩、土中液相水的压缩、土中孔隙的压缩。

上述诸多因素中，建筑物荷载作用是外因中的主要因素，通过土中孔隙的压缩这一内因产生实际效果。

土体积缩小的原因，从土的三相组成来看不外乎有以下三个方面：①土颗粒本身的压缩；②土孔隙中不同形态的水和气体的压缩；③孔隙中部分水和气体被挤出，土颗粒相互移动靠拢使孔隙体积减小。试验研究表明，在一般建筑物压力 100～600 kPa 作用下，土颗粒及水的压缩变形量不到全部土体压缩变形量的1/400，可以忽略不计。气体的压缩性较大，在密闭系统中，土的压缩是气体压缩的结果，但在压力消失后，土的体积基本恢复，呈弹性。而自然界中土是一个开放系统，孔隙中的水和气体在压力作用下不可能被压缩而是被挤出，由此，土的压缩变形主要是由于孔隙中水和气体被挤出，致使土孔隙体积减小而引起的。

土体压缩变形的快慢与土中水渗透速度有关。对于透水性大的砂土，建筑物施工完毕时，可认为压缩变形已基本结束；对于高压缩性的饱和黏性土，由于渗透速度慢，施工完毕时一般只达到总变形量的5%～20%。在相同压力条件下，不同土的压缩变形量差别很大，可通过室内压缩试验或现场荷载试验测定。

二、侧限压缩试验

侧限压缩试验，也称固结试验，其试样处于侧限应力状态。侧限压缩试验是目前最常用的测定土的压缩性参数的室内试验方法。其试验装置如图4-1所示。

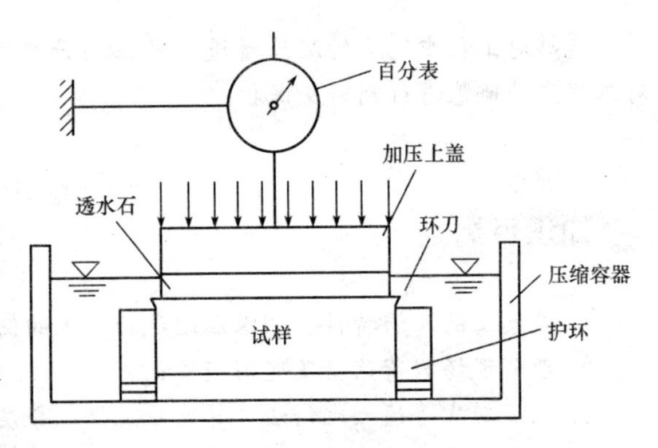

图4-1　侧限压缩试验装置

将土试样放置于刚性护环内，上下设置透水石，上部加压，土样则产生竖直向下的变形，即压缩变形，由于刚性护环的侧向限制作用，土样不产生侧向变形，故称为侧限压缩试验。

试验时施加载荷，静置至变形稳定，用百分表记录变形量，然后逐级加大载荷，记录变形，则得到各级载荷 p 与竖向压缩变形量 ΔH 的关系。在压缩过程中，随着压缩变形的发展，土样孔隙比在变化，设土样的初始高度为 H_0，在载荷 p 作用下土样稳定后的总压缩量为 ΔH，假设土粒体积 $V_s=1$(不变)，根据土的孔隙比的定义，则受压前后土孔隙体积 V_v 分别为 e_0 和 e，根据载荷作用下土样压缩稳定后总压缩量 ΔH，可得到相应的孔隙比 e 的计算公式(因为受压前后土粒体积不变，土样横截面面积不变，所以试验前后试样中固体颗粒所占的高度不变)：

$$\frac{H_0}{1+e_0}=\frac{H_0-\Delta H}{1+e}$$

于是得到

$$e=e_0-\frac{\Delta H}{H_0}(1+e_0) \tag{4-1}$$

式中　e_0——初始孔隙比，即

$$e_0=\frac{\rho_s(1+w_0)}{\rho_0}-1$$

式中　ρ_s，ρ_0，w_0——土粒密度、土样的初始密度和土样的初始含水量，它们可根据室内试验测定。

这样即可以得到每级载荷 p 与其对应的孔隙比 e。将对应的载荷与孔隙比绘制成 e-p 曲线，即土样的侧限压缩试验曲线，如图4-2所示。从曲线中可以看出，随着载荷的增加，产生了压缩变形，孔隙比减小。

不同的土体，压缩曲线的形状不同。曲线越陡，代表土样的压缩性越大；曲线越缓，土样压缩性越小。不同的土质，其变形规律也是不同的。通常砂土的 e-p 曲线平缓，而软黏性土 e-p 曲线较陡。压缩曲线的形状可以形象地说明土的压缩性的大小。另外，由图4-2可以看出，压缩

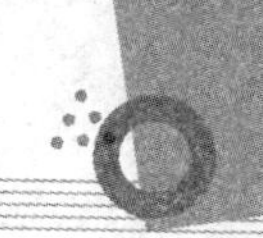

曲线一般随压力的增大而逐渐趋于平缓，即在侧限条件下土的压缩性逐渐减小。

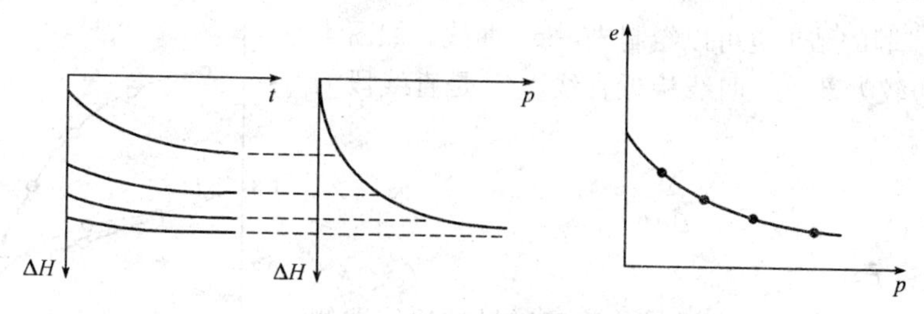

图 4-2　侧限压缩试验曲线

三、土的侧限压缩试验指标

在侧限压缩试验中，只有竖向变形，没有侧向变形，所以侧限压缩试验曲线可以很好地表征土样在载荷作用下竖向压缩的特性。为了定性地表征土样的压缩性，在侧限压缩试验的基础上定义压缩系数、压缩指数、压缩模量和体积压缩系数 4 个压缩性指标，来对土体的压缩性进行描述。

1. 压缩系数 a

压缩系数指的是 e-p 曲线上任意两点割线的斜率，如图 4-3 所示，计算公式如下：

$$a=-\frac{\Delta e}{\Delta p} \tag{4-2}$$

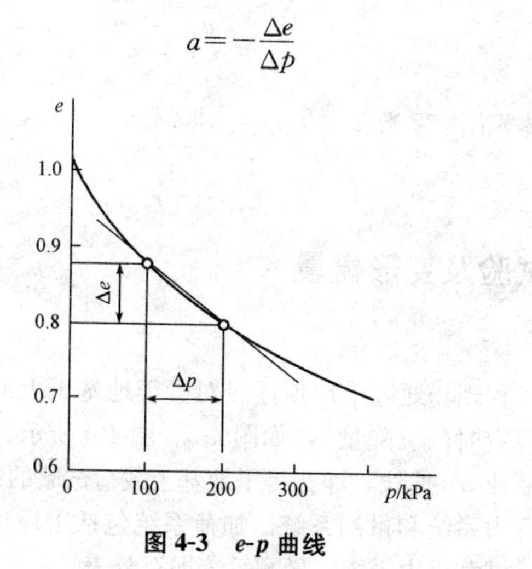

图 4-3　e-p 曲线

压缩系数的特点如下：

(1)不同土的压缩系数不同，a 越大，土的压缩性越大。

(2)同种土的压缩系数 a 不是常数，与应力 p 有关。

(3)通常用应力范围为 100～200 kPa 的 a 对不同土的压缩性进行比较，见表 4-1。

(4)压缩系数的常用单位为 kPa^{-1}、MPa^{-1}。

表 4-1　由压缩系数评价土的压缩性

a_{1-2}/MPa^{-1}	>0.5	$0.1\sim0.5$	<0.1
土的类别	高压缩性土	中压缩性土	低压缩性土

2. 压缩指数 C_c

侧限压缩试验的结果也可以绘制成 e-lg$p$ 曲线，如图 4-4 所示。在压力较大部分，曲线接近直线，C_c 是直线段的斜率，即

$$C_c=-\frac{\Delta e}{\Delta \lg p} \tag{4-3}$$

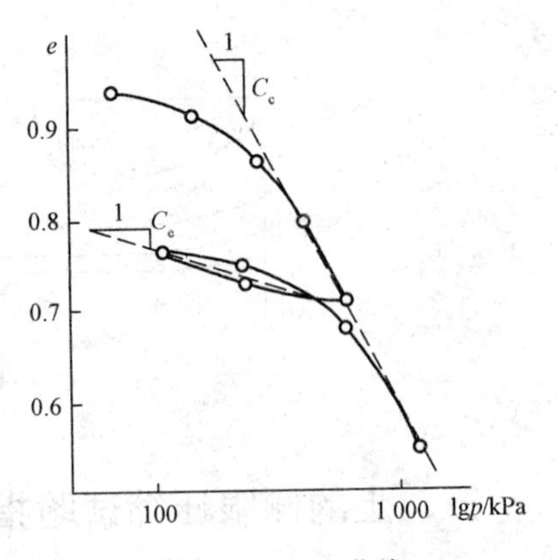

图 4-4　e-lg$p$ 曲线

3. 压缩模量 E_s

在侧限压缩试验中，应力增量与应变增量的比值即侧限压缩模量，简称压缩模量。

$$E_s=\frac{\Delta p}{\Delta \varepsilon}$$

由于在侧向压缩试验中

$$a=-\frac{\Delta e}{\Delta p}$$

$$\Delta \varepsilon=-\frac{\Delta e}{1+e_0}$$

所以

$$E_s=\frac{1+e_0}{a} \tag{4-4}$$

4. 体积压缩系数 m_v

压缩模量的倒数即体积压缩系数。

$$m_v=\frac{1}{E_s}=\frac{a}{1+e_0} \tag{4-5}$$

四、现场载荷试验及变形模量

(一)现场载荷试验

现场载荷试验是在工程现场通过千斤顶逐级对置于地基土上的载荷板施加载荷，观测记录沉降随时间的发展以及稳定时的沉降量 s，如图 4-5、图 4-6 所示。将上述试验得到的各级载荷与相应的稳定沉降量绘制成 p-s 曲线，即获得了地基土载荷试验的结果。载荷试验装置由三大系统组成，即加荷系统、反力系统和量测系统。加荷系统包括千斤顶、载荷板、量力环；反力系统可以是锚桩反力系统、堆载反力系统；量测系统即百分表。

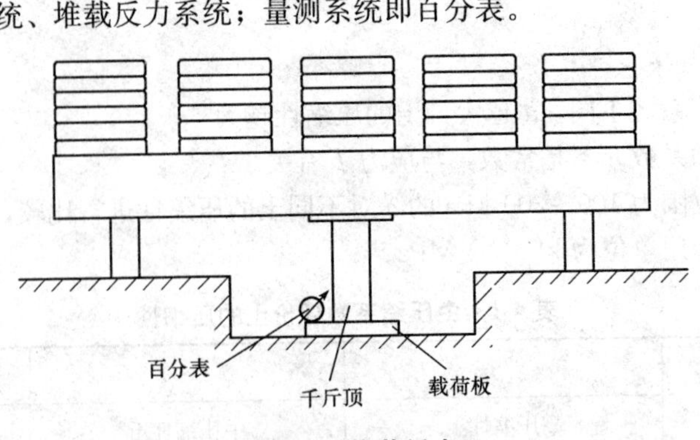

图 4-5　堆载反力

试验时分级加载，分级不少于8级，每级沉降稳定后再进行下一级加载；满足终止加载标准(破坏标准)的某级载荷的上一级载荷作为极限载荷。终止加载标准可参照《建筑地基基础设计规范》(GB 50007—2011)制定。将各级载荷 p 与对应的沉降 s 绘制成 p-s 曲线，如图4-7所示。

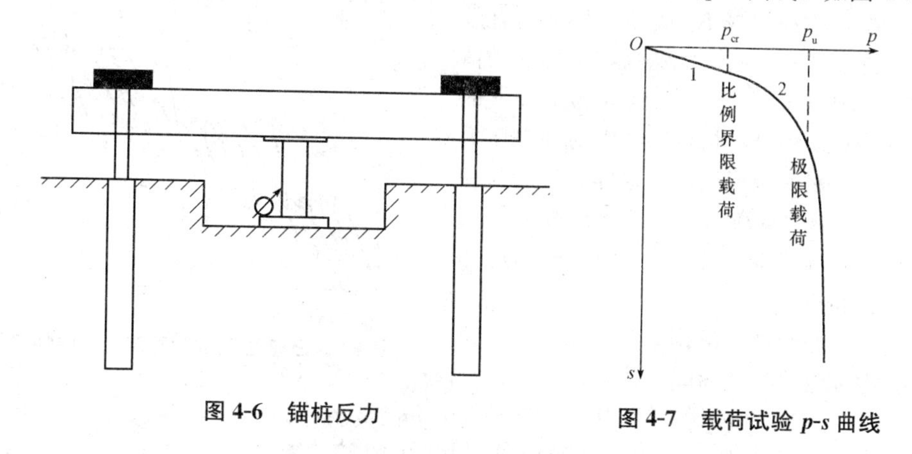

图4-6 锚桩反力

图4-7 载荷试验 p-s 曲线

(二)变形模量 E_0

变形模量指的是载荷试验中应力增量与应变增量的比值，即

$$E_0 = \frac{\Delta p}{\Delta \varepsilon} \tag{4-6}$$

p-s 曲线的开始部分往往接近于直线，一般地基容许承载力取接近于比例界限载荷，所以，地基的变形处于直线变形阶段，因此变形模量可以用下列公式计算：

$$E_0 = \frac{(1-\mu^2)p}{s_1 d} \tag{4-7}$$

式中 μ——泊松比；

d——载荷板直径；

p——一般可取比例界限载荷；

s_1——载荷 p 所对应的沉降。

五、土的弹性模量

土的弹性模量的定义是土体在无侧限条件下瞬时压缩的应力应变模量。弹性力学解(Boussinesq解)给出了一个竖向集中力作用在半空间表面上，半空间内任意点处所引起的6个应力分量和3个位移分量。其中，位移分量包含了土的弹性模量和泊松比两个参数。由于土并非理想弹性体，土体的变形包括弹性变形和残余变形两个部分。因此，在静载荷作用下计算土的变形时所采用的变形参数为压缩模量和变形模量。通常，地基变形计算的分层总和法公式都采用土的侧限压缩模量；但运用弹性力学公式进行计算时，则采用变形模量或弹性模量。

在动载荷(如车辆载荷、风载荷、地震载荷)作用下，仍然采用压缩模量或变形模量来计算土的变形，将得出与实际情况不符的偏大结果。其原因是冲击载荷或反复载荷每一次的作用时间短暂，由于土骨架和土颗粒未被破坏，不发生不可恢复的残余变形，而只发生土骨架的弹性变形，所以弹性模量远远大于变形模量。

确定土的弹性模量的方法是，一般采用室内三轴仪进行三轴压缩试验或无侧限压缩仪进行单轴压缩试验得到的应力-应变关系曲线确定初始切线模量 E_i 或相当于现场载荷条件下的再加荷

模量 E_r。

试验方法为采用取样质量最好的原状土样，在三轴仪中进行固结，所施加的固结压力 σ_3 各向相等，其值取试样在现场 K_0 固结条件下的有效自重应力，即 $\sigma_3=\sigma_{cx}=\sigma_{cy}$。固结后在不排水的情况下施加轴向压力增量 $\Delta\sigma$，达到现场条件下的有效附加应力($\Delta\sigma=\sigma_z$)，此时试样中的轴向压力为 $\sigma_3+\Delta\sigma=\sigma_1$，然后减压到零。这样重复加荷和卸荷若干次，如图 4-8 所示。一般加、卸荷 5～6 个循环后，便可在主应力差($\sigma_1-\sigma_3$)与轴向应变 ε_1 关系图上测得 E_i 和 E_r。

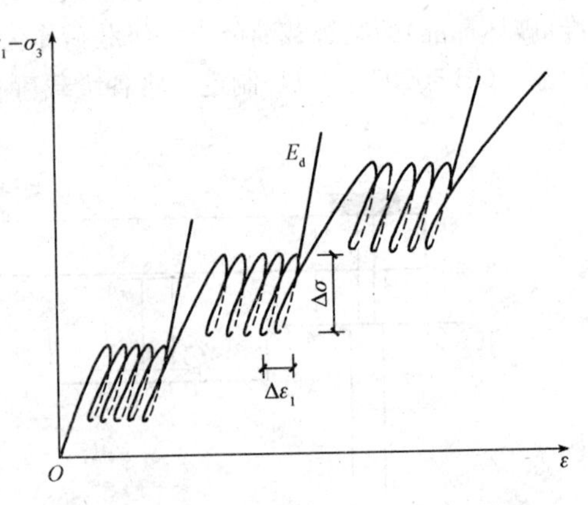

图 4-8　三轴压缩试验确定土的弹性模量

土的弹性模量也能与不排水三轴压缩试验所得到的强度联系起来，从而间接估算。

$$E=(250\sim500)(\sigma_1-\sigma_3)_f \tag{4-8}$$

式中　$(\sigma_1-\sigma_3)_f$——不排水三轴压缩试验土样破坏时的主应力差。

第二节　地基沉降计算

一、斯肯普顿—比伦法计算地基沉降

根据对黏性土地基在外荷载作用下实际变形发展的观察和分析，地基土的总沉降量 s 是由三个分量组成的(图 4-9)：

$$s=s_d+s_c+s_s \tag{4-9}$$

式中　s_d——瞬时沉降(畸变沉降)；

s_c——固结沉降(主固结沉降)；

s_s——次固结沉降。

此分析方法是斯肯普顿地基沉降的三分量示意图和比伦提出的比较全面的计算总沉降量的方法，称为计算地基最终沉降量的变形发展三分法，也称斯肯普顿—比伦法。

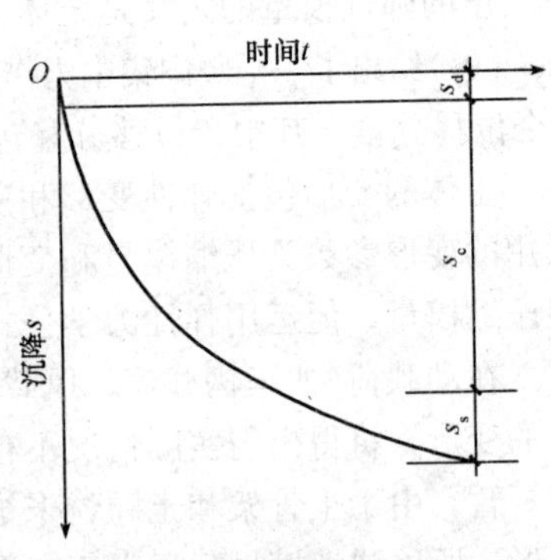

图 4-9　地基表面某点总沉降量的三个分量

1. 瞬时沉降

瞬时沉降是紧随着加压之后地基即时发生的沉降，在外荷载作用下，地基土体积还来不及发生变化，主要是地基土的畸曲变形，也称畸变沉降、初始沉降或不排水沉降。斯肯普顿提出黏性土层初始不排水变形所引起的瞬时沉降可用弹性力学公式进行计算，饱和及接近饱和的黏性土在受到中等应力增量的作用时，整个土层的弹性模量可近似地假定为常数。

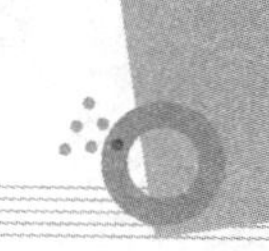

黏性土地基上基础的瞬时沉降 s_d 按下式估算：

$$s_d=\omega(1-\mu^2)\frac{p_0 b}{E_0} \tag{4-10}$$

式中 b——基础的宽度；

E_0——土的弹性模量；

μ——土的泊松比(一般取 $\mu=0.5$)；

ω——沉降影响系数，按基础的刚度、基础底面形状及计算点位置确定，可查表 4-2 得到。

表 4-2 沉降影响系数 ω 值

荷载面形状 计算点位置		圆形	方形	矩形 l/b										
				1.5	2.0	3.0	4.0	5.0	6.0	7.0	8.0	9.0	10.0	100.0
柔性荷载	ω_c	0.64	0.56	0.68	0.77	0.89	0.98	1.05	1.11	1.16	1.20	1.24	1.27	2.00
	ω_0	1.00	1.12	1.36	1.53	1.78	1.96	2.10	2.22	2.32	2.40	2.48	2.54	4.01
	ω_m	0.85	0.95	1.15	1.30	1.52	1.70	1.83	1.96	2.04	2.12	2.19	2.25	3.70
刚性基础	ω_r	0.785	0.886	1.08	1.22	1.44	1.61	1.72	—	—	—	—	2.12	3.40

2. 固结沉降

固结沉降是随着超孔隙水压力的消散、有效应力的增长而完成的。斯肯普顿建议固结沉降量 s_c^t 由单向压缩条件下计算的沉降量 s_c 乘以一个考虑侧向变形的修正系数 λ 确定，即

$$s_c^t=\lambda s_c$$

式中，s_c 按正常固结、超固结土的 e-lg$p$ 曲线确定；固结沉降修正系数 λ 为 0.2～1.2。

3. 次固结沉降

次固结沉降被认为与土骨架蠕变有关。它是在超孔隙水压力已经消散、有效应力增长基本不变之后仍随时间而缓慢增长的压缩。在次固结沉降过程中，土的体积变化速率与孔隙水从土中流出速率无关，即次固结沉降的时间与土层厚度无关。

许多室内试验和现场测试的结果都表明，在主固结完成之后发生的次固结的孔隙比与时间关系在半对数孔隙比与时间的关系图上接近于一条直线，因而次压缩引起的孔隙比变化可近似地表示为

$$\Delta e=C_a \lg\frac{t}{t_1} \tag{4-11}$$

式中 C_a——半对数图上直线的斜率，称为次压缩系数；

t——所求次压缩沉降的时间，$t\geqslant t_1$；

t_1——主固结度为 100%的时间，根据 e-lg$p$ 曲线外推而得，如图 4-10 所示。

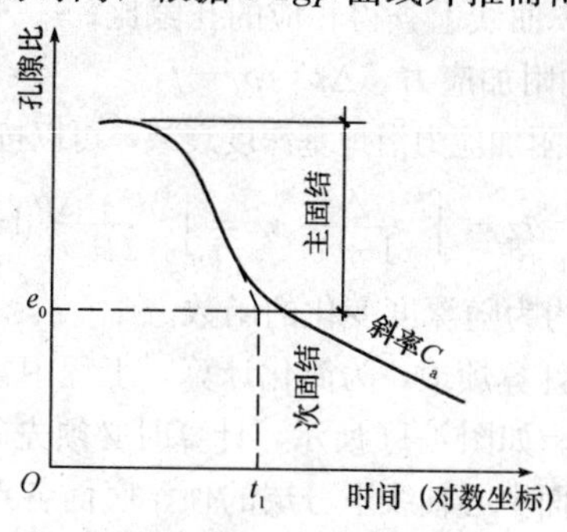

图 4-10 次固结沉降计算时的孔隙比与时间关系曲线

地基次固结沉降的计算式如下：

$$s_s = \sum_{i=1}^{n} \frac{H_i}{1+e_{0i}} C_{ai} \lg \frac{t}{t_1} \tag{4-12}$$

式中 C_{ai}——第 i 层土次固结系数；

e_{0i}——第 i 层土初始孔隙比；

H_i——第 i 层土厚度；

t_1——第 i 层土次固结变形开始产生的时间；

t——计算所求次固结沉降 s_s 产生的时间。

根据许多室内和现场试验结果，s_s 值主要取决于土的天然含水率 w，近似计算时取 $C_a = 0.018w$。

二、分层总和法计算地基沉降

1. 基本原理

分层总和法计算地基的最终沉降量，是以无侧向变形条件下的压缩量公式为基础，在地基沉降计算深度范围内划分为若干分层，计算各分层的压缩量，然后求其总和。

2. 基本假设

分层总和法的基本假设如下：

(1)土的压缩完全是由孔隙体积减小所致，而土粒本身的压缩忽略不计。

(2)土体仅产生竖向压缩，而无侧向变形，计算中用到的土的压缩性指标从固结试验的压缩曲线即 e-p 曲线确定。

(3)在划分的各土层高度范围内，假定应力是均匀分布的，并按照与上、下层交界处的平均应力计算。

(4)地基沉降计算深度是指自基础底面向下需要计算压缩变形所达到的深度，该深度以下土层的变形值小到可以忽略不计，也称地基压缩层深度。

3. 基本公式

利用压缩试验成果计算地基沉降，根据已知的 e-p 曲线进行计算，即

$$s = \frac{e_1 - e_2}{1+e_1} H = \frac{\Delta e}{1+e_1} H = \frac{a \cdot \Delta p}{1+e_1} \cdot H = \frac{\Delta p}{E_s} \cdot H \tag{4-13}$$

式中 H——薄压缩土层的厚度；

e_1——根据薄土层顶、底面处自重应力平均值 σ_c，即原始压应力 p_1，从土的压缩 e-p 曲线上查得相应的孔隙比；

e_2——根据薄土层顶、底面处自重应力平均值 σ_c 与附加应力平均值 σ_z 之和即总压应力 p_2，从土的压缩 e-p 曲线上查得相应的孔隙比；

Δp——薄压缩土层的平均附加应力，$\Delta p = p_2 - p_1$。

按照式(4-13)，考虑地基中的附加应力沿地基深度衰减，可以按照式(4-14)计算地基的总沉降：

$$s = \int_0^{\infty} \frac{e_1 - e_2}{1+e_1} dz = \int_0^{\infty} \frac{\Delta e}{1+e_1} dz = \int_0^{\infty} \frac{a \cdot \Delta p}{1+e_1} dz = \int_0^{\infty} \frac{\Delta p}{E_s} dz \tag{4-14}$$

式中，e_1，e_2，Δe，a，Δp，E_s 均为随深度变化的函数。

由于上述公式在工程使用中计算烦琐，为简化计算，工程中常将地基土分为若干层，进行近似计算，这样也能满足工程要求。如图 4-11 所示，计算时必须先确定地基压缩层深度，并在此范围内进行分层，然后计算基础底面中心轴线下分层的顶、底面各点的自重应力平均值和附加应力平均值。地基压缩层深度的下限取地基附加应力等于自重应力的 20%处，即 $\sigma_z = 0.2\sigma_c$ 处(若存在

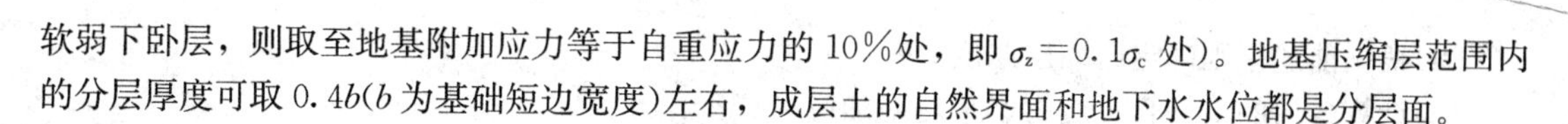

软弱下卧层，则取至地基附加应力等于自重应力的 10%处，即 $\sigma_z=0.1\sigma_c$ 处）。地基压缩层范围内的分层厚度可取 $0.4b$（b 为基础短边宽度）左右，成层土的自然界面和地下水水位都是分层面。

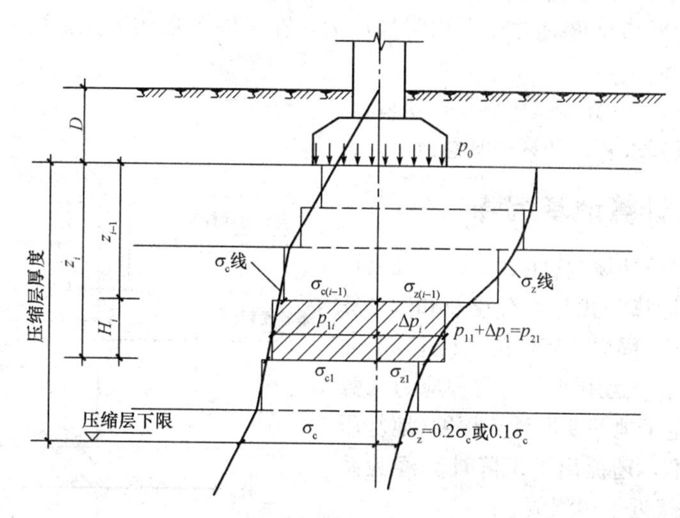

图 4-11　单向分层总和法计算地基沉降量

地基沉降量 s 的分层总和法基本公式如下：

$$s=\sum_{i=1}^{n}\Delta s_i=\sum_{i=1}^{n}\varepsilon_i H_i \tag{4-15a}$$

式中　Δs_i——第 i 分层土的压缩量；

ε_i——第 i 分层土的压缩应变；

H_i——第 i 分层土的厚度。

因为

$$\varepsilon_i=\frac{e_{1i}-e_{2i}}{1+e_{1i}}=\frac{a_i(p_{2i}-p_{1i})}{1+e_{1i}}=\frac{\Delta p_i}{E_{si}}=m_{vi}\Delta p_i \tag{4-15b}$$

和

$$\Delta s_i=\frac{e_{1i}-e_{2i}}{1+e_{1i}}H_i=\frac{a_i(p_{2i}-p_{1i})}{1+e_{1i}}H_i=\frac{\Delta p_i}{E_{si}}H_i=m_{vi}\Delta p_i H_i \tag{4-15c}$$

所以

$$s=\sum_{i=1}^{n}\frac{e_{1i}-e_{2i}}{1+e_{1i}}H_i=\sum_{i=1}^{n}\frac{a_i(p_{2i}-p_{1i})}{1+e_{1i}}H_i=\sum_{i=1}^{n}\frac{\Delta p_i}{E_{si}}H_i=\sum_{i=1}^{n}m_{vi}\Delta p_i H_i \tag{4-15d}$$

式中　e_{1i}——根据第 i 层的自重应力平均值 p_{1i}，从 e-p 曲线上得到的相应孔隙比；

e_{2i}——根据第 i 层的自重应力平均值与附加应力平均值之和，即 p_{2i}，从土的压缩 e-p 曲线上得到的相应孔隙比；

a_i、E_{si}、m_{vi}——第 i 层土的压缩系数、压缩模量和体积压缩系数；

H_i——第 i 层土层厚度；

p_{1i}——第 i 层的自重应力平均值，$p_{1i}=[\sigma_{ci}+\sigma_{c(i-1)}]/2$；

p_{2i}——第 i 层的自重应力平均值 $[\sigma_{ci}+\sigma_{c(i-1)}]/2$（图 4-11 中的 p_{1i}）与附加应力平均值 $[\sigma_{zi}+\sigma_{z(i-1)}]/2$（图 4-11 中的 Δp_i）之和。

4. 计算步骤

计算的具体步骤如下：

(1)按照原则将地基分层。

(2)自地面以下，计算地基中各层分界面处的自重应力。

(3)从基础底面以下，计算地基中各层分界面处的竖向附加应力及其分布。

(4)根据前述原则确定压缩层厚度。

(5)计算各层的平均自重应力和平均附加应力。

(6)根据各层的平均自重应力和平均附加应力，在不同土层的 e-p 曲线中确定相应的孔隙比 e_{1i} 和 e_{2i}。

(7)利用式 4-15(d)计算地基中各层的沉降。

(8)对各层的沉降求和，计算地基总沉降。

三、规范法计算地基沉降

《建筑地基基础设计规范》(GB 50007—2011)推荐的最终沉降量计算公式是对分层总和法计算地基沉降公式的修正。同样采用侧限条件下 e-p 曲线的压缩性指标，不仅运用了平均附加应力系数 $\bar{\alpha}$ 的新参数，并规定了地基变形计算深度(地基压缩层深度)的新标准，还提出了沉降计算经验系数 ψ_s，使计算成果接近于实测值。

地基平均附加应力系数 $\bar{\alpha}$ 是从基础底面某点下至地基任意深度 z 范围内的附加应力分布面积 A 对基础底面附加应力与地基深度的乘积 p_0z 之比值，即 $\bar{\alpha}=A/(p_0z)$，如图 4-12 所示。

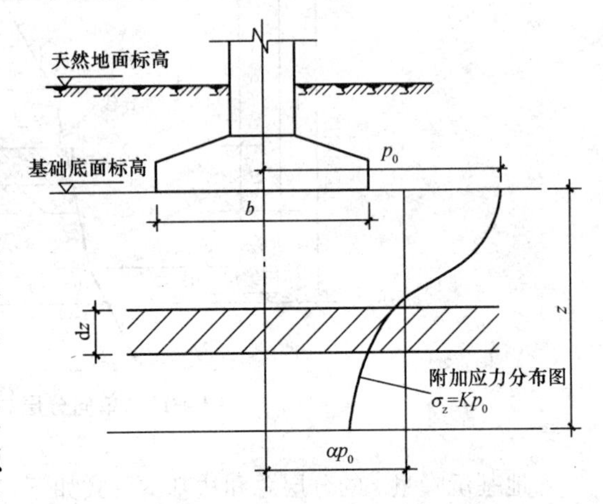

图 4-12　平均附加应力系数 $\bar{\alpha}$ 的示意

假设地基土是均质的，在侧限条件下的压缩模量 E_s 不随深度而变化，则从基础底面某点下至地基深度 z 范围内的压缩量 s' 计算公式为

$$s' = \int_0^z \varepsilon \mathrm{d}z = \frac{1}{E_s}\int_0^z \sigma_z \mathrm{d}z = \frac{A}{E_s} \tag{4-16a}$$

$$A = \int_0^z \sigma_z \mathrm{d}z = p_0\int_0^z \alpha \mathrm{d}z$$

式中　ε——土的压缩应变，$\varepsilon=\sigma_z/E_s$；

σ_z——地基(竖向)附加应力，$\sigma_z=\alpha p_0$，p_0 为基础底面附加压力，α 为地基(竖向)附加应力系数；

A——基础底面某点下至任意深度 z 范围内的附加应力面积。

为便于计算，引入系数 $\bar{\alpha}=A/(p_0z)$，则式(4-16a)改写为

$$s' = p_0 z\bar{\alpha}/E_s \tag{4-16b}$$

式中　$\bar{\alpha}$——z 范围内的(竖向)平均附加应力系数；

$p_0z\bar{\alpha}$——z 范围内 A 的等代值。

式(4-16b)是以附加应力面积 A 的等代值 $p_0z\bar{\alpha}$(引出平均附加应力系数)表达的基础底面某点的(竖向)变形量公式。由此可得到成层地基中第 i 分层的变形量公式为

$$\Delta s_i' = s_i' - s_{i-1}' = \frac{A_i - A_{i-1}}{E_{si}} = \frac{\Delta A_i}{E_{si}} = \frac{p_0 z_i\bar{\alpha}_i - p_0 z_{i-1}\bar{\alpha}_{i-1}}{E_{si}} \tag{4-17a}$$

式中　s_i'，s_{i-1}'——z_i 和 z_{i-1} 范围内的变形量；

$\bar{\alpha}_i$，$\bar{\alpha}_{i-1}$——z_i 和 z_{i-1} 范围内竖向平均附加应力系数；

$p_0z_i\bar{\alpha}_i$——z_i 范围内附加应力面积 A_i(图 4-13 中面积 1234)的等代值；

$p_0z_{i-1}\bar{\alpha}_{i-1}$——$z_{i-1}$ 范围内附加应力面积 A_{i-1}(图 4-13 中面积 1256)的等代值；

ΔA_i——第 i 分层的竖向附加应力面积(图 4-13 中面积 5634)，$\Delta A_i=A_i-A_{i-1}$。

则按分层总和法计算的地基变形公式为

$$s'=\sum_{i=1}^{n}\Delta s'_i=\sum_{i=1}^{n}\frac{p_0}{E_{si}}(z_i\bar{\alpha}_i-z_{i-1}\bar{\alpha}_{i-1}) \tag{4-17b}$$

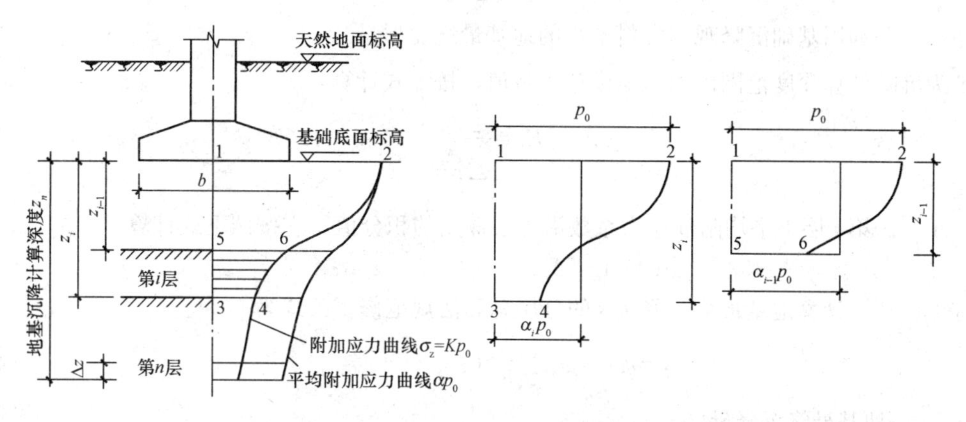

图 4-13　规范法计算地基沉降原理

规范规定，地基变形计算深度 z_n 是指采用“变形比法”替代传统的“应力比法”来确定分层总和法地基压缩层深度，它由该深度处向上取按表 4-4 规定的计算厚度，所得到的计算变形量应满足下式要求(包括考虑相邻荷载的影响)：

$$\Delta s'_n\leqslant 0.025\sum_{i=1}^{n}\Delta s'_i \tag{4-18}$$

式中　$\Delta s'_i$——在计算深度范围内，第 i 层土的计算变形值；

$\Delta s'_n$——在由计算深度向上取厚度为 Δz 的土层计算变形值，Δz 如图 4-13 并按表 4-3 所示确定。

表 4-3　压缩层计算厚度 Δz 值

b/m	≤2	2<b≤4	4<b≤8	b>8
Δz/m	0.3	0.6	0.8	1.0

按式(4-18)确定的地基变形计算深度下有较软弱土层时，还应向下继续计算，直至软弱土层中所取规定厚度 Δz 的计算变形值满足式(4-18)要求为止。

当无相邻荷载影响，基础宽度在 1～30 m 范围内时，基础中点的地基变形计算深度也可按下列简化式计算：

$$z_n=b(2.5-0.4\ln b) \tag{4-19}$$

式中　b——基础宽度(m)；

$\ln b$——b 的自然对数。

在地基变形计算深度范围内存在基岩层时，z_n 可取至基岩表面；当存在较厚的坚硬黏性土层，其孔隙比小于 0.5、压缩模量大于 50 MPa，或存在较厚密实砂卵石层，其压缩模量大于 80 MPa 时，z_n 可取至该层土表面。

由单向分层总和法的假设可见，其假定与实际条件不完全一致，如假定地基土没有侧向变形，这只有在建筑物基础底面面积较大、可压缩土层厚度较薄、可近似视为薄压缩层时，才接近上述假设。另外，由于采用了基础中心点下土的附加应力来计算基础沉降，又使基础沉降偏大。虽然这两个相反的因素在一定程度上相互抵消，但沉降计算结果与实际沉降仍有一定的误差。为了提高计算精度，在对分层总和法简化的基础上，根据大量工程的沉降观测

结果，规范提出：地基变形计算深度范围内的计算变形量 s' 还需乘以一个沉降计算经验系数 ψ_s，其公式为

$$\psi_s = s_\infty / s' \tag{4-20}$$

式中 s_∞——利用基础沉降观测资料推算的地基最终变形量。

$\overline{E_s}$ 为沉降计算深度范围内的压缩模量当量值，按下式计算：

$$\overline{E_s} = \frac{\sum A_i}{\sum \frac{A_i}{E_{si}}} \tag{4-21}$$

式中 A_i——第 i 层土平均附加应力系数沿土层深度的积分值，它按照下式计算：

$$\Delta A_i = A_i - A_{i-1} = p_0 (z_i \overline{\alpha}_i - z_{i-1} \overline{\alpha}_{i-1})$$

综上所述，计算地基最终沉降量 s 的分层总和法规范修正公式为

$$s = \psi_s s' = \psi_s \sum_{i=1}^{n} \frac{p_0}{E_{si}} (z_i \overline{\alpha}_i - z_{i-1} \overline{\alpha}_{i-1}) \tag{4-22}$$

式中 s——地基最终沉降量(mm)；

s'——按分层总和法计算的地基变形量(mm)；

ψ_s——沉降计算经验系数，根据地区沉降观测资料及经验确定，也可采用表 4-4 的数值(表中 f_{ak} 为地基承载力特征值)；

n——地基变形计算深度范围内所划分的土层数，层面和地下水水位面是分层面，分层厚度不应大于 2 m，以提高 E_{si} 的取值精度；

p_0——对应于荷载效应准永久组合时的基础底面附加压力(kPa)；

E_{si}——基础底面下第 i 层土的压缩模量，按实际应力段范围取值(kPa 或 MPa)；

z_i、z_{i-1}——基础底面至第 i 层土、第 $i-1$ 层土底面的距离(m)；

$\overline{\alpha}_i$、$\overline{\alpha}_{i-1}$——基础底面的计算点至第 i 层土、第 $i-1$ 层土底面范围内竖向平均附加应力系数，可按表 4-5、表 4-6 查用。

表 4-4　沉降计算经验系数 ψ_s

地基附加应力 \ $\overline{E_s}$ / MPa	2.5	4.0	7.0	15.0	20.0
$p_0 \geqslant f_{ak}$	1.4	1.3	1.0	0.4	0.2
$p_0 \leqslant 0.75 f_{ak}$	1.1	1.0	0.7	0.4	0.2

表 4-5、表 4-6 分别为矩形面积均布荷载作用下角点和矩形面积上三角形分布荷载作用下的竖向平均附加应力系数 $\overline{\alpha}$ 值。借助这两个表，可以运用角点法求算基础底面附加压力为均布、三角形分布时地基中任意点的竖向平均附加压力系数。若需使用均布的圆形荷载中点下和三角形分布的圆形荷载边点下地基平均附加应力系数，可以查《建筑地基基础设计规范》(GB 50007—2011)得到。

表 4-5　矩形面积均布荷载作用下角点的竖向平均附加应力系数 $\overline{\alpha}$

z/b \ l/b	1.0	1.2	1.4	1.6	1.8	2.0	2.4	2.8	3.2	3.6	4.0	5.0	10.0
0.0	0.250 0	0.250 0	0.250 0	0.250 0	0.250 0	0.250 0	0.250 0	0.250 0	0.250 0	0.250 0	0.250 0	0.250 0	0.250 0
0.2	0.249 6	0.249 7	0.249 7	0.249 8	0.249 8	0.249 8	0.249 8	0.249 8	0.249 8	0.249 8	0.249 8	0.249 8	0.249 8

续表

z/b \ l/b	1.0	1.2	1.4	1.6	1.8	2.0	2.4	2.8	3.2	3.6	4.0	5.0	10.0
0.4	0.247 4	0.247 9	0.248 1	0.248 3	0.248 3	0.248 4	0.248 5	0.248 5	0.248 5	0.248 5	0.248 5	0.248 5	0.248 5
0.6	0.242 3	0.243 7	0.244 4	0.244 8	0.244 8	0.245 1	0.245 2	0.245 4	0.245 5	0.245 5	0.245 5	0.245 5	0.245 6
0.8	0.234 6	0.237 2	0.238 7	0.239 5	0.240 0	0.240 3	0.240 7	0.240 8	0.240 9	0.240 9	0.241 0	0.241 0	0.241 0
1.0	0.225 2	0.229 1	0.231 3	0.232 6	0.233 5	0.234 0	0.234 6	0.234 9	0.235 1	0.235 2	0.235 2	0.235 3	0.235 3
1.2	0.214 9	0.219 9	0.222 9	0.224 8	0.226 0	0.226 8	0.227 8	0.228 2	0.228 5	0.228 6	0.228 7	0.228 8	0.228 9
1.4	0.204 3	0.210 2	0.214 0	0.216 4	0.218 0	0.219 1	0.220 4	0.221 1	0.221 5	0.221 7	0.221 8	0.222 0	0.222 1
1.6	0.193 9	0.200 6	0.204 9	0.207 9	0.209 9	0.211 3	0.213 0	0.213 8	0.214 3	0.214 6	0.214 8	0.215 0	0.215 2
1.8	0.184 0	0.191 2	0.196 0	0.199 4	0.201 8	0.203 4	0.205 5	0.206 6	0.207 3	0.207 7	0.207 9	0.208 2	0.208 4
2.0	0.174 6	0.182 2	0.187 5	0.191 2	0.193 8	0.195 8	0.198 2	0.199 6	0.200 4	0.200 9	0.201 2	0.201 5	0.201 8
2.2	0.165 9	0.173 7	0.179 3	0.183 3	0.186 2	0.188 3	0.191 1	0.192 7	0.193 7	0.194 3	0.194 7	0.195 2	0.195 5
2.4	0.157 8	0.165 7	0.171 5	0.175 7	0.178 9	0.181 2	0.184 3	0.186 2	0.187 3	0.188 0	0.188 5	0.189 0	0.189 5
2.6	0.150 3	0.158 3	0.164 2	0.168 6	0.171 9	0.174 5	0.177 9	0.179 9	0.181 2	0.182 0	0.182 5	0.183 2	0.183 8
2.8	0.143 3	0.151 4	0.157 4	0.161 9	0.165 4	0.168 0	0.171 7	0.173 9	0.175 3	0.176 3	0.176 9	0.177 7	0.178 4
3.0	0.136 9	0.144 9	0.151 0	0.155 6	0.159 2	0.161 9	0.165 8	0.168 2	0.169 8	0.170 8	0.171 5	0.172 5	0.173 3
3.2	0.131 0	0.139 0	0.145 0	0.149 7	0.153 3	0.156 2	0.160 2	0.162 8	0.164 5	0.165 7	0.166 4	0.167 5	0.168 5
3.4	0.125 6	0.133 4	0.139 4	0.144 1	0.147 8	0.150 8	0.155 0	0.157 7	0.159 5	0.160 7	0.161 6	0.162 8	0.163 9
3.6	0.120 5	0.128 2	0.134 2	0.138 9	0.142 7	0.145 6	0.150 0	0.152 8	0.154 8	0.156 1	0.157 0	0.158 3	0.159 5
3.8	0.115 8	0.123 4	0.129 3	0.134 0	0.137 8	0.140 8	0.145 2	0.148 2	0.150 2	0.151 6	0.152 6	0.154 1	0.155 4
4.0	0.111 4	0.118 9	0.124 8	0.129 4	0.133 2	0.136 2	0.140 8	0.143 8	0.145 9	0.147 4	0.148 5	0.150 0	0.151 6
4.2	0.107 3	0.114 7	0.120 5	0.125 1	0.128 9	0.131 9	0.136 5	0.139 6	0.141 8	0.143 4	0.144 5	0.146 2	0.147 9
4.4	0.103 5	0.110 7	0.116 4	0.121 0	0.124 8	0.127 9	0.132 5	0.135 7	0.137 9	0.139 6	0.140 7	0.142 5	0.144 4
4.6	0.100 0	0.107 0	0.112 7	0.117 2	0.120 9	0.124 0	0.128 7	0.131 9	0.134 2	0.135 9	0.137 1	0.139 0	0.141 0
4.8	0.096 7	0.103 6	0.109 1	0.113 6	0.117 3	0.120 4	0.125 0	0.128 3	0.130 7	0.132 4	0.133 7	0.135 7	0.137 9
5.0	0.093 5	0.100 3	0.105 7	0.110 2	0.113 9	0.116 9	0.121 6	0.124 9	0.127 3	0.129 1	0.130 4	0.132 5	0.134 8
5.2	0.090 6	0.097 2	0.102 6	0.107 0	0.110 6	0.113 6	0.118 3	0.121 7	0.124 1	0.125 9	0.127 3	0.129 5	0.132 0
5.4	0.087 8	0.094 3	0.099 6	0.103 9	0.107 5	0.110 5	0.115 2	0.118 6	0.121 1	0.122 9	0.124 3	0.126 5	0.129 2
5.6	0.085 2	0.091 6	0.096 8	0.101 0	0.104 6	0.107 6	0.112 2	0.115 6	0.118 1	0.120 0	0.121 5	0.123 8	0.126 6
5.8	0.082 8	0.089 0	0.094 1	0.098 3	0.101 8	0.104 7	0.109 4	0.112 8	0.115 3	0.117 2	0.118 7	0.121 1	0.124 0
6.0	0.080 5	0.086 6	0.091 6	0.095 7	0.099 1	0.102 1	0.106 7	0.110 1	0.112 6	0.114 6	0.116 1	0.118 5	0.121 6
6.2	0.078 3	0.084 2	0.089 1	0.093 2	0.096 6	0.099 5	0.104 1	0.107 5	0.110 1	0.112 0	0.113 6	0.116 1	0.119 3
6.4	0.076 2	0.082 0	0.086 9	0.090 9	0.094 2	0.097 1	0.101 6	0.105 0	0.107 6	0.109 6	0.111 1	0.113 7	0.117 1
6.6	0.074 2	0.079 9	0.084 7	0.088 6	0.091 9	0.094 8	0.099 3	0.102 7	0.105 3	0.107 3	0.108 8	0.111 4	0.114 9
6.8	0.072 3	0.077 9	0.082 6	0.086 5	0.089 8	0.092 6	0.097 0	0.100 4	0.103 0	0.105 0	0.106 6	0.109 2	0.112 9
7.0	0.070 5	0.076 1	0.080 6	0.084 4	0.087 7	0.090 4	0.094 9	0.098 2	0.100 8	0.102 8	0.104 4	0.107 1	0.110 9
7.2	0.068 8	0.074 2	0.078 7	0.082 5	0.085 7	0.088 4	0.092 8	0.096 2	0.098 7	0.100 8	0.102 3	0.105 1	0.109 0

续表

z/b \ l/b	1.0	1.2	1.4	1.6	1.8	2.0	2.4	2.8	3.2	3.6	4.0	5.0	10.0
7.4	0.067 2	0.072 5	0.076 9	0.080 6	0.083 8	0.086 5	0.090 8	0.094 2	0.096 7	0.098 8	0.100 4	0.103 1	0.107 1
7.6	0.065 6	0.070 9	0.075 2	0.078 9	0.082 0	0.084 6	0.088 9	0.092 2	0.094 8	0.096 8	0.098 4	0.101 2	0.105 4
7.8	0.064 2	0.069 3	0.073 6	0.077 1	0.080 2	0.082 8	0.087 1	0.090 4	0.092 9	0.095 0	0.096 6	0.099 4	0.103 6
8.0	0.062 7	0.067 8	0.072 0	0.075 5	0.078 5	0.081 1	0.085 3	0.088 6	0.091 2	0.093 2	0.094 8	0.097 6	0.102 0
8.2	0.061 4	0.066 3	0.070 5	0.073 9	0.076 9	0.079 5	0.083 7	0.086 9	0.089 4	0.091 4	0.093 1	0.095 9	0.100 4
8.4	0.060 1	0.064 9	0.069 0	0.072 4	0.075 4	0.077 9	0.082 0	0.085 2	0.087 8	0.089 8	0.091 4	0.094 3	0.098 8
8.6	0.058 8	0.063 6	0.067 6	0.071 0	0.073 9	0.076 4	0.080 5	0.083 6	0.086 2	0.088 2	0.089 8	0.092 7	0.097 3
8.8	0.057 6	0.062 3	0.066 3	0.069 6	0.072 4	0.074 9	0.079 0	0.082 1	0.084 6	0.086 6	0.088 2	0.091 2	0.095 9
9.2	0.055 4	0.059 9	0.063 7	0.067 0	0.069 7	0.072 1	0.076 1	0.079 2	0.081 7	0.083 7	0.085 3	0.088 2	0.093 1
9.6	0.053 3	0.057 7	0.061 4	0.064 5	0.067 2	0.069 6	0.073 4	0.076 5	0.078 9	0.080 9	0.082 5	0.085 5	0.090 5
10.0	0.051 4	0.055 6	0.059 2	0.062 2	0.064 9	0.067 2	0.071 0	0.073 9	0.076 3	0.078 3	0.079 9	0.082 9	0.088 0
10.4	0.049 6	0.053 7	0.057 2	0.060 1	0.062 7	0.064 9	0.068 6	0.071 6	0.073 9	0.075 9	0.077 5	0.080 4	0.085 7
10.8	0.047 9	0.051 9	0.055 3	0.058 1	0.060 6	0.062 8	0.066 4	0.069 3	0.071 7	0.073 6	0.075 1	0.078 1	0.083 4
11.2	0.046 3	0.050 2	0.053 5	0.056 3	0.058 7	0.060 9	0.064 4	0.067 2	0.069 5	0.071 4	0.073 0	0.075 9	0.081 3
11.6	0.044 8	0.048 6	0.051 8	0.054 5	0.056 9	0.059 0	0.062 5	0.065 2	0.067 5	0.069 4	0.070 9	0.073 8	0.079 3
12.0	0.043 5	0.047 1	0.050 2	0.052 9	0.055 2	0.057 3	0.060 6	0.063 4	0.065 6	0.067 4	0.069 0	0.071 9	0.077 4
12.8	0.040 9	0.044 4	0.047 4	0.049 9	0.052 1	0.054 1	0.057 3	0.059 9	0.062 1	0.063 9	0.065 4	0.068 2	0.073 9
13.6	0.038 7	0.042 0	0.044 8	0.047 2	0.049 3	0.051 2	0.054 3	0.056 8	0.058 9	0.060 7	0.062 1	0.064 9	0.070 7
14.4	0.036 7	0.039 8	0.042 5	0.044 8	0.046 8	0.048 6	0.051 6	0.054 0	0.056 1	0.057 7	0.059 2	0.061 9	0.067 7
15.2	0.034 9	0.037 9	0.040 4	0.042 6	0.044 6	0.046 3	0.049 2	0.051 5	0.053 5	0.055 1	0.056 5	0.059 2	0.065 0
16.0	0.033 2	0.036 1	0.038 5	0.040 7	0.042 5	0.044 2	0.046 9	0.049 2	0.051 1	0.052 7	0.054 0	0.056 7	0.062 5
18.0	0.029 7	0.032 3	0.034 5	0.036 4	0.038 1	0.039 6	0.042 2	0.044 2	0.046 0	0.047 5	0.048 7	0.051 2	0.057 0
20.0	0.026 9	0.029 2	0.031 2	0.033 0	0.034 5	0.035 9	0.038 3	0.040 2	0.041 8	0.043 2	0.044 4	0.046 8	0.052 4

表 4-6　矩形面积上三角形分布荷载作用下的竖向平均附加应力系数 $\bar{\alpha}$

z/b \ l/b	0.2		0.4		0.6		0.8		1.0	
点	1	2	1	2	1	2	1	2	1	2
0.0	0.000 0	0.250 0	0.000 0	0.250 0	0.000 0	0.250 0	0.000 0	0.250 0	0.000 0	0.250 0
0.2	0.011 2	0.216 1	0.014 0	0.230 8	0.014 8	0.233 3	0.015 1	0.233 9	0.015 2	0.234 1
0.4	0.017 9	0.181 0	0.024 5	0.208 4	0.027 0	0.215 3	0.028 0	0.217 5	0.028 5	0.218 4
0.6	0.020 7	0.150 5	0.030 8	0.185 1	0.035 5	0.196 6	0.037 6	0.201 1	0.038 8	0.203 0
0.8	0.021 7	0.127 7	0.034 0	0.164 0	0.040 5	0.178 7	0.044 0	0.185 2	0.045 9	0.188 3
1.0	0.021 7	0.110 4	0.035 1	0.146 1	0.043 0	0.162 4	0.047 6	0.170 4	0.050 2	0.174 6
1.2	0.021 2	0.097 0	0.035 1	0.131 2	0.043 9	0.148 0	0.049 2	0.157 1	0.052 5	0.162 1

续表

z/b \ 点 \ l/b	0.2		0.4		0.6		0.8		1.0	
	1	2	1	2	1	2	1	2	1	2
1.4	0.020 4	0.086 5	0.034 4	0.118 7	0.043 6	0.135 6	0.049 5	0.145 1	0.053 4	0.050 7
1.6	0.019 5	0.077 9	0.033 3	0.108 2	0.042 7	0.124 7	0.049 0	0.134 5	0.053 3	0.140 5
1.8	0.018 6	0.070 9	0.032 1	0.099 3	0.041 5	0.115 3	0.048 0	0.125 2	0.052 5	0.131 3
2.0	0.017 8	0.065 0	0.030 8	0.091 7	0.040 1	0.107 1	0.046 7	0.116 9	0.051 3	0.123 2
2.5	0.015 7	0.053 8	0.027 6	0.076 9	0.036 5	0.090 8	0.042 9	0.100 0	0.047 8	0.106 3
3.0	0.014 0	0.045 8	0.024 8	0.066 1	0.033 0	0.078 6	0.039 2	0.087 1	0.043 9	0.093 1
5.0	0.009 7	0.028 9	0.017 5	0.042 4	0.023 6	0.047 6	0.028 5	0.057 6	0.032 4	0.062 4
7.0	0.007 3	0.021 1	0.013 3	0.031 1	0.018 0	0.035 2	0.021 9	0.042 7	0.025 1	0.046 5
10.0	0.005 3	0.015 0	0.009 7	0.022 2	0.013 3	0.025 3	0.016 2	0.030 8	0.018 6	0.033 6
0.0	0.000 0	0.250 0	0.000 0	0.250 0	0.000 0	0.250 0	0.000 0	0.250 0	0.000 0	0.250 0
0.2	0.015 3	0.234 2	0.015 3	0.234 3	0.015 3	0.234 3	0.015 3	0.234 3	0.015 3	0.234 3
0.4	0.028 8	0.218 7	0.028 9	0.218 9	0.029 0	0.219 0	0.029 0	0.219 0	0.029 0	0.219 1
0.6	0.039 4	0.203 9	0.039 7	0.204 3	0.039 9	0.204 6	0.040 0	0.204 7	0.040 1	0.204 8
0.8	0.047 0	0.189 9	0.047 6	0.190 7	0.048 0	0.191 2	0.048 2	0.191 5	0.048 3	0.191 7
1.0	0.051 8	0.176 9	0.052 8	0.178 1	0.053 4	0.178 9	0.053 8	0.179 4	0.054 0	0.179 7
1.2	0.054 6	0.164 9	0.056 0	0.166 6	0.056 8	0.167 8	0.057 4	0.168 4	0.057 7	0.168 9
1.4	0.055 9	0.154 1	0.057 5	0.156 2	0.058 6	0.157 6	0.059 4	0.158 5	0.059 9	0.159 1
1.6	0.056 1	0.144 3	0.058 0	0.146 7	0.059 4	0.148 4	0.060 3	0.149 4	0.060 9	0.150 2
1.8	0.055 6	0.135 4	0.057 8	0.138 1	0.059 3	0.140 0	0.060 4	0.141 3	0.061 1	0.142 2
2.5	0.051 3	0.110 7	0.054 0	0.113 9	0.056 0	0.116 3	0.057 5	0.118 0	0.058 6	0.119 3
3.0	0.047 6	0.097 6	0.050 3	0.100 8	0.052 5	0.103 3	0.054 1	0.105 2	0.055 4	0.106 7
5.0	0.035 6	0.066 1	0.038 2	0.069 0	0.040 3	0.071 4	0.042 1	0.073 4	0.043 5	0.074 9
7.0	0.027 7	0.049 6	0.029 9	0.052 0	0.031 8	0.054 1	0.033 3	0.055 8	0.034 7	0.057 2
10.0	0.020 7	0.035 9	0.022 4	0.037 9	0.023 9	0.039 5	0.025 2	0.040 9	0.026 3	0.040 3
0.0	0.000 0	0.250 0	0.000 0	0.250 0	0.000 0	0.250 0	0.000 0	0.250 0	0.000 0	0.250 0
0.2	0.015 3	0.234 3	0.015 3	0.234 3	0.015 3	0.234 3	0.015 3	0.234 3	0.015 3	0.234 3
0.4	0.029 0	0.219 2	0.029 1	0.219 2	0.029 1	0.219 2	0.029 1	0.219 2	0.029 1	0.219 2
0.6	0.040 2	0.205 0	0.040 2	0.205 0	0.040 2	0.205 0	0.040 2	0.205 0	0.040 2	0.205 0
0.8	0.048 6	0.192 0	0.048 7	0.192 0	0.048 7	0.192 1	0.048 7	0.192 1	0.048 7	0.192 1
1.0	0.054 5	0.180 3	0.054 6	0.180 3	0.054 6	0.180 4	0.054 6	0.180 4	0.054 6	0.180 4
1.2	0.058 4	0.169 7	0.058 6	0.169 9	0.058 7	0.170 0	0.058 7	0.170 0	0.058 7	0.170 0
1.4	0.060 9	0.160 3	0.061 2	0.160 5	0.061 3	0.160 6	0.061 3	0.160 6	0.061 3	0.160 6
1.6	0.062 3	0.151 7	0.062 6	0.152 1	0.062 8	0.152 3	0.062 8	0.152 3	0.062 8	0.152 3
1.8	0.062 8	0.144 1	0.063 3	0.144 5	0.063 5	0.144 7	0.063 5	0.144 8	0.063 5	0.144 8

续表

z/b \ l/b 点	0.2		0.4		0.6		0.8		1.0	
	1	2	1	2	1	2	1	2	1	2
2.0	0.062 9	0.137 1	0.063 4	0.137 7	0.063 7	0.138 0	0.063 8	0.138 0	0.063 8	0.138 0
2.5	0.061 4	0.122 3	0.062 3	0.123 3	0.062 7	0.123 7	0.062 8	0.123 8	0.062 8	0.123 9
3.0	0.058 9	0.110 4	0.060 0	0.111 6	0.060 7	0.112 3	0.060 9	0.112 4	0.060 9	0.112 5
5.0	0.048 0	0.079 7	0.050 0	0.081 7	0.051 5	0.083 3	0.051 9	0.083 7	0.052 1	0.083 9
7.0	0.039 1	0.061 9	0.041 4	0.064 2	0.043 5	0.066 3	0.044 2	0.067 1	0.044 5	0.067 4
10.0	0.030 2	0.046 2	0.032 5	0.048 5	0.034 0	0.050 9	0.035 9	0.052 0	0.036 4	0.052 6

【例 4-1】 某柱下独立基础为正方形，边长 $l=b=4$ m，基础埋深 $d=1$ m，作用在基础顶面的轴心荷载 $F=1\,500$ kPa。地基为粉质黏土，土的天然重度 $\gamma_d=16.5$ kN/m^3，地下水水位深 3.5 m，水下土的饱和重度 $\gamma_{sat}=18.5$ kN/m^3，如图 4-14 所示。地基土的天然孔隙比 $e_1=0.95$，地下水水位以上土的压缩系数为 $a_1=0.30$ MPa^{-1}，地下水水位以下土的压缩系数为 $a_2=0.25$ MPa^{-1}，地基土承载力特征值 $f_{ak}=94$ kPa。试采用分层总和法和规范法分别计算该基础沉降量。

解：

1. 按分层总和法计算

(1)按比例绘制柱基础及地基土的剖面图，如图 4-14 所示。

(2)按式 $\sigma_{cz}=\sum\gamma_i h_i$ 计算地基土的自重应力，自土面开始，地下水水位以下用浮重度计算。应力图如图 4-14 所示。

(3)计算基础底面应力，$p=\dfrac{F+G}{lb}=\dfrac{1\,500+4\times4\times1\times20}{4\times4}=113.75$(kPa)。

(4)计算基础底面处附加应力，$p_0=p-\gamma_d=113.75-16.5\times1=97.25$(kPa)。

(5)计算地基中的附加应力。基础底面为正方形，用角点法计算，分成相等的四个小块，每块计算边长 $l=b=2$ m。按式 $\sigma_z=4\alpha_c p_0$ 计算附加应力。

(6)计算地基受压层厚度。由附加应力与自重应力的比值 $\sigma_z/\sigma_{cz}=0.2$ 所对应的深度点来确定，如图 4-14 所示。当 $z=6$ m 时，$\sigma_z=17.5$ kPa，$0.2\sigma_{cz}=0.2\times87.5=17.5$(kPa)，因此取压缩层厚度为 $z_n=6$ m。

(7)地基沉降计算分层。每层厚度应按 $H_i\leqslant0.4b=0.4\times4=1.6$(m)确定。地下水水位以上 2.5 m 分两层，可分别为 1.2 m 和 1.3 m；由于附加应力随深度增加越来越小，地下水水位以下先分

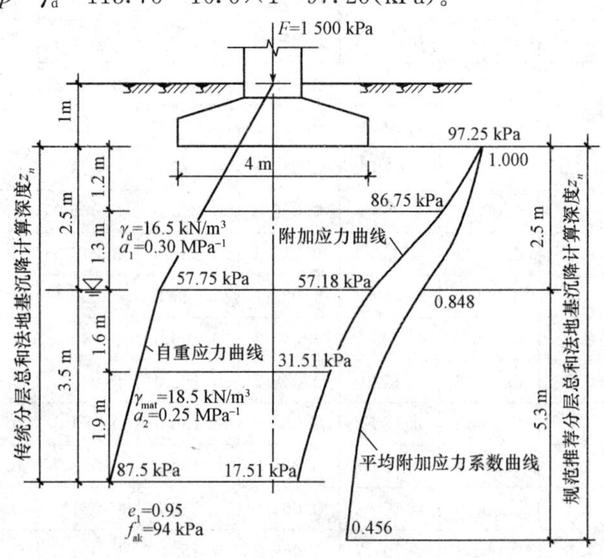

图 4-14　例 4-1 图

出 1.6 m，其余可分为一层 1.9 m。

(8)按下式计算各层土的压缩量，计算结果列于表 4-7。

$$\Delta s_i=\frac{\alpha_i}{1+e_{1i}}\Delta p_i H_i=\frac{\alpha_i}{1+e_{1i}}\bar{\alpha}_z H_i$$

表 4-7　分层总和法计算地基沉降量

自基础底面深度 z/m	土层厚度 h_i/m	自重应力 /kPa	附加应力/kPa				孔隙比 e_1	附加应力平均值/kPa	分层土压缩变形量 Δs_i/mm
			l/b	z/b	α_c	σ_z			
0	—	16.50	1.0	0.00	0.250 0	97.25	—	—	—
1.2	1.2	36.30	1.0	0.60	0.222 9	86.60	0.95	91.93	16.97
2.5	1.3	57.75	1.0	1.25	0.146 1	57.76	0.95	72.10	14.42
4.1	1.6	71.35	1.0	2.05	0.081 1	31.51	0.95	44.64	9.16
6.0	1.9	87.50	1.0	3.00	0.044 7	17.39	0.95	24.45	5.96

(9)柱基础中点最终沉降量为

$$s=\sum_{i=1}^{n}\Delta s_i=16.97+14.42+9.16+5.96=46.51(\text{mm})$$

2. 按规范法计算

(1)因为无相邻荷载影响，所以地基沉降计算深度可按经验公式计算：

$$z_n=b(2.5-0.4\ln b)=4\times(2.5-0.4\times\ln 4)=7.8(\text{m})$$

(2)分层。自基础底面以下，沉降计算深度范围内共分 2 层，按地下水水位面划分为2.5 m、5.2 m。

(3)按式 $E_{si}=\dfrac{1+e_1}{a_i}$ 计算各层土的压缩模量，结果见表 4-8。

表 4-8　规范法计算地基沉降量

分层深度 z_i/m	层厚 h_i/m	压缩模量/MPa	l/b	z/b	$\bar{\alpha}$
0			1.0	0	0.250×4=1.000
0~2.5	2.5	6.5	1.0	1.25	0.212×4=0.848
2.5~7.8	5.3	7.8	1.0	3.90	0.114×4=0.456

(4)按 l/b、z/b 查表得平均附加应力系数(角点法查得的系数实际计算时应乘以 4)，结果见表 4-8。

(5)计算地基土压缩模量的当量值(加权平均值)$\overline{E}_s$：

$$\overline{E}_s=\frac{\sum\Delta A_i}{\sum\dfrac{\Delta A_i}{E_{si}}}=\frac{\sum p_0(z_i\bar{\alpha}_i-z_{i-1}\bar{\alpha}_{i-1})}{\sum\dfrac{p_0(z_i\bar{\alpha}_i-z_{i-1}\bar{\alpha}_{i-1})}{E_{si}}}=\frac{\sum(z_i\bar{\alpha}_i-z_{i-1}\bar{\alpha}_{i-1})}{\sum\dfrac{z_i\bar{\alpha}_i-z_{i-1}\bar{\alpha}_{i-1}}{E_{si}}}$$

$$=\frac{\dfrac{1.000+0.848}{2}\times2.5+\dfrac{0.848+0.456}{2}\times5.3}{\dfrac{1.000+0.848}{2\times6.5}\times2.5+\dfrac{0.848+0.456}{2\times7.8}\times5.3}=7.2(\text{MPa})$$

(6)查表 4-8 可知，$p=97.25\ \text{kPa}>f_{ak}=94\ \text{kPa}$。沉降计算经验系数 $\psi_s=0.985$。

(7)按式 $s=\psi_s\left[\dfrac{p_0}{E_{s1}}(z_1\bar{\alpha}_1)+\dfrac{p_0}{E_{s2}}(z_2\bar{\alpha}_2-z_1\bar{\alpha}_1)\right]$ 计算柱基中点沉降量 s。

$$s=\psi_s\sum_{i=1}^{n}\Delta s_i=0.985\times97.25\times\left(\frac{2.5\times0.848}{6.5}+\frac{7.8\times0.456-2.5\times0.848}{7.8}\right)=48.9(\text{mm})$$

第三节　地基变形与时间的关系

一、有效应力

在一般情况下，土的孔隙中含有水和空气。设土中微单元体的截面面积 A(包括土粒和孔隙的总截面面积)上作用着法向力 P，如图 4-15 所示，则由固体颗粒、孔隙中的水和气体共同承担的总应力 $\delta = P/A$。与土体压缩和强度有关的只是土粒接触面上的应力，而非颗粒截面上的应力，然而，粒间接触面的方位却是随机的。这样，考虑通过接触面传递的应力时，就只能取微单元体中平行于面积 A 的统计接触面总面积 A_s，并设其上由 P 引起的法向力和切向力分别为 P_s 和 T_s。相应的粒间接触面上的法向应力和切向应力$\sigma_s = P_s/A_s$ 和$\tau_s = T_s/A_s$。粒间应力的定义是 $\sigma_g = P_s/A$，如引入接触面积比 $a = A_s/A$，则 $\sigma_g = \sigma_s A_s/A = \sigma_s a$，这就是总应力 σ 中起着控制土体体积变化和抗剪强度的有效应力 σ'，即

$$\sigma' = \sigma_g = \sigma_s a \tag{4-23}$$

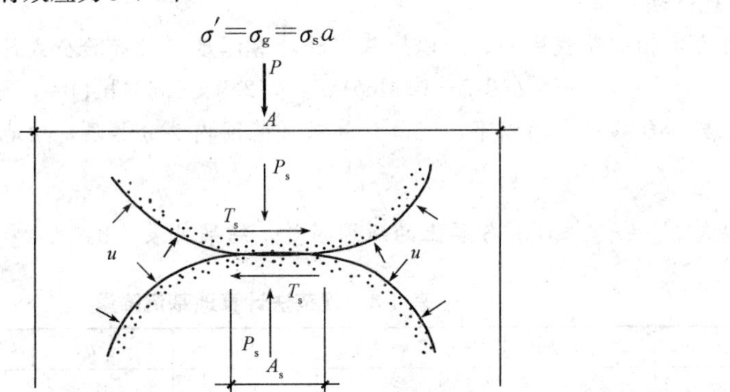

图 4-15　有效应力原理示意

对具有普遍意义的非饱和土，孔隙压力包括孔隙水压力 u_w 和孔隙气压力 u_a 两个分量。如何确定有效应力 σ'与 σ 之间的关系是土力学的基本问题之一。A. W. 毕肖普(Bishop，1955)对饱和度不太小($S_r = 40\% \sim 85\%$)的非饱和土提出了土中有效应力的表达式，即

$$\sigma' = \sigma - [u_a - \chi(u_a - u_w)] \tag{4-24}$$

式中　χ——与土的饱和度有关的参数。当饱和度 $S_r = 100\%$，$\chi = 1$ 时，上式简化为太沙基(Terzaghi，1923)凭经验得到的饱和土的有效应力表达式：

$$\sigma' = \sigma - u \text{ 或 } \sigma = \sigma' + u \tag{4-25}$$

式中　u——饱和土的孔隙压力，即孔隙水压力 u_w。

斯肯普顿(Skempton)在试验基础上对式(4-24)、式(4-25)做出了详细的论证。对无黏性土，其推理是简单的，是由于孔隙压力各向相等，根据微面 A 的法向平衡条件即得

$$P = P_s + (A - A_s)u = \sigma_s A_s + (A - A_s)u \tag{4-26}$$

以 A 除式(4-26)各项，得

$$\sigma = \sigma_s a + (1 - a)u = \sigma' + (1 - a)u \tag{4-27}$$

式中，接触面积比 $a<0.03$，可以略去不计。对黏性土，其中黏土矿物颗粒为结合水所包围，实际上并不直接接触，式中的有效应力应认为是粗颗粒的接触面应力和细颗粒之间的分子力的综合效应。

二、饱和土的一维固结

1. 一维固结理论假设

如图 4-16 所示是一维固结的情况之一，其中厚度为 H 的饱和黏性土层的顶面是透水的，而其底面则不透水。假使该土层在自重作用下的固结已经完成，只是由于透水面上一次施加的连续均布荷载 p_0 才引起土层的固结。一维固结理论的基本假设如下：

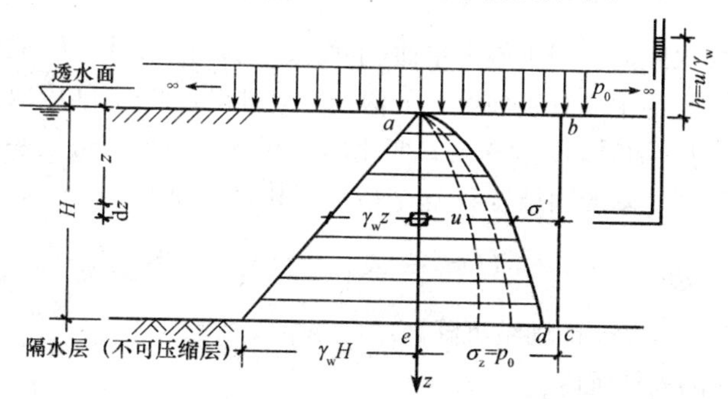

图 4-16　可压缩土层中孔隙水压力(或有效应力)的分布随时间而变化(一维固结情况)

(1)土是均质、各向同性和完全饱和的。

(2)土粒和孔隙水都是不可压缩的。

(3)土中附加应力沿水平面是无限均匀分布的，因此，土层的压缩和土中水的渗流都是一维的。

(4)外荷是一次骤然施加的。

(5)土中水的渗流服从达西定律。

(6)在渗透固结中，土的渗透系数 k 和压缩系数 α 都是不变的常数。

2. 一维固结沉降计算方法

(1)根据一维固结理论假设，饱和土的一维固结微分方程如下：

$$c_v \frac{\partial^2 u}{\partial z^2} = -\frac{\partial u}{\partial t} \tag{4-28}$$

$$c_v = \frac{k(1+e)}{r_w \alpha} \tag{4-29}$$

式中　c_v——土的竖向固结系数；

k——z 方向的渗透系数；

α——土的压缩系数；

e——土的天然孔隙比。

其余符号意义同前。

(2)如图 4-16 所示的初始条件(开始固结时的附加应力分布情况)和边界条件(可压缩土层顶底面的排水条件)如下：

当 $t=0$ 且 $0\leqslant z\leqslant H$ 时，$u=\sigma_z$；

当 $0<t<\infty$ 且 $z=0$ 时，$u=0$；

当 $0<t<\infty$ 且 $z=H$ 时，$\frac{\partial u}{\partial z}=0$；

当 $t=\infty$ 且 $0\leqslant z\leqslant H$ 时，$u=0$。

(3)根据以上初始条件和边界条件，采用分离变量法可求得特解如下：

$$u_{z,t}=\frac{A}{\pi}\sigma_z\sum_{m=1}^{\infty}\frac{1}{m}\sin\frac{m\pi z}{2H}\exp\left(-\frac{m^2\pi^2}{4}T_v\right) \tag{4-30}$$

式中 m——正奇整数(1，3，5，…)；

T_v——竖向固结时间因数，$T_v=\frac{c_v t}{H^2}$(其中 c_v 为竖向固结系数，t 为时间，H 为压缩土层最远的排水距离。当土层为单面(上面或下面)排水时，H 取土层厚度；双面排水时，水由土层中心分别向上、下两个方向排出，此时 H 应取土层厚度一半)。

(4)有了孔隙水压力 u 随时间 t 和深度 z 变化的函数解，即可求得地基在任一时间的固结沉降。此时，通常需要用到地基的固结度 U 这个指标，其定义如下：

$$U=\frac{s_{ct}}{s_c}\text{ 或 }s_{ct}=Us_c$$

式中 s_{ct}——地基在某一时刻 t 的固结沉降；

s_c——地基最终的固结沉降。

(5)对于单向固结情况，其平均固结度 U_z 可按下列公式计算：

$$U_z=1-\frac{8}{\pi^2}\sum_{m=1,3}^{\infty}\frac{1}{m^2}\exp\left(-\frac{m^2\pi^2}{4}T_v\right) \tag{4-31}$$

或

$$U_z=1-\frac{8}{\pi^2}\left[\exp\left(-\frac{\pi^2}{4}T_v\right)+\frac{1}{9}\exp\left(-\frac{9\pi^2}{4}T_v\right)+\cdots\right]$$

式中，括号内的级数收敛很快，当 $U_z>30\%$时可近似地取其中第一项，即

$$U_z=1-\frac{8}{\pi^2}\exp\left(-\frac{\pi^2}{4}T_v\right) \tag{4-32}$$

3. 固结度与时间因数关系曲线

为了便于实际应用，可根据式(4-31)绘制出如图 4-17 所示的 U_z-T_v 关系曲线①。对于图 4-18(a)中所示的 3 种双面排水情况，都可以利用图 4-17 中的曲线①计算，此时，只需将饱和压缩土层的厚度改为 $2H$，即 H 取压缩土层厚度一半即可。另外，对于图 4-18(b)中单面排水的 2 种三角形分布起始孔隙水压力图，则采用对应于图 4-17 中的 U_z-T_v 关系曲线②和③计算。

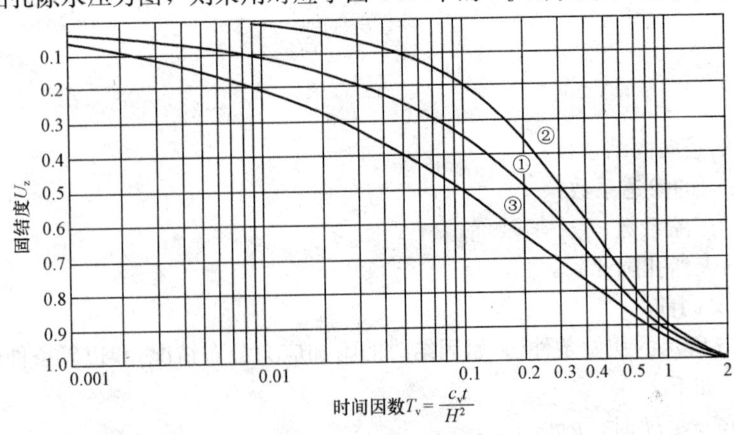

图 4-17 固结度 U_z 与时间因数 T_v 的关系曲线

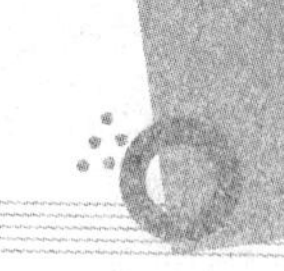

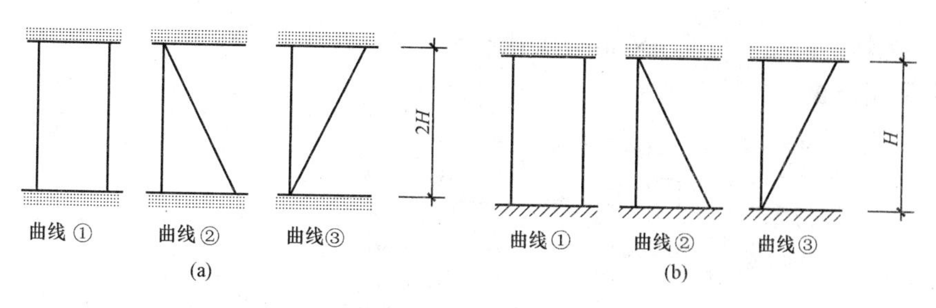

图 4-18　一维固结的几种起始孔隙水压力分布图

(a)双面排水；(b)单面排水

本章小结

地基土层承受上部建筑物的荷载，必然会产生变形，从而引起建筑物基础沉降，当场地土质坚实时，地基的沉降较小，对工程正常使用没有影响；但若地基为软弱土层且厚薄不均，或上部结构荷载轻重变化悬殊时，则地基将发生严重的沉降和不均匀沉降，其结果将使建筑物发生各类事故，影响建筑物的正常使用与安全。

本章主要介绍土的压缩性、地基最终沉降量的计算以及地基变形与时间的关系，通过学习可以详细地掌握分层总和法计算地基最终沉降量的步骤。

思考与练习

一、选择题

1. 评价地基土压缩性高低的指标是(　　)。

A. 压缩系数　　B. 固结系数　　C. 沉降影响系数　　D. 渗透系数

2. 若土的压缩曲线(e-p 曲线)较陡，则表明(　　)。

A. 土的压缩性较大　B. 土的压缩性较小　C. 土的密实度较大　D. 土的孔隙比较小

3. 土的变形模量可通过(　　)试验来测定。

A. 压缩　　B. 载荷　　C. 渗透　　D. 剪切

4. 下列说法中，错误的是(　　)。

A. 土的压力作用下体积会缩小　　B. 土的压缩主要是土中孔隙体积的减小

C. 土的压缩所需时间与土的透水性有关　D. 土的固结压缩量与土的透水性有关

二、简答题

1. 从土的三相组成来看，土体积缩小的原因有哪几个方面？
2. 土的压缩性指标有哪些？
3. 分层总和法计算最终沉降量的原理是什么？如何运用分层总和法计算最终沉降量？
4. 一维固结理论的基本假设有哪些？

三、计算题

1. 某厂房柱下单独方形基础，已知基础底面尺寸为 4 m×4 m，埋深 d=1.0 m，地基为粉质黏土，地下水水位距天然地面 3.4 m。上部荷重传至基础顶面 F=1 440 kN，土的天然重度 r_d=

16 kN/m³，饱和重度 r_{sat}=17.2 kN/m³，其他有关计算资料如图 4-19 所示。试用分层总和法计算地基的最终沉降量。

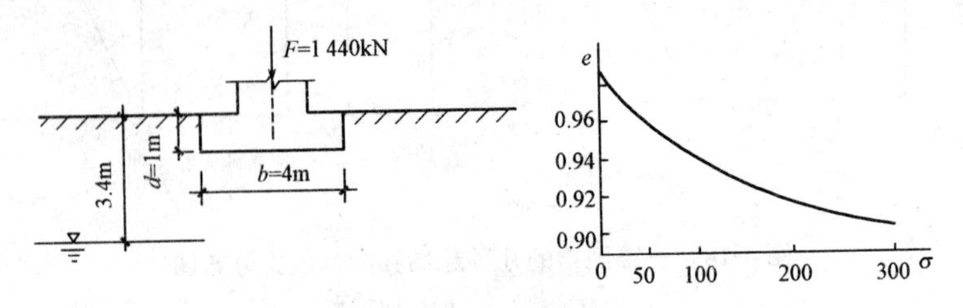

图 4-19　题 1 图

2. 某设备基础底面尺寸为 8 m×5 m，经计算，基底平均压力 p=130 kPa，基础底面标高处的土自重应力 σ_{cd}=35 kPa。基底下厚度为 2.2 m 的粉质黏土层，孔隙比 e_1=0.9，压缩系数 a=0.41 MPa^{-1}，其下为岩层(可视为不可压缩层)，试计算该基础的沉降量。

第五章　土的抗剪强度与地基承载力

能力目标

能够对工程中地基的荷载进行计算，用以确定建筑地基的稳定性。

知识目标

1. 熟悉土的抗剪强度的概念、直剪试验与库仑公式、莫尔一库仑强度理论；
2. 了解土的抗剪强度试验方法；
3. 理解地基的主要破坏形式及破坏过程；
4. 熟悉地基的临塑荷载和临界荷载；
5. 掌握地基的极限承载力的计算。

第一节　土的抗剪强度理论

一、土的抗剪强度的概念

土的强度，通常是指土的抗剪强度，而不是土的抗压强度或抗拉强度。这是因为地基受荷载作用后，土中各点同时产生法向应力和剪应力，其中法向应力作用将对土体施加约束力，这是有利的因素；而剪应力作用可使土体发生剪切，这是不利的因素。若地基中某点的剪应力数值达到该点的抗剪强度，则此点的土将沿着剪应力作用方向产生相对滑动，此时称该点将发生强度破坏。如果随着外荷不断增大，地基中达到强度破坏的点越来越多，即地基中的塑性变形区范围不断扩大，最后形成连续的滑动面，则建筑物的地基会失去整体稳定而发生滑动破坏。土的抗剪强度是指在外力作用下，土体内部产生剪应力时，土对剪切破坏的极限抵抗能力，主要应用于地基承载力的计算和地基稳定性分析、边坡稳定性分析、挡土墙及地下结构物上的土压力计算等。

砂土的抗剪强度主要取决于摩擦力。在土的湿度不大时会出现一些毛细内聚力，但其值甚小，在一般计算中不予考虑。黏性土的抗剪强度来源于内聚力与摩擦力。土的颗粒越细，塑性越大，则内聚力所起的作用越大。

二、直剪试验与库仑公式

(一)直剪试验

早在1773年，著名法国力学家、物理学家库仑(C. A. Coulomb)采用直剪仪系统地研究了土体的抗剪强度特性。图5-1(a)是直剪仪装置的原理简图。仪器可由固定的上盒和可移动的下盒构成，截面面积为A的土样置于上、下剪切盒之内。

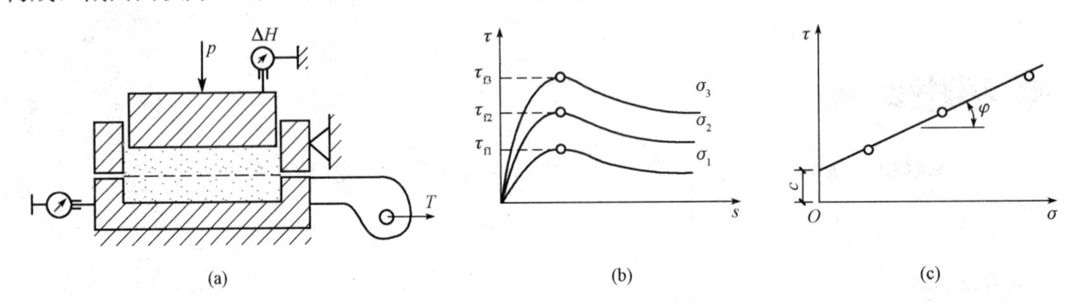

图5-1 直剪试验示意图及抗剪强度包线

(a)直剪仪；(b)剪切曲线；(c)强度包线

试验时，首先对试样施加中心竖向压力p，然后施加水平力T于下盒，使试样在上、下盒之间土的水平接触面处产生剪切位移s。在施加某一段法向压应力$\sigma_n=p/A$后，逐步增加剪切面的剪应力$\tau=T/A$，直至试样破坏。将试验结果绘制成剪应力τ和剪切变形s的关系曲线，如图5-1(b)所示，图中，每条曲线的峰值τ_f为土样在该级法向应力σ_n作用下所能承受的最大剪应力，即相应的抗剪强度。

(二)库仑公式

库仑试验结果表明，土的抗剪强度不是一个常量，而是随剪切面上法向应力σ_n的增加而增加的，如图5-1(c)所示。据此，库仑总结了土的破坏现象和影响因素，提出了土的抗剪强度的计算公式：

$$\tau_f=c+\sigma_n\tan\varphi \tag{5-1}$$

一般则表示为

$$\tau_f=c+\sigma\tan\varphi \tag{5-2}$$

式中 τ_f——剪切破裂面上的剪应力，即土的抗剪强度；

$\sigma_n\tan\varphi$——摩擦强度，其大小正比于法向压力σ_n；

φ——土的摩擦角；

σ——剪切面上的正应力；

c——土的黏聚力，为对应于法向压力为零时的抗剪强度，其大小与所受法向应力无关；对于无黏性土，$c=0$。

式(5-2)为土的抗剪强度数学表达式，也称为库仑公式。它表明在一般应力水平下，土的抗剪强度与滑动面上的法向应力之间呈直线关系，其中c、φ称为土的抗剪强度指标。这一基本关系式能满足一般工程的精度要求，是目前研究土的抗剪强度的基本定律。

在上述土的抗剪强度表达式中，若采用的法向应力为总应力σ，表达式称为总应力表达式。根据有效应力原理，土中某点的总应力σ等于有效应力σ'和孔隙水压力u之和，即$\sigma=\sigma'+u$。

若法向应力采用有效应力σ'，则可以得到抗剪强度的有效应力表达式：

$$\tau_f = c' + \sigma' \tan\varphi' \tag{5-3}$$

式中　c'，φ'——土的有效黏聚力和有效内摩擦角，统称为有效应力抗剪强度指标。

(三)对库仑公式的认识

从库仑公式中可以看出，对于土体中某一点来讲，其抗剪强度不是一个定值，在同一应力状态下，各个面上的抗剪强度与该面上的正应力成正比。

土体的黏聚力 c 取决于土粒之间的各种物理化学作用力，如库仑力(静电力)、范德华力、胶结作用力和毛细力等，所以它与土形成的地质历史、黏性土颗粒矿物成分、密度与离子浓度等有关，一般认为粗颗粒土是无黏性土，其黏聚力等于零。

内摩擦角 φ 反映了土体在剪切过程中颗粒与颗粒之间的摩擦作用，一方面由颗粒之间发生滑动时颗粒接触面粗糙不平引起滑动摩擦，它与颗粒的形状、矿物组成、级配等因素有关；另一方面是指相邻颗粒对相对移动的约束作用，当发生剪切破坏时，相互咬合着的颗粒必须抬起，跨越相邻颗粒，或在尖角处被剪断才能移动，该部分称作咬合摩擦。所以，总的来讲，影响土体内摩擦角 φ 的因素包括密度、粒径级配、颗粒的矿物成分、粒径的形状、黏性土颗粒表面的吸附水膜等。

砂土的内摩擦角 φ 变化范围不是很大，中砂、粗砂、砾砂一般为 32°～40°；粉砂、细砂一般为 28°～36°。孔隙比越小，φ 越大，但含水饱和的粉砂、细砂很容易失去稳定性，因此对其内摩擦角的取值宜慎重，有时规定取 20°左右。砂土有时也有很小的黏聚力(10 kPa 以内)，这可能是由于砂土中夹有一些黏性土颗粒，也可能是毛细黏聚力的缘故。

黏性土的抗剪强度指标的变化范围很大，它与土的种类有关，并且与土的天然结构是否破坏、试样在法向应力下的排水固结程度及试验方法等因素有关。内摩擦角的变化范围为 0°～30°；黏聚力则可从 10 kPa 以下变化到 200 kPa 以上。

三、莫尔一库仑强度理论

莫尔在库仑公式的基础上，于 1900 年提出土体破坏的强度理论，即莫尔-库仑强度理论。该理论包含三个方面的内容。

(1)土单元体的某一个平面上的抗剪强度 τ_f 是该面上作用的法向应力 σ 的单值函数，这个函数关系式确定的曲线称作抗剪强度包络线。

(2)在一定的应力范围内，$f(\sigma)$可以用线性函数 $\tau_f = c + \sigma\tan\varphi$ 近似表示。

(3)某土单元体的任一个平面上 $\tau = \tau_f$，该土单元体就达到极限平衡应力状态。

如果某个土单元体的应力状态用大小主应力 σ_1 和 σ_3 表示，则该土单元体达到极限平衡应力状态时，其应力状态莫尔圆与抗剪强度包线相切，如图 5-2 所示。

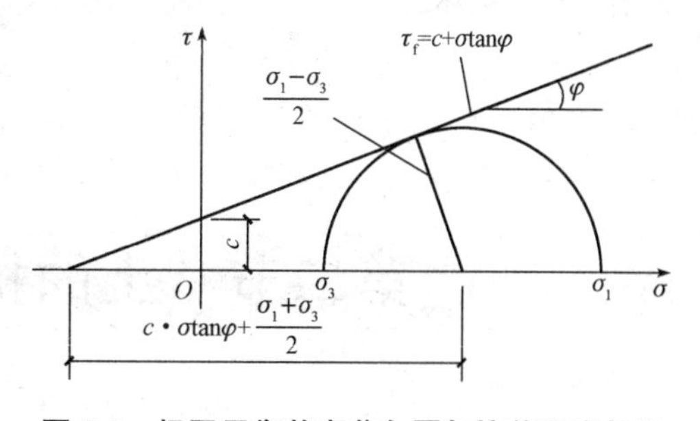

图 5-2　极限平衡状态莫尔圆与抗剪强度包线

其大小主应力应满足

$$\sin\varphi = \frac{(\sigma_1 - \sigma_3)/2}{\cot\varphi + (\sigma_1 + \sigma_3)/2} \tag{5-4}$$

或

$$\sigma_1 = \sigma_3 \tan^2\left(45° + \frac{\varphi}{2}\right) + 2c\tan\left(45° + \frac{\varphi}{2}\right) \tag{5-5}$$

$$\sigma_3=\sigma_1\tan^2\left(45°-\frac{\varphi}{2}\right)-2c\tan\left(45°-\frac{\varphi}{2}\right) \tag{5-6}$$

对于无黏性土，则应满足

$$\sigma_1=\sigma_3\tan^2\left(45°+\frac{\varphi}{2}\right) \tag{5-7}$$

$$\sigma_3=\sigma_1\tan^2\left(45°-\frac{\varphi}{2}\right) \tag{5-8}$$

【例 5-1】 已知建筑物地基中土体某点的应力状态 $\sigma_z=250$ kPa，$\sigma_x=100$ kPa，$\tau_{xz}=40$ kPa，土的强度参数 $\varphi=30°$、$c=0$。问：按照莫尔-库仑强度理论，该点是否发生剪切破坏？如 σ_z 和 σ_x 不变，τ_{xz} 增加至 60 kPa 时，则该点的状态又将如何？

解：

$$\sigma_{1,3}=\frac{\sigma_x+\sigma_z}{2}\pm\sqrt{\left(\frac{\sigma_x-\sigma_z}{2}\right)^2+\tau_{xz}^2}$$

$$=\frac{100+250}{2}\pm\sqrt{\left(\frac{100-250}{2}\right)^2+40^2}$$

$$=175\pm85(\text{kPa})$$

所以 $\sigma_1=260$ kPa；$\sigma_3=90$ kPa

$$\sigma_{3f}=\sigma_1\tan^2\left(45°-\frac{\varphi}{2}\right)-2c\tan\left(45°-\frac{\varphi}{2}\right)$$

$\sigma_3>\sigma_{3f}$，安全不破坏。

当 σ_z、σ_x 不变，τ_{xz}增加至 60 kPa 时

$$\sigma_{1,3}=\frac{100+250}{2}\pm\sqrt{\left(\frac{100-250}{2}\right)^2+60^2}$$

$$=175\pm96(\text{kPa})$$

所以 $\sigma_1=271$ kPa；$\sigma_3=79$ kPa

$$\sigma_{3f}=\sigma_1\tan^2\left(45°-\frac{\varphi}{2}\right)-2c\tan\left(45°-\frac{\varphi}{2}\right)$$

$$=271\times\frac{1}{3}=90.33(\text{kPa})$$

$\sigma_3<\sigma_{3f}$，破坏。

第二节　土的抗剪强度试验方法

一、土的抗剪强度的测定

测定土的抗剪强度指标的试验方法有多种，本节将介绍室内的直接剪切试验、三轴压缩试验、无侧限抗压试验和十字板剪切试验。

(一)直接剪切试验

直接剪切试验所使用的仪器称为直剪仪。按加荷方式的不同，直剪仪分为应变控制式和应

力控制式两种。前者是以等速水平推动试样产生位移并测定相应的剪应力；后者则是对试样分级施加水平剪应力，同时测定相应的位移。

我国目前普遍采用的是应变控制式直剪仪，如图 5-3 所示。该仪器的主要部件由固定的上盒和活动的下盒组成，试样放在盒内上、下两块透水板之间。试验时，由杠杆系统通过加压活塞和透水板对试样施加某一法向应力，然后等速推动下盒，使试样在沿上、下盒之间的水平面上受剪直至破坏，剪应力的大小可借助于与上盒接触的量力环测定。

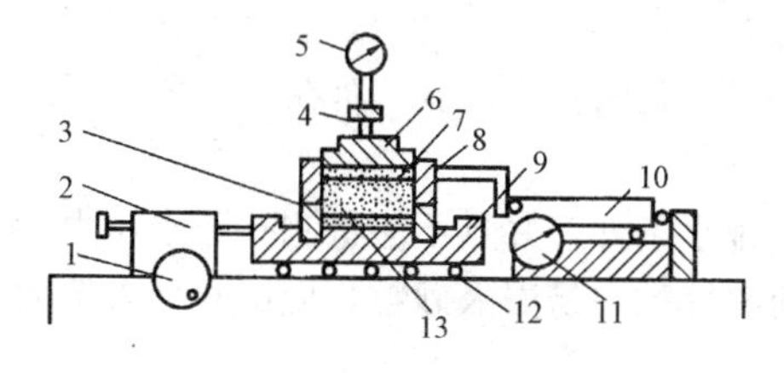

图 5-3　应变控制式直剪仪

1—剪切传动机构；2—推动器；3—下盒；4—垂直加荷框架；5—垂直位移量表；6—传压板；
7—透水板；8—上盒；9—储水盒；10—剪切力计量仪表；11—水平位移量表；12—滚珠；13—试样

直接剪切试验是测定土的抗剪强度的最简单的方法，它所测定的是土样预定剪切面上的抗剪强度。试验时对同一种土取 3～4 个试样，分别在不同的法向应力下剪切破坏，测得对应法向应力下的抗剪强度。将试验结果绘制成抗剪强度与法向应力之间的关系，如图 5-4 所示。

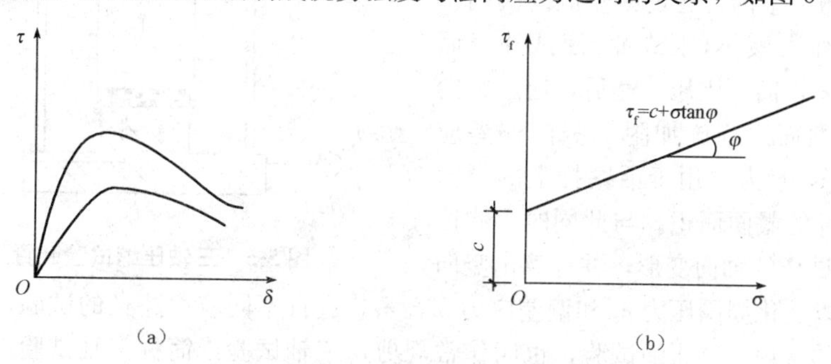

图 5-4　直接剪切试验结果

(a)剪应力与剪切位移关系；(b)黏性土试验结果

试验结果表明，对于砂性土，抗剪强度 τ_f 与法向应力 σ 之间的关系是一条通过原点的直线，直线方程可用库仑公式 $\tau_f=\sigma\tan\varphi$ 表示；对于黏性土，抗剪强度 τ_f 与法向应力 σ 之间也基本呈直线关系，该直线与横轴的夹角为内摩擦角 φ，在纵轴上的截距为黏聚力 c，直线方程可用库仑公式表示。

内摩擦角 φ 与黏聚力 c 称为土的抗剪强度指标。

试验和工程实践都表明，土的抗剪强度与土受力后的排水固结状况有关，故测定强度指标的试验方法应与现场的施工加荷条件一致。为近似模拟土体在现场受剪的排水条件，直接剪切试验可分为快剪、固结快剪和慢剪三种方法。快剪试验是在对试样施加竖向压力后，立即快速施加水平剪应力使试样剪切破坏。一般从加荷到土样剪坏只用 3～5 min。由于剪切速率较快，可认为在剪切过程中试样没有排水固结，近似模拟了“不排水剪切”的过程。固结快剪试验是在对试样施加竖向压力后，让试样充分排水固结，待沉降稳定后，快速施加水平剪应力，使试样剪切破坏。固结快剪试验近似模拟了“固结不排水剪切”的过程。慢剪试验是在对试样施加竖向压力后，让试样充分排水固结，待沉降稳定后，以缓慢的剪切速率施加水平剪应力，直至试样剪切破坏，使试样在受剪过程中一直充分排水和产生体积变形，模拟了“固结排水剪切”的过程。

直接剪切试验具有设备简单、土样制备及试验操作方便等优点，因而至今仍为国内一般工程所广泛使用，但其也存在不少缺点，主要表现在以下几个方面：

(1)剪切面限定在上、下盒之间的平面，而不是沿土样最薄弱的面剪切破坏。

(2)剪切面上剪应力分布不均匀，且竖向荷载会发生偏转(上、下盒的中轴线不重合)，主应力的大小及方向都是变化的。

(3)在剪切过程中，土样剪切面逐渐缩小，而在计算抗剪强度时仍按土样的原截面面积计算。

(4)试验时不能严格控制排水条件，并且不能量测孔隙水压力。

(5)试验时上、下盒之间的缝隙中易嵌入砂粒，使试验结果偏大。

(二)三轴压缩试验

三轴压缩试验是测定土的应力-应变关系和强度的一种常用的室内试验方法。三轴压缩试验装置简称三轴仪，如图 5-5 所示。常用的试件尺寸为直径 38～100 mm，高 75～200 mm，于碎石料，试样可以更大。试样用橡皮膜套起来，装在密闭压力室内，通过由左侧的阀门①进入压力室的压力液体(水或油)使试件表面承受周围压力 σ_c，简称围压。然后，通过轴向活塞杆对试件顶面逐渐施加附加竖向偏差应力 $\sigma_1-\sigma_3=F/A$，F 为作用于活塞杆上的竖向压力，A 为试件的截面面积。与此同时，测读压力 F 作用下试样的轴向变形，并计算出竖向应变 ε_1。也可以变化周围压力 σ_c 和偏差应力 $\sigma_1-\sigma_3$，进行不同应力路径的试验，但最经常的是进行围压不变的常规三轴压缩试验，也叫作常规剪切三轴试验或简称三轴试验。在这种试验过程中，水平面上的两个应力总是相同的，等于周围压力。其中，围压 σ_c 不变，一直增加竖向的偏差应力 $\sigma_1-\sigma_3$ 直至试样破坏。这是工程中最常用的三轴试验。图 5-5 给出了常规三轴试验以及试验中试样的应力状态。可见，轴向应力 σ_a 是大主应力 σ_1，水平面上的两个应力总是相等的，即 $\sigma_1=\sigma_3=\sigma_c$。

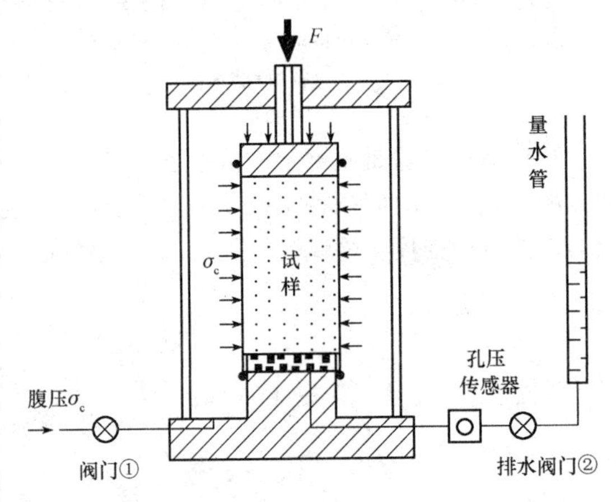

图 5-5　三轴压缩试验装置及试样

所以，根据施加围压力和剪切阶段排水条件的不同，常规三轴压缩试验分为固结排水(CD)、固结不排水(CU)和不固结不排水(UU)三种类型。这三种试验的过程要点分别简述如下：

(1)固结排水试验，简称排水试验。在试验过程中始终打开排水阀门②，首先施加围压 σ_3，使试样充分固结，然后再剪切并控制加载速率，使试样中不产生超静孔隙水压力。对完全饱和试样，试样体积的变化等于量水管的水量变化。通过测定的轴向力、轴向变形和排水量，可分别计算得到偏差应力 $\sigma_1-\sigma_3$、轴向应变 ε_1 和体积应变 ε_V。据此得到的强度指标表示为 $c_d=c'$，$\varphi_d=\varphi'$。

(2)固结不排水试验。首先，施加围压 σ_3 打开排水阀门②，使试样充分固结；然后，关闭排水阀门②进行剪切，这时试样内会产生超静孔隙水压力 u。通过测定的轴向力和轴向变形，可分别计算得到偏差应力 $\sigma_1-\sigma_3$ 和轴向应变 ε_1。据此，得到的强度指标表示为 c_{cu} 和 φ_{cu}。试验中如果

同时测孔隙水压力 u，也可以间接确定土的有效应力强度指标 c' 和 φ'。

(3)不固结不排水试验，简称不排水试验。在这种试验过程中，排水阀门②始终关闭。可见对完全饱和试样，试样的体积与孔隙比 e 在整个试验过程中始终保持不变，试样内存在超静孔隙水压力，对应的强度指标表示为 c_u 和 φ_u。在这种试验中，尽管围压 σ_c 变化，但由于不固结，所施加的围压都变成超静孔压，即其 σ'_3 都是相等的，所以对于完全饱和黏土 c_u 为常数，强度包线就是一根水平线，即 $\varphi_u=0°$。

与直接剪切试验对比，三轴的排水试验相当于直接剪切试验的慢剪试验；对于渗透系数很小的黏性土($k<10^{-6}$ cm/s)，三轴的固结不排水试验与不固结不排水试验可分别用固结快剪试验和快剪试验代替。

(三)无侧限抗压试验

无侧限抗压试验实际上是三轴压缩试验的一种特殊情况，即周围压力 $\sigma_3=0$ 的三轴试验。其设备如图 5-6(a)所示。试样直接放在仪器的底座上，转动手轮，使底座缓慢上升，顶压上部量力环，从而施加轴向压力 $\sigma_1=q$，直至试样发生剪切破坏，破坏时的轴向压应力以 q_u 表示，称为无侧限抗压强度。由于无黏性土在无侧限条件下试样无法成型，故该试验主要用于黏性土，尤其适用于原状饱和软黏土。在无侧限抗压试验中，土样可不用橡胶膜包裹，并且剪切速度快，水来不及排出，所以属于三轴不固结不排水压缩试验的一种。

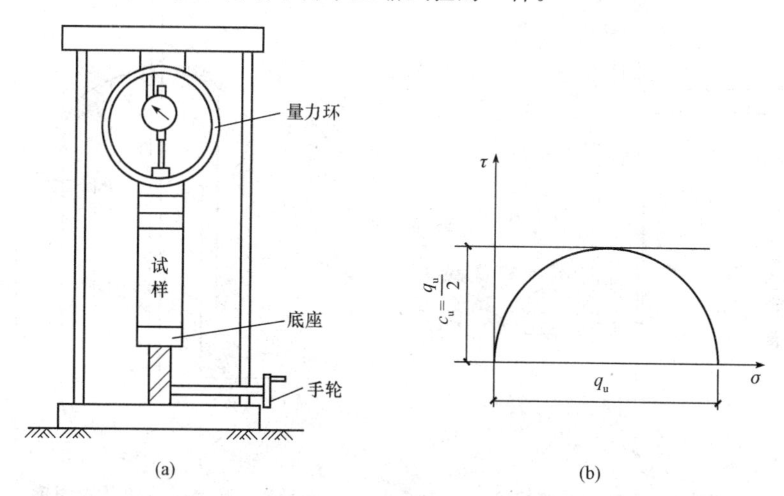

图 5-6　无侧限抗压试验

(1)测定土的不排水强度 c_u。由于不施加围压 σ_c，所以，如图 5-6(b)所示，只能测得一个通过原点的总应力极限状态莫尔圆，对于这种情况，就可用通过无侧限抗压强度 q_u 来换算土的不固结不排水强度 c_u，即

$$\tau_f=\frac{q_u}{2}=c_u \tag{5-9}$$

但是，在使用这种方法时应该注意到，由于取样过程中土样受到扰动，原位应力被释放，用这种土样测得的不排水强度一般低于原位不排水强度。

(2)测定土的灵敏度 S_t。为了测定土的灵敏度，可以将破坏后的原状土样立即取下，除去表面的土层，加少许余土，包在塑料膜内用手揉搓，破坏其结构后重塑成圆柱形，放进圆筒状重塑模筒中。用金属垫板，挤压成与原状土试样同样尺寸、同样密度的试样，按上述方法进行试验，得到重塑样的无侧限抗压强度。则该土的灵敏度 S_t 为

$$S_t = \frac{q_u}{q_u'} \tag{5-10}$$

式中　q_u 和 q_u'——分别为原状样与重塑样的无侧限抗压强度。

(四)十字板剪切试验

十字板剪切仪是一种使用方便的原位测试仪器，通常用于测定饱和黏性土的原位不排水强度，特别适用于均匀饱和软黏土。原位土常因取样操作和试样成形过程中不可避免地受到扰动而破坏这种土的天然结构，致使室内试验测得的强度值低于原位土的强度。

十字板剪切仪如图 5-7 所示。近年来，已有用自动记录显示和数据处理的微机代替旧有测力装置的新仪器问世。十字板剪切试验的工作原理是将十字板头插入土中待测的土层标高处，然后在地面上对轴杆施加扭转力矩，带动十字板旋转。十字板头的四翼矩形片旋转时与土体间形成圆柱体表面形状的剪切面，如图 5-8 所示。通过测力设备测出最大扭转力矩 M，据此可推算出土的抗剪强度。

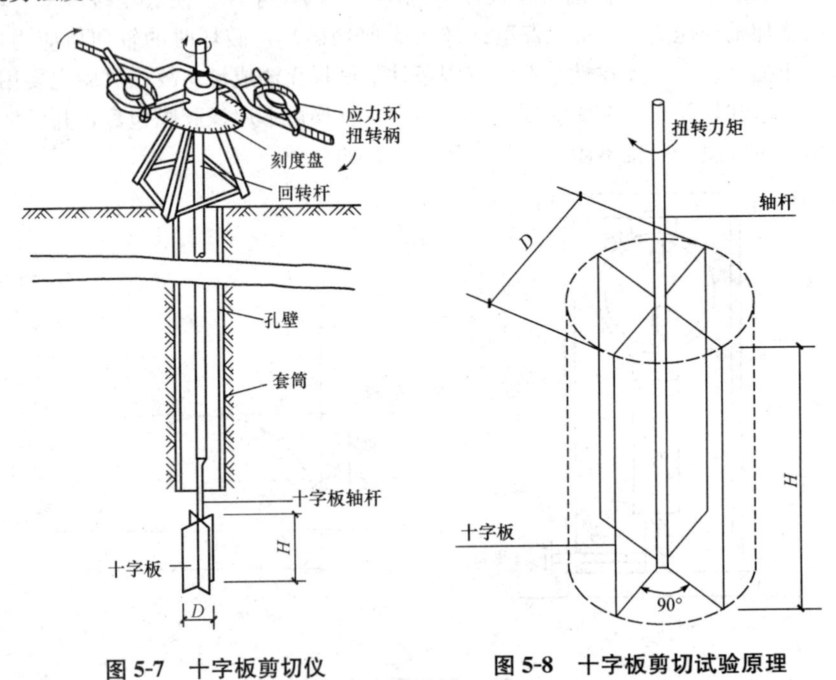

图 5-7　十字板剪切仪　　　　图 5-8　十字板剪切试验原理

土体剪切破坏时，其抗扭力矩由圆柱体侧面和上、下表面土的抗剪强度产生的抗扭力矩两部分构成。

(1)圆柱体侧面上的抗扭力矩 M_1 为

$$M_1 = \left(\pi DH \cdot \frac{D}{2}\right)\tau_f \tag{5-11}$$

式中　D——十字板的宽度，即圆柱体的直径(m)；

H——十字板的高度(m)；

τ_f——土的抗剪强度(kPa)。

(2)圆柱体上、下表面上的抗扭力矩 M_2 为

$$M_2 = \left(2 \times \frac{\pi D^2}{4} \times \frac{D}{3}\right)\tau_f \tag{5-12}$$

式中　$D/3$——力臂值(m)，由剪力合力作用在距圆心 2/3 的圆半径处所得。

应该指出，在实用上为简化计，式(5-11)和式(5-12)的推导中假设了土的强度各向相同，即剪切破坏时圆柱体侧面和上、下表面土的抗剪强度相等。

由土体剪切破坏时所量测的最大扭矩，应与圆柱体侧面和上、下表面产生的抗扭力矩相等，可得

$$M=M_1+M_2=\left(\frac{\pi HD^2}{2}+\frac{\pi D^3}{6}\right)\tau_f \tag{5-13}$$

于是，由十字板原位测定的土的抗剪强度 τ_f 为

$$\tau_f=\frac{2M}{\pi D^2\left(H+\frac{D}{3}\right)} \tag{5-14}$$

对饱和软黏土来说，与室内无侧限抗压强度试验一样，十字板剪切试验所得成果即为不排水抗剪强度 c_u，且主要反映土体垂直面上的强度。由于天然土层的抗剪强度是非等向的，水平面上的固结压力往往大于侧向固结压力，因而水平面上的抗剪强度略大于垂直面上的抗剪强度。十字板剪切试验结果理论上应与无侧限抗压强度试验相当(甚至略小)，但事实上十字板剪切试验结果往往比无侧限抗压试验强度值偏高，这可能与土样扰动较少有关。除土的各向异性外，土的成层性，十字板的尺寸、形状、高径比、旋转速率等因素对十字板剪切试验结果均有影响。另外，十字板剪切面上的应力条件十分复杂，例如，有人曾利用衍射成像技术，发现十字板周围土体存在颗粒因受剪而重新定向排列的区域。这表明十字板剪切不是简单沿着一个面产生，而是存在着一个具有一定厚度的剪切区域。因此，十字板剪切的 c_u 值与原状土室内的不排水剪切试验结果有一定的差别。

二、基于三轴试验的孔隙压力系数

根据有效应力原理，给出土中总应力后，求有效应力的问题在于孔隙压力。为此，斯肯普顿(Skempton，1954)提出以孔隙压力系数表示孔隙水压力的发展和变化。根据三轴压缩试验结果，引用孔隙压力系数 A 和 B，建立了轴对称应力状态下土中孔隙压力与大、小主应力之间的关系。

图 5-9 表示三轴压缩不固结不排水试验——土单元的孔隙压力的变化过程。设一土单元在各向相等的有效应力作用下固结，初始孔隙水压力 $u=0$，意图是模拟试样的原位应力状态。如果受到各向相等的压力 $\Delta\sigma_3$ 的作用，孔隙压力的增长为 Δu_3，如果在试样上施加轴向压力增量 $\Delta\sigma_1-\Delta\sigma_3$，在试样中产生孔隙压力增量为 Δu_1，则在 $\Delta\sigma_3$ 和 $\Delta\sigma_1$ 共同作用下的孔隙压力增量 $\Delta u=\Delta u_3+\Delta u_1$。根据土的压缩原理，即土体积的变化等于孔隙体积的变化，从而可得出以下结论：

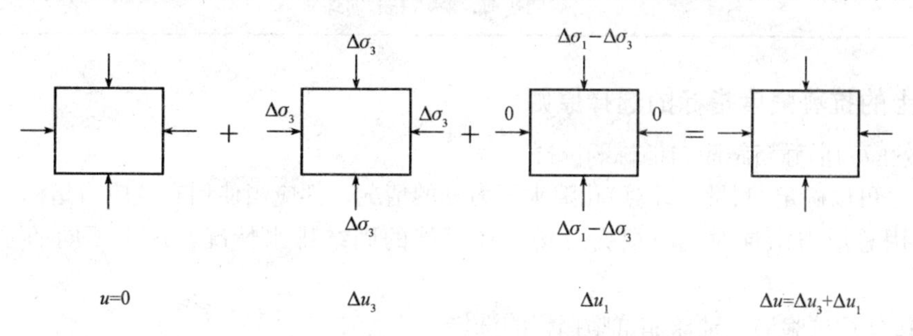

图 5-9　三轴压缩试验孔隙压力的变化过程

$$\Delta u_3=B\Delta\sigma_3 \tag{5-15}$$

$$\Delta u=\Delta u_3+\Delta u_1=B[\Delta\sigma_3+A(\Delta\sigma_1-\Delta\sigma_3)] \tag{5-16}$$

式中　B——在各向应力相等条件下的孔隙压力系数；

　　A——在偏应力增量作用下的孔隙压力系数。

对于饱和土，$B=1$；对于干土，$B=0$；对于非饱和土，$0<B<1$。土的饱和度越小，B 也越小。A 的大小受很多因素的影响，它随偏应力的增加呈非线性变化，高压缩性土的 A 较大。

三、抗剪强度指标的选择

(一)抗剪强度指标的类型

(1)根据应力分析方法，抗剪强度指标分为有效应力指标和总应力指标。

抗剪强度的有效应力指标为 c'、φ'，用有效应力指标表示的库仑公式为

$$\tau_f=c'+\sigma'\tan\varphi' \tag{5-17}$$

这个公式符合土的破坏机理，但有时孔隙水压力 u 无法确定。

抗剪强度的总应力指标为 c、φ，用总应力指标表示的库仑公式为

$$\tau_f=c+\sigma\tan\varphi \tag{5-18}$$

这是一种“全额生产率”的概念，因 u 不能产生抗剪强度，不符合强度机理。在无法确定 u 时便于应用，但要符合工程条件。

(2)根据试验方法，抗剪强度指标可分为三轴压缩试验指标与直接剪切试验指标，见表 5-1。

表 5-1　土的抗剪强度试验指标汇总表

类型	施加围压	施加偏应力	量测	强度指标
固结排水(CD)	固结	排水	体变	c_d，φ_d
固结不排水(CU)	固结	不排水	孔隙水压力	c_{cu}，φ_{cu} c'，φ'

试验类型	试验方法	强度指标
慢剪	施加正应力—充分固结 慢剪，保证无超静孔压	c_s，φ_s
固结快剪	施加正应力—充分固结 快剪，3～5 min 剪坏	c_{cq}，φ_{cq}
快剪	施加正应力后不固结， 立即快剪，3～5 min 剪坏	c_q、φ_q

(二)土的抗剪强度指标的选择原则

1. 有效应力指标与总应力指标的选择

(1)凡是可以确定(测量、计算)孔隙水压力 u 的情况，都应当使用有效应力指标 c'、φ'。

(2)采用总应力指标时，应根据现场土体可能的固结排水情况，选用不同的总应力强度指标。

2. 直接剪切试验与三轴压缩试验指标的选择

(1)应优先采用三轴压缩试验指标。

(2)应按照不同土类和不同的固结排水条件，合理选用直接剪切试验指标。

1)砂土：c'、φ'——三轴 CD 试验与直接剪切试验(直剪偏大)。

2)黏性土：

①有效应力指标——三轴 CD 或 CU 试验。

②总应力指标——三轴 CU、UU 试验，或直接剪切试验。

第三节　地基承载力

地基承载力是指地基土单位面积上所能承受荷载的能力，以 kPa 计。工程设计中，为了保证地基土不发生剪切破坏而失去稳定，同时还要保证建(构)筑物不致因基础产生过大的沉降和不均匀沉降而影响其正常使用，必须限制基础底面的压力，使其不得超过地基承载力。因此，恰当地确定地基承载力是工程实践中最为迫切需要解决的问题之一。

一、地基的主要破坏形式及破坏过程

工程实践、试验研究以及理论分析都表明：地基的破坏主要是由于基础下持力层抗剪强度不够，土体产生剪切破坏所致。地基的剪切破坏的形式总体可以分为整体剪切破坏、冲剪破坏和局部剪切破坏三种，如图 5-10 所示。

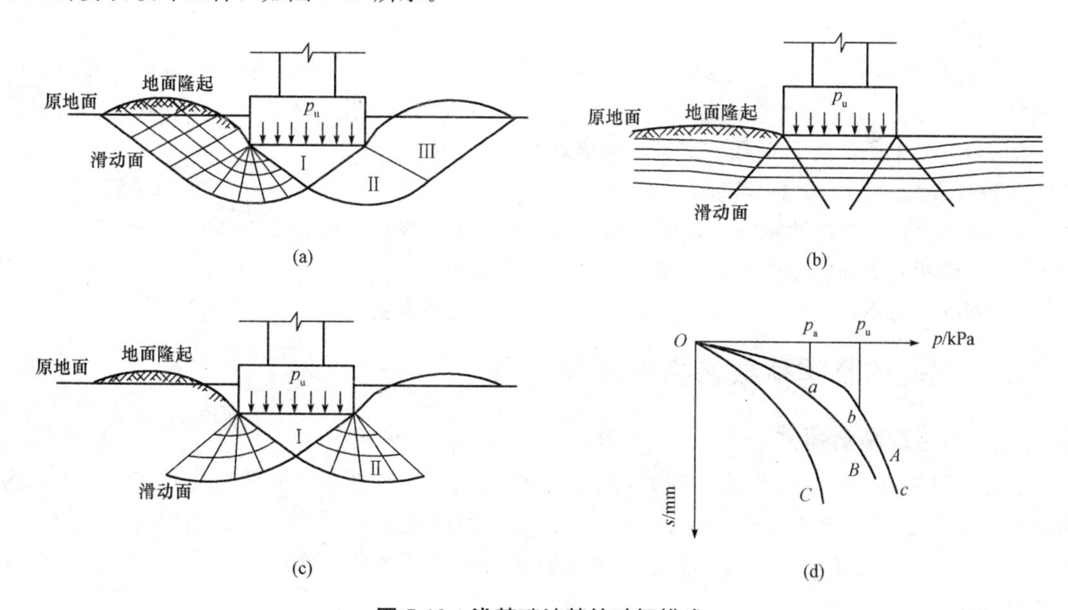

图 5-10　浅基础地基的破坏模式

(a)整体剪切破坏；(b)冲剪破坏；(c)局部剪切破坏；(d)p-s 关系曲线

1. 整体剪切破坏

整体剪切破坏的过程，可以通过荷载试验得到地基压力 p 与相应的稳定沉降量 s 之间的关系曲线来描述，如图 5-10(d)中的 A 曲线，该曲线有如下特征：

(1)当基础上荷载 p 比较小时(小于比例荷载 p_a)，基础下形成一个三角压密区Ⅰ，如图 5-10(a)所示。随着荷载增大，基础压入土中，p-s 曲线呈直线变化，直至荷载增大到比例荷

载 p_a，对应 p-s 曲线的 Oa 段。

(2)随着荷载继续增大，压密区Ⅰ向两侧挤压，土中产生塑性区。塑性区先在基础边缘产生，然后逐步扩大形成塑性区Ⅱ。地基土内部出现剪切破坏区，土体进入塑性阶段，基础沉降速率加快，对应 p-s 曲线的 ab 段。

(3)当荷载再增加，达到某一极限值后，土体中形成连续的滑动面并延伸至地面，土从基础两侧挤出并隆起，基础沉降急剧增加，p-s 曲线发生转折呈陡直线 bc，整个地基失稳破坏。p-s 曲线转折点 b 对应的荷载称为极限荷载 p_u。

整体剪切破坏常发生在浅埋基础下的密砂或硬黏土等坚实地基中。

2. 冲剪破坏

冲剪破坏一般发生在基础刚度很大同时地基十分软弱的情况。荷载作用下，地基发生的破坏形态往往是沿基础边缘垂直剪切破坏，好像基础“切入”地基中，如图 5-10(b)所示。与整体剪切破坏相比，该破坏形式下其 p-s 曲线无明显的直线段、曲线段和陡降段，如图 5-10(d)中的曲线 C。基础的沉降随着荷载的增大而增加，其 p-s 曲线没有明显的转折点，找不到比例荷载和极限荷载。地基发生冲剪破坏时具有如下特征：

(1)基础发生垂直剪切破坏，地基内部不形成连续的滑动面；

(2)基础两侧的土体不但没有隆起现象，还往往随基础的“切入”微微下沉；

(3)地基破坏时只伴随过大的沉降，没有倾斜的发生。

这种破坏形式主要发生在松砂和软黏土中。

3. 局部剪切破坏

局部剪切破坏是介于整体剪切破坏与冲剪破坏之间的一种地基破坏形式。地基局部剪切破坏的特征是：随着荷载的增加，基础下也产生压密区Ⅰ及塑性区Ⅱ，如图 5-10(c)所示，其 p-s 曲线如图 5-10(d)中所示的 B 曲线。局部剪切破坏具有以下特征：

(1)p-s 曲线一开始就呈非线性关系；

(2)地基破坏从基础边缘开始，滑动面未延伸到地表，终止在地基土内部的某一位置；

(3)基础两侧地面有微微隆起，没有出现明显的裂缝；

(4)基础一般不会发生倒塌或倾斜破坏。局部剪切破坏常发生在中等密实砂土中。

二、地基的临塑荷载和临界荷载

(一)地基的临塑荷载

地基土体从压密阶段恰好过渡到剪切阶段，即将出现塑性破坏区时所对应的基底压力称为临塑荷载 p_{cr}。此时，塑性区开展的最大深度 $z_{max}=0$(z 从基底计起)。图 5-11 为在荷载 p(大于 p_{cr})作用下土体中塑性区开展示意图。现以浅埋条形基础为例，介绍在竖向均布荷载作用下 p_{cr} 的计算方法。

图 5-12 所示为一宽度为 b，埋置深度为 d 的条形基础，由建筑物荷载引起的基底压力为 p。假设地基的天然重度为 γ，则基础底面的附加压力应该是 $p_0=p-\gamma d$，它是均匀分布条形荷载，在地基中任一点 M 处引起的附加应力(主应力)，1902 年由密歇尔(Michell)给出了弹性力学的解答，即

$$\sigma_1=\frac{p_0}{\pi}(\beta_0+\sin\beta_0)=\frac{p-\gamma d}{\pi}(\beta_0+\sin\beta_0) \tag{5-19}$$

$$\sigma_3=\frac{p_0}{\pi}(\beta_0-\sin\beta_0)=\frac{p-\gamma d}{\pi}(\beta_0-\sin\beta_0) \tag{5-20}$$

式中，大主应力 σ_1 的方向沿着 β_0 的角平分线方向(β_0 为 M 点与基础底面两边缘点连线间的夹角)。此时，M 点的总应力应该是附加应力与自重应力之和。为简化计，假定地基的自重应力场如同静水应力场(侧压力系数等于 1.0)，M 点处的自重应力 $\gamma(d+z)$ 各向相等，则 M 点处的总主应力为

$$\sigma_1=\frac{p-\gamma d}{\pi}(\beta_0+\sin\beta_0)+\gamma(d+z) \tag{5-21}$$

$$\sigma_1=\frac{p-\gamma d}{\pi}(\beta_0-\sin\beta_0)+\gamma(d+z) \tag{5-22}$$

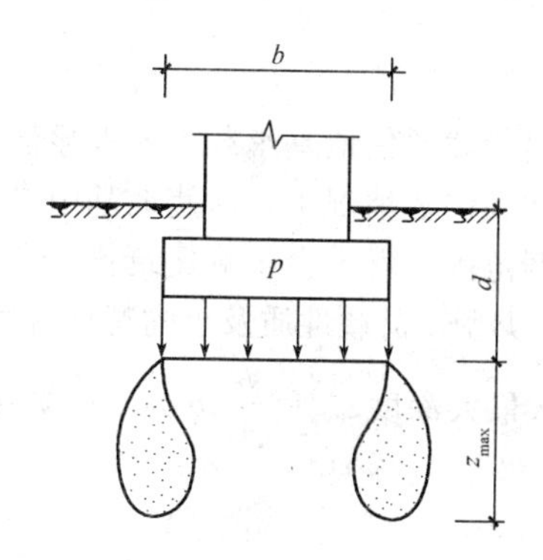

图 5-11　条形均匀荷载作用下土体中的塑性区

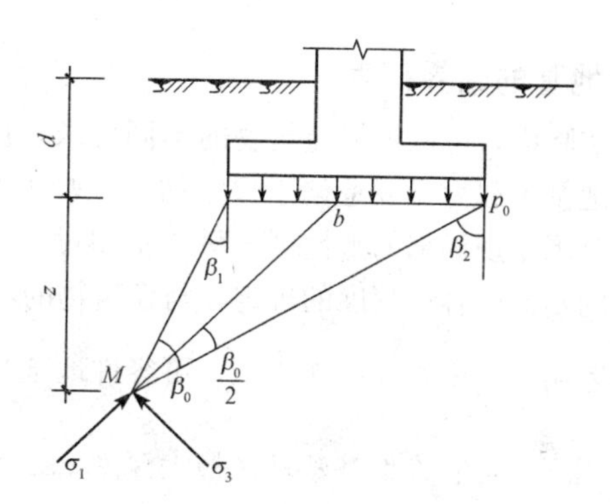

图 5-12　均布条形荷载作用下地基中任一点的附加应力

根据土中一点的极限平衡理论，当 M 点的应力状态达到了极限平衡状态时，其大小主应力应满足

$$\frac{1}{2}(\sigma_1-\sigma_3)=\left[\frac{1}{2}(\sigma_1+\sigma_3)+c\cdot\cot\varphi\right]\sin\varphi \tag{5-23}$$

将式(5-21)或式(5-22)代入式(5-23)，并整理得

$$z=\frac{p-\gamma d}{\pi\gamma}\left(\frac{\sin\beta_0}{\sin\varphi}-\beta_0\right)-\frac{c}{\gamma\tan\varphi}-d \tag{5-24}$$

式中　φ，c——基底以下土的内摩擦角、内聚力。

式(5-24)为塑性区的边界方程，它表示塑性区边界上任意一点的深度 z 与视角 β_0 之间的关系。如果基础埋深为 d，荷载 p 及土的性质指标 γ、c、φ 均为已知，则可根据式(5-24)给出塑性区边界线，如图 5-13 所示。

塑性区开展的最大深度 z_{max} 可由 $\frac{dz}{d\beta_0}=0$ 求得，即

$$\frac{dz}{d\beta_0}=\frac{p-\gamma d}{\pi\gamma}\left(\frac{\cos\beta_0}{\sin\varphi}-1\right)=0$$

从而 $\cos\beta_0=\sin\varphi$，得

$$\beta_0=\frac{\pi}{2}-\varphi \tag{5-25}$$

将式(5-25)代入式(5-24)得

$$z_{max}=\frac{p-\gamma d}{\pi\gamma}\left(\cos\varphi-\frac{\pi}{2}+\varphi\right)-\frac{c}{\gamma\tan\varphi}-d \tag{5-26}$$

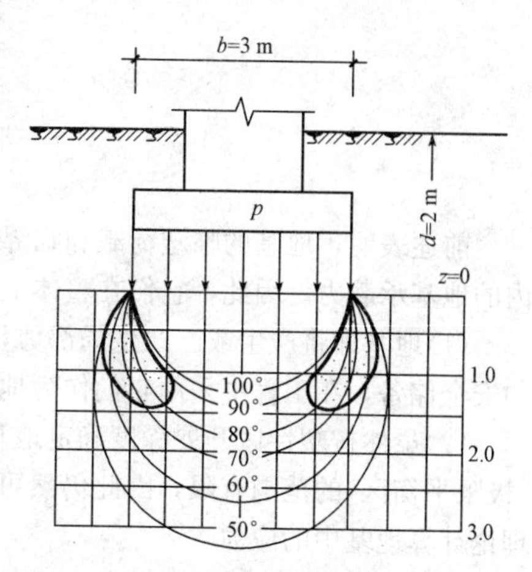

图 5-13　条形基础下的塑性区分布

由式(5-26)可见，在其他条件不变的情况下，当基底压力 p 增大时，z_{max} 也相应增大，即塑

性区发展加深。如塑性区的最大深度 $z_{max}=0$，则地基处于临塑状态(将要出现塑性区而尚未出现)。根据这个条件，求出式(5-26)中的 p，它就是临塑荷载 p_{cr}，即

$$p_{cr}=\frac{\pi(\gamma d+c\cdot\cot\varphi)}{\cot\varphi-\frac{\pi}{2}+\varphi}+\gamma d=cN_c+\gamma dN_q \tag{5-27}$$

式中，N_c，N_q 为承载力系数，$N_c=\frac{\pi\cot\varphi}{\cot\varphi-\frac{\pi}{2}+\varphi}$，$N_q=\frac{\cot\varphi+\frac{\pi}{2}+\varphi}{\cot\varphi-\frac{\pi}{2}+\varphi}$。

(二)地基的临界荷载

工程实际中，可以根据建筑物的不同要求，用临塑荷载预估地基承载力。很显然，将临塑荷载作为地基承载力无疑是偏于保守的。经验表明，在大多数情况下，即使地基中自基底向下一定深度范围出现局部的塑性区，只要不超过一定控制范围，就不会影响建筑物安全和正常使用。地基的塑性区容许深度的确定，与建筑物的等级、类型、荷载性质及土的特性等因素有关。一般经验表明，在中心荷载作用下，可容许地基塑性区最大深度 $z_{max}=\frac{b}{4}$(b 为基础宽度)；在偏心荷载作用下，可容许地基塑性区最大深度 $z_{max}=\frac{b}{3}$。

将 $z_{max}=\frac{b}{4}$，$z_{max}=\frac{b}{3}$ 分别代入式(5-26)，得

$$p_{\frac{1}{4}}=\frac{\pi\left(\gamma d+c\cdot\cot\varphi+\frac{1}{4}\gamma d\right)}{\cot\varphi-\frac{\pi}{2}+\varphi}+\gamma d=cN_c+\gamma dN_q+\gamma dN_{\frac{1}{4}}=p_{cr}+\gamma dN_{\frac{1}{4}} \tag{5-28}$$

$$p_{\frac{1}{3}}=\frac{\pi(\gamma d+c\cdot\cot\varphi+\frac{1}{3}\gamma d)}{\cot\varphi-\frac{\pi}{2}+\varphi}+\gamma d=cN_c+\gamma dN_q+\gamma dN_{\frac{1}{3}}=p_{cr}+\gamma dN_{\frac{1}{3}} \tag{5-29}$$

式中

$$N_{\frac{1}{4}}=\frac{\pi/4}{\cot\varphi-\frac{\pi}{2}+\varphi} \tag{5-30}$$

$$N_{\frac{1}{3}}=\frac{\pi/3}{\cot\varphi-\frac{\pi}{2}+\varphi} \tag{5-31}$$

前述表明，地基的临塑荷载和临界荷载是将地基中土体塑性区的开展深度限制在某一范围内的地基承载力。因此，它们在整体上的特点有：

(1)地基即将产生或已产生局部剪切破坏，还未发展成整体失稳，距离丧失稳定性还有足够的安全储备，在工程中采用它们作为地基承载力是可行的；

(2)虽然按塑性区开展深度确定地基承载力的方法是一个弹塑性混合课题，但考虑到塑性区(极限平衡区)的范围有限，因此仍然可以近似地将整个地基看成弹性半无限体，近似采用弹性理论计算地基中的应力。

然而在临塑荷载、临界荷载公式推导过程中，为了简化计算，人们做了一些不切合实际的假定和特殊的条件规定，故在实际工程应用中应注意下列问题：

(1)公式是依据条形基础(基础底面长宽比 $l/b\geqslant10$)推导的，它属于一个平面应变问题。若

将计算公式应用于局部面积荷载，如矩形、方形、圆形基础，则会出现一定误差。

(2)公式中的荷载形式是中心垂直荷载，即均布荷载。如果工程实际中为偏心或倾斜荷载，则应进行一定的修正。特别是当荷载偏心较大时，上述公式不能采用。

(3)在公式推导过程中，地基中 M 点的附加主应力 σ_1、σ_3 为一特殊方向，而自重主应力方向应该是垂直和水平的，因此两者在数值上是不能叠加的。

为简化计算，假定自重应力如静水压力，在四周各方向等值传递，这与实际情况相比，也具有一定误差。

(4)在公式推导过程中，假定地基为匀质土体，而工程实际中的地基土体不一定是均匀的，尤其在竖直方向，因距离地面深度的不同，土层的性质会出现一些差异。

【例 5-2】 已知承受均布荷载的条形基础宽为 2 m，埋深为 1.5 m，地基为粉质黏土，其中 $\varphi=16°$，$c=36$ kPa，$\gamma=19$ kN/m^3。试求：

(1)地基的 p_{cr} 和 $p_{\frac{1}{4}}$；

(2)当 $p=300$ kPa 时，地基内塑性变形区的最大深度。

解：(1)

$$p_{cr}=\frac{\pi(\gamma d+c\cot\varphi)}{\cot\varphi-\frac{\pi}{2}+\varphi}+\gamma d=\frac{\pi(19\times1.5+36\times\cot16°)}{\cot16°-\frac{\pi}{2}+16°\times\frac{\pi}{180}}+19\times1.5$$

$$=248.89(\text{kPa})$$

(2)

$$p_{\frac{1}{4}}=\frac{\pi\left(\gamma d+c\cot\varphi+\frac{\gamma d}{4}\right)}{\cot\varphi-\frac{\pi}{2}+\varphi}+\gamma d=\frac{\pi\left(19\times1.5+36\times\cot16°+\frac{19\times2}{4}\right)}{\cot16°-\frac{\pi}{2}+16°\times\frac{\pi}{180}}+19\times1.5$$

$$=254.48(\text{kPa})$$

$$z_{max}=\frac{p-\gamma d}{\pi\gamma}\left[\cot\varphi-\left(\frac{\pi}{2}-\varphi\right)\right]-\frac{c\cot\varphi}{\gamma}-d=\frac{300-19\times1.5}{\pi\times19}\left(\cot16°-\frac{\pi}{2}+16°\times\frac{\pi}{180}\right)-\frac{36}{19}\times\cot16°-1.5$$

$$=1.88(\text{m})$$

三、地基的极限承载力

当地基土体中的塑性变形区充分发展并形成连续贯通的滑移面时，地基所能承受的最大荷载称为地基极限承载力 p_u，也称为极限荷载。当建筑物基础的基底压力增长至极限荷载时，地基即将失去稳定性而破坏。与临塑荷载 p_{cr} 和临界荷载 $p_{\frac{1}{4}}$、$p_{\frac{1}{3}}$ 相比，极限荷载 p_u 几乎不存在安全储备。因此，在地基基础设计中必须将地基极限承载力除以一定的安全系数，才能作为设计时的地基承载力(即容许承载力)，以保证地基及修建于其上的建筑物的安全与稳定。安全系数的取值与建筑物的重要性、荷载类型等有关，没有严格的统一规定，经验上一般常取 2～3。

目前，有很多求解地基极限承载力的理论计算公式。归纳起来，求解地基的极限承载力的方法主要有两种：

(1)根据土体的极限平衡理论，计算土中各点达到极限平衡时的应力和滑动面方向，并建立微分方程，根据边界条件求出地基达到极限平衡时各点的精确解。

采用这种方法求解时在数学上的困难太大，目前尚无严格的一般解析解，仅能对某些边界条件比较简单的情况进行求解。

(2)先假定在极限状态下地基土滑动面的形状，然后根据滑动土体的静力平衡条件求解。

按这种方法得到的极限承载力计算公式比较简便，在工程实践中得到广泛应用，下面对这种方法进行介绍。

(一)普朗德尔和雷斯纳地基极限承载力计算公式

普朗德尔(Prandtl，1920)根据极限平衡理论对刚性冲模压入无质量的半无限刚塑性介质的问题进行了研究。普朗德尔假定条形基础具有足够大的刚度，等同于条形刚性冲模，且底面光滑，地基材料具有刚塑性性质，且地基土重度为零，基础置于地基表面。当作用在基础上的荷载足够大时，基础陷入地基中，地基土处于极限平衡状态时发生如图 5-14 所示的整体剪切破坏。

如图 5-14 所示的塑性极限平衡区分为 5 个部分，1 个是位于基础底面下的中心楔体(Ⅰ区)，又称主动朗肯区，由于基底光滑，该区的大主应力 σ_1 的作用方向为竖向，小主应力 σ_3 作用方向为水平向，根据极限平衡理论小主应力作用方向与破坏面呈($45^\circ+\varphi/2$)角，此即该中心区两侧面与水平面的夹角。与中心区相邻的是 2 个辐射向剪切区(2 个Ⅱ区)，又称普朗德尔区，由一组对数螺线和一组辐射向直线组成，该区形似以对数螺线为弧形边界的扇形，其中心角为直角。与普朗德尔区另一侧相邻的区域(2 个Ⅲ区)，又称被动朗肯区，该区大主应力 σ_1 的作用方向为水平向，小主应力 σ_3 的作用方向为竖向，破坏面与水平面的夹角为($45^\circ-\varphi/2$)。

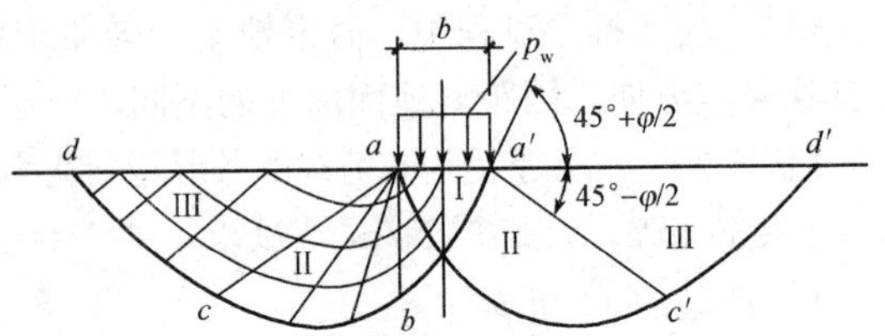

图 5-14 普朗德尔极限荷载计算图

普朗德尔导出在如图 5-14 所示情况下作用在基底的极限荷载，即极限承载力为

$$p_u=cN_c \tag{5-32}$$

式中 N_c——承载力系数，$N_c=\dfrac{\pi\cot\varphi}{\cot\varphi+\varphi-\dfrac{\pi}{2}}$；

c，φ——土的抗剪强度指标。

雷斯纳(Ressiner，1924)在普朗德尔理论解的基础上考虑了基础埋深的影响，如图 5-15 所示。将基底水平面以上的土重视作柔性超载 $q(q=\gamma_0 d)$，导出地基极限承载力计算公式如下：

$$p_u=cN_c+qN_q \tag{5-33}$$

式中 N_c，N_q——承载力系数，均为 φ 的函数；

c，φ——土的抗剪强度指标。

虽然雷斯纳的修正比普朗德尔理论公式有了进步，但由于没有考虑地基土的质量，没有考虑基础埋深范围内侧面土的抗剪强度等的影响，实际上土体不可能没有质量，并且基底与土体之间不可能没有摩擦，因此其结果与实际工程仍有较大差距。

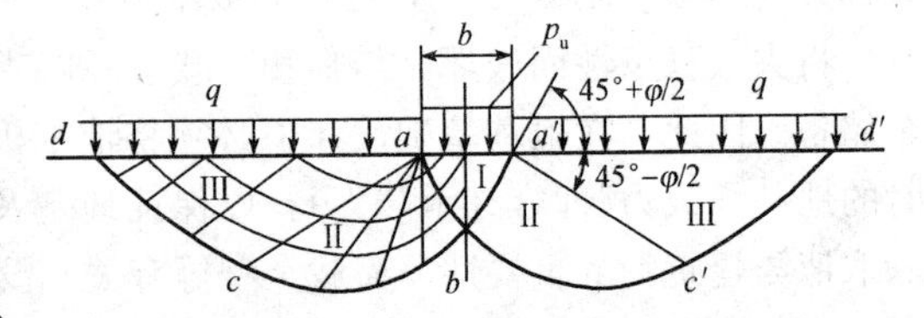

图 5-15 考虑有埋深时极限承载力计算图

(二)太沙基地基极限承载力计算公式

太沙基对普朗德尔理论进行了修正，他考虑地基土的重度和基础底面与土体之间摩擦的影响，在 1943 年提出了确定条形基础的极限荷载公式。太沙基公式是世界各国常用的极限荷载计算公式，适用于均质地基上基础底面粗糙的条形基础，并推广应用于方形基础和圆形基础。

1. 理论假定

(1)条形基础，基础底面压力均匀分布。

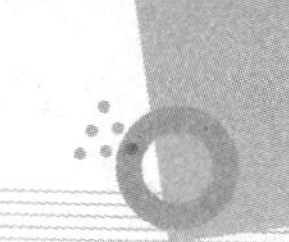

(2)基础底面粗糙，基础和地基间不会发生相对滑动。

(3)在极限荷载作用下地基发生整体剪切破坏。

(4)基础两侧土的抗剪强度为零，将基础底面以上土的自重应力以均布超载 $q=\gamma_0 d$ 代替。

(5)地基发生滑动时，滑动面的形状如图 5-16 所示，中间为曲线，左右对称，分为 5 个区，即 1 个Ⅰ区、2 个Ⅱ区和 2 个Ⅲ区。

1)Ⅰ区。基础底面下的楔形压密区 $a'ab$，滑动面 $a'b$、ab 与基础底面 $a'a$ 之间的夹角为土的内摩擦角 φ。由于基础底面是粗糙的，与土体间有很大的摩擦力作用，在此摩擦力的作用下，该区的土体不会发生剪切位移，而始终处于弹性压密状态。地基破坏时随基础一起向下移动。

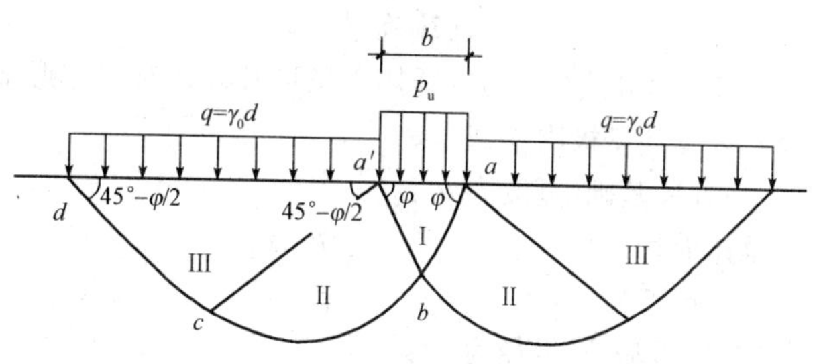

图 5-16　太沙基假设的地基滑动面

2)Ⅱ区。滑动面为曲面，按对数螺旋线变化，b 点处对数螺旋线的切线竖直，c 点处对数螺旋线的切线与水平线的夹角为$(45°-\varphi/2)$。

3)Ⅲ区。滑动面与水平面呈$(45°-\varphi/2)$角的等腰三角形，是朗肯被动区。

2. 极限荷载公式的建立

以弹性压密区 $a'ab$ 为研究对象，作受力分析，作用于Ⅰ区土楔上的各个力包括：

(1)土楔 $a'ab$ 顶面上的极限荷载；

(2)土楔 $a'ab$ 的自重；

(3)土楔滑动斜面 $a'b$、ab 上的黏聚力 c；

(4)Ⅱ区、Ⅲ区土体滑动时，对斜面 $a'b$、ab 的被动土压力。Ⅰ区土楔在以上各个力的作用下，处于极限平衡状态，根据静力平衡条件，可得太沙基公式为

$$p_u=cN_c+qN_q+\frac{1}{2}\gamma bN_r \tag{5-34}$$

式中　N_c，N_q，N_r——太沙基承载力系数，与持力层土的内摩擦角有关，均可根据地基土的内摩擦角查太沙基公式承载力系数表(见表 5-2)或太沙基公式承载力系数图(图 5-17)确定。

表 5-2　太沙基公式承载力系数表

φ	0°	5°	10°	15°	20°	25°	30°	35°	40°	45°
N_r	0	0.51	1.2	1.8	4.0	11.0	21.8	45.4	125	326
N_q	1.0	1.64	2.69	4.45	7.42	12.7	22.5	41.4	81.3	173.2
N_c	5.71	7.32	9.58	12.9	17.6	25.1	37.2	57.7	95.7	172.2

式(5-34)是在地基整体剪切破坏的条件下推导得到的，适用于压缩性较低的密实地基。对于松软的压缩性较高的地基，可能发生局部剪切破坏，沉降量较大，其极限荷载较小。对于此种情况，太沙基根据应力-应变关系资料，建议采用降低土的强度指标 c、φ 的方法对公式进行修正，即将土的强度指标调整为

$$\tan\varphi'=\frac{2}{3}\tan\varphi$$

$$c'=\frac{2}{3}c$$

此时，地基极限承载力公式为

$$p_u = c'N'_c + qN'_q + \frac{1}{2}\gamma bN'_r \tag{5-35}$$

式中　N'_c，N'_q，N'_r——局部剪切破坏时的极限荷载系数，均可根据地基土调整后的内摩擦角查太沙基公式承载力系数图确定，如图 5-17 所示的虚曲线，也可查表 5-2 计算确定。

式(5-34)和式(5-35)仅适用于条形基础。对于方形基础和圆形基础，太沙基建议按下列修正的公式计算地基极限承载力。

(1)方形基础(宽度为 b)：

整体剪切破坏：　$p_u = 1.2cN_c + qN_q + 0.4\gamma bN_r$　(5-36)

局部剪切破坏：　$p_u = 0.8cN'_c + qN'_q + 0.4\gamma bN'_r$　(5-37)

(2)圆形基础(半径为 b)：

整体剪切破坏：　$p_u = 1.2cN_c + qN_q + 0.6\gamma bN_r$　(5-38)

局部剪切破坏：　$p_u = 0.8cN'_c + qN'_q + 0.6\gamma bN'_r$　(5-39)

对宽度为 b、长度为 l 的矩形基础，可按 b/l 值在条形基础和方形基础的计算极限承载力之间用插值法求得。

根据太沙基理论求得的是地基极限承载力，在此一般取它的 1/3～1/2 作为地基容许承载力，它的取值大小与结构类型、建筑物重要性和荷载的性质等有关，即对太沙基理论的安全系数，一般取 $K=2$～3。

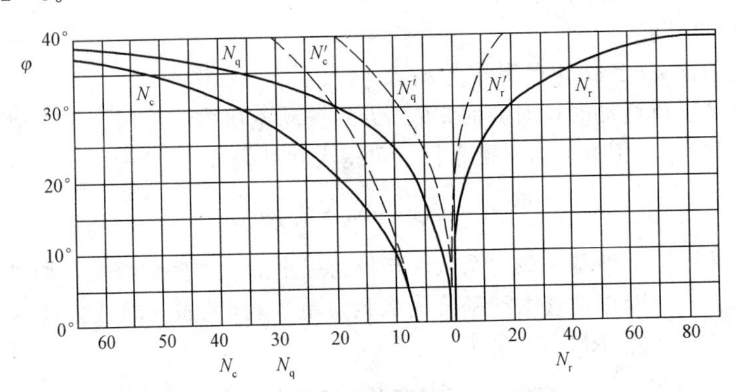

图 5-17　太沙基公式承载力系数图

【例 5-3】 黏性土地基上条形基础的宽度 $b=2$ m，埋置深度 $d=1.5$ m，地下水水位在基础底面处。地基土的相对密度 $G_s=2.70$，孔隙比 $e=0.70$，水位以上饱和度 $S_r=0.8$，土的强度指标 $c=10$ kPa，$\varphi=20°$。求地基土的临塑荷载 p_{cr}，临界荷载 $p_{\frac{1}{4}}$、$p_{\frac{1}{3}}$ 和太沙基极限荷载 p_u，并进行比较。

解： 基底以上土的天然重度为

$$\gamma_0 = \frac{G_s + S_r e}{1+e} \cdot \gamma_w = \frac{2.7 + 0.8\times0.7}{1+0.7} \times 9.8 = 18.79(\text{kN/m}^3)$$

基础下土的有效重度为

$$\gamma'_1 = \left(\frac{G_s + e}{1+e} - 1\right) \cdot \gamma_w = \left(\frac{2.7+0.7}{1+0.7} - 1\right) \times 9.8 = 9.8(\text{kN/m}^3)$$

承载力系数为

$$N_c=\frac{\pi\cot\varphi}{\cot\varphi-\frac{\pi}{2}+\varphi}=\frac{3.14\times\cot20^\circ}{\cot20^\circ-\frac{\pi}{2}+\frac{20}{360}\times2\pi}=\frac{3.14\times2.75}{2.75-\left(\frac{1}{2}-\frac{1}{9}\right)\times3.14}=\frac{8.635}{1.529}=5.65$$

$$N_q=\frac{\cot\varphi+\frac{\pi}{2}+\varphi}{\cot\varphi-\frac{\pi}{2}+\varphi}=\frac{\cot20^\circ+\frac{\pi}{2}+\frac{20}{360}\times2\pi}{\cot20^\circ-\frac{\pi}{2}+\frac{20}{360}\times2\pi}=\frac{2.75+\frac{\pi}{2}+\frac{\pi}{9}}{2.75-\frac{\pi}{2}+\frac{\pi}{9}}=\frac{4.669}{1.529}=3.05$$

$$N_{\frac{1}{4}}=\frac{\pi/4}{\cot\varphi-\frac{\pi}{2}+\varphi}=\frac{\pi/4}{\cot20^\circ-\frac{\pi}{2}+\frac{20}{360}\times2\pi}=\frac{\pi/4}{2.75-\frac{\pi}{2}+\frac{\pi}{9}}=\frac{0.785}{1.529}=0.51$$

$$N_{\frac{1}{3}}=\frac{\pi/3}{\cot\varphi-\frac{\pi}{2}+\varphi}=\frac{\pi/3}{\cot20^\circ-\frac{\pi}{2}+\frac{20}{360}\times2\pi}=\frac{\pi/3}{2.75-\frac{\pi}{2}+\frac{\pi}{9}}=\frac{1.047}{1.529}=0.69$$

则

$$p_{cr}=cN_c+\gamma_0 dN_q=10\times5.65+18.79\times1.5\times3.05=142.46(\text{kPa})$$

$$p_{\frac{1}{4}}=p_{cr}+\gamma'_1 bN_{\frac{1}{4}}=142.46+9.8\times2.0\times0.51=152.46(\text{kPa})$$

$$p_{\frac{1}{3}}=p_{cr}+\gamma'_1 bN_{\frac{1}{3}}=142.46+9.8\times2.0\times0.69=155.98(\text{kPa})$$

由 $\varphi=20^\circ$，查图 5-17 得

$$N_r=4.5,\quad N_q=8.0,\quad N_c=18.0$$

太沙基极限荷载为

$$p_u=\frac{1}{2}\gamma'_1 bN_r+cN_c+qN_q$$

$$=\frac{1}{2}\times9.8\times2.0\times4.5+10\times18.0+18.79\times1.5\times8.0=449.6(\text{kPa})$$

根据以上计算可知，各类荷载的大小顺序为 $p_{cr}<p_{\frac{1}{4}}<p_{\frac{1}{3}}<p_u$。

将 p_{cr} 与 p_u 进行比较，容许地基承载力的安全系数大致为

$$K=\frac{p_u}{p_{cr}}=\frac{449.6}{142.46}=3.16$$

本章小结

地基基础设计必须满足两个基本条件，即变形条件和强度条件。本章主要介绍地基的强度和稳定性问题，包括土的抗剪强度理论、土体的极限平衡条件及地基承载力的确定。

在学习本章内容的过程中，要把土体的抗剪强度理论和土体的极限平衡条件联合起来进行分析，因为通过图形的动态表达进行分析更为直观。而抗剪强度指标及地基承载力的确定，需要结合试验进行学习。

思考与练习

一、选择题

1. 若代表土中某点应力状态的莫尔应力圆与抗剪强度包线相切，则表明土中该点(　　)。

   A. 任一平面上的剪应力都小于土的抗剪强度

B. 某一平面上的剪应力超过了土的抗剪强度

C. 在相切点所代表的平面上，剪应力正好等于抗剪强度

D. 在最大剪应力作用面上，剪应力正好等于抗剪强度

2. 土中一点发生剪切破坏时，破裂面与小主应力作用面的夹角为(　　)。

A. $45^{\circ}+\varphi$　　B. $45^{\circ}+\frac{\varphi}{2}$　　C. 45°　　D. $45^{\circ}-\frac{\varphi}{2}$

3. (　　)是在现场原位进行的。

A. 直接剪切试验　　B. 无侧限抗压试验

C. 十字板剪切试验　　D. 三轴压缩试验

4. 三轴压缩试验的主要优点之一是(　　)。

A. 能严格控制排水条件　　B. 能进行不固结不排水剪切试验

C. 仪器设备简单　　D. 试验操作简单

5. 无侧限抗压试验属于(　　)。

A. 不固结不排水剪　B. 固结不排水剪　C. 固结排水剪　D. 固结快剪

6. 十字板剪切试验属于(　　)。

A. 不固结不排水剪　B. 固结不排水剪　C. 固结排水剪　D. 慢剪

7. 取自同一土样的单个饱和试样进行三轴不固结不排水剪切试验，其围压 σ_3 分别为 50 kPa、100 kPa、500 kPa，最终测得的(　　)。

A. σ_3 越大，强度越大　　B. σ_3 越大，孔隙水压力越大，强度越小

C. 与 σ_3 无关，强度相似

二、简答题

1. 什么是土的抗剪强度？

2. 测定土的抗剪强度指标的试验方法有哪些？

3. 根据施加围压力和剪切阶段排水条件的不同，常规三轴压缩试验分为哪几种类型？

4. 根据应力分析方法，抗剪强度指标分为哪几种类型？根据试验方法，抗剪强度指标分为哪些？

5. 简述土的抗剪强度指标的选择原则。

6. 地基的剪切破坏的形式总体可以分为哪几种？

7. 地基的临塑荷载和临界荷载在整体上的特点有哪些？

三、计算题

1. 已知地基中某点受到大主应力 $\sigma_1=700$ kPa、小主应力 $\sigma_3=200$ kPa 的作用，试求：

(1)最大剪应力值及最大剪应力作用面与大主应力面的夹角；

(2)作用在与小主应力面呈 30°角的面上的法向应力和剪应力。

2. 某饱和黏性土在三轴仪中进行固结不排水试验，得 $c'=0$、$\varphi'=28^{\circ}$，如果这个试件受到 $\sigma_1=200$ kPa 和 $\sigma_3=150$ kPa 的作用，测得孔隙水压力 $u=100$ kPa，问该试件是否会破坏？

3. 某宿舍楼采用条形基础，基础深初定 $d=1.50$ m，基底以上土的加权平均重临塑荷载 $\gamma_0=18$ kN/m³，地基土的天然重度 $\gamma_0=19$ kN/m³，内聚力 $c=25$ kPa，内摩擦角 $\varphi=20^{\circ}$，预估一般基宽 $b=1.20$ m，计算地基的临塑荷载 p_{cr} 和临界荷载 $p_{\frac{1}{4}}$。

第六章　土压力与边坡稳定

能力目标

能够对地基土压力进行验算，并能确定建筑地基是否存在危险，保证安全施工。

知识目标

1. 了解土压力计算方法；
2. 了解挡土墙的设计方法、关键步骤及重力式挡土墙的基本构造要求；
3. 熟悉边坡治理基本理论及稳定分析方法；
4. 熟悉并掌握朗肯土压力理论、库仑土压力理论的计算方法。

第一节　土压力的类型与影响因素

一、土压力的类型

土压力是挡土墙后的填土作用在墙背上的侧向压力。作用在挡土结构上的土压力，按结构受力后的位移情况分为三种，如图 6-1 所示。

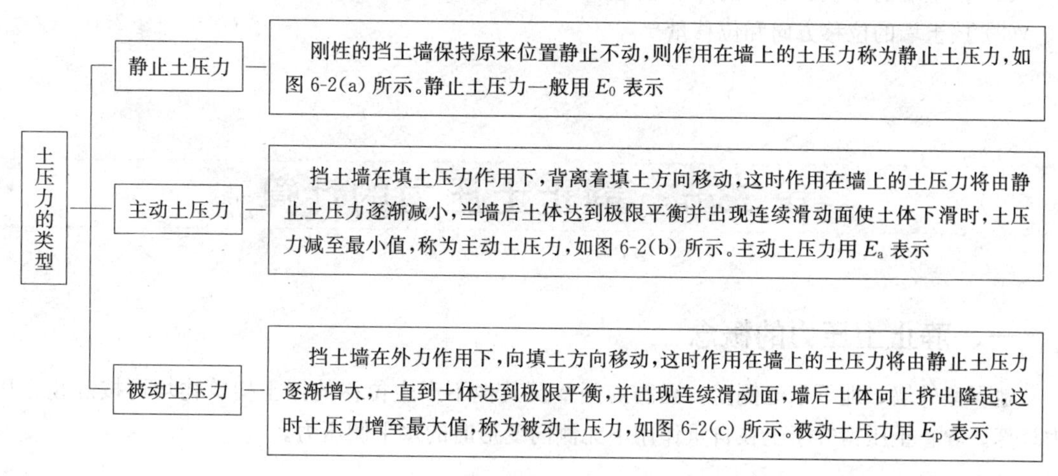

图 6-1　土压力的类型

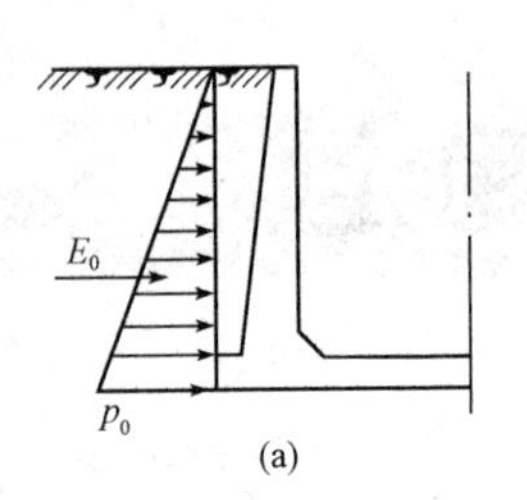

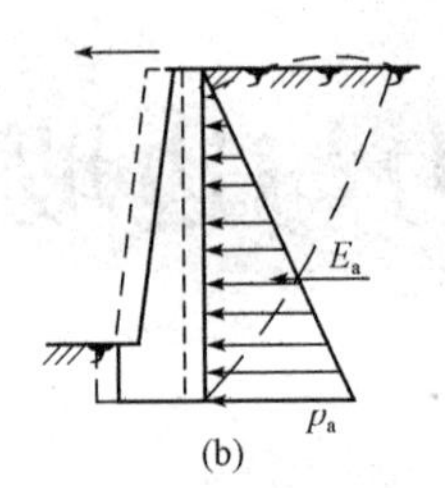

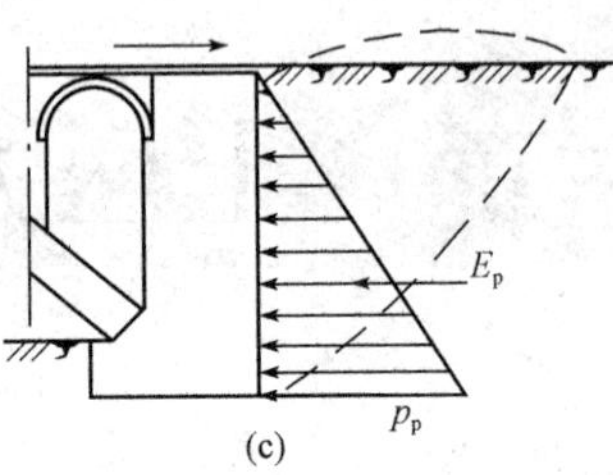

图 6-2　土压力的三种类型

(a)静止土压力；(b)主动土压力；(c)被动土压力

二、土压力的计算理论

土压力的计算理论主要有古典的朗肯(Rankine，1857)土压力理论和库仑(Coulomb，1773)土压力理论。自从库仑土压力理论发表以来，人们先后进行过多次多种的挡土墙模型试验、原型观测和理论研究。试验研究表明，在相同条件下，主动土压力小于静止土压力，而静止土压力又小于被动土压力，即

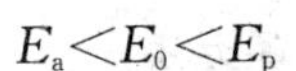

$$E_a < E_0 < E_p$$

而且，产生被动土压力所需的位移量 Δ_p 大大超过产生主动土压力所需的位移量 Δ_a，如图 6-3所示。

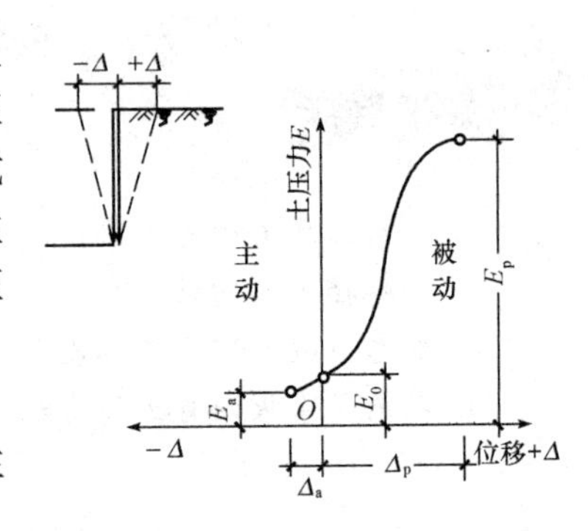

图 6-3　墙身位移与土压力的关系

三、影响土压力的因素

由理论分析与挡土墙的模型试验可知，挡土墙土压力不是一个常量，其土压力的性质、大小及沿墙高的分布规律与很多因素有关，归纳起来主要有以下三种：

(1) 墙后填土的性质，包括填土的重度、含水量、内摩擦角和黏聚力的大小及填土面的倾斜程度；

(2) 挡土墙的形状、墙背的光滑程度及结构形式；

(3) 挡土墙的位移方向和位移量。

第二节　静止土压力的计算

一、静止土压力的概念

地下室外墙、地下水池侧壁、涵洞的侧壁及其他不产生位移的挡土构筑物均可按静止土压力计算。静止土压力等于土在自重作用下无侧向变形时的水平侧压力。

二、静止土压力的计算方法

在填土表面下任意深度 z 处取一微小单元体，如图 6-4 所示，其上作用着竖向的土自重应力

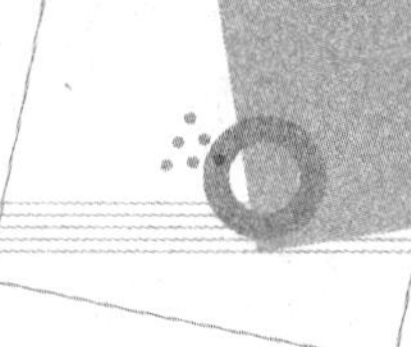

γ_z，则该处的静止土压力强度可按式(6-1)计算：

$$\sigma_0 = K_0 \gamma_z \quad (6\text{-}1)$$

式中　K_0——土的侧压力系数(或称为静止土压力系数)。

由式(6-1)可知，静止土压力沿墙高为三角形分布，如图 6-4 所示，如果取单位墙长，则作用在墙上的静止土压力为

$$E_0 = \frac{1}{2}\gamma H^2 K_0 \quad (6\text{-}2)$$

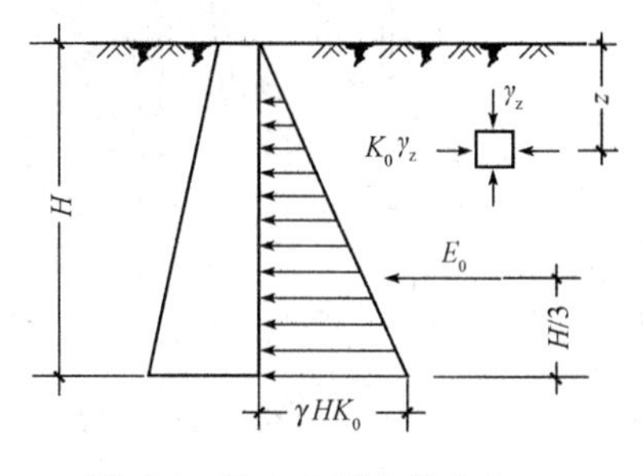

图 6-4　静止土压力的分布

式中　H——挡土墙高度(m)；

　　　γ——墙后填土重度(kN/m^3)。

其余符号含义同前。E_0 的作用点在距墙底 $H/3$ 处。

【例 6-1】　已知某混凝土挡土墙，墙高 $H=5.0$ m，墙背竖直，墙后填土表面水平，填土的重度 $\gamma=18.5$ kN/m^3，$\varphi=30°$。试计算作用在此挡土墙上的静止土压力。

解：静止土压力系数　$K_0=1-\sin\varphi=0.5$

静止土压力　$E_0=\frac{1}{2}\gamma H^2K_0=\frac{1}{2}\times18.5\times5.0^2\times0.5=115.63(kN/m)$

第三节　朗肯土压力理论

一、朗肯土压力理论的假定和条件

朗肯土压力理论是根据半空间的应力状态和土体的极限平衡条件建立的，在其理论推导中，首先做出以下基本假定：

(1)挡土墙是无限均质土体的一部分；

(2)墙背垂直光滑；

(3)墙后填土面是水平的。

根据上述假设，墙背处没有摩擦力，土体的竖直面和水平面没有剪应力，故水平方向和竖直方向的应力为主应力。而竖直方向的应力即为土的竖向自重应力。如果挡土墙在施工和使用阶段没有发生任何侧移和转动，那么水平相当应力就是静止土压力，也即土的侧向自重应力。这时距填土面为 z 深度处的单元微体[图 6-5(a)]所处的应力状态可用图 6-5(d)所示莫尔应力圆Ⅰ表示。

该应力状态仅由填土的自重产生时，必然为弹性平衡状态，其莫尔应力圆一定处于填土抗剪强度线(τ_f 线)之下。但是当挡土墙在土压力作用下，使墙体离开填土向前发生微小转动或位移时，墙后土体随之侧向膨胀，则墙背侧向土压力强度 σ_x 逐渐减少，因墙背竖直光滑，σ_x 减小后仍为小主应力 σ_3，土体侧胀大到一定值时，σ_3 减小至 σ_{3f}值点达到主动极限平衡状态，此时竖向主应力 σ_1 仍为 γ_z 不变(因土体侧胀引起的重度 γ 减小量忽略不计)。σ_{3f}与 σ_1 构成主动极限应力圆如图 6-5(d)中的Ⅱ所示，必然与 τ_f 线相切。因假设土体均匀侧胀，则土中各点均达到主动极限平衡状态，被称为主动朗肯状态。达到最低值的小主应力 σ_{3f}，称为朗肯主动土压力强度 E_a。

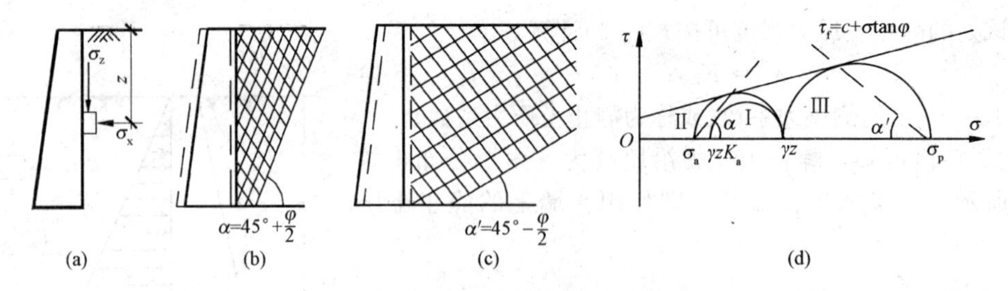

图 6-5　半空间体的极限平衡状态

(a)墙背单元微体；(b)主动朗肯状态；(c)被动朗肯状态；(d)莫尔应力圆

此时，土体中存在两簇对称的理论滑裂面，滑裂面与大主应力作用面(水平面)的夹角为$\left(45°+\dfrac{\varphi}{2}\right)$，如图 6-5(b)所示。反之，上述挡土墙在外力作用下，墙体向右挤推填土，如图 6-5(c)所示，土体产生侧向压缩变形，σ_x 随之不断加大，变为大主应力，而 γ_z 不变成为小主应力。当 σ_x 加大至 σ_{3f}时，土体达到被动极限平衡状态，称为被动朗肯状态，最大值 σ_{3f}称为朗肯被动土压力强度 E_p。σ_{1f}与 σ_z 构成新的被动极限应力圆，如图 6-5(d)中的Ⅲ所示。

朗肯将上述原理应用于挡土墙土压力计算中，他设想用墙背直立的挡土墙代替半空间左边的土，如果墙背与土的接触面上满足剪应力为 0 的边界应力条件以及产生主动或被动朗肯状态的边界变形条件，则墙后土体的应力状态不变。由此可以推导出主动和被动土压力计算公式。

二、朗肯主动土压力计算

(1)由土的强度理论可知，当土体中某点处于极限平衡状态时，大主应力 σ_1 和小主应力 σ_3 之间应满足以下关系式：

对于黏性土
$$\sigma_1=\sigma_3\tan^2\left(45°+\frac{\varphi}{2}\right)+2c\tan\left(45°+\frac{\varphi}{2}\right) \tag{6-3}$$

或
$$\sigma_3=\sigma_1\tan^2\left(45°-\frac{\varphi}{2}\right)-2c\tan\left(45°-\frac{\varphi}{2}\right) \tag{6-4}$$

对于无黏性土
$$\sigma_1=\sigma_3\tan\left(45°+\frac{\varphi}{2}\right) \tag{6-5}$$

或
$$\sigma_3=\sigma_1\tan\left(45°-\frac{\varphi}{2}\right) \tag{6-6}$$

(2)对于图 6-6 所示的挡土墙，设墙背光滑(为了满足剪应力为 0 的边界应力条件)、直立、填土面水平。当挡土墙偏离土体时，由于墙后土体中离地表为任意深度 z 处的竖向应力 $\sigma_z=\gamma_z$ 不变，也即大主应力不变，而水平应力 σ_x 却逐渐减少直至产生主动朗肯状态，此时，σ_x 是小主应力 σ_a，也就是主动土压力强度。

对于无黏性土
$$\sigma_a=\gamma z\tan^2\left(45°-\frac{\varphi}{2}\right)=\gamma z K_a \tag{6-7}$$

对于黏性土
$$\sigma_a=\gamma z\tan^2\left(45°-\frac{\varphi}{2}\right)-2c\tan\left(45°-\frac{\varphi}{2}\right)=\gamma z K_a-2c\sqrt{K_a} \tag{6-8}$$

式中　K_a——主动土压力系数，$K_a=\tan^2\left(45°-\dfrac{\varphi}{2}\right)$；

γ——墙后填土的重度(kN/m³)，地下水水位以下用有效重度；

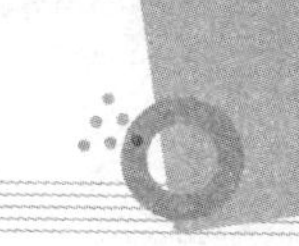

c——填土的黏聚力(kPa)；

φ——填土的内摩擦角(°)；

z——所计算的点离填土面的深度(m)。

(3)由上述公式及图 6-6(a)、6-6(b)可见，主动土压力 σ_a 沿深度 z 呈直线分布。作用在墙背上的主动土压力的合力 E_a 即为 σ_a 分布图形的面积，其作用点位置在分布图形的形心处，即对于无黏性土，有

$$E_a = \frac{1}{2}\gamma H^2 \tan^2\left(45° - \frac{\varphi}{2}\right) \tag{6-9}$$

或

$$E_a = \frac{1}{2}\gamma H^2 K_a \tag{6-10}$$

E_a 通过三角形的形心，即作用在离墙底 $H/3$ 处。

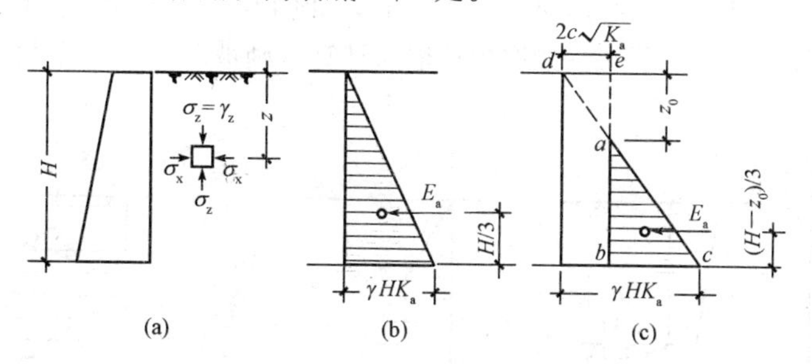

图 6-6　主动土压力强度分布图

(a)主动土压力的计算；(b)无黏性土；(c)黏性土

【例 6-2】 某挡土墙高度为 5 m，墙背垂直光滑，填土面水平。填土为黏性土，其物理力学性质指标如下：$c=8$ kPa，$\varphi=20°$，$\gamma=18$ kN/m^3。试计算该挡土墙主动土压力及其作用点位置。

解： 主动土压力系数　$K_a = \tan^2\left(45° - \frac{\varphi}{2}\right) = 0.217$

墙底主动土压力强度　$\sigma_a = \gamma z K_a - 2c\sqrt{K_a} = 18 \times 5 \times 0.217 - 2 \times 8 \times \sqrt{0.217}$
$= 12.07(\text{kPa})$

临界深度　$z_0 = \frac{2c}{\gamma\sqrt{K_a}} = 1.91(\text{m})$

主动土压力　$E_a = 12.07 \times (5 - 1.91) \times \frac{1}{2} = 18.65\ (\text{kN/m})$

主动土压力作用点距墙底的距离　$h' = \frac{H - z_0}{3} = \frac{5 - 1.91}{3} = 1.03\ (\text{m})$

三、朗肯被动土压力计算

当墙受到外力作用而推向土体时[图 6-7(a)]，填土中任意一点的竖向应力 $\sigma_z = \gamma_z$ 仍不变，而水平向应力 σ_x 却逐渐增大，直至出现被动朗肯状态，此时，σ_x 达最大限值 σ_p，因此 σ_p 是大主应力，也就是被动土压力强度，而 σ_z 则是小主应力。于是，有

对于无黏性土

$$\sigma_p = \gamma z \tan^2\left(45° + \frac{\varphi}{2}\right) = \gamma z K_p \tag{6-11}$$

对于黏性土

$$\sigma_p = \gamma z \tan^2\left(45°+\frac{\varphi}{2}\right)+2c\tan\left(45°+\frac{\varphi}{2}\right) \tag{6-12}$$
$$= \gamma z K_p + 2c\sqrt{K_p}$$

式中 K_p——被动土压力系数，$K_p=\tan^2\left(45°+\frac{\varphi}{2}\right)$；

γ——墙后填土的重度(kN/m³)，地下水水位以下用有效重度；

c——填土的黏聚力(kPa)；

φ——填土的内摩擦角(°)；

z——所计算的点离填土面的深度(m)。

由于无黏性土的被动土压力强度呈三角形分布，如图 6-7(b)所示；黏性土的被动土压力强度则呈梯形分布，如图 6-7(c)所示。如取单位墙长计算，则被动土压力可由式(6-13)和式(6-14)计算。

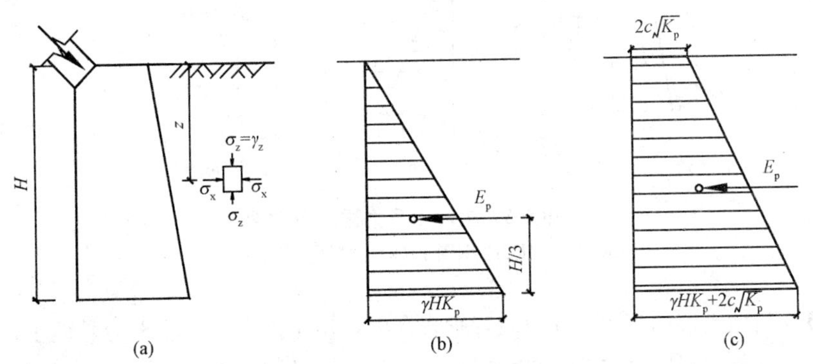

图 6-7　被动土压力强度分布图

(a)被动土压力的计算；(b)无黏性土；(c)黏性土

对于无黏性土
$$E_p=\frac{1}{2}\gamma H^2 K_p \tag{6-13}$$

对于黏性土
$$E_p=\frac{1}{2}\gamma H^2 K_p+2cH\sqrt{K_p} \tag{6-14}$$

被动土压力 E_p 通过三角形或梯形压力分布图的形心。若填土为成层土，填土表面有超载时，被动土压力的计算方法与前述主动土压力计算相同。

【例 6-3】 已知某挡土墙高度为 5 m，墙背垂直、光滑，填土面水平。填土为黏性土，其物理力学性质指标如下：$c=8$ kPa，$\varphi=20°$，$\gamma=18$ kN/m³，试计算作用在此挡土墙上的被动土压力。

解：被动土压力系数　$K_p=\tan^2\left(45°+\frac{\varphi}{2}\right)=2.16$

墙顶被动土压力强度　$\sigma_{a1}=2c\sqrt{K_p}=2\times8\times1.47=23.52$(kPa)

墙底被动土压力强度　$\sigma_{a2}=\gamma HK_p+2c\sqrt{K_p}=217.92$ (kPa)

被动土压力　$E_p=\frac{1}{2}\gamma H^2K_p+2cH\sqrt{K_p}=603.6$ (kN/m)

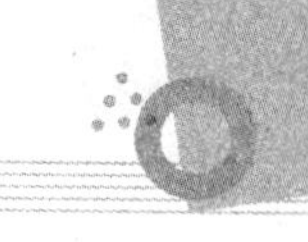

四、几种常见的土压力计算

(1)当填土面上作用均布荷载 q 时，如图 6-8 所示，墙后距填土面为 z 深度处一点的大主应力(竖向)$\sigma_1=q+\gamma z$，小主应力 $\sigma_3=\sigma_a$，于是有

对于黏性土 $$\sigma_a=(q+\gamma z)K_a-2c\sqrt{K_a} \tag{6-15}$$

对于砂土 $$\sigma_a=(q+\gamma z)K_a \tag{6-16}$$

当填土为黏性土时，令 $z=z_0$，$\sigma_a=0$，可得临界深度计算公式为

$$\sigma_a=\frac{2c}{\gamma\sqrt{K_a}}-\frac{q}{\gamma} \tag{6-17}$$

若荷载 q 较大，则 z_0 会出现负值，此时说明在墙顶处存在土压力，其值可通过令 $z_0=0$ 求得，则

$$\sigma_a=qK_a-2c\sqrt{K_a} \tag{6-18}$$

(2)当挡土墙背填土由不同性质土层组成时，如图 6-9 所示，可按各层土质情况分别确定作用于墙背上的土压力。第一层土按其计算指标 γ_1、φ_1 和 c_1 计算土压力，而第二层土的压力就可将上层土视作第二层土上的均布荷载，用第二层土的计算指标 γ_2、φ_2 和 c_2 来进行计算。其余土层可按第二层土的方法计算。以无黏性土为例，有

$$\sigma_{a0}=0;$$
$$\sigma_{a1上}=\gamma_1h_1K_{a1};$$
$$\sigma_{a1下}=\gamma_1h_1K_{a2};$$
$$\sigma_{a2上}=(\gamma_1h_1+\gamma_2h_2)K_{a2};$$
$$\sigma_{a2下}=(\gamma_1h_1+\gamma_2h_2)K_{a3};$$
$$\sigma_{a3上}=(\gamma_1h_1+\gamma_2h_2+\gamma_3h_3)K_{a3}。$$

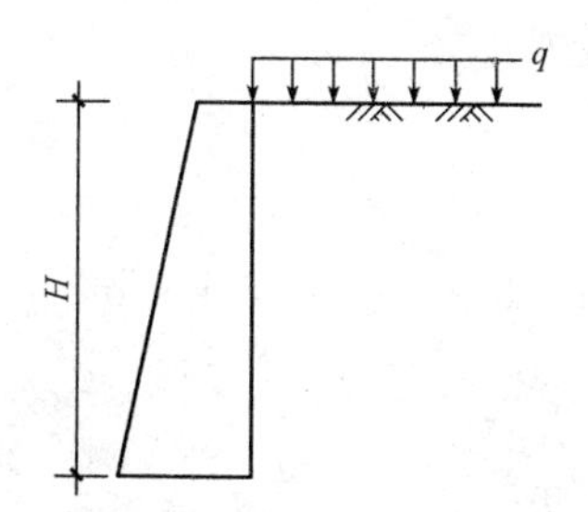

图 6-8　填土面上作用均布荷载

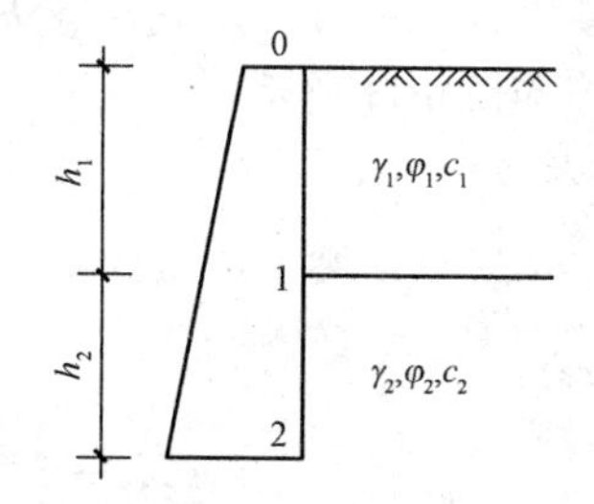

图 6-9　挡土墙背填土由不同性质土层组成

由于各层土的性质不同，主动土压力系数 K_0 也不同，因此，在土层的分界面上主动土压力会出现两个数值，若为黏性土，其土压应力应减去相应的负侧向压力 $2c\sqrt{K_a}$。

(3)若填土中有地下水存在，如图 6-10 所示，则墙背同时受到土压力和静水压力的作用。地下水水位以上的土压力可按前述方法计算。

在一般的工程中，可不计地下水对土体抗剪强度的影响，而只需以有效重度和土体原有的黏聚力 c 和内摩擦角 φ 来计算土压力。总侧压力为土压力和水压力之和，即

$$\sigma_a=\sigma_{a土}+\sigma_{a水}=(\gamma_1h_1+\gamma'h_2)K_a+\gamma_wh_2 \tag{6-19}$$

【例 6-4】 如图 6-11 所示，某挡土墙，高为 4 m，墙背垂直、光滑，墙后填土面水平，其上作用有均布荷载 $q=10$ kPa，墙后填土为砂土，$\varphi=30°$，$\gamma=18$ kN/m³，$\gamma_{sat}=19$ kN/m³，地下水

水位在填土面下 2 m 处，试计算墙背总侧压力。

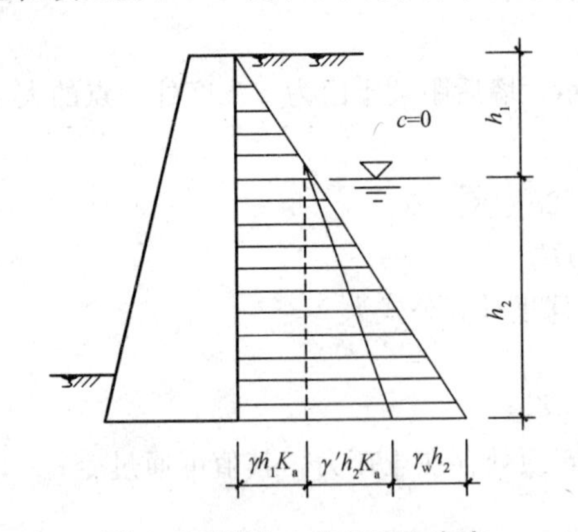

图 6-10　填土中有地下水存在

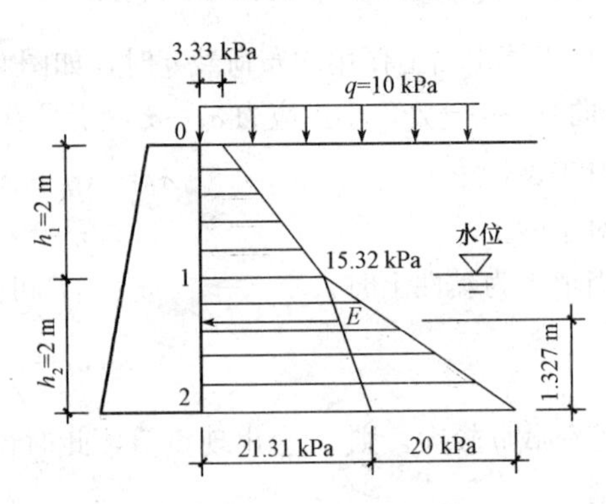

图 6-11　侧压力分布图

解： 该挡土墙条件符合朗肯土压力理论。

(1)主动土压力系数：

$$K_a=\tan^2\left(45°-\frac{\varphi}{2}\right)=\tan^2\left(45°-\frac{30°}{2}\right)=0.333$$

(2)墙顶处土压力强度：

$$\sigma_{a0}=qK_a=10\times 0.333=3.33(\text{kPa})$$

(3)地下水水位处土压力强度：

$$\sigma_{a1}=(q+\gamma z_1)K_a=(10+18\times 2)\times 0.333=15.32(\text{kPa})$$

(4)墙底处土压力强度：

$$\sigma_{a2}=(q+\gamma z_1+\gamma z_2)K_a=(10+18\times 2+9\times 2)\times 0.333=21.31(\text{kPa})$$

(5)墙底处水压力强度：

$$\sigma_{w2}=\gamma_w h_{w2}=10\times 2=20(\text{kPa})$$

侧压力分布如图 6-11 所示。

(6)主动土压力：

$$E_a=\frac{1}{2}\times(3.33+15.32)\times 2+\frac{1}{2}\times(15.32+21.31)\times 2=55.28(\text{kN/m})$$

(7)总水压力：

$$E_w=\frac{1}{2}\times 20\times 2=20(\text{kN/m})$$

(8)总侧压力：

$$E=E_a+E_w=55.28+20=75.28(\text{kN/m})$$

第四节　库仑土压力理论

一、库仑土压力理论的假定和条件

库仑土压力理论是根据墙后滑动楔体的静力平衡条件建立的，并做了如下假定：

(1)挡土墙是刚性的，墙后填土为无黏性土；

(2)滑动楔体为刚体；

(3)楔体沿着墙背及一个通过墙踵的平面滑动。

土的抗剪强度是指土体对外荷载所产生的剪应力的极限抵抗能力。土体发生剪切破坏时，将沿着其内部某一曲线面(滑动面)产生相对滑动，而该滑动面上的剪应力就等于土的抗剪强度。法国科学家库仑通过一系列砂土剪切试验的结果[图 6-12(a)]，提出土的抗剪强度表达式，即

$$\tau_f = \sigma \tan\varphi \tag{6-20}$$

后来，库仑又通过黏性土的试验结果[图 6-12(b)]提出更为普遍的抗剪强度表达式，即

$$\tau_f = c + \sigma \tan\varphi \tag{6-21}$$

式中 τ_f——土的抗剪强度(kPa)；

σ——剪切面上的正应力(kPa)；

φ——土的内摩擦角(°)；

c——土的黏聚力(kPa)，对于无黏性土，$c=0$。

上式就是反映土的抗剪强度规律的库仑定律，其中 c、φ 称为土的抗剪强度指标。该定律表明，对一般应力水平，土的抗剪强度与滑动面上的法向应力之间呈直线关系。

对于无黏性土，其抗剪强度仅由粒间的摩阻力($\sigma\tan\varphi$)构成；对于黏性土，其抗剪强度由摩阻力($\sigma\tan\varphi$)和黏聚力(c)两部分构成。摩阻力包括土粒之间的表面摩阻力和由于土粒之间的互相嵌入而产生的咬合力。因此，抗剪强度的摩阻力除了与剪切面上的法向总应力有关，还与土的原始密度、土粒的形状、表面的粗糙程度及级配等因素有关。黏聚力主要是由土粒之间的胶结作用和电分子引力等因素形成的，因此，黏聚力通常与土中黏粒含量、矿物成分、含水量、土的结构等因素有关。砂土的内摩擦角 φ 变化范围不大，中砂、粗砂、砾砂一般为32°～40°；粉砂、细砂一般为 28°～36°。孔隙比越小，φ 越大，但是，含水饱和的粉砂、细砂很容易失去稳定性，因此，对其内摩擦角的取值宜慎重，有时规定取 20°左右。砂土有时也有很小的黏聚力(10 kPa 以内)，这可能是由于砂土中夹有一些黏土颗粒的缘故。

黏性土的抗剪强度指标的变化范围很大，它与土的种类有关，并且与土的天然结构是否被破坏、试样在法向压力下的排水固结程度及试验方法等因素有关。内摩擦角的变化范围大致为0°～30°；黏聚力则可从小于 10 kPa 变化到 200 kPa 以上。

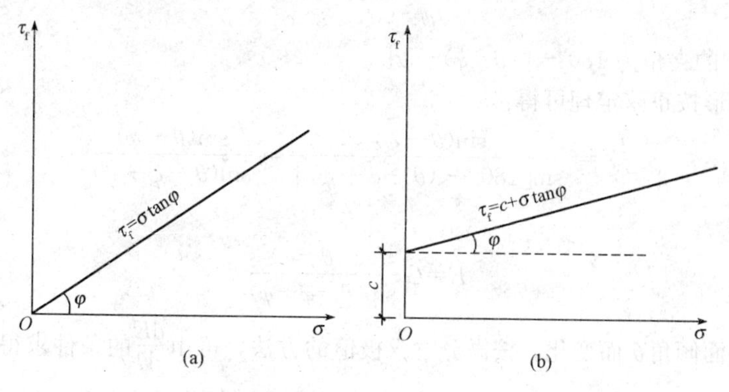

图 6-12　土的抗剪强度与法向应力之间的关系

(a)无黏性土；(b)黏性土

二、库仑主动土压力计算

图 6-13 为库仑主动土压力合力计算简图，当墙体向前移动或转动而使墙后土体处于主动极限平衡状态时，土楔体 ABC 沿某一破裂面 BC 向下滑动。此时，作用在土楔体上的力有以下 3 个。

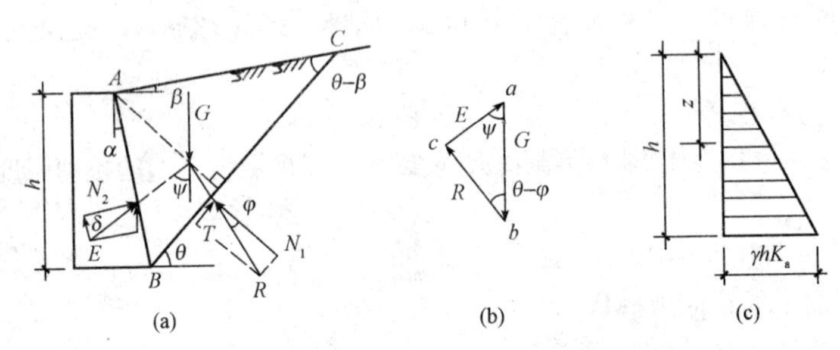

图 6-13 库仑主动土压力合力计算简图

(a)土楔体 ABC 上的作用力；(b)力的三角形；(c)主动土压力分布

1. 土楔体的重力 G

设墙背与竖直面的夹角为 α，填土面与水平面的夹角为 β，土楔体的破裂面与水平面的夹角为 θ，只要破裂面 BC 的位置一确定，G 的大小就已知，G 等于$\triangle ABC$ 面积乘以重度。此时，G 是 θ 的函数，方向朝下。

2. 破裂面 BC 上的反力 R

该力是楔体滑动时，破裂面上的切向摩擦力 T 和法向反力 N 的合力，其大小未知，但其方向是已知的。反力 R 与破裂面 BC 的法线之间的夹角等于土的内摩擦角，并位于法线的下侧。

3. 墙背对土楔体的反力 E

该力是墙背法向反力 N_z 和切向摩擦力的合力。与该力大小相等、方向相反的楔体作用在墙背上的力就是土压力，其方向为已知，大小未知。它与墙背的法线呈 δ 角，δ 角为墙背与填土之间的摩擦角(外摩擦角)，楔体下滑时反力 E 的位置在法线的下侧。

由于，土楔体 ABC 在上列三力作用下处在静止平衡状态，故由该三力构成的力的三角形必然闭合，如图 6-13(b)所示。从图 6-13(a)中可知力 E 与竖直线的夹角 ψ 为

$$\psi = 90° - \delta - \alpha$$

于是，力 E 与 R 的夹角为 $180° - [(\theta - \varphi) - \psi]$。

由力的三角形按正弦定理可得：

$$\frac{E}{G} = \frac{\sin(\theta - \varphi)}{\sin[180° - (\theta - \varphi + \psi)]} = \frac{\sin(\theta - \varphi)}{\sin(\theta - \varphi + \psi)}$$

或

$$E = G\frac{\sin(\theta - \varphi)}{\sin(\theta - \varphi + \psi)}$$

E 值随破裂面倾角 θ 而变化。按微分学求极值的方法，可由$\frac{\mathrm{d}E}{\mathrm{d}\theta}$的条件求得 E 的最大值即为主动土压力 E_a，相应于此时的 θ 角即危险的滑动破裂面与水平面的夹角。根据推导，主动土压力计算公式如下：

$$E_a = \frac{1}{2}\gamma H^2 K_a \tag{6-22}$$

$$K_a=\frac{\cos^2(\varphi-\alpha)}{\cos^2\alpha\cos(\alpha+\delta)\left[1+\sqrt{\frac{\sin(\varphi+\delta)\sin(\varphi-\beta)}{\cos(\alpha+\delta)\cos(\alpha-\beta)}}\right]^2}$$

式中　K_a——主动土压力系数，无因次量，为 φ、α、β、δ 的函数；

H——挡土墙高度(m)；

γ——墙后填土的重度(kN/m^3)；

φ——墙后填土的内摩擦角(°)；

α——墙背与铅直线的夹角，以铅直线为准，顺时针为负，称仰斜；反时针为正，称俯斜；

δ——墙背与填土间的摩擦角(墙摩擦角)，决定于墙背面粗糙程度、填土性质、墙背面倾斜形状等，由试验或按规范确定；

β——填土表面与水平面所成坡角。

沿墙高主动土压力强度是按直线分布的，其强度分布图形为三角形，而主动土压力 E_a 的作用点在距墙底 $h/3$ 处。

当墙背垂直($\alpha=0$)、光滑($\delta=0$)，填土表面水平($\beta=0$)且与墙齐高时，有

$$E_a=\frac{1}{2}\gamma H^2\tan^2\left(45°-\frac{\varphi}{2}\right) \tag{6-23}$$

可见，与朗肯主动土压力计算公式完全相同，说明 $\alpha=0$，$\delta=0$，$\beta=0$ 这种条件下，库仑土压力理论与朗肯土压力理论的计算结果是一致的。

【例 6-5】 挡土墙高 3.5 m，墙背倾角 $\alpha=10°$(俯斜)，$\beta=30°$，填土重度 $\gamma=18\ kN/m^3$，$\varphi=30°$，$c=0$，填土与墙背的摩擦角 $\delta=\frac{2}{3}\varphi$，试按库仑土压力理论求主动土压力 E_a 及其作用点。

解： 主动土压力系数

$$K_a=\frac{\cos^2(\varphi-\alpha)}{\cos^2\alpha\cos(\alpha+\delta)\left[1+\sqrt{\frac{\sin(\varphi+\delta)\sin(\varphi-\beta)}{\cos(\alpha+\delta)\cos(\alpha-\beta)}}\right]^2}=1.05$$

主动土压力　$E_a=\frac{1}{2}\gamma H^2 K_a=115.76(kN/m)$

土压力作用点　$h'=\frac{1}{3}h=1.17(m)$

三、库仑被动土压力计算

当墙受外力作用推向填土，直至土体沿某一破裂面破坏时，土楔向上滑动，并处于被动极限状态。按上述求主动土压力的原理可求得库仑被动土压力的计算公式为

$$E_p=\frac{1}{2}\gamma H^2 K_p \tag{6-24}$$

式中　K_p——被动土压力系数，可用下式计算：

$$K_p=\frac{\cos^2(\varphi+\alpha)}{\cos^2\alpha\cos(\alpha-\delta)\left[1-\sqrt{\frac{\sin(\varphi+\delta)\sin(\varphi+\beta)}{\cos(\alpha-\delta)\cos(\alpha-\beta)}}\right]^2}$$

当墙后填土达到极限平衡状态时，破裂面是一曲面，在计算主动土压力时，只有当墙背的斜度不大、墙背与填土间的摩擦角较小时，破裂面才接近一平面。按库仑理论给出的公式进行计算，能满足工程设计需要的精度，但按库仑理论计算被动土压力时通常误差较大。

第五节 挡土墙的设计

一、挡土墙的类型

挡土墙是防止土体坍塌的构造物，主要类型如图 6-14 所示。

近十多年来，国内外在发展新型挡土结构方面，提出了不少新型结构，如锚杆挡土墙、锚定板挡土墙及土工织物挡土墙等。图 6-15 为锚定板挡土墙结构的简图，这种结构一般由预制的钢筋混凝土墙面、钢拉杆和埋在填土中的锚定板组成。图 6-15(a)表示锚定板结构的一种，墙面所受的主动土压力完全由拉杆和锚定板承受，只要锚定板的抗拔能力不小于墙面所受荷载引起的土压力，就可使结构保持平衡。图 6-15(b)是另一种锚定板结构，它具有结构轻便且经济的特点，较适用于地基承载力不大的软土地基。

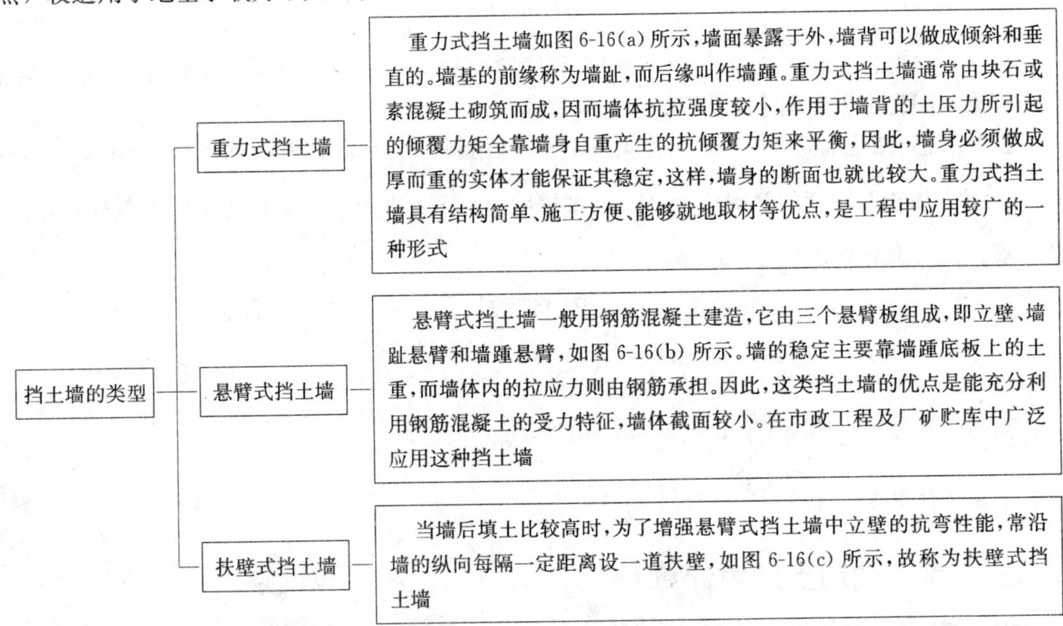

图 6-14 挡土墙的类型

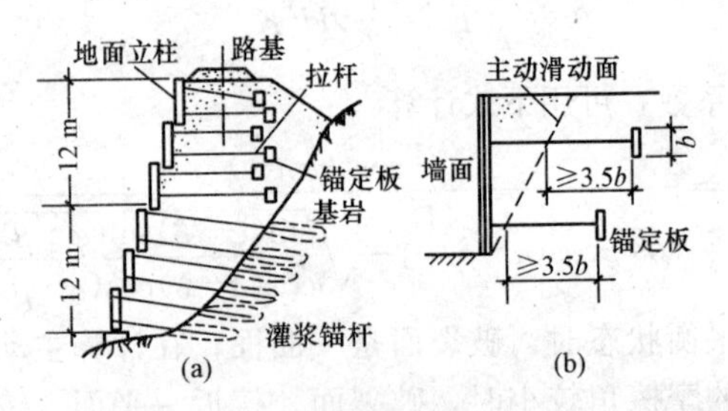

图 6-15 锚定板挡土墙结构

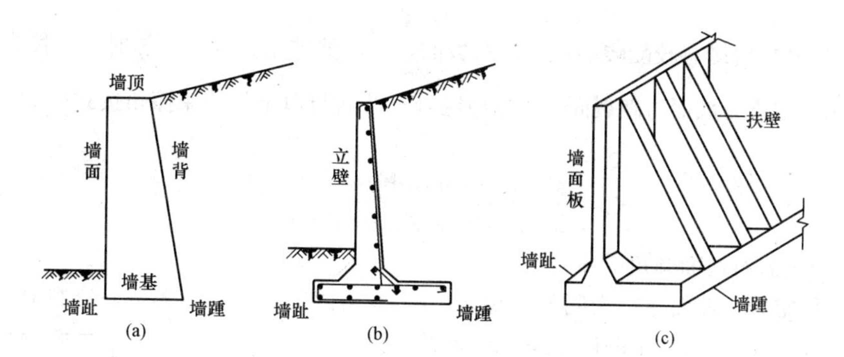

图 6-16　挡土墙的类型

(a)重力式挡土墙；(b)悬臂式挡土墙；(c)扶壁式挡土墙

二、重力式挡土墙的构造要求

重力式挡土墙的构造应符合下列规定：

(1)重力式挡土墙适用于高度小于 8 m、地层稳定、开挖土石方时不会危及相邻建筑物的地段。

(2)重力式挡土墙可在基底设置逆坡。对于土质地基，基底逆坡坡度不宜大于 1∶10；对于岩石地基，基底逆坡坡度不宜大于 1∶5。

(3)毛石挡土墙的墙顶宽度不宜小于 400 mm；混凝土挡土墙的墙顶宽度不宜小于 200 mm。

(4)重力式挡土墙的基础埋置深度，应根据地基承载力、水流冲刷、岩石裂隙发育及风化程度等因素进行确定。在特强冻胀、强冻胀地区应考虑冻胀的影响。在土质地基中，基础埋置深度不宜小于 0.5 m；在软质岩地基中，基础埋置深度不宜小于 0.3 m。

(5)重力式挡土墙应每间隔 10～20 m 设置一道伸缩缝。当地基有变化时宜加设沉降缝。在挡土结构的拐角处，应采取加强的构造措施。

三、重力式挡土墙土压力计算

(1)如图 6-17 所示，对土质边坡，边坡主动土压力应按式(6-25)进行计算：

$$E_a=\frac{1}{2}\psi_a\gamma h^2K_a \tag{6-25}$$

式中　E_a——主动土压力(kN/m)；

ψ_a——主动土压力增大系数，挡土墙高度小于 5 m 时宜取 1.0，高度为 5～8 m 时宜取 1.1，高度大于 8 m 时宜取 1.2；

γ——填土的重度(kN/m³)；

h——挡土结构的高度(m)；

K_a——主动土压力系数，按《建筑地基基础设计规范》(GB 50007—2011)附录 L 确定。

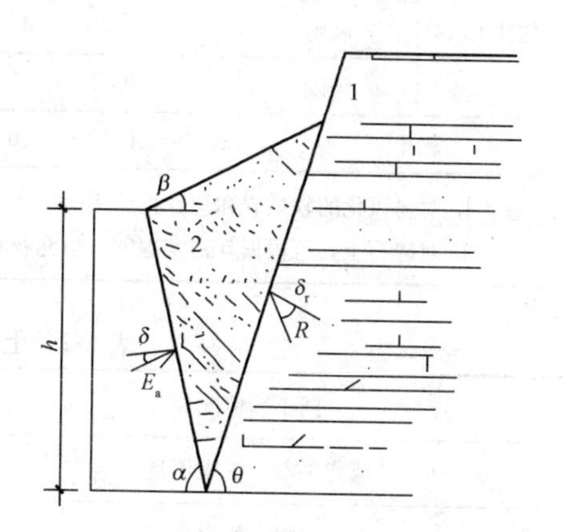

图 6-17　有限填土挡土墙土压力计算示意图

1—岩石边坡；2—填土

当填土为无黏性土时，主动土压力系数可按库仑土压力理论确定；当支挡结构满足朗肯条件时，主动土压力系数可按朗肯土压力计算。

(2)当支挡结构后缘有较陡峻的稳定岩石坡面，岩坡的坡角$\theta>45°+\frac{\varphi}{2}$时，应按有限范围填土计算土压力，取岩石坡面为破裂面。根据稳定岩石坡面与填土间的摩擦角按式(6-26)计算主动土压力系数：

$$K_a=\frac{\sin(\alpha+\theta)\sin(\alpha+\beta)\sin(\theta-\delta_r)}{\sin^2\alpha\sin(\theta-\beta)\sin(\alpha-\delta+\theta-\delta_r)} \tag{6-26}$$

式中　θ——稳定岩石坡面倾角(°)；

δ_r——稳定岩石坡面与填土间的摩擦角(°)，根据试验确定。当无试验资料时，可取$\delta_r=0.33\varphi_k$[φ_k为填土的内摩擦角标准值(°)]。

四、抗滑移稳定性验算

抗滑移稳定性应按式(6-27)～式(6-31)验算，如图6-18所示。

$$\frac{(G_n+E_{an})\mu}{E_{at}-G_t}\geqslant 1.3 \tag{6-27}$$

$$G_n=G\cos\alpha_0 \tag{6-28}$$

$$G_t=G\sin\alpha_0 \tag{6-29}$$

$$E_{at}=E_a\sin(\alpha-\alpha_0-\delta) \tag{6-30}$$

$$E_{an}=E_a\cos(\alpha-\alpha_0-\delta) \tag{6-31}$$

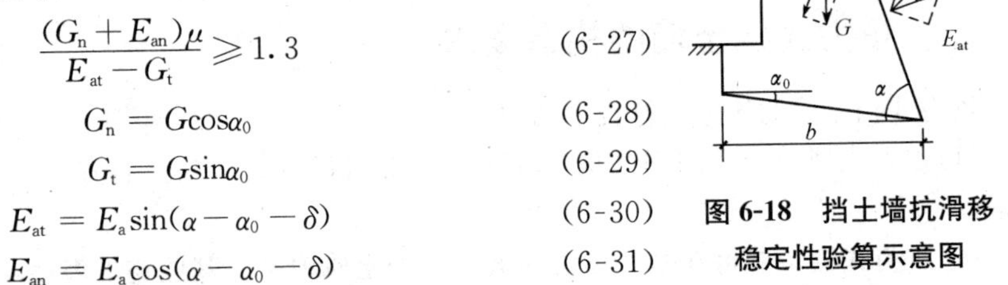

图6-18　挡土墙抗滑移稳定性验算示意图

式中　G——挡土墙每延米自重；

α_0——挡土墙基底的倾角；

μ——土对挡土墙基底的摩擦系数，由试验确定，也可按表6-1选用；

α——挡土墙墙背的倾角；

δ——土对挡土墙墙背的摩擦角，按表6-2选用。

表6-1　土对挡土墙基底的摩擦系数μ

土的类别		摩擦系数μ	土的类别	摩擦系数μ
黏性土	可塑	0.25～0.30	中砂、粗砂、砾砂	0.40～0.50
	硬塑	0.30～0.35	碎石土	0.40～0.60
	坚硬	0.35～0.45	软质岩	0.40～0.60
粉土		0.30～0.40	表面粗糙的硬质岩	0.65～0.75

注：1. 对易风化的软质岩和塑性指数$I_p>22$的黏性土，基底摩擦系数应通过试验确定。
2. 对碎石土，可根据其密实程度、填充物状况、风化程度等确定。

表6-2　土对挡土墙墙背的摩擦角

挡土墙情况	摩擦角δ
墙背平滑、排水不良	$(0\sim0.33)\varphi_k$
墙背粗糙、排水良好	$(0.33\sim0.50)\varphi_k$
墙背很粗糙、排水良好	$(0.50\sim0.67)\varphi_k$
墙背与填土间不可能很滑动	$(0.67\sim1.00)\varphi_k$

五、抗倾覆稳定性验算

抗倾覆稳定性应按式(6-32)～式(6-36)验算，如图 6-19 所示。

$$\frac{Gx_0 + E_{az}x_f}{E_{ax}z_f} \geqslant 1.6 \tag{6-32}$$

$$E_{ax} = E_a \sin(\alpha - \delta) \tag{6-33}$$

$$E_{az} = E_a \cos(\alpha - \delta) \tag{6-34}$$

$$x_f = b - z\cot\alpha \tag{6-35}$$

$$z_f = z - b\tan\alpha_0 \tag{6-36}$$

式中 z——土压力作用点至墙踵的高度；

x_0——挡土墙重心至墙趾的水平距离；

α——挡土墙墙背的倾角；

δ——土对挡土墙墙背的摩擦角；

b——基底的水平投影宽度。

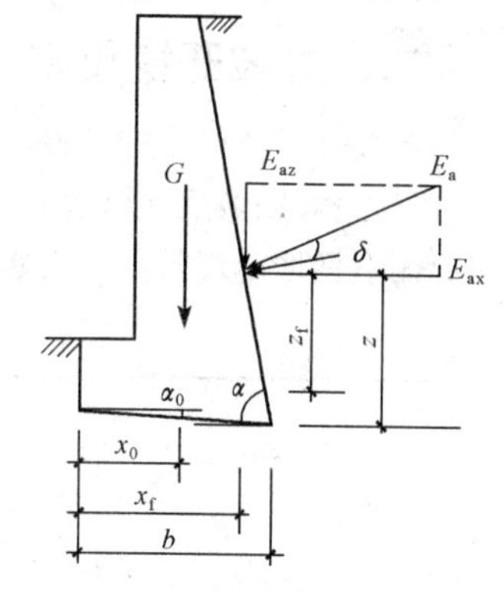

图 6-19 挡土墙抗倾覆稳定性验算示意图

整体滑动稳定性可采用圆弧滑动面法进行验算。地基承载力验算，基底合力的偏心距不应大于 0.25 倍基础的宽度。

第六节 边坡的设计

一、边坡设计规定

边坡设计应符合下列规定：

(1)边坡设计应保护和整治边坡环境，边坡水系应因势利导，设置地表排水系统，边坡工程应设内部排水系统。对于稳定的边坡，应采取保护及营造植被的防护措施。

(2)建筑物的布局应依山就势，防止大挖大填。对于平整场地而出现的新边坡，应及时进行支挡或构造防护。

(3)应根据边坡类型、边坡环境、边坡高度及可能的破坏模式，选择适当的边坡稳定计算方法和支挡结构形式。

(4)支挡结构设计应进行整体稳定性验算、局部稳定性验算、地基承载力计算、抗倾覆稳定性验算、抗滑移稳定性验算及结构强度计算。

(5)边坡工程设计前，应进行详细的工程地质勘察，并应对边坡的稳定性作出准确的评价；对周围环境的危害性作出预测；对岩石边坡的结构面调查清楚，指出主要结构面的所在位置；提供边坡设计所需要的各项参数。

(6)边坡的支挡结构应进行排水设计。对于可以向坡外排水的支挡结构，应在支挡结构上设置排水孔。排水孔应沿着横竖两个方向设置，其间距宜取 2～3 m，排水孔外斜坡度宜为 5%，孔眼尺寸不宜小于 100 mm。支挡结构后面应做好滤水层，必要时应做排水暗沟。支挡结构后面有山坡时，应在坡脚处设置截水沟。对于不能向坡外排水的边坡，应在支挡结构后面设置排水暗沟。

(7)支挡结构后面的填土，应选择透水性强的填料。当采用黏性土作填料时，宜掺入适量的碎石。在季节性冻土地区，应选择不冻胀的炉渣、碎石、粗砂等填料。

二、边坡开挖要求

在坡体整体稳定的条件下，土质边坡的开挖应符合下列规定：

(1)边坡的坡度允许值，应根据当地经验，参照同类土层的稳定坡度确定。当土质良好且均匀、无不良地质现象、地下水不丰富时，可按表 6-3 确定。

表 6-3　土质边坡坡度允许值

土的类别	密实度或状态	坡度允许值(高宽比)	
		坡高在 5 m 以内	坡高为 5～10 m
碎石土	密实	1∶0.35～1∶0.50	1∶0.50～1∶0.75
	中密	1∶0.50～1∶0.75	1∶0.75～1∶1.00
	稍密	1∶0.75～1∶1.00	1∶1.00～1∶1.25
黏性土	坚硬	1∶0.75～1∶1.00	1∶1.00～1∶1.25
	硬塑	1∶1.00～1∶1.25	1∶1.25～1∶1.50

注：1. 表中碎石土的充填物为坚硬或硬塑状态的黏性土；
2. 对于砂土或充填物为砂土的碎石土，其边坡坡度允许值均按自然休止角确定。

(2)土质边坡开挖时应采取排水措施，边坡的顶部应设置截水沟。在任何情况下，不应在坡脚及坡面上积水。

(3)边坡开挖时，应由上往下开挖，依次进行。弃土应分散处理，不得将弃土堆置在坡顶及坡面上。当必须在坡顶或坡面上设置弃土转运站时，应进行坡体稳定性验算，严格控制堆栈的土方量。

(4)边坡开挖后，应立即对边坡进行防护处理。

三、边坡稳定性分析

1. 边坡稳定性分析原则

边坡滑裂面的形式多种多样：对于无黏性土边坡，多为平面滑动；黏性土边坡，多产生圆柱形滑动面；不均匀的成层边坡或地基中有软弱层，易产生复合滑动面。边坡稳定性分析时应根据边坡类型和可能的破坏形式，按下列原则确定：

(1)土质边坡和较大规模的碎裂结构岩质边坡宜采用圆弧滑动法计算。

(2)对可能产生平面滑动的边坡宜采用平面滑动法进行计算。

(3)对可能产生折线滑动的边坡宜采用折线滑动法进行计算。

(4)对结构复杂的岩质边坡，可配合采用极射赤平投影法和实体比例投影法进行分析。

(5)当边坡破坏机制复杂时，宜结合数值分析法进行分析。

2. 无黏性土边坡稳定性分析

无黏性土边坡是由松散土颗粒堆积而成的。颗粒之间不存在黏聚力，只存在摩擦力。边坡失稳一般为平面滑动。在边坡坡面取一微小单元体进行分析，如图 6-20 所示。

土体自重 W 铅垂向下，W 的两个分力为：

(1)法向分力：$N=W\cos\theta$。

(2)切向分力：$T=W\sin\theta$。

稳定性系数

$$K=\frac{抗滑力}{滑动力}=\frac{N\tan\varphi}{T}=\frac{W\cos\theta\tan\varphi}{W\sin\theta}=\frac{\tan\varphi}{\tan\theta} \tag{6-37}$$

由式(6-37)可知，无黏性土边坡稳定的极限坡角 θ 等于其内摩擦角，即当 $\theta=\varphi(K=1)$ 时，土坡处于极限平衡状态。故砂土的内摩擦角也称为自然休止角。由上述平衡关系还可以看出，无黏性土边坡的稳定性与坡高无关，仅决定于坡角 θ，只要 $\theta<\varphi(K>1)$，边坡就可以保持稳定。

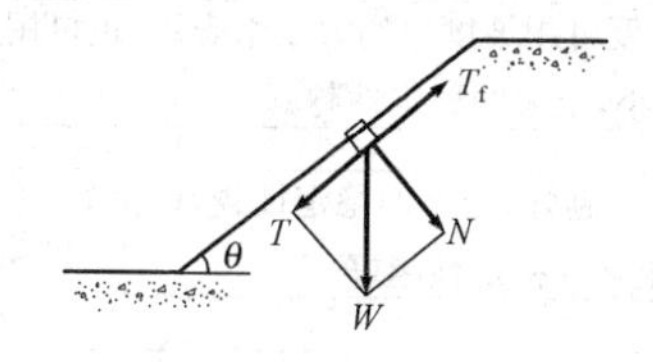

图 6-20　无黏性土边坡稳定性分析

3. 黏性土边坡的稳定性分析

黏性土边坡的滑动情况如图 6-21 所示。边坡失稳前一般在坡顶产生张拉裂缝，接近坡脚的地面有较大的侧向位移和部分土体隆起，随着剪切变形的增大，边坡沿着某一曲面产生整体滑动。通常，滑动曲面接近圆弧。在稳定分析中，常假定滑动面为圆弧面。

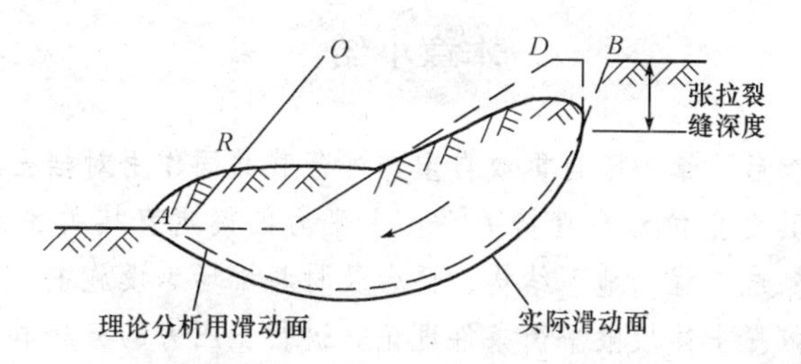

图 6-21　黏性土边坡的稳定性分析

当边坡沿圆弧 AB 滑动时，可视为土体 ABD 绕圆心转动。取土坡 1 m 长度进行分析。滑动土体的重力在滑动面上的分力为滑动力，而沿滑动面上分布的土体抗剪强度合力为抗滑力，滑动力与抗滑力对滑动圆弧的圆心取矩计算。因滑动面为曲面，为简化计算，分析时将滑动土体沿横向分成若干小土条，每条的滑动面近似取为平面，逐条计算滑动力矩和抗滑力矩，最后叠加，得到总抗滑力矩和滑动力矩及稳定性系数。

$$K=\frac{抗滑力矩}{滑动力矩}=\frac{M_R}{M_T}=1.1\sim1.5 \tag{6-38}$$

在上述计算中，由于滑动面 AB 是任意选定的，不一定是最危险的真正滑动面。所以通过试算法，找出稳定性系数最小值 K_{min} 的滑动面，才是真正的滑动面。为此，取一系列圆心 O_1，O_2，O_3…和相应的半径 R_1，R_2，R_3…，可计算出各自的稳定性系数 K_1，K_2，K_3…，取其中最小值 K_{min} 的圆弧来进行设计。

四、影响边坡稳定性的因素

影响边坡稳定性的因素有多种，包括土坡的边界条件、土质条件和外界条件，如图 6-22 所示。

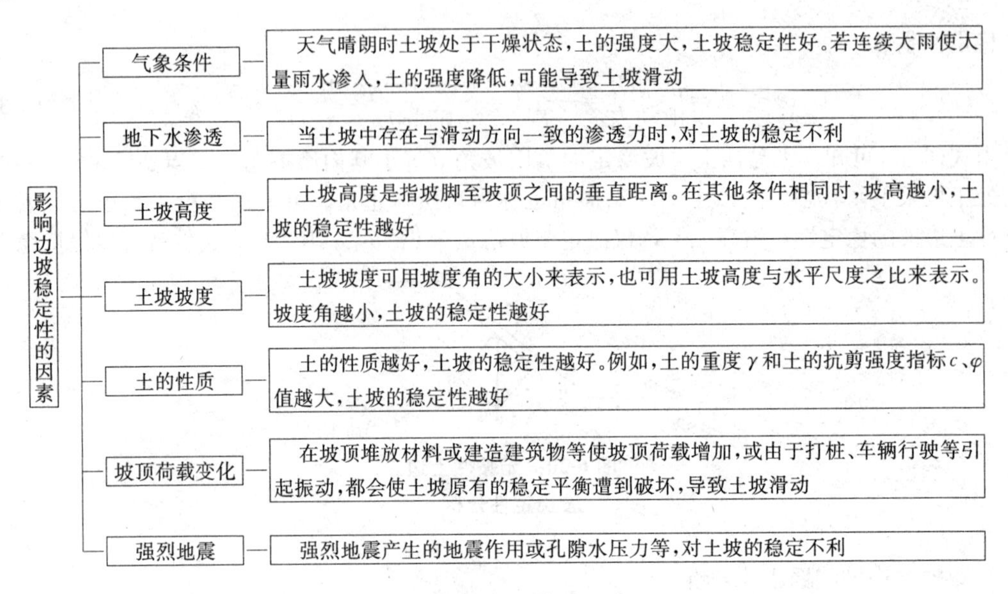

图 6-22　影响边坡稳定性的因素

本章小结

土压力是挡土结构物后的填土因自重或自重与外荷载共同作用对挡土结构产生的侧向压力。挡土结构物的土压力与其发生位移有直接关系，土压力的确定直接关系到挡土结构物的设计，类似的计算广泛应用于基坑工程、地下结构、桥台及材料堆场等设施中。

学习本章内容需要依托土体极限平衡条件理论，进行土压力的分析和计算。在学习过程中，要把土压力理论和土体的极限平衡条件联合分析，通过多种情况下的土压力计算，掌握朗肯土压力的计算方法，并了解《建筑地基基础设计规范》(GB 50007—2011)推荐的土压力计算方法。结合重力式挡土墙的构造要求对重力式挡土墙设计有所了解。

思考与练习

一、选择题

1. 朗肯土压力理论是根据半空间的应力状态和土体的极限平衡条件建立的，在其理论推导中，首先做出的基本假定不包括(　　)。

   A. 挡土墙是无限均质土体的一部分

   B. 墙背垂直、光滑

   C. 墙后填土面是水平的

   D. 挡土墙是刚性的，墙后填土为无黏性土

2. 挡土墙土压力不是一个常量，其土压力的性质、大小及沿墙高的分布规律与很多因素有关，下列说法错误的是(　　)。

   A. 土压力与墙后填土的性质有关

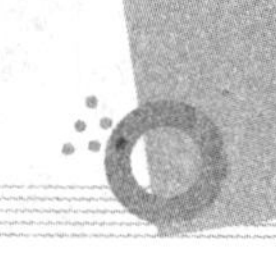

B. 土压力与挡土墙的形状、墙背的光滑程度和结构形式有关

C. 土压力与挡土墙的位移方向和位移有关

D. 土压力与挡土墙的施工工艺有关

3. 重力式挡土墙适用于高度小于(　　)m，开挖土石方时不会危及相邻建筑物安全的地段。

A. 3　　B. 5　　C. 6　　D. 8

4. 混凝土挡土墙的墙顶宽度不宜小于(　　)mm。

A. 100　　B. 200　　C. 300　　D. 500

5. 边坡稳定性分析时应根据边坡类型和可能的破坏形式按以下原则确定，下列说法错误的是(　　)。

A. 土质边坡和较大规模的碎裂结构岩质边坡宜采用圆弧滑动法计算

B. 对可能产生平面滑动的边坡宜采用平面滑动法进行计算

C. 对可能产生折线滑动的边坡宜采用折线滑动法进行计算

D. 当边坡破坏机制复杂时，宜采用平面滑动法或折线滑动法进行计算

二、简答题

1. 土压力有哪几种？各类土压力产生的条件是什么？

2. 朗肯土压力理论与库仑土压力理论的基本假定和适用条件有哪些异同？

3. 挡土墙按结构形式分为哪些类型？

4. 挡土墙的验算包括哪些内容？

5. 重力式挡土墙截面尺寸怎样确定？验算内容有哪些？

三、计算题

1. 已知某混凝土挡土墙，墙高 $H=3.0$ m，墙背竖直，墙后填土表面水平，填土的重度 $\gamma=18.5$ kN/m^3，$\varphi=30°$。试计算作用在此挡土墙上的静止土压力。

2. 一挡土墙高为 6 m(图 6-23)，墙背直立、光滑，墙后填土面水平，填土为黏性土，其重度为 17 kN/m^3，内摩擦角 $\varphi=20°$，内聚力 $c=8$ kPa。试计算主动土压力。

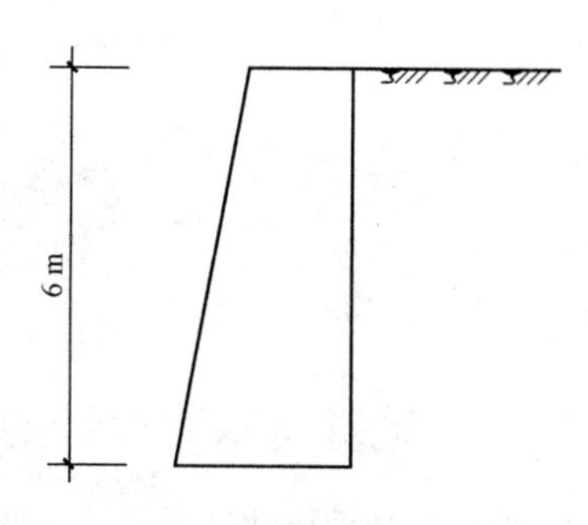

图 6-23　题 2 图

3. 有一挡土墙高为 5 m(图 6-24)，墙背直立、光滑，墙后填土面水平，其上作用有均布荷载 $q=10$ kPa。填土的物理力学指标：$\varphi=24°$，$c=6$ kPa，$\gamma=18$ kN/m^3。试计算主动土压力。

4. 挡土墙尺寸及填土的性质指标如图 6-25 所示，填土与墙背之间的摩擦角为 20°。试计算合力 E_a。

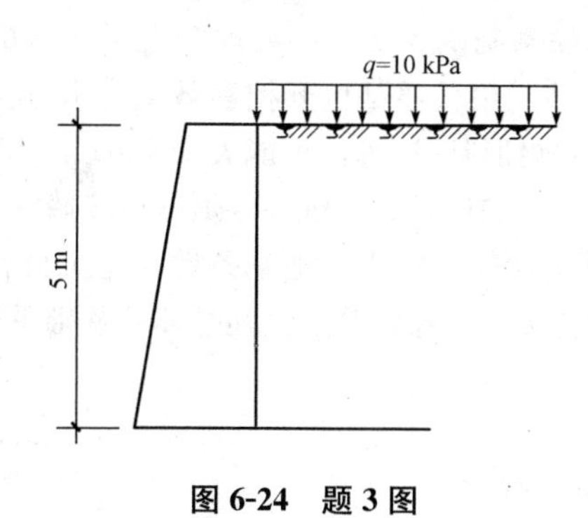

图 6-24　题 3 图

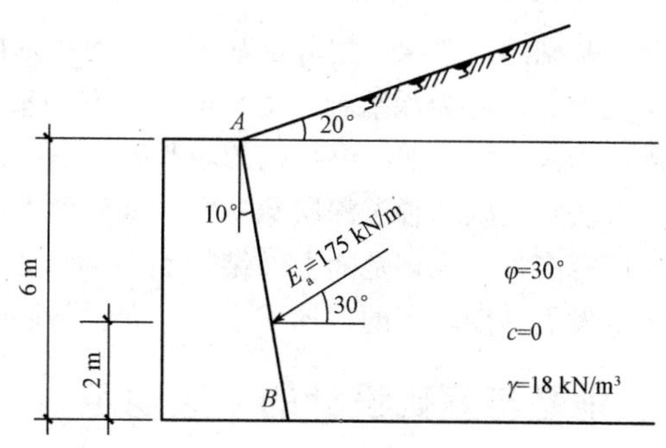

图 6-25　题 4 图

第七章 天然地基上浅基础的设计

能力目标

能够根据不同施工条件选择合适类型的浅基础，并能对其承载力进行简单的验算。

知识目标

1. 了解浅基础的基本类型及其适用条件；
2. 了解柱下条形基础及筏形基础的构造要求和简单计算方法；
3. 熟悉基础埋置深度及基础底面积的确定；
4. 熟悉并掌握无筋扩展基础及扩展基础的设计。

第一节 概 述

一、地基与基础设计的概念

地基与基础设计是以建筑场地的工程地质条件和上部结构的要求为主要设计依据的。所有建筑物(构筑物)都建造在一定地层上，如果基础直接建造在未经加固处理的天然地层上，这种地基称为天然地基。若天然地层较软弱，不足以承受建筑物荷载，而需要经过人工加固，才能在其上建造基础，这种地基称为人工地基。人工地基造价高，施工复杂，因此一般情况下应尽量采用天然地基。

通常按基础的埋置深度划分，基础又分为浅基础与深基础两大类。一般埋深小于5 m的为浅基础，大于5 m的为深基础。也有按施工方法来划分的，用普通基坑开挖和敞坑排水方法修建的基础称为浅基础，如砖混结构的墙基础、高层建筑的箱形基础(埋深可能大于5 m)等；而用特殊施工方法将基础埋置于深层地基中的基础称为深基础，如桩基础、沉井、地下连续墙等。

浅基础有多种形式，是随上部结构类型的增多、使用功能的需求、地基条件、建筑材料和施工方法的发展演变而来的，形成了从独立、条形的到交叉、成片的乃至空间整体的基础系列。

二、地基与基础设计的一般规定

(1)所有建筑物的地基计算均应满足承载力计算的有关规定。

(2)设计等级为甲级、乙级的建筑物，均应按地基变形设计。

(3)表 7-1 所列范围内设计等级为丙级的建筑物可不作变形验算，但如有下列情况之一时，仍应作变形验算。

表 7-1　可不作地基变形验算的设计等级为丙级的建筑物范围

地基主要受力层情况	地基承载力特征值 f_{ak}/kPa			$60\leqslant f_{ak}<80$	$80\leqslant f_{ak}<100$	$100\leqslant f_{ak}<130$	$130\leqslant f_{ak}<160$	$160\leqslant f_{ak}<200$	$200\leqslant f_{ak}<300$
	各土层坡度/%			≤5	≤5	≤10	≤10	≤10	≤10
建筑类型	砌体承重结构、框架结构/层			≤5	≤5	≤5	≤6	≤6	≤7
	单层排架结构(6 m 柱距)	单跨	吊车额定起重量/t	5～10	10～15	15～20	20～30	30～50	50～100
			厂房跨度/m	≤12	≤18	≤24	≤30	≤30	≤30
		多跨	吊车额定起重量/t	3～5	5～10	10～15	15～20	20～30	30～75
			厂房跨度/m	≤12	≤18	≤24	≤30	≤30	≤30
	烟囱		高度/m	≤30	≤40	≤50	≤75		≤100
	水塔		高度/m	≤15	≤20	≤30	≤30		≤30
			容积/m^3	≤50	50～100	100～200	200～300	300～500	500～1 000

注：1. 地基主要受力层是指条形基础底面下深度为 $3b$(b 为基础底面宽度)，独立基础下为 $1.5b$，且厚度均不小于 5 m 的范围(两层以下一般的民用建筑除外)。

2. 地基主要受力层中如有承载力特征值小于 130 kPa 的土层时，表中砌体承重结构的设计应符合《建筑地基基础设计规范》(GB 50007—2011)的有关要求。

3. 表中砌体承重结构和框架结构均指民用建筑；对于工业建筑，可按厂房高度、荷载情况折合成与其相当的民用建筑层数。

4. 表中吊车额定起重量、烟囱高度和水塔容积的数值是指最大值。

1)地基承载力特征值小于 130 kPa，且体型复杂的建筑。

2)在基础上及其附近有地面堆载或相邻基础荷载差异较大，可能引起地基产生过大的不均匀沉降时。

3)软弱地基上的建筑物存在偏心荷载时。

4)相邻建筑距离近，可能发生倾斜时。

5)地基内有厚度较大或厚薄不均的填土，其自重固结未完成时。

(4)对经常受水平荷载作用的高层建筑、高耸结构、挡土墙以及建造在斜坡上或边坡附近的建筑物和构筑物，还应验算其稳定性。

(5)基坑工程应进行稳定性验算。

(6)建筑地下室或地下构筑物存在上浮问题时，还应进行抗浮验算。

三、地基与基础的设计等级

地基与基础设计应根据地基复杂程度、建筑物规模和功能特征以及由于地基问题可能造成建筑物破坏或影响正常使用的程度，分为三个设计等级。设计时应根据具体情况，按表 7-2 选用。

表 7-2 地基与基础设计等级

设计等级	建筑和地基类型
甲级	重要的工业与民用建筑物； 30 层以上的高层建筑； 体型复杂、层数相差超过 10 层的高低层连成一体的建筑物； 大面积的多层地下建筑物(如地下车库、商场、运动场等)； 对地基变形有特殊要求的建筑物； 复杂地质条件下的坡上建筑物(包括高边坡)； 对原有工程影响较大的新建建筑物； 场地和地基条件复杂的一般建筑物； 位于复杂地质条件及软土地区的二层及二层以上地下室的基坑工程； 开挖深度大于 15 m 的基坑工程； 周边环境条件复杂、环境保护要求高的基坑工程
乙级	除甲级、丙级以外的工业与民用建筑物、基坑工程
丙级	场地和地基条件简单、荷载分布均匀的七层及七层以下民用建筑及一般工业建筑、次要的轻型建筑物； 非软土地区且场地地质条件简单、基坑周边环境条件简单、环境保护要求不高且开挖深度小于 5.0 m 的基坑工程

四、设计荷载作用效应的取值

地基基础设计时，荷载作用组合的效应设计值应符合下列规定：

(1)正常使用极限状态下，标准组合的效应设计值 S_k 应按式(7-1)确定：

$$S_k = S_{Gk} + S_{Q1k} + \psi_{c2} S_{Q2k} + \cdots + \psi_{cn} S_{Qnk} \tag{7-1}$$

式中 S_{Gk}——永久作用标准值 G_k 的效应；

S_{Qik}——第 i 个可变作用标准值 Q_{ik} 的效应；

ψ_{ci}——第 i 个可变作用 Q_i 的组合值系数，按现行国家标准《建筑结构荷载规范》(GB 50009—2012)的规定取值。

(2)准永久组合的效应设计值 S_k 应按式(7-2)确定：

$$S_k = S_{Gk} + \psi_{q1} S_{Q1k} + \psi_{q2} S_{Q2k} + \cdots + \psi_{qn} S_{Qnk} \tag{7-2}$$

式中 ψ_{qi}——第 i 个可变作用的准永久值系数，按现行国家标准《建筑结构荷载规范》(GB 50009—2012)的规定取值。

(3)承载能力极限状态下，由可变作用控制的基本组合的效应设计值 S_d，应按式(7-3)确定：

$$S_d = \gamma_G S_{Gk} + \gamma_{Q1} S_{Q1k} + \gamma_{Q2} \psi_{c2} S_{Q2k} + \cdots + \gamma_{Qn} \psi_{cn} S_{Qnk} \tag{7-3}$$

式中 γ_G——永久作用的分项系数，按现行国家标准《建筑结构荷载规范》(GB 50009—2012)的规定取值；

γ_{Qi}——第 i 个可变作用的分项系数，按现行国家标准《建筑结构荷载规范》(GB 50009—2012)的规定取值。

(4) 对由永久荷载作用效应控制的基本组合，可采用简化规则，荷载效应组合的设计值 S_d 按式(7-4)确定：

$$S_d = 1.35 S_k \tag{7-4}$$

式中 S_k——标准组合的作用效应设计值。

第二节　浅基础设计的内容及程序

设计建筑物的地基基础时，需将地基和基础视为一个整体，按照组合关系，确定地基基础方案。这是受上部结构类型、使用荷载大小、施工设备及技术力量等多种因素制约的。对每一个具体工程，应在满足上部结构要求的条件下，结合工程地质、工程所具备的施工力量以及可能提供的建筑材料等有关情况，综合考虑，通过经济技术比较，确定最佳方案。一般应优先选择天然地基上浅基础。条件不允许时，可以选择天然地基上深基础或人工地基上浅基础。如多层民用建筑或轻型厂房，当地基为一般第四纪沉积层时，选择天然地基上浅基础最为理想；但若浅层有软弱土层，则此方案不适宜，可考虑人工地基上浅基础或天然地基上深基础方案。软土层较薄，基础可直接置于下面承载力较高的土层；若软土层较厚，用一般人工处理方法(换土、垫层等)很不经济；而软土层下部即为坚实土层时，可选用桩基础。地基基础方案确定后，基础类型主要根据地质条件、荷载大小、使用功能和施工条件决定。如砖混结构的墙基础，若荷载较大，选用刚性基础则断面较大，为节约材料可选用扩展式基础；又如多层框架结构，若持力层承载力不够大，采用独立桩基础底面积甚大，而柱网间距又不大，为施工方便可以选用十字交叉梁基础或筏形基础。当地基条件不适应上部结构或基础形式时，则应改变上部结构的设计。

总之，建筑物的上部结构、地基和基础三者之间相互依存、相互制约，设计者应根据因地制宜、就地取材的原则，周密考虑、精心设计，尤其应重视工程实践经验。目前，对地基、基础、上部结构共同工作的理论探讨还处于发展、深化阶段，有许多问题尚不能单纯靠理论解决，因此，积累工程实践资料将有助于设计的成功。

一、浅基础的分类

1. 按材料分类

如按材料分类，浅基础可以分为砖基础、灰土基础、三合土基础、毛石基础、混凝土及毛石混凝土基础及钢筋混凝土基础等，见表7-3。

表7-3　浅基础按材料的分类

类型	内容
砖基础	具有就地取材、价格较低、施工简便等特点，在干燥与温暖地区应用广泛，但强度与抗冻性差。砖与砂浆的强度等级见《砌体结构设计规范》(GB 50003—2011)
灰土基础	由石灰与黏性土混合而成，适用于地下水水位低、五层及五层以下的混合结构房屋和墙承重的轻型工业厂房
三合土基础	我国南方常用三合土基础，体积比为1∶2∶4或1∶3∶6(石灰∶砂∶骨料)，一般多用于水位较低的四层及四层以下的民用建筑工程中
毛石基础	用强度较高而又未风化的岩石制作，每阶梯用三排或三排以上的毛石
混凝土及毛石混凝土基础	强度、耐久性、抗冻性都很好，混凝土的水泥用量和造价较高，为降低造价，可掺入基础体积30%的毛石

续表

类型	内容
钢筋混凝土基础	强度大、抗弯性能好，同条件下基础较薄，适用于大荷载及土质差的地基，注意地下水的侵蚀作用

2. 按构造分类

(1)独立基础。独立基础(也称“单独基础”)，是整个或局部结构物下的无筋或配筋的单个基础。在通常情况下，柱基、烟囱、水塔、高炉、机器设备基础多采用独立基础，如图 7-1 所示。

独立基础是柱基础中最常用和最经济的形式，它所用材料根据材料和荷载的大小而定。

现浇钢筋混凝土柱下常采用现浇钢筋混凝土独立基础，基础截面可做成阶梯形[图 7-1(a)]或锥形[图 7-1(b)]。预制柱下通常采用杯口基础，如图 7-1(c)所示；砌体柱下常采用刚性基础，如图 7-2 所示。

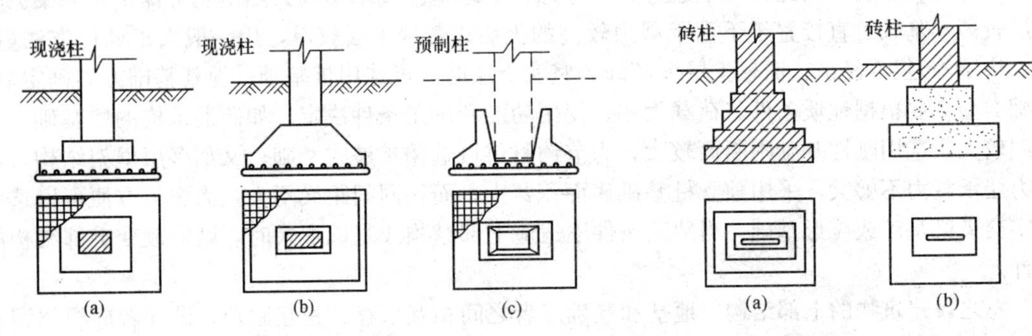

图 7-1 钢筋混凝土柱下独立基础

(a)阶梯形；(b)锥形；(c)杯形

图 7-2 砌体柱下刚性基础

(a)砖基础；(b)混凝土基础

另外，烟囱、水塔、高炉等构筑物下常采用钢筋混凝土圆板或圆环基础及混凝土实体基础，如图 7-3 所示，有时也可以采用壳体基础。

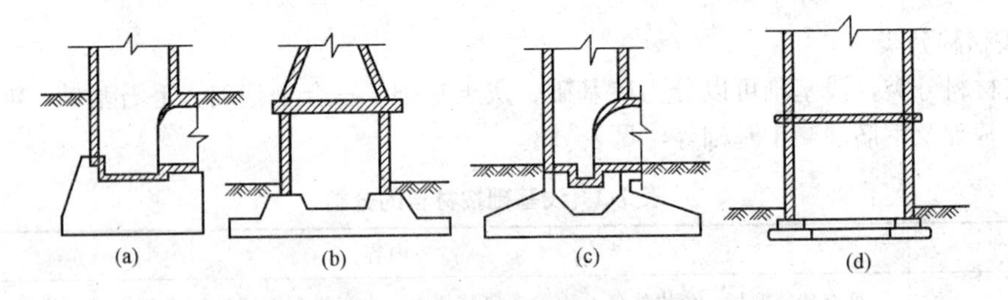

图 7-3 烟囱、水塔、高炉基础

(a)、(b)圆板基础；(c)实体基础；(d)圆环基础

(2)条形基础。条形基础是指基础长度远远大于其宽度的一种基础形式。按上部结构形式，它可分为墙下条形基础和柱下条形基础。

1)墙下条形基础。墙下条形基础有刚性条形基础和钢筋混凝土条形基础两种。墙下刚性条形基础在砌体结构中得到广泛应用，如图 7-4(a)所示。当上部墙体荷载较大而土质较差时，可考虑采用“宽基浅埋”的墙下钢筋混凝土条形基础，如图 7-4(b)所示。墙下钢筋混凝土条形基础一般做成板式(无肋式)，如图 7-5(a)所示。但当基础延伸方向的墙上荷载及地基土的压缩性不

均匀时，为了增强基础的整体性和纵向抗弯能力，减小不均匀沉降，常采用带肋式的墙下钢筋混凝土条形基础，如图 7-5(b)所示。

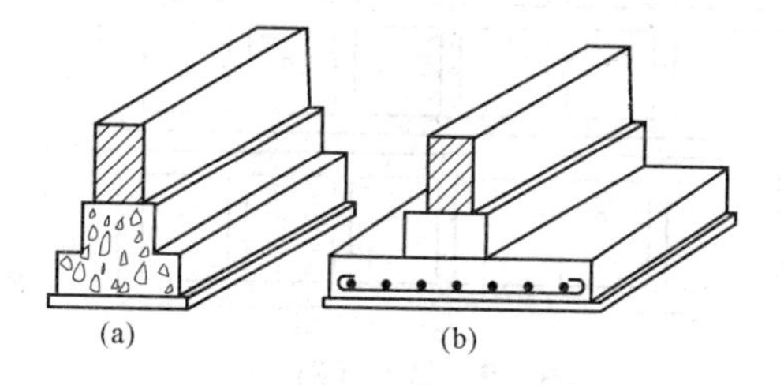

图 7-4　墙下条形基础

(a)墙下刚性条形基础；(b)墙下钢筋混凝土条形基础

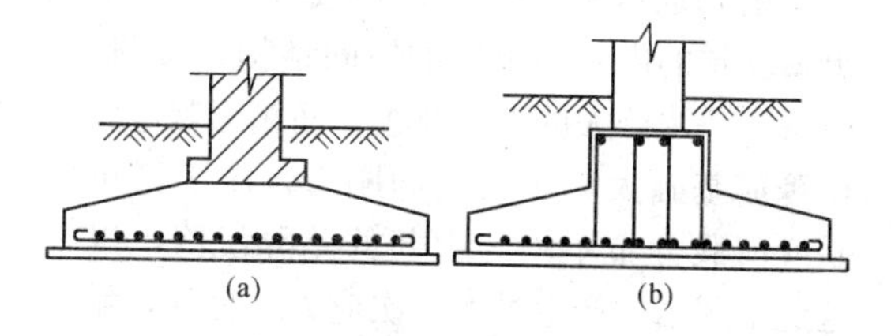

图 7-5　墙下钢筋混凝土条形基础

(a)板式(无肋式)；(b)带肋式

2)柱下条形基础。在框架结构中，当地基软弱而荷载较大时，若采用柱下独立基础，可能因基础底面积很大而使基础边缘相互接近甚至重叠；为增强基础的整体性并方便施工，可将同一排的柱基础连通，成为柱下钢筋混凝土条形基础，如图 7-6 所示。

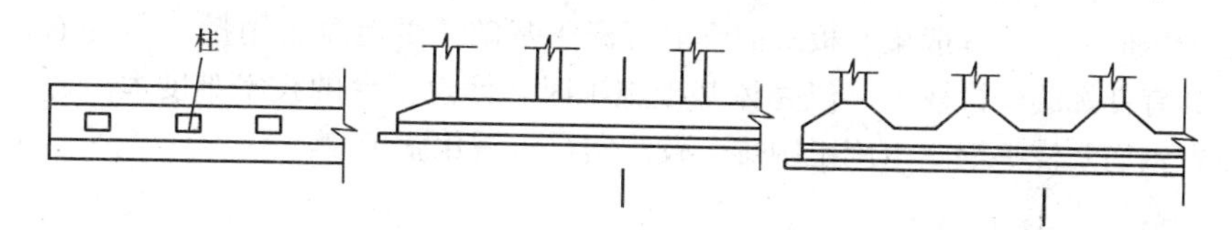

图 7-6　柱下钢筋混凝土条形基础

(3)筏形基础。当地基软弱而荷载很大，采用十字交叉基础也不能满足地基基础设计要求时，可采用筏形基础(或称筏板基础)，即用钢筋混凝土做成连续整片基础，俗称“满堂红”，如图 7-7所示。筏形基础由于基底面积大，故可减小基底压力至最小值，同时增大了基础的整体刚性。筏形基础不仅可用于框架、框-剪、剪力墙结构，还可用于砌体结构。我国南方某些城市在多层砌体住宅基础中大量采用，并直接坐在地表土上，称无埋深筏基。筏形基础还可以做成厚板式和梁板式。

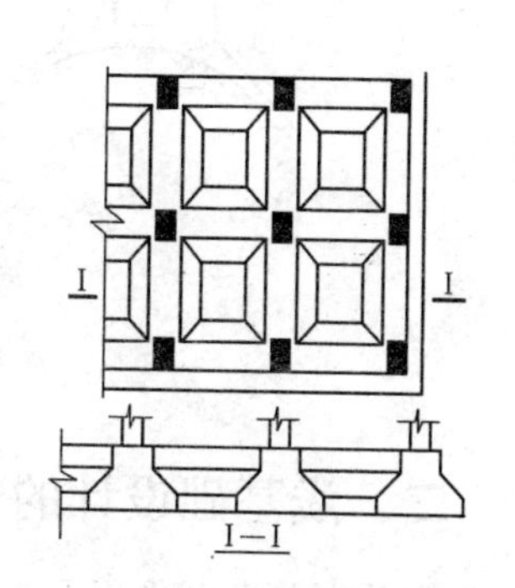

图 7-7　筏形基础

(4)十字交叉条形基础。当荷载很大，采用柱下条形基础不能满足地基基础设计要求时，可采用双向的柱下钢筋混凝土条形基础形成的十字交叉条形基础(交叉梁基础)，如图 7-8 所示。这种基础纵横向均具有一定的刚度。当地基软弱且在两个方向的荷载和土质不均匀时，十字交叉条形基础对不均匀沉降具有良好的调整能力。

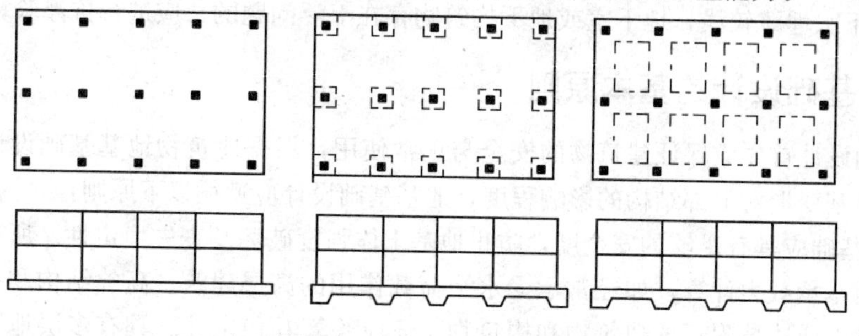

图 7-8　十字交叉条形基础

(5)箱形基础。高层建筑由于建筑功能与结构受力等要求，可以采用箱形基础。这种基础是由钢筋混凝土底板、顶板和足够数量的纵横交错的内外墙组成的空间结构。如图 7-9 所示，一块巨大的空心厚板，使箱形基础具有比筏形基础大得多的空间刚度，用于抵抗地基或荷载分布不均匀引起的差异沉降，以及避免上部结构产生过大的次应力。另外，箱形基础的抗震性能好，且基础的中空部分可作为地下室使用。但是，箱形基础的钢筋、水泥用量大，造价高，施工技术复杂；尤其是进行深基坑开挖时，要考虑坑壁支护和止水(或人工降低地下水水位)及对邻近建筑的影响等问题，因此选型时尤需慎重。

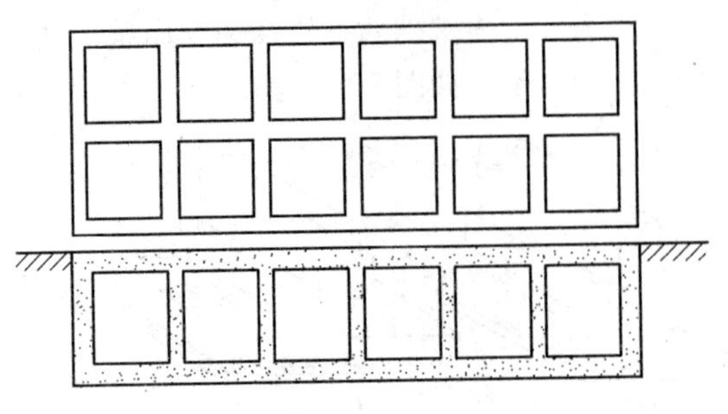

图 7-9　箱形基础

(6)壳体基础。如图 7-10 所示，正圆锥形及其组合形式的壳体基础，用于一般工业与民用建筑柱基和筒形的构筑物(如烟囱、水塔、料仓、中小型高炉等)基础。这种基础可使大部分径向内力转变为压应力。比一般梁、板式的钢筋混凝土基础减少混凝土用量 50%左右，节约钢筋 30%以上，具有良好的经济效果。但壳体基础施工时，修筑土台的技术难度大，易受气候因素的影响，布置钢筋及浇捣混凝土施工困难，较难实行机械化施工。

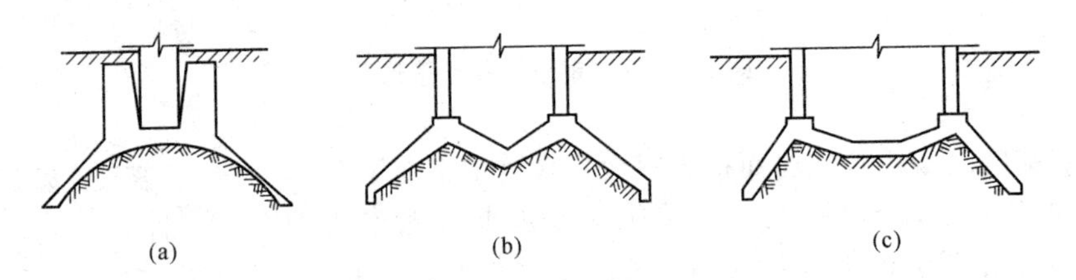

图 7-10　壳体基础的结构形式

(a)正圆锥壳；(b)M 形组合壳；(c)内球外锥组合壳

二、浅基础设计的一般要求

(1)在长期荷载作用下，地基变形不致造成承重结构的损坏。

(2)在最不利荷载作用下，地基不出现失稳现象。

(3)各类建筑物的地基计算均应满足承载力计算的要求。

(4)设计等级为甲、乙级的建筑物均应按地基变形设计。

(5)对地下水埋藏较浅，地下室或地下构筑物存在上浮问题的，应进行抗浮验算。

三、浅基础设计的基本原则

浅基础的设计首先应保证建筑物的安全与正常使用，根据建筑物地基基础设计等级和长期荷载作用下地基变形对上部结构的影响程度，地基基础设计应遵循以下原则：

(1)地基基础应具有足够的安全度，防止地基土体强度破坏及丧失稳定性。所有建筑物的地基均应进行地基承载力计算，如经常承受水平荷载作用的高层建筑、高耸结构和挡土墙等。对于建造在斜坡上或边坡附近的建筑物和构筑物，还应验算其稳定性。具有多层地下室的深基坑开挖工程，应验算土体的整体稳定性。

(2)应进行必要的地基变形计算，使之不超过规定的地基变形允许值，以免引起基础和上部结构的损坏或影响建筑物的正常使用。

(3)基础的材料形式、构造和尺寸，除应能适应上部结构，符合使用要求，满足上述地基承载力、稳定性和变形要求外，还应满足对基础结构的强度、刚度和耐久性的要求。

四、浅基础设计的步骤

1. 准备工作

应充分掌握拟建场地的工程地质条件和地基勘察资料，并且进行相应的现场勘察和调查。例如，不良地质现象和发震断层的存在及其危害性、地基土层分布的均匀性和软弱下卧层的位置和厚度、各层土的类别及其工程特性指标。

2. 选择建筑材料和地基处理方法

了解当地的建筑经验、施工条件和就地取材的可能性，并结合实际考虑采用先进的施工技术和经济、可行的地基处理方法。

3. 确定基础类型、持力层及基础埋置深度

在研究地基勘察资料的基础上，结合上部结构的类型，荷载的性质、大小和分布，建筑布置和使用要求以及拟建的基础对原有建筑或设施的影响，考虑选择基础类型和平面布置方案，并确定地基持力层和基础埋置深度。

4. 确定基础尺寸及地基验算

按地基承载力和作用在基础上的荷载，计算基础底面的初步尺寸，进行包括地基持力层和软弱下卧层(如果存在)的承载力验算以及按规定需要进行的变形验算。根据验算结果修改基础尺寸，以便使地基的承载力能得到充分保证，使地基的变形不致引起结构损坏、建筑物倾斜与开裂，或影响其使用和外观。

5. 进行基础的结构和构造设计

以简化或考虑相互作用的计算方法进行基础结构的内力分析和截面设计，并满足相应设计规范的构造要求，以保证基础具有足够的强度、刚度和耐久性。

6. 设计施工图

以上步骤完成后应及时绘制基础的设计图和施工详图，并编制工程预算书和工程设计施工说明书。

由于以上各步骤密切相关，并且互相制约，在初步设计时不可能一次考虑周详，因此往往需要反复进行，才能取得满意的结果。尤其是在设计规模较大的基础工程时，还应对若干可能方案做出技术经济比较，然后择优采用。

第三节 基础埋置深度的确定

一、基础埋置深度的基本概念

基础埋置深度一般是指基础底面至地面(一般是指设计地面)的距离。在建筑工程设计中，为了保证基础的安全，同时减小基础的尺寸，应尽量选择合适的地基持力层，即将基础放在合

适的土层上。基础埋置深度的大小对于建筑物的安全和正常使用、基础施工技术措施、施工日期和工程造价等都有很大的影响，因此，合理确定基础埋置深度是基础设计工作中的重要环节。

二、基础埋置深度确定的原则及条件

基础埋置的选择应在保证建筑物基础安全稳定、耐久适用的前提下，尽量浅埋，以节省投资、方便施工。

基础的埋置深度，应按下列条件确定：

(1)建筑物的用途，有无地下室、设备基础和地下设施，基础的形式和构造。

(2)作用在地基上的荷载大小和性质。

(3)工程地质和水文地质条件。

(4)相邻建筑物的基础埋深。

(5)地基土冻胀和融陷的影响。

三、基础埋置深度的要求

(1)在满足地基稳定和变形要求的前提下，当上层地基的承载力大于下层土时，宜利用上层土作持力层。除岩石地基外，基础埋深不宜小于0.5 m。

(2)高层建筑基础的埋置深度应满足地基承载力、变形和稳定性要求。位于岩石地基上的高层建筑，其基础埋深应满足抗滑稳定性要求。

(3)在抗震设防区，除岩石地基外，天然地基上的箱形基础和筏形基础的埋置深度不宜小于建筑物高度的1/15；桩箱或桩筏基础的埋置深度(不计桩长)不宜小于建筑物高度的1/18。

(4)基础宜埋置在地下水水位以上，当必须埋在地下水水位以下时，应采取地基土在施工时不受扰动的措施。当基础埋置在易风化的岩层上，施工时应在基坑开挖后立即铺筑垫层。

(5)当存在相邻建筑物时，新建建筑物的基础埋深不宜大于原有建筑基础。当埋深大于原有建筑基础时，两基础间应保持一定净距，其数值应根据建筑荷载大小、基础形式和土质情况确定。

(6)季节性冻土地基的场地冻结深度应按式(7-5)进行计算：

$$z_d = z_0 \cdot \psi_{zs} \cdot \psi_{zw} \cdot \psi_{ze} \tag{7-5}$$

式中　z_d——场地冻结深度(m)，当有实测资料时按 $z_d = h' - \Delta_z$ 计算；

h'——最大冻深出现时场地最大冻土层厚度(m)；

Δ_z——最大冻深出现时场地地表冻胀量(m)；

z_0——标准冻结深度(m)；当无实测资料时，按《建筑地基基础设计规范》(GB 50007—2011)附录F采用；

ψ_{zs}——土的类别对冻结深度的影响系数，按表7-4采用；

ψ_{zw}——土的冻胀性对冻结深度的影响系数，按表7-5采用；

ψ_{ze}——环境对冻结深度的影响系数，按表7-6采用。

表7-4　土的类别对冻结深度的影响系数

土的类别	影响系数 ψ_{zs}
黏性土	1.00
细砂、粉砂、粉土	1.20
中、粗、砾砂	1.30
大块碎石土	1.40

表7-5　土的冻胀性对冻结深度的影响系数

冻胀性	影响系数 ψ_{zw}
不冻胀	1.00
弱冻胀	0.95
冻胀	0.90
强冻胀	0.85
特强冻胀	0.80

表 7-6 环境对冻结深度的影响系数

周围环境	影响系数 ψ_{ze}
村、镇、旷野	1.00
城市近郊	0.95
城市市区	0.90
注：环境影响系数一项，当城市市区人口为 20 万～50 万时，按城市近郊取值；当城市市区人口大于 50 万且小于或等于 100 万时，只计入市区影响；当城市市区人口超过 100 万时，除计入市区影响外，还应考虑5 km以内的郊区近郊影响系数。	

(7)季节性冻土地区基础埋置深度宜大于场地冻结深度。对于深厚季节冻土地区，当建筑基础底面土层为不冻胀、弱冻胀、冻胀土时，基础埋置深度可以小于场地冻结深度，基础底面下允许冻土层最大厚度应根据当地经验确定。当无地区经验时，可按《建筑地基基础设计规范》(GB 50007—2011)附录 G 查取。此时，基础最小埋置深度 d_{min} 可按式(7-6)计算：

$$d_{min}=z_d-h_{max} \tag{7-6}$$

式中 h_{max}——基础底面下允许冻土层最大厚度(m)。

四、影响基础埋深的因素

确定基础埋深时应考虑以下几个因素：

(1)建筑物的用途、结构类型及荷载的大小和性质。

1)建筑物的用途是确定基础埋深的重要因素，如设有地下室、地下管沟及设备基础时，基础底面埋深就得随之加大。

2)建筑结构类型也影响着基础的埋深，如基础底面埋深应在地干管道的下部，避免管道在基础下穿过影响管道的使用和维修。新建房屋的基础与原有建筑物的基础距离很近时，新建房屋的基础埋深宜浅于或等于相邻建筑物的基础埋深。反之，新建建筑基础离开原有建筑基础的净距离应是两相邻基础底面高差的 1～2 倍，以防止开挖基坑时坑壁塌落，影响原有建筑物基础的稳定性。

3)荷载大小和性质对基础埋深的影响在于上部结构传至基底的荷载越大，地基土的压缩性越大，沉降量越大。对竖向荷载很大，或对不均匀沉降要求严格的建筑，往往为了减少沉降量，将基础埋置在承载能力较高的坚硬土层上，有时会加大基础埋深，导致建筑安装成本增加。

(2)场地土的工程地质和水文地质情况。施工现场的地质勘察资料，各层土的物理力学性质、物理状态等对地基基础的埋深影响也很大，确定基础埋深时，应进行认真分析，选择合适的持力层，在确保安全和经济合理的前提下，确定相对合理的基础埋置深度。通常是将基础埋置在地基土承载力高、压缩性小的土层上，且同时要选择经济性能良好的浅基础。考虑地基埋置深度时，一般应按下列几种情况考虑：

1)场地土内部都是受力性能好、分布均匀、压缩性小的坚硬土，土层构成简单，基础埋深不受土质的影响而由其他因素确定。

2)场地土内部都是软弱土时，一般不能采用天然地基上的浅基础。对于建在软弱土层上的低层房屋，如果采用浅基础，则可通过采取增加建筑物空间整体性和空间刚度的措施满足要求。

3)场地土由上部的软弱层和下部的坚硬土层构成。基础的埋深要根据软土的厚度和建筑物的特性来确定：

①软土层厚度在 2 m 以内时，基础宜砌筑在下层的坚硬土层内。

②软土在 2 m 以上 4 m 以下时，对于荷载较小的低层建筑，可将基础设置在软土内，以减少土方量，但上部结构刚度需要适当加强。对于高度大、层数多的较为重要的建筑和带地下室的建筑，应将基础设置在下部坚硬土层中。地下水水位高时，可采用桩基础。

③软土层厚度大于 5 m 时，可按②的规定处理。

4)场地土由上面的坚硬土层和下面的软弱土层组成，这种情况下尽可能将基础浅埋，以减少软土所受的压力。如果坚硬土层很薄，可以按单一软弱土的地基对待。如果场地土由若干坚硬土层和若干软弱土层构成，应根据各土层厚度和承载力的大小，参照以上几条要求选择基础埋深。

基础应尽量埋置在地下水水位以上，避免施工时基槽内的排水作业。基槽内有承压水时，要防止承压水将基槽顶起带来的危害，必要时要通过验算采取适当的对策来防止。

(3)我国北方寒冷地区冻土层深度的影响。我国北方寒冷地区不同程度地存在一定深度的冻土层，其厚度各有不同，由于接近地表土中水分在冬季寒冷条件下冻结，还促使下面土层中水分上升也冻结，因此，土冻结后含水量增加，土体膨胀，气温升高后又融化，这种反复多次的冻融循环使得地基土中土体颗粒结构发生改变，承载能力下降，压缩性增加，导致基础变形增加，严重时会引起墙体产生内应力而开裂。

因此，在北方地区确定基础埋深时必须考虑的重要因素之一就是冻土层深度。《建筑地基基础设计规范》(GB 50007—2011)根据冻土层的平均冻胀率 η 的大小，将地基冻胀性分为不冻胀、弱冻胀、冻胀、强冻胀和特强冻胀五个等级，见表 7-7。

表 7-7　地基的冻胀性分类

土的名称	冻前天然含水量 w/%	冻结期间地下水水位距冻结面的最小距离 h_w/m	平均冻胀率 η/%	冻胀等级	冻胀性类别
碎（卵）石土，砾砂，粗砂，中砂(粒径小于 0.075 mm 颗粒含量大于 15%)，细砂(粒径小于 0.075 mm 颗粒含量大于 10%)	$w\leqslant 12$	>1.0	$\eta\leqslant 1$	Ⅰ	不冻胀
		$\leqslant 1.0$	$1<\eta\leqslant 3.5$	Ⅱ	弱胀冻
	$12<w\leqslant 18$	>1.0			
		$\leqslant 1.0$	$3.5<\eta\leqslant 6$	Ⅲ	胀冻
	$w>18$	>0.5			
		$\leqslant 0.5$	$6<\eta\leqslant 12$	Ⅳ	强胀冻
粉砂	$w\leqslant 14$	>1.0	$\eta\leqslant 1$	Ⅰ	不冻胀
		$\leqslant 1.0$	$1<\eta\leqslant 3.5$	Ⅱ	弱胀冻
	$14<w\leqslant 19$	>1.0			
		$\leqslant 1.0$	$3.5<\eta\leqslant 6$	Ⅲ	冻胀
	$19<w\leqslant 23$	>1.0			
		$\leqslant 1.0$	$6<\eta\leqslant 12$	Ⅳ	强胀冻
	$w>23$	不考虑	$\eta>12$	Ⅴ	特强胀冻

续表

土的名称	冻前天然含水量 w/%	冻结期间地下水水位距冻结面的最小距离 h_w/m	平均冻胀率 η/%	冻胀等级	冻胀性类别
粉土	$w\leqslant 19$	>1.5	$\eta\leqslant 1$	Ⅰ	不冻胀
		≤1.5	$1<\eta\leqslant 3.5$	Ⅱ	弱胀冻
	$19<w\leqslant 22$	>1.5	$1<\eta\leqslant 3.5$	Ⅱ	弱胀冻
		≤1.5	$3.5<\eta\leqslant 6$	Ⅲ	胀冻
	$22<w\leqslant 26$	>1.5			
		≤1.5	$6<\eta\leqslant 12$	Ⅳ	强胀冻
	$26<w\leqslant 30$	>1.5			
		≤1.5	$\eta>12$	Ⅴ	特强胀冻
	$w>30$	不考虑			
黏性土	$w\leqslant w_p+2$	>2.0	$\eta\leqslant 1$	Ⅰ	不冻胀
		≤2.0	$1<\eta\leqslant 3.5$	Ⅱ	弱胀冻
	$w_p+2<w\leqslant w_p+5$	>2.0			
		≤2.0	$3.5<\eta\leqslant 6$	Ⅲ	胀冻
	$w_p+5<w\leqslant w_p+9$	>2.0			
		≤2.0	$6<\eta\leqslant 12$	Ⅳ	强胀冻
	$w_p+9<w\leqslant w_p+15$	>2.0			
		≤2.0	$\eta>12$	Ⅴ	特强胀冻
	$w>w_p+15$	不考虑			

注：1. w_p 为塑限含水量(%)；w 为在冻土层内冻前天然含水量的平均值(%)。
2. 盐渍化冻土不在表列。
3. 塑性指数大于 22 时，冻胀性降低一级。
4. 粒径小于 0.005 mm 的颗粒含量大于 60%时，为不冻胀土。
5. 碎石类土当充填物大于全部质量的 40%时，其冻胀性按充填物土的类别判断。
6. 碎石土、砾砂、粗砂、中砂(粒径小于 0.075 mm 颗粒含量不大于 15%)、细砂(粒径小于 0.075 mn 颗粒含量不大于 10%)均按不冻胀考虑。

建筑基础底面下允许冻土层的最大厚度见表 7-8。

表 7-8　建筑基础底面下允许冻土层的最大厚度

m

冻胀性	基础形式	采暖情况 \ 基底平均压力/kPa	110	130	150	170	190	210
弱冻胀土	方形基础	采暖	0.90	0.95	1.00	1.10	1.15	1.20
		不采暖	0.70	0.80	0.95	1.00	1.05	1.10
	条形基础	采暖	>2.50	>2.50	>2.50	>2.50	>2.50	>2.50
		不采暖	2.20	2.50	>2.50	>2.50	>2.50	>2.50

续表

冻胀性 \ 基础形式 \ 采暖情况 \ 基底平均压力/kPa			110	130	150	170	190	210
冻胀土	方形基础	采暖	0.65	0.70	0.75	0.80	0.85	—
		不采暖	0.55	0.60	0.65	0.70	0.75	—
	条形基础	采暖	1.55	1.80	2.00	2.20	2.50	—
		不采暖	1.15	1.35	1.55	1.75	1.95	—

注：1. 本表只计算法向冻胀力，如果基侧存在切向冻胀力，应采取防切向力措施。
2. 基础宽度小于 0.6 m 时不适用，矩形基础取短边尺寸按方形基础计算。
3. 表中数据不适用于淤泥、淤泥质土和欠固结土。
4. 计算基底平均压力时取永久作用的标准组合值乘以 0.9，可以内插。

采用防冻害措施时应符合下列规定：

(1)对在地下水水位以上的基础，基础侧表面应回填不冻胀的中砂、粗砂，其厚度不应小于 200 mm；对在地下水水位以下的基础，可采用桩基础、保温性基础、自锚式基础(冻土层下有扩大板或扩底短桩)，也可将独立基础或条形基础做成正梯形的斜面基础。

(2)宜选择地势高、地下水水位低、地表排水条件好的建筑场地。对低洼场地，建筑物的室外地坪标高应至少高出自然地面 300～500 mm，其范围不宜小于建筑四周向外各 1 倍冻结深度距离的范围。

(3)应做好排水设施，施工和使用期间防止水浸入建筑地基。在山区应设截水沟或在建筑物下设置暗沟，以排走地表水和潜水。

(4)在强冻胀性和特强冻胀性地基上，其基础结构应设置钢筋混凝土圈梁和基础梁，并控制建筑的长高比。

(5)当独立基础连系梁下或桩基础承台下有冻土时，应在梁或承台下留有相当于该土层冻胀量的空隙。

(6)外门斗、室外台阶和散水坡等部位宜与主体结构断开，散水坡分段不宜超过1.5 m，坡度不宜小于 3%，其下宜填入非冻胀性材料。

(7)对跨年度施工的建筑，入冬前应对地基采取相应的防护措施；按采暖设计的建筑物，当冬季不能正常采暖时，也应对地基采取保温措施。

第四节　基础底面积的确定

一、轴心受压基础底面尺寸的确定

在轴心荷载作用下，基础一般是对称设计，作用在基底面上的平均压应力应小于或等于地基承载力设计值(图 7-11)，即

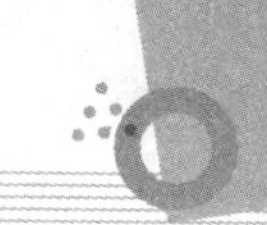

$$p=\frac{F+G}{A}=\frac{F+\bar{\gamma}AH}{A}\leqslant f \tag{7-7}$$

由此可得基础底面面积为

$$A\geqslant\frac{F}{f-\bar{\gamma}H} \tag{7-8}$$

对于矩形基础面积 $A=bl$，如长度以 $l=1$ m 计，则 $A=b$，故条形基础宽度 b 为

$$b\geqslant\frac{F}{f-\bar{\gamma}\bar{H}} \tag{7-9}$$

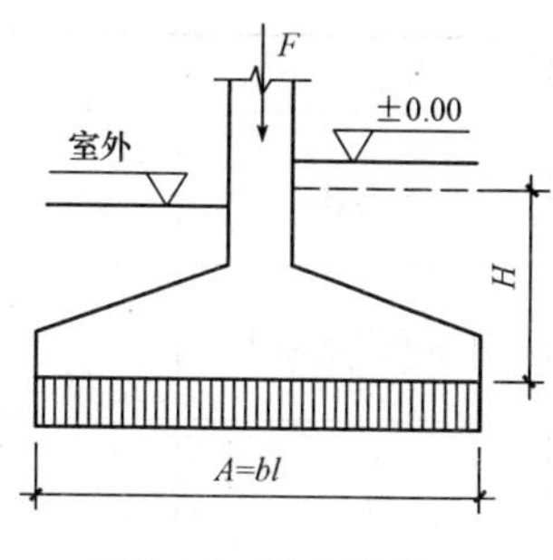

图 7-11　轴心受压

式中　F——上部结构传来的轴向力设计值(kN)[当为柱下单独基础时，轴向力为基础顶上的全部荷载；当为条形基础时，取 1 m 长度的轴向力(kN/m)，其值算至室内地面标高处]；

f——基底处地基承载力设计值(kN/m²)；

G——基础自重和基础上的覆土重(kN)，对于一般基础，近似取 $G=\gamma A\bar{H}$；

$\bar{\gamma}$——基础及基础上的覆土平均重度，取 $\bar{\gamma}=20$ kN/m³，当有地下水时 $\bar{\gamma}-\gamma_w=20-10=10$(kN/m³)；

$\bar{H}$——计算土重 G 的平均高度(m)。

承载力特征值 f_a 只能先按基础埋深 d 确定。待基底尺寸算出后，再验算基底宽度 b 是否超过 3.0 m；若 $b>3.0$ m，需重新修正，再验算基底尺寸是否满足地基承载力要求。地基承载力特征值，还应按照式(7-10)进行修正：

$$f_a=f_{ak}+\eta_b\gamma(b-3)+\eta_d\gamma_m(d-0.5) \tag{7-10}$$

式中　f_a——修正后地基承载力特征值(kPa)。

f_{ak}——地基承载力特征值(kPa)。

η_b、η_d——基础宽度和埋置深度的地基承载力修正系数，按基底下土的类别查表 7-9 取用。

γ——基础底面以下土的重度(kN/m³)，地下水水位以下取浮重度。

b——基础底面宽度(m)，当基础底面宽度小于 3 m 时按 3 m 取值，大于 6 m 时按6 m 取值。

γ_m——基础底面以上土的加权平均重度(kN/m³)，位于地下水水位以下的土层取有效重度。

d——基础埋置深度(m)，宜自室外地面标高算起。在填方整平地区，可自填土地面标高算起，但填土在上部结构施工后完成时，应从天然地面标高算起。对于地下室，当采用箱形基础或筏形基础时，基础埋置深度自室外地面标高算起；当采用独立基础或条形基础时，应从室内地面标高算起。

表 7-9　承载力修正系数

土的类别	η_b	η_d
淤泥和淤泥质土	0	1.0
人工填土 e 或 I_L 大于或等于 0.85 的黏性土	0	1.0

续表

土的类别		η_b	η_d
红黏土	含水比 $\alpha_w>0.8$	0	1.2
	含水比 $\alpha_w\leqslant0.8$	0.15	1.4
大面积压实填土	压实系数大于 0.95、黏粒含量 $\rho_c\geqslant10\%$的粉土	0	1.5
	最大干密度大于 2 100 kg/m³ 的级配砂石	0	2.0
粉土	黏粒含量 $\rho_c\geqslant10\%$的粉土	0.3	1.5
	黏粒含量 $\rho_c<10\%$的粉土	0.5	2.0
e 和 I_L 均小于 0.85 的黏性土		0.3	1.6
粉砂、细砂(不包括很湿与饱和时的稍密状态)		2.0	3.0
中砂土、粗砂土、砾砂土和碎石土		3.0	4.4

注：1. 强风化和全风化的岩石，可参照所风化成的相应土类取值，其他状态下的岩石不修正。
2. 地基承载力特征值按《建筑地基基础设计规范》(GB 50007—2011)附录D确定时，η_d 取 0。
3. 含水比是指土的天然含水量与液限的比值。
4. 大面积压实填土是指填土范围大于两倍基础宽度的填土。

【例 7-1】 已知某条形基础，在室内地坪±0.00 标高处的轴向设计值 $F=200$ kN/m，基础埋深 2.00 m，室内外高差 0.30 m。地基为黏性土，$\gamma=18$ kN/m³，$f_k=120$ kPa。在基础埋深范围内没有地下水，求基础宽度。

解：(1)室内外土的平均高度。

$$H=\frac{1.8+0.3+1.8}{2}=1.95\ (\text{m})$$

(2)地基承载力设计值(假定 $b<3$ m，查表 7-9 得 $\eta_b=0$、$\eta_d=1.0$)。

$$f=f_k+\eta_d\gamma_0(d-0.5)=120+1.0\times18\times(2.00-0.5)=147(\text{kPa})$$

(3)基础宽度。

$$b=\frac{F}{f-\bar{\gamma}H}=\frac{200}{147-20\times1.95}=1.9\ (\text{m})$$

由于 $b<3$ m，则不需要考虑基础宽度对承载力的修正。

二、偏心受压基础底面尺寸的确定

当作用在基底形心处的荷载不仅有竖向荷载，而且有力矩或水平力存在时，为偏心受压基础(图 7-12)。偏心荷载作用下基底压力分布仍假设为线性分布，则

$$\begin{matrix}p_{kmax}\\p_{kmin}\end{matrix}=p_k\pm\frac{M_k}{W},\ p_{kmax}\leqslant1.2f_a \qquad (7\text{-}11)$$

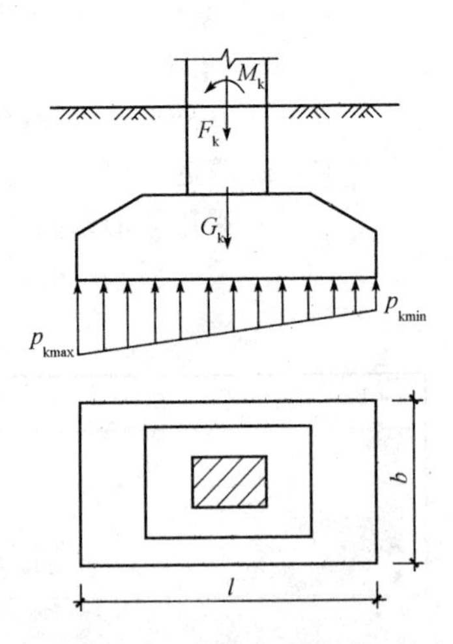

图 7-12 偏心受压基础

式中 M_k——相应于荷载效应标准组合时，作用于基础底面的力矩值(kN·m)；

W——基础底面的抵抗矩(m³)；

p_{kmax}——相应于荷载效应标准组合时，基础底面边缘的最大压力值(kPa)；

p_{kmin}——相应于荷载效应标准组合时，基础底面边缘的最小

压力值(kPa)；

p_k——相应于荷载效应标准组合时，基础底面处的平均压力值(kPa)；

f_a——修正后的地基承载力特征值(kPa)。

为了保证基础不致过分倾斜，一般要求偏心距 $e \leqslant l/6$(l 为偏心受压基础力矩作用方向的边长)，即要求 $p_{kmin} \geqslant 0$，以控制基底压力呈梯形分布，防止基础过分倾斜。对中、高压缩性地基上的基础或有吊车的厂房柱基础，e 不宜大于 $l/6$；对低压缩性地基上的基础，当考虑短暂作用的偏心荷载时，e 可放宽至 $l/4$。

偏心受压基础基底面积的确定，通常是根据轴心受压基础底面积的公式并增大底面积(考虑力矩作用)进行试估，再验算承载力，直到满足为止。其算法步骤如下：

(1)进行深度修正，初步确定修正后的地基承载力特征值。当荷载作用的偏心距小于或等于0.033倍基础底面宽度时，根据土的抗剪强度指标确定地基承载力特征值，可按式(7-12)计算，并应满足变形要求。

$$f_a = M_b \gamma b + M_d \gamma_m d + M_c c_k \tag{7-12}$$

式中 f_a——由土的抗剪强度指标确定的地基承载力特征值(kPa)；

M_b，M_d，M_c——承载力系数，按表7-10取用；

b——基础底面宽度，大于6 m时按6 m取值，对于砂土宽度，小于3 m时按3 m取值；

c_k——基底下1倍短边宽度的深度范围内土的黏聚力标准值(kPa)；

γ——基底下1倍短边宽度内土的重度，水位下取有效重度(kN/m^3)；

γ_m——基础地面以下土的加权平均重度，地下水水位以下取浮重度(kN/m^3)；

d——基础埋置深度，一般自室外地面标高算起。

表7-10 承载力系数

土的内摩擦角标注值 φ_k/(°)	M_b	M_d	M_c	土的内摩擦角标注值 φ_k/(°)	M_b	M_d	M_c
0	0	1.00	3.14	22	0.61	3.44	6.04
2	0.03	1.12	3.32	24	0.80	3.87	6.45
4	0.06	1.25	3.51	26	1.10	4.37	6.90
6	0.10	1.39	3.71	28	1.40	4.93	7.40
8	0.14	1.55	3.93	30	1.90	5.59	7.95
10	0.18	1.73	4.17	32	2.60	6.35	8.55
12	0.23	1.94	4.42	34	3.40	7.21	9.22
14	0.29	2.17	4.69	36	4.20	8.25	9.97
16	0.36	2.43	5.00	38	5.00	9.44	10.80
18	0.43	2.72	5.31	40	5.80	10.84	11.73
20	0.51	3.06	5.66				

(2)根据荷载偏心情况，将按轴心荷载作用计算得到的基底面积增大10%~40%，以确定基础底面积 A。

$$A = (1.1 \sim 1.4)\frac{F_k}{f_a - \gamma_G d} \tag{7-13}$$

(3)确定 b、l 的尺寸，对单独基础，常取 $l/b\approx1.5$，l/b 不宜大于 3，以保证基础的侧向稳定。

(4)计算基础基底压力、偏心距 e 和基底最大压力 p_{kmax}，并验算是否满足要求。

(5)若 b、l 取值不满足要求，可调整尺寸再行验算；如此反复一两次，便可确定合适的尺寸。

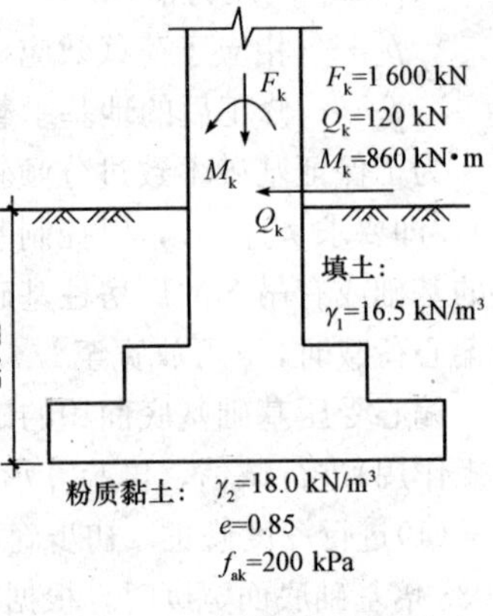

【例 7-2】 试确定图 7-13 所示柱下基础底面尺寸。

图 7-13 某框架柱基础

解：(1)试估基础底面积。深度修正后的持力层承载力特征值为

$$f_a=f_{ak}+\eta_d\gamma_m(d-0.5)=200+1.0\times16.5\times(2.0-0.5)$$
$$=224.75(\text{kPa})$$

$$A=(1.1\sim1.4)\frac{F_k}{f_a-\gamma_G d}=(1.1\sim1.4)\times\frac{1\ 600}{224.75-20\times2.0}$$
$$=9.5\sim12(\text{m}^2)$$

由于力矩较大，底面尺寸可取大些，取 $b=3.0$ m，$l=4.0$ m。

(2)计算基底压力。

$$p_k=\frac{F_k}{bl}+\gamma_G d=\frac{1\ 600}{3.0\times4.0}+20\times2.0=173.3(\text{kPa})$$

$$\frac{p_{kmax}}{p_{kmin}}=p_k\pm\frac{M_k}{W}=173.3\pm\frac{860+120\times2.0}{3.0\times4.0^2/6}=\frac{310.8}{35.8}(\text{kPa})$$

(3)验算持力层承载力。

$$p_k=173.3\ \text{kPa}<f_a=224.75\ \text{kPa}$$

$$p_{kmax}=310.8\ \text{kPa}>1.2f_a=1.2\times224.75=269.7(\text{kPa})$$

故不满足要求。

(4)重新调整基底尺寸，再验算，取 $l=5.0$ m，则

$$p_k=\frac{F_k}{bl}+\gamma_G d=\frac{1\ 600}{3.0\times5.0}+20\times2.0=146.7(\text{kPa})<f_a=224.75(\text{kPa})$$

$$p_{kmax}=p_k+\frac{M_k}{W}=173.3+\frac{860+120\times2.0}{3.0\times5.0^2/6}=261.3(\text{kPa})<1.2f_a=269.7(\text{kPa})$$

取 $b=3.0$ m，$l=5.0$ m，满足要求。

三、软弱下卧层承载力验算

当地基受力层范围内存在软弱下卧层(承载力显著低于持力层的高压缩性土层)时，除按持力层承载力确定基底尺寸外，还必须对软弱下卧层进行验算，要求作用在软弱下卧层顶面处的附加压力与自重压力之和不超过它的承载力特征值，即

$$p_z+p_{cz}\leqslant f_{az}\tag{7-14}$$

式中 p_z——相应于作用的标准组合时，软弱下卧层顶面处的附加压力值(kPa)；

p_{cz}——软弱下卧层顶面处土的自重压力值(kPa)；

f_{az}——软弱下卧层顶面处经深度修正后的地基承载力特征值(kPa)。

对条形基础和矩形基础中的 p_z 值可按下列公式简化计算：

条形基础

$$p_z=\frac{b(p_k-p_c)}{b+2z\tan\theta}\tag{7-15}$$

矩形基础

$$p_z=\frac{lb(p_k-p_c)}{(l+2z\tan\theta)(b+2z\tan\theta)} \tag{7-16}$$

式中 b——矩形基础或条形基础底边的宽度(m)；

l——矩形基础底边的长度(m)；

p_c——基础底面处土的自重压力值(kPa)；

z——基础底面至软弱下卧层顶面的距离(m)；

θ——地基压力扩散线与垂直线的夹角(°)，称为扩散角，可按表 7-11 采用。

表 7-11 地基压力扩散角

E_{s1}/E_{s2}	z/b	
	0.25	0.50
3	6°	23°
5	10°	25°
10	20°	30°

注：1. E_{s1}为上层土压缩模量；E_{s2}为下层土压缩模量。

2. $z/b<0.25$ 时，取 $\theta=0°$，必要时，宜由试验确定；$z/b>0.50$ 时，θ 值不变。

3. z/b 在 0.25 与 0.50 之间可插值使用。

【例 7-3】 地基土层分布情况如下：上层为黏性土，厚度为 3.5 m，重度 $\gamma=18.5\ \text{kN/m}^3$，压缩模量 $E_{s1}=9$ MPa，承载力特征值 $f_a=198$ kPa；下层淤泥质土的压缩模量 $E_{s2}=1.8$ MPa，承载力标准值 $f_{ak}=95$ kPa。现修建一条形基础，基础顶面轴心荷载设计值 $F_k=295$ kN/m，暂取基础埋深 1.5 m，基础底面宽度 2.2 m。试验算所选尺寸是否合格。

解：(1)对上层进行计算。

$p_k=\dfrac{F_k}{b}+\gamma_G d=\dfrac{295}{2.2}+20\times1.5=164.09(\text{kPa})<f_a=198\ \text{kPa}$，满足要求。

(2)下层验算。

$p_k-p_c=p_k-\gamma_1 d=164.09-18.5\times1.5=136.34\ (\text{kPa})$

由于$\dfrac{E_{s1}}{E_{s2}}=\dfrac{9}{1.8}=5$，$z=2$，$\dfrac{z}{b}=\dfrac{2}{2.2}>0.5$，由表 7-11 得 $\theta=25°$

$p_z=\dfrac{b(p_k-p_c)}{b+2z\tan\theta}=\dfrac{2.2\times136.34}{2.2+2\times2\times\tan25°}=73.81\ (\text{kPa})$

下卧层顶面处土的自重应力：

$p_{cz}=\gamma_1(d+z)=18.5\times3.5=64.75\ (\text{kPa})$

查表 7-9 得 $\eta_d=1.0$

$f_{az}=f_{ak}+\eta_d\gamma_m(d-0.5)=95+1.0\times18.5\times(1.5-0.5)=113.5(\text{kPa})<1.2f_{ak}$
$=1.2\times95=114\ (\text{kPa})$

$p_z+p_{cz}=73.81+64.75=138.56(\text{kPa})>f_{az}=114\ \text{kPa}$，不满足要求。

经验算，基础底面尺寸满足持力层要求，但不满足软弱下卧层承载力要求。

第五节　无筋扩展基础设计

一、无筋扩展基础的概念

无筋扩展基础通常称为刚性基础。这种基础通常由砖、毛石、灰土、混凝土等材料按台阶逐级向下扩展(大放脚)而形成。

二、无筋扩展基础的特点

无筋扩展基础是最基本的形式，具有施工简单、便于就地取材的优点，适用于多层民用建筑和轻型厂房。无筋扩展基础常用脆性材料砌筑而成，其缺点是抗压强度高，抗拉、抗剪强度低，因此稍有扭曲变形，基础就容易产生裂缝，进而发生破坏。

三、无筋扩展基础设计的计算

在如图 7-14(a)所示的地基反力作用下，扩展的基础底板如同倒置的短悬臂板；当设计的台阶根部高度过小时，就会弯曲拉裂或剪裂。因此，刚性基础的设计可以通过限制材料强度等级、台阶宽高比的要求来进行，无须内力分析和截面计算。

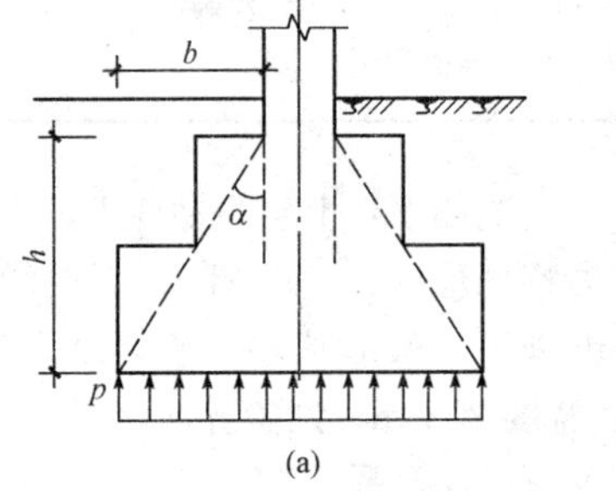

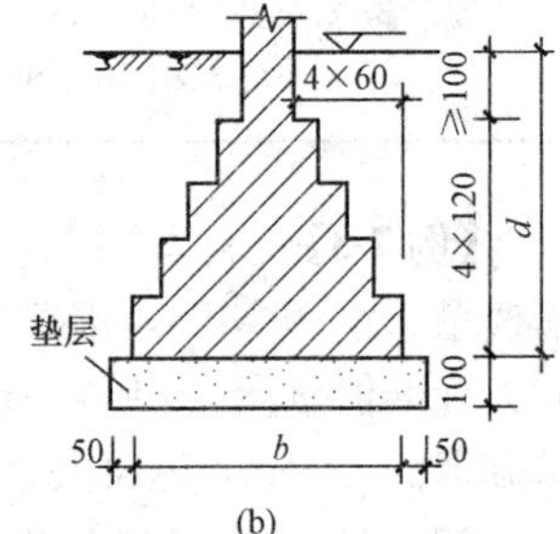

图 7-14　刚性基础受力示意

(a)刚性基础示意图；(b)砖基础的“两皮一收”砌法

无筋扩展基础高度应满足式(7-17)的要求：

$$H_0 \geqslant \frac{b-b_0}{2\tan\alpha} \qquad (7\text{-}17)$$

式中　b——基础底面宽度(m)；

b_0——基础顶面的墙体宽度或柱脚宽度(m)；

H_0——基础高度(m)；

$\tan\alpha$——基础台阶宽高比 $b_2 : H_0$，其允许值可按表 7-12 选用；

b_2——基础台阶宽度(m)。

表 7-12　无筋扩展基础台阶宽高比的允许值

基础材料	质量要求	台阶宽高比的允许值		
		$p_k \leqslant 100$	$100 < p_k \leqslant 200$	$200 < p_k \leqslant 300$
混凝土基础	C15 混凝土	1∶1.00	1∶1.00	1∶1.25
毛石混凝土基础	C15 混凝土	1∶1.00	1∶1.25	1∶1.50
砖基础	砖不低于 MU10，砂浆不低于 M5	1∶1.50	1∶1.50	1∶1.50

续表

基础材料	质量要求	台阶宽高比的允许值		
		$p_k \leqslant 100$	$100 < p_k \leqslant 200$	$200 < p_k \leqslant 300$
毛石基础	砂浆不低于 M5	1∶1.25	1∶1.50	—
灰土基础	体积比为 3∶7 或 2∶8 的灰土，其最小密度： 粉土 1.55 t/m^3 粉质黏土 1.50 t/m^3 黏土 1.45 t/m^3	1∶1.25	1∶1.50	—
三合土基础	体积比 1∶2∶4～1∶3∶6（石灰∶砂∶骨料），每层约虚铺 220 mm，夯至 150 mm	1∶1.50	1∶2.00	—
注：1. p_k 为荷载效应标准组合时基础底面处的平均压力值(kPa)。 2. 阶梯形毛石基础的每阶伸出宽度，不宜大于 200 mm。 3. 当基础由不同材料叠合组成时，应对接触部分作抗压验算。 4. 混凝土基础单侧扩展范围内基础底面处的平均压力值超过 300 kPa 时，尚应进行抗剪验算；对基底反力集中于立柱附近的岩石地基，应进行局部受压承载力验算。				

采用无筋扩展基础的钢筋混凝土柱，其柱脚高度 h 不得小于 b，并不应小于 300 mm 且不小于 $20d$(d 为柱中的纵向受力钢筋的最大直径)。当柱纵向钢筋在柱脚内的竖向锚固长度不满足锚固要求时，可沿水平方向弯折，弯折后的水平锚固长度不应小于 $10d$，也不应大于 $20d$。

【例 7-4】 如图 7-15 所示，已知墙体传至基础的轴向力 F=120 kN/m，基础埋深 d=1 m，地基承载力设计值 f=120 kN/m，墙体材料为 M5.0。水泥砂浆砌毛石，试求设计条形基础的高度。

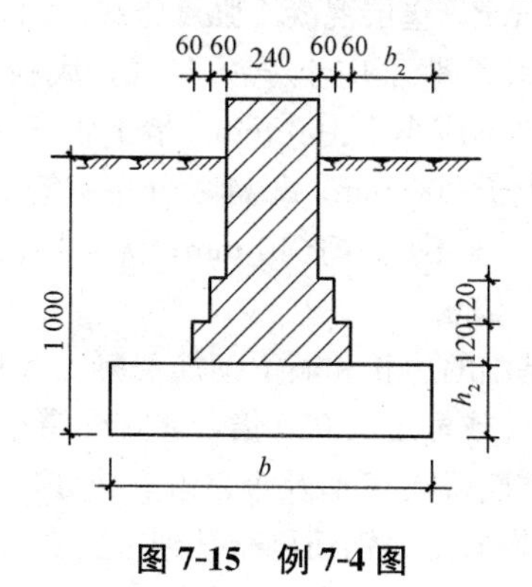

图 7-15　例 7-4 图

解：(1)基础宽度。

$$b=\frac{F}{f-\gamma H}=\frac{120}{120-20\times 1}=1.2(\text{m})<3\ \text{m}$$

(2)柱脚宽度。

$$b_0=0.24+0.06\times 4=0.48\ (\text{m})$$

(3)基础设计高度。$\tan\alpha$ 可由表 7-12 查得。

$$H_0\geqslant\frac{b-b_0}{2\tan\alpha}=\frac{0.72}{2\times\dfrac{1}{1.50}}=0.54\ (\text{m})$$

第六节　扩展基础设计

一、扩展基础的概念及结构形式

扩展基础常指墙下钢筋混凝土条形基础和柱下钢筋混凝土独立基础，通常能在较小的埋深内，把基础底面扩大到所需的面积，因而是最常用的一种基础形式。为使扩展基础具有一定的刚度，要求基础台阶的宽高比不大于2.5。从基础受力特点分析，基础底板的厚度应满足抗冲切的要求，并按板的受力分析进行抗剪及抗剪强度计算。扩展基础的类型与结构形式主要有以下两种：

(1)柱下钢筋混凝土独立基础按其截面形式的不同，分为阶梯形基础、锥形基础和杯口形基础。

(2)墙下钢筋混凝土条形基础一般做成无肋的板，有时也做成有肋的板。

二、扩展基础的构造要求

1. 一般构造要求

扩展基础的构造，应符合下列规定：

(1)锥形基础的边缘高度不宜小于200 mm，且两个方向的坡度不宜大于1∶3；阶梯形基础的每阶高度，宜为300～500 mm。

(2)垫层的厚度不宜小于70 mm，垫层混凝土强度等级不宜低于C10。

(3)扩展基础受力钢筋最小配筋率不应小于0.15%，底板受力钢筋的最小直径不应小于10 mm，间距不应大于200 mm且不应小于100 mm。墙下钢筋混凝土条形基础纵向分布钢筋的直径不应小于8 mm；间距不应大于300 mm；每延米分布钢筋的面积不应小于受力钢筋面积的15%。当有垫层时钢筋保护层的厚度不应小于40 mm；无垫层时不应小于70 mm。

(4)混凝土强度等级不应低于C20。

(5)当柱下钢筋混凝土独立基础的边长和墙下钢筋混凝土条形基础的宽度大于或等于2.5 m时，底板受力钢筋的长度可取边长或宽度的0.9倍，并宜交错布置(图7-16)。

(6)墙下钢筋混凝土条形基础底板在T形及十字形交接处，底板横向受力钢筋仅沿一个主要受力方向通长布置；另一方向的横向受力钢筋可布置到主要受力方向底板宽度1/4处(图7-17)。在拐角处，底板横向受力钢筋应沿两个方向布置(图7-17)。

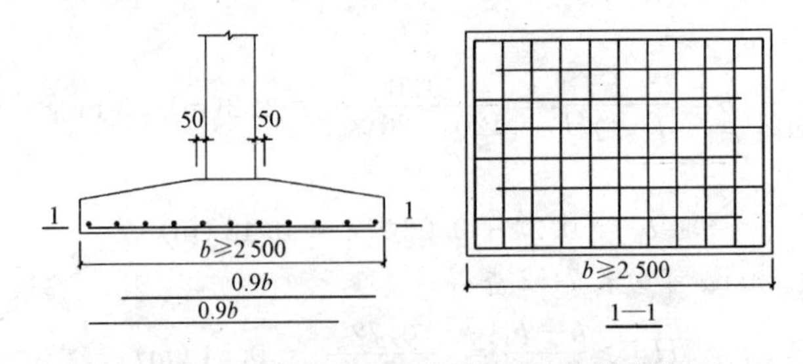

图7-16　柱下独立基础底板受力钢筋布置

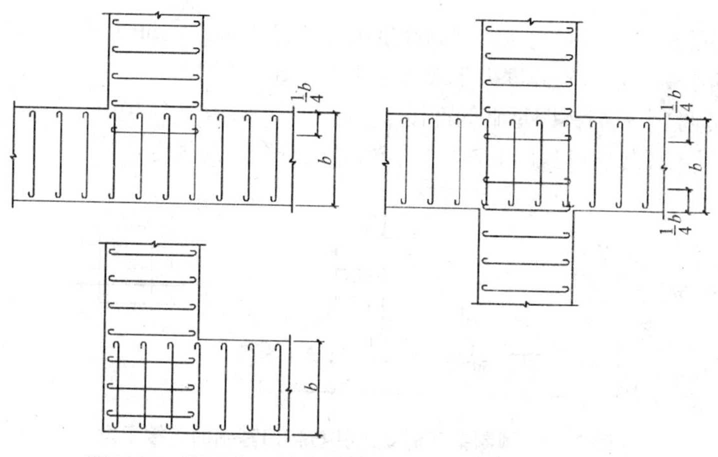

图 7-17　墙下条形基础纵横交叉处底板受力钢筋布置

2. 受力钢筋的锚固长度

钢筋混凝土柱和剪力墙纵向受力钢筋在基础内的锚固长度应符合下列规定：

(1)钢筋混凝土柱和剪力墙纵向受力钢筋在基础内的锚固长度应根据现行国家标准《混凝土结构设计规范(2015 年版)》(GB 50010—2010)的规定确定。

(2)抗震设防烈度为 6 度、7 度、8 度和 9 度地区的建筑工程，纵向受力钢筋的抗震锚固长度 l_{aE}应按下列几种情况计算：

1)对于一、二级抗震等级：

$$l_{aE}=1.5l_a$$

2)对于三级抗震等级：

$$l_{aE}=1.05l_a$$

3)对于四级抗震等级：

$$l_{aE}=l_a$$

式中　l_a——纵向受拉钢筋的锚固长度(m)。

(3)当基础高度小于 l_a(或 l_{aE})时，纵向受力钢筋的锚固总长度除符合上述要求外，其最小直锚段的长度不应小于 $20d$，弯折段的长度不应小于 150 mm。

3. 现浇柱基础钢筋

现浇柱的基础，其插筋的数量、直径以及钢筋种类应与柱内纵向受力钢筋相同。插筋的锚固长度应满足相关规范规定，插筋与柱的纵向受力钢筋的连接方法，应符合现行国家标准《混凝土结构设计规范(2015 年版)》(GB 50010—2010)的有关规定。插筋的下端宜做成直钩，放在基础底板钢筋网上。当符合下列条件之一时，可仅将四角的插筋伸至底板钢筋网上，其余插筋锚固在基础顶面下 l_a(或 l_{aE})处(图 7-18)：

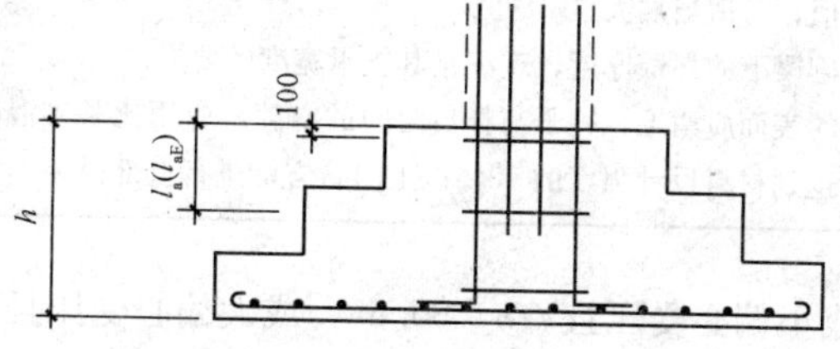

图 7-18　现浇柱的基础中插筋构造示意

(1)柱为轴心受压或小偏心受压，基础高度大于或等于 1 200 mm；

(2)柱为大偏心受压，基础高度大于或等于 1 400 mm。

4. 预制钢筋混凝土柱与杯口基础的连接

预制钢筋混凝土柱与杯口基础的连接(图 7-19)应符合下列规定：

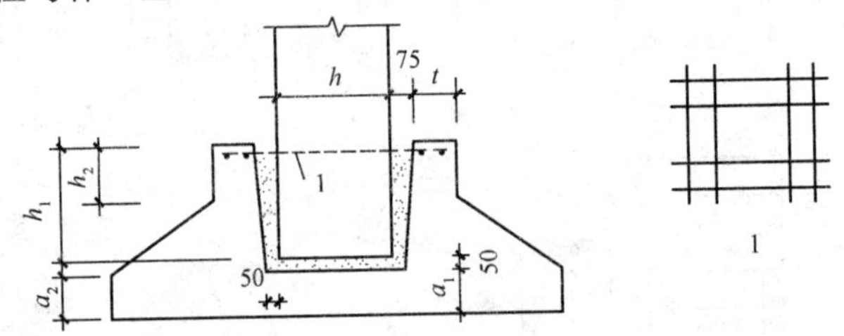

图 7-19　预制钢筋混凝土柱与杯口基础的连接示意

$a_2 \geqslant a_1$；1—焊接网

(1)柱的插入深度可按表 7-13 选用，并满足钢筋的锚固要求。

表 7-13　柱的插入深度　　mm

矩形或工字形柱				双肢柱
$h<500$	$500 \leqslant h<800$	$800 \leqslant h \leqslant 1\,000$	$h>1\,000$	
$h \sim 1.2h$	h	$0.9h$ 且$\geqslant 800$	$0.8h$ $\geqslant 1\,000$	$(1/3 \sim 2/3)h_a$ $(1.5 \sim 1.8)h_b$

注：1. h 为柱截面长边尺寸；h_a 为双肢柱全截面长边尺寸；h_b 为双肢柱全截面短边尺寸。
　　2. 柱轴心受压或小偏心受压时，h_1 可适当减小；偏心距大于 $2h$ 时，h_1 应适当加大。

(2)基础的杯底厚度和杯壁厚度可按表 7-14 选用。

表 7-14　基础的杯底厚度和杯壁厚度　　mm

柱截面长边尺寸 h	杯底厚度 a_1	杯壁厚度 t
$h<500$	$\geqslant 150$	150～200
$500 \leqslant h<800$	$\geqslant 200$	$\geqslant 200$
$800 \leqslant h<1\,000$	$\geqslant 200$	$\geqslant 300$
$1\,000 \leqslant h<1\,500$	$\geqslant 250$	$\geqslant 350$
$1\,500 \leqslant h<2\,000$	$\geqslant 300$	$\geqslant 400$

注：1. 双肢柱的杯底厚度值，可适当加大。
　　2. 当有基础梁时，基础梁下的杯壁厚度，应满足其支承宽度的要求。
　　3. 柱子插入杯口部分的表面应凿毛，柱子与杯口之间的空隙，应用比基础混凝土强度等级高一级的细石混凝土充填密实，当达到材料设计强度的 70%以上时，方能进行上部吊装。

(3)当柱为轴心受压或小偏心受压且 $t/h_2 \geqslant 0.65$，或大偏心受压且 $t/h_2 \geqslant 0.75$ 时，杯壁可不配筋；当柱为轴心受压或小偏心受压且 $0.50 \leqslant t/h_2<0.65$ 时，杯壁可按表 7-15 构造配筋；其他情况下，应按计算配筋。

表 7-15　杯壁构造配筋

mm

柱截面长边尺寸	$h<1\ 000$	$1\ 000\leqslant h<1\ 500$	$1\ 500\leqslant h\leqslant 2\ 000$
钢筋直径	8～10	10～12	12～16
注：表中钢筋置于杯口顶部，每边两根。			

(4)预制钢筋混凝土柱(包括双肢柱)与高杯口基础的连接(图 7-20)，除应符合(1)插入深度的规定外，还应符合下列规定：

1)起重机起重量小于或等于 750 kN，轨顶标高小于或等于 14 m，基本风压小于0.5 kPa的工业厂房，其基础短柱的高度不大于 5 m。

2)当起重机起重量大于 750 kN，基本风压大于 0.5 kPa 时，应符合式(7-18)的规定：

$$\frac{E_2 J_2}{E_1 J_1}\geqslant 10 \tag{7-18}$$

式中　E_1——预制钢筋混凝土柱的弹性模量(kPa)；

J_1——预制钢筋混凝土柱对其截面短轴的惯性矩(m^4)；

E_2——短柱的钢筋混凝土弹性模量(kPa)；

J_2——短柱对其截面短轴的惯性矩(m^4)。

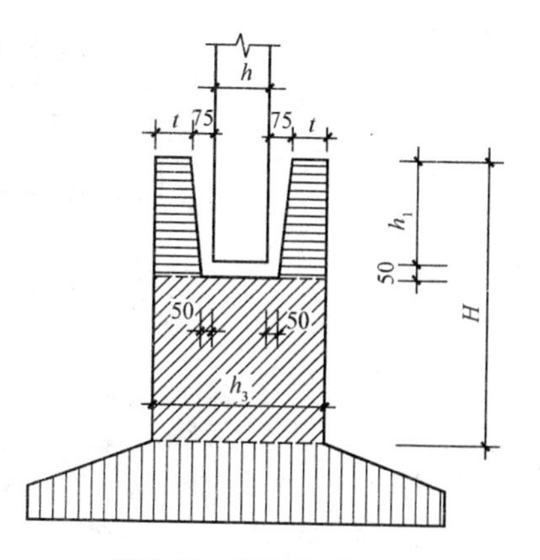

图 7-20　高杯口基础

3)当基础短柱的高度大于 5 m 时，应符合式(7-19)的规定：

$$\frac{\Delta_2}{\Delta_1}\leqslant 1.1 \tag{7-19}$$

式中　Δ_1——单位水平力作用在以高杯口基础顶面为固定端的柱顶时，柱顶的水平位移(m)；

Δ_2——单位水平力作用在以短柱底面为固定端的柱顶时，柱顶的水平位移(m)。

4)杯壁厚度应符合表 7-16 的规定。高杯口基础短柱的纵向钢筋，除满足计算要求外，在非地震区及抗震设防烈度低于 9 度的地区，且满足上述三款要求时，短柱四角纵向钢筋的直径不宜小于 20 mm，并延伸至基础底板的钢筋网上；短柱长边的纵向钢筋，当长边尺寸小于或等于 1 000 m时，其钢筋直径不应小于 12 mm，间距不应大于 300 mm，且当长边尺寸大于 1 000 mm 时，其钢筋直径不应小于 16 mm，间距不应大于 300 mm。每隔 1 m 左右伸出一根，并作 150 mm的直钩支撑在基础底部的钢筋网上，其余钢筋锚固至基础底板顶面下 l_a 处(图 7-21)。短柱短边每隔 300 mm 应配置直径不小于 12 mm 的纵向钢筋且每边的配筋率不少于 0.05%短柱的截面面积。短柱中杯口壁内横向箍筋不应小于 ϕ8@150；短柱中其他部位的箍筋直径不应小于 8 mm，间距不应大于 300 mm；当抗震设防烈度为 8 度和 9 度时，箍筋直径不应小于 8 mm，间距不应大于 150 mm。

表 7-16　高杯口基础的杯壁厚度

mm

h	t
$600<h\leqslant 800$	$\geqslant 250$
$800<h\leqslant 1\ 000$	$\geqslant 300$
$1\ 000<h\leqslant 1\ 400$	$\geqslant 350$
$1\ 400<h\leqslant 1\ 600$	$\geqslant 400$

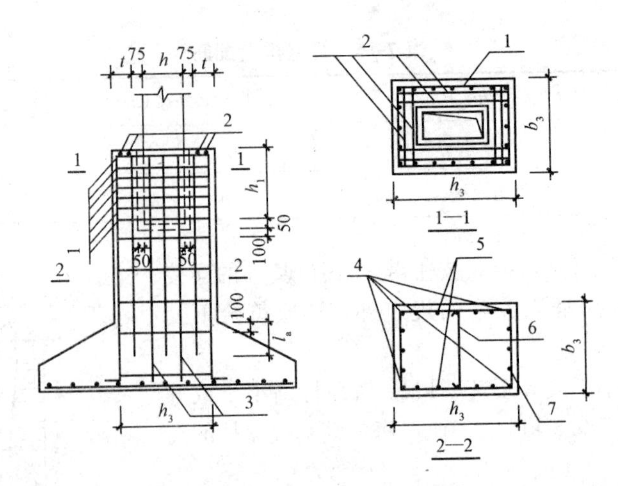

图 7-21　高杯口基础构造配筋

1—杯口壁内横向箍筋 Φ8@150；2—顶层焊接钢筋网；3—插入基础底部的纵向钢筋，不应少于每米 1 根；4—短柱四角钢筋一般不小于 Φ20；5—短柱长边纵向钢筋，当 $h_3 \leqslant 1\,000$ 用 Φ12@300，当 $h_3 > 1\,000$ 用 Φ16@300；6—按构造要求；7—短柱短边纵向钢筋，每边不小于 $0.05\% b_3 h_3$(不小于 Φ12@300)

三、扩展基础设计的计算

1. 柱下钢筋混凝土独立基础

单层工业厂房柱下独立基础通常采用阶形基础或锥形基础两种。厂房柱下基础设计的内容包括基础底面尺寸的确定、基础高度的确定及其基础底板配筋的计算等。

(1)基础底面尺寸的确定。轴心受压、偏心受压基础底面积及其尺寸的确定，按本章第四节相关内容确定。

(2)基础高度的确定。确定基础高度 h 时，应满足冲切承载力、抗剪承载力及相关的构造规定。通常基础高度 h 由冲切承载力控制，如图 7-22 所示。

$$F_l \leqslant 0.7\beta_{hp} f_t a_m h_0 \tag{7-20}$$

$$a_m = (a_t + a_b)/2 \tag{7-21}$$

$$F_l = p_j A_l \tag{7-22}$$

式中　β_{hp}——受冲切承载力截面高度影响系数，当 h 不大于 800 mm 时，β_{hp}取 1.0；当 h 大于或等于 2 000 mm 时，β_{hp}取 0.9，其间按线性内插法取用；

f_t——混凝土轴心抗拉强度设计值(kPa)；

h_0——基础冲切破坏锥体的有效高度(m)；

a_m——冲切破坏锥体最不利一侧计算长度(m)；

a_t——冲切破坏锥体最不利一侧斜截面的上边长(m)，当计算柱与基础交接处的受冲切承载力时，取柱宽；当计算基础变阶处的受冲切承载力时，取上阶宽；

a_b——冲切破坏锥体最不利一侧斜截面在基础底面积范围内的下边长(m)，当冲切破坏锥体的底面落在基础底面以内，计算柱与基础交接处的受冲切承载力时，取柱宽加两倍基础有效高度；当计算基础变阶处的受冲切承载力时，取上阶宽加两倍该处的基础有效高度；

p_j——扣除基础自重及其上土重后相应于作用的基本组合时的地基土单位面积净反力

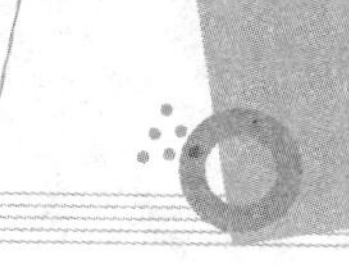

(kPa)，对偏心受压基础可取基础边缘处最大地基土单位面积净反力；

A_l——冲切验算时取用的部分基底面积(m)，图 7-22 中的阴影面积 $ABCDEF$；

F_l——相应于作用的基本组合时作用在 A_l 上的地基土净反力设计值(kPa)。

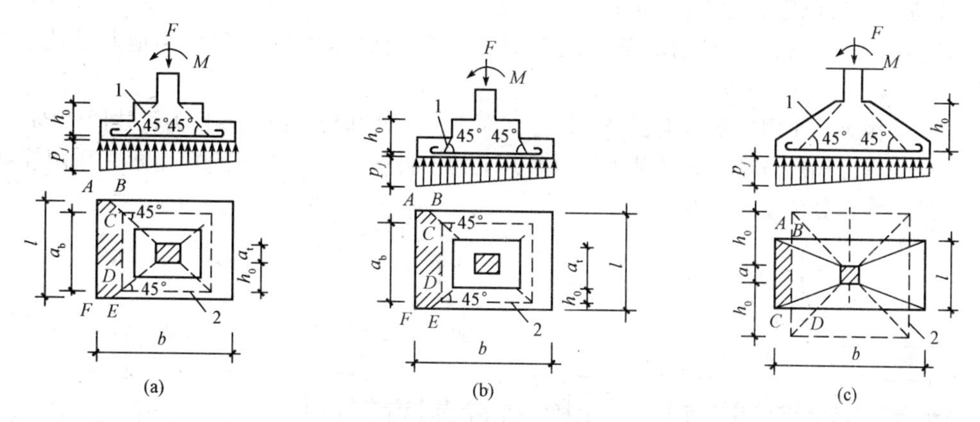

图 7-22　独立基础冲切破坏验算

(a)柱与基础交接处；(b)基础变阶处；(c)柱与基础交接处

1—冲切破坏锥体最不利一侧的斜截面；2—冲切破坏锥体的底面线

关于 A_l 和 a_m 的计算，可分为以下两种情况：

1)当 $l>a_t+2h_0$ 时

$$A_l=(b/2-b_t/2-h_0)l-(l/2-a_t/2-h_0)^2 \tag{7-23}$$

$$a_m=\frac{a_t+(a_t+2h_0)}{2}=\frac{2a_t+2h_0}{2}=a_t+h_0 \tag{7-24}$$

2)当 $l\leqslant a_t+2h_0$ 时

$$A_l=[(b/2-b_t/2)-h_0]l \tag{7-25}$$

$$a_m=(a_t+l)/2 \tag{7-26}$$

当基础底面短边尺寸小于或等于柱宽加两倍基础有效高度时，应按式(7-27)和式(7-28)验算柱与基础交接处截面受剪承载力：

$$V_s\leqslant 0.7\beta_{hs}f_tA_0 \tag{7-27}$$

$$\beta_{hs}=(800/h_0)^{1/4} \tag{7-28}$$

式中　V_s——相应于作用的基本组合时，柱与基础交接处的剪力设计值(kN)，图 7-23 中的阴影面积乘以基底平均净反力；

β_{hs}——受剪切承载力截面高度影响系数，当 $h_0<800$ mm 时，取 $h_0=800$ mm；当 $h_0>2\,000$ mm时，取 $h_0=2\,000$ mm；

A_0——验算截面处基础的有效截面面积(m^2)。

(3)基础底板配筋的计算。基础底板在作用的基本组合的净反力作用下，如固定于台阶根部或柱边的倒置悬臂板，基础沿柱的周边向上弯曲。一般矩形基础的长宽比小于 2，属于双向受弯构件，弯矩控制截面在柱边缘处或变阶处，其破坏特征是裂缝沿柱角至基础角将基础底面分裂成四块梯形面积。基础弯矩计算示意图如图 7-24 所示。

在轴心荷载或单向偏心荷载作用下，当矩形基础台阶的宽高比小于或等于 2.5 且偏心距小于或等于 1/6 基础宽度时，任意截面的底板弯矩可按下列简化方法进行计算：

$$M_I=\frac{1}{12}a_1^2\left[(2l+a')\left(p_{max}+p-\frac{2G}{A}\right)+(p_{max}-p)l\right] \tag{7-29}$$

$$M_{\mathrm{II}}=\frac{1}{48}(l-a')^2(2b+b')\left(p_{\max}+p_{\min}-\frac{2G}{A}\right) \tag{7-30}$$

式中　M_{I}，M_{II}——相应于作用的基本组合时，任意截面Ⅰ—Ⅰ、Ⅱ—Ⅱ处的弯矩设计值(kN·m)；

l，b——基础底面的边长(m)；

$p_{\max}$，$p_{\min}$——相应于作用的基本组合时的基础底面边缘最大和最小地基反力设计值(kPa)；

p——相应于作用的基本组合时在任意截面Ⅰ－Ⅰ处基础底面地基反力设计值(kPa)；

G——考虑作用分项系数的基础自重及其上的土自重(kN)，当组合值由永久作用控制时，作用分项系数可取1.35。

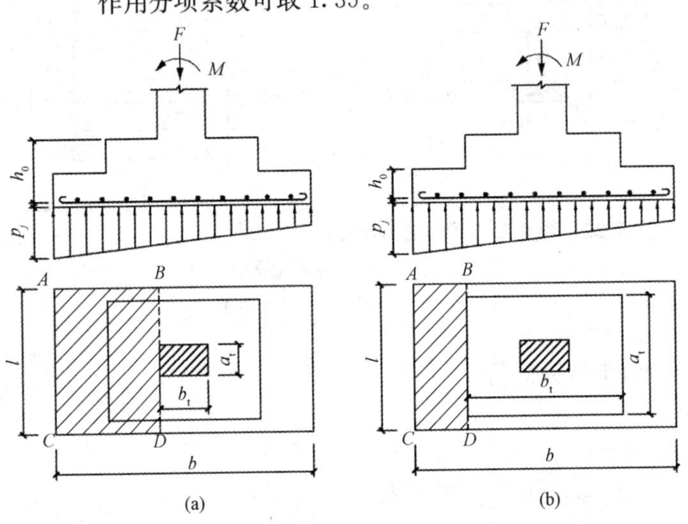

图 7-23　验算阶形基础受剪切承载力示意

(a)柱与基础交接处；(b)基础变阶处

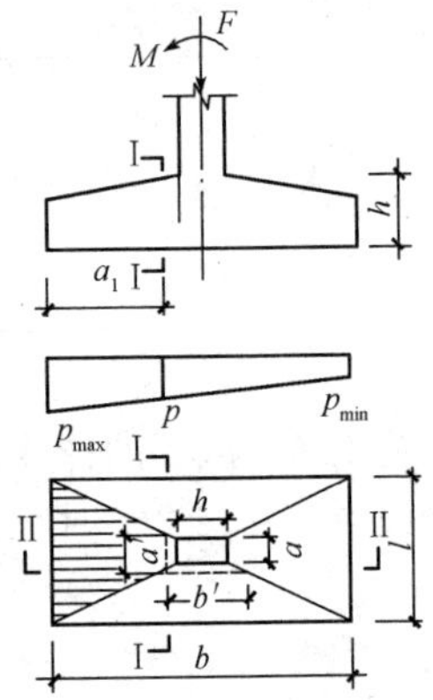

图 7-24　基础弯矩计算示意

垂直于Ⅰ－Ⅰ截面的受力钢筋面积可按式(7-31)计算：

$$A_{s\mathrm{I}}=\frac{M_{\mathrm{I}}}{0.9f_y h_0} \tag{7-31}$$

垂直于Ⅱ－Ⅱ截面的受力钢筋面积可按式(7-32)计算：

$$A_{s\mathrm{II}}=\frac{M_{\mathrm{II}}}{0.9(h_0-d)f_y} \tag{7-32}$$

式中　d——垂直于Ⅰ－Ⅰ截面基础底板所配钢筋直径。

符合构造要求的杯口基础，在与预制柱结合形成整体后，其性能与现浇柱基础相同，故其高度和底板配筋仍按柱边和高度变化处的截面进行计算。

2. 墙下条形基础

如图7-25所示，墙下条形基础的受弯计算和配筋应符合下列规定：

(1)任意截面每延米宽度的弯矩，可按式(7-33)进行计算：

$$M_{\mathrm{I}}=\frac{1}{6}a_1^2\left(2p_{\max}+p-\frac{3G}{A}\right) \tag{7-33}$$

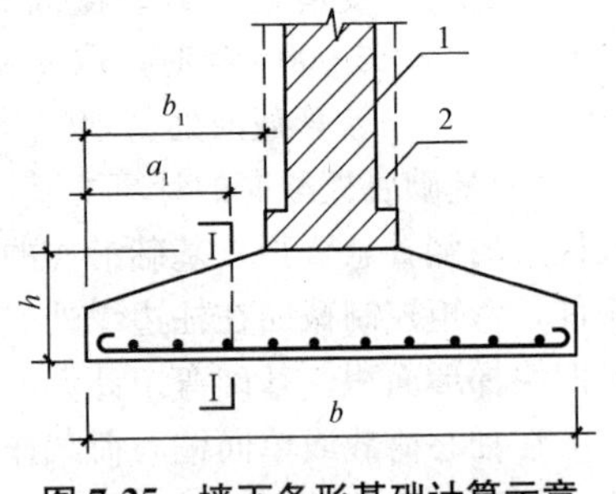

图 7-25　墙下条形基础计算示意

1—砖墙；2—混凝土墙

(2)其最大弯矩截面的位置，应符合下列规定：

1)当墙体材料为混凝土时，取 $a_1=b_1$；

2)如为砖墙且放脚不大于 1/4 砖长时，取 $a_1=b_1+1/4$ 砖长。

(3)墙下条形基础底板每延米宽度的配筋除满足计算和最小配筋率要求外，还应符合构造要求。

第七节　柱下条形基础设计

一、柱下条形基础的基本概念

柱下条形基础是梁板式基础之一，梁板式基础又称为连续基础，包括柱下条形基础、交梁基础、筏形基础和箱形基础等。柱下条形基础是常用于软弱地基土上框架或排架结构的一种基础类型。它具有刚度较大、调整不均匀沉降能力较强的优势，但造价较高，因此，从经济角度考虑，在除非下列软弱地基土的情况，不宜使用柱下条形基础，应优先考虑采用柱下独立基础：

(1)地基较软弱，承载力低而荷载较大，或地基压缩性不均匀(如地基中有局部软弱夹层、土洞等)时；

(2)当荷载分布不均匀，有可能导致不均匀沉降时；

(3)当上部结构对基础沉降比较敏感，有可能产生较大的次应力或影响使用功能时。

二、柱下条形基础的构造要求

柱下条形基础的构造，除应符合扩展基础的一般构造要求外，还应符合下列规定：

(1)柱下条形基础梁的高度宜为柱距的 1/4～1/8。翼板厚度不应小于 200 mm。当翼板厚度大于 250 mm 时，宜采用变厚度翼板，其顶面坡度宜小于或等于 1∶3。

(2)条形基础的端部宜向外伸出，其长度宜为第一跨距的 0.25 倍。

(3)现浇柱与条形基础梁的交接处。基础梁的平面尺寸应大于柱的平面尺寸，且柱的边缘至基础梁边缘的距离不得小于50 mm(图 7-26)。

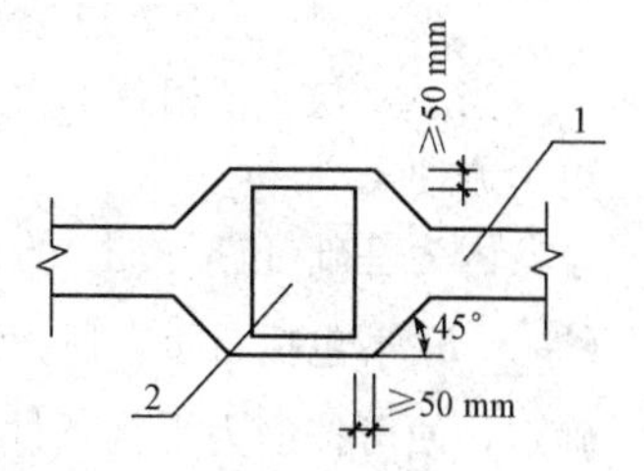

图 7-26　现浇柱与条形基础梁交接处平面尺寸

1—基础梁；2—柱

(4)条形基础梁顶部和底部的纵向受力钢筋除应满足计算要求外，顶部钢筋应按计算配筋全部贯通，底部通长钢筋不应少于底部受力钢筋截面总面积的 1/3。

(5)柱下条形基础的混凝土强度等级，不应低于 C20。

三、柱下条形基础的计算原则

柱下条形基础的计算，除应符合本章第四节有关规定外，还应遵循以下原则：

(1)在比较均匀的地基上，上部结构刚度较好，荷载分布较均匀，且条形基础梁的高度不小于 1/6 柱距时，地基反力可按直线分布，条形基础梁的内力可按连续梁计算，此时，边跨跨中弯矩及第一内支座的弯矩值宜乘以 1.2 的系数。

(2)当不满足(1)的要求时，宜按弹性地基梁计算。

(3)对交叉条形基础，交点上的柱荷载可按静力平衡条件及变形协调条件进行分配，其内力可按(1)、(2)规定分别进行计算。

(4)应验算柱边缘处基础梁的受剪承载力。

(5)当存在扭矩时，还应做抗扭计算。

(6)当条形基础的混凝土强度等级小于柱的混凝土强度等级时，应验算柱下条形基础梁顶面的局部受压承载力。

四、柱下条形基础的计算

1. 底面尺寸的确定

在计算条形基础内力、最终确定截面尺寸并配筋之前，应先按常规方法选定基础底面的长度 l 和宽度 b。将条形基础视为一狭长的矩形基础，长度 l(伸出边柱的长度)由构造要求决定，然后根据地基的承载力计算所需的宽度 b，如果荷载的合力是偏心的，则可像对待偏心荷载下的矩形基础那样，先初步选定宽度，再用边缘最大压力验算地基。

2. 内力分析

实践中常用下列两种简化方法计算条形基础的内力：

(1)静定分析法。首先，按偏心受压公式根据柱子传至梁上的荷载，利用静力平衡条件，求得梁下地基反力的分布，如图 7-27 所示。

$$\begin{matrix} p_{\mathrm{jmax}} \\ p_{\mathrm{jmin}} \end{matrix} = \frac{\sum F_i}{bl} \pm \frac{6\sum M_i}{bl^2} \tag{7-34}$$

式中 $\sum F_i$——上部建筑物作用在基础梁上的各垂直荷载(包括均布荷载 q 在内)总和(kN)；

$\sum M_i$——各外荷载对基础梁中点的力矩代数和(kN·m)；

b——基础梁的宽度(m)；

l——基础梁的长度(m)；

p_{jmax}——基础梁边缘处最大地基反力(kPa)；

p_{jmin}——基础梁边缘处最小地基反力(kPa)。

当 p_{jmax} 与 p_{jmin} 相差不大时，可近似地取其平均值作为梁下均布的地基反力，这样计算时将更为方便。

因为基础(包括覆土)的自重不引起内力，故可根据基底的净反力来作内力分析。式(7-34)中的 $\sum F_i$ 不包括自重，所得的结果即为净反力。求出净反力分布后，基础上所有的作用力都已确定，便可按静力平衡条件计算出任一 i 截面上的弯矩 M_i 和剪力 V_i，如图 7-28 所示，选取若干截面进行计算，然后绘制出弯矩图、剪力图。

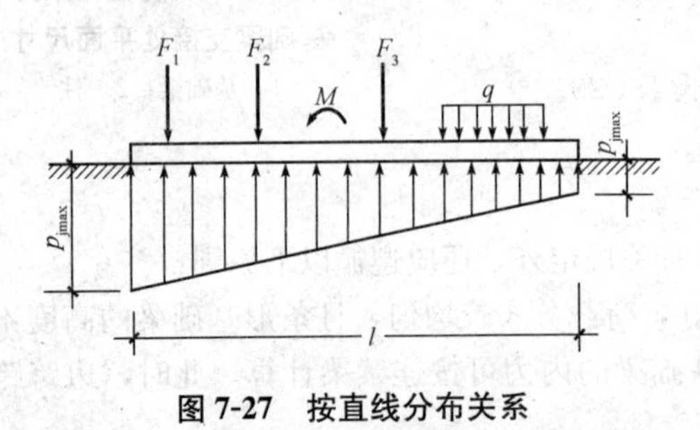

图 7-27　按直线分布关系求基础梁地基反力

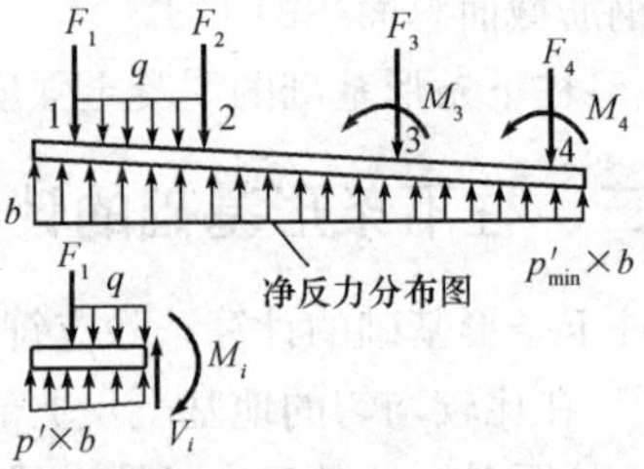

图 7-28　按静力平衡条件计算条形基础的内力

静定分析法不考虑梁与上部结构的相互作用，因而在荷载和直线分布的基底反力作用下产生整体弯曲。静定分析法只适用于上部为柔性结构且自身刚度较大的条形基础及联合基础。

(2)倒梁法。这种方法将地基反力视为作用在基础梁上的荷载，将柱子视为基础梁的支座，这样就可将基础梁作为一倒置的连续梁进行计算，故称为倒梁法，如图 7-29 所示。

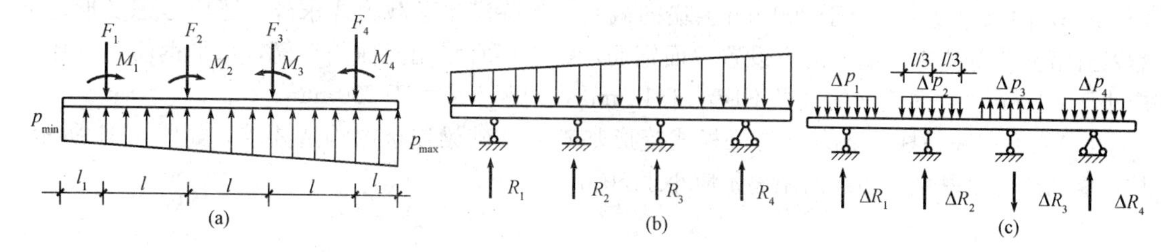

图 7-29　倒梁法计算简图

(a)按直线分布的基底反力；(b)倒置的梁；(c)调整的荷载

由于未考虑基础梁挠度与地基变形协调条件且采用了地基反力直线分布假定(即反力不平衡)，因此，需要进行反力调整，即将柱荷载 F_i 和相应支座反力 R_i 的差值均匀地分配在该支座两侧各 1/3 跨度范围内，再求出此连续梁的内力，并将计算结果进行叠加。重复上述步骤，直至满意为止。一般经过一次调整，就能满足设计精度的要求(不平衡力不超过荷载的 20%)。

倒梁法把柱子看作基础梁的不动支座，即认为上部结构是绝对刚性的。由于计算中不涉及变形，不能满足变形协调条件，因此，计算结果存在一定的误差。经验表明，倒梁法较适合于地基比较均匀，上部结构刚度较好，荷载分布较均匀，且条形基础梁的高度大于 1/6 柱距的情况。由于实际建筑物多半发生盆形沉降，导致柱荷载和地基反力重新分布，研究表明，端柱和端部地基反力均会增大，为此，宜在端跨适当增加受力钢筋，并且上下均匀配筋。

第八节　高层建筑筏形基础设计

建筑上部结构荷载较大，地基承载力较低，采用一般基础不能满足要求时，可将基础扩大成支撑整个建筑物结构的大钢筋混凝土板，即称为筏形基础(或称为筏板基础)。筏形基础不仅能减少地基土的单位面积压力，提高地基承载力，还能增强基础的整体刚性，调整不均匀沉降，故在多层建筑和高层建筑中被广泛采用。筏形基础大多采用梁板式结构，当柱网间距大时，可加肋梁使基础刚度增大。柱网为正方形(或近于正方形)时，筏形基础也可以做成无梁式基础板，相当于一个倒置的无梁楼盖。梁板式筏形基础的肋梁既可向下凸出，也可向上凸出，如图 7-30 所示。

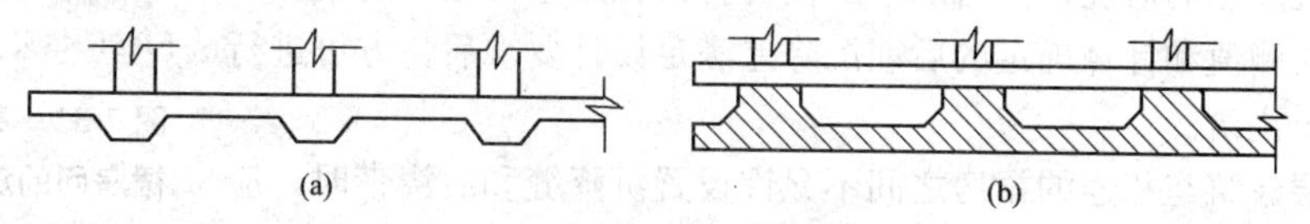

图 7-30　梁板式筏形基础

(a)肋梁向下凸出；(b)肋梁向上凸出

一、高层建筑筏形基础构造

1. 地下室构造

(1)采用筏形基础的地下室，在沿地下室四周布置钢筋混凝土外墙时，外墙厚度不应小于250 mm，内墙厚度不应小于200 mm。墙的截面设计除满足承载力要求外，还应考虑变形、抗裂及外墙防渗等要求。墙体内应设置双面钢筋，钢筋不宜采用光面圆钢筋，水平钢筋的直径不应小于12 mm，竖向钢筋的直径不应小于10 mm，间距不应大于200 mm。

(2)地下室底层柱、剪力墙与梁板式筏形基础的基础梁连接的构造要求，如图7-31所示，柱、墙的边缘至基础梁边缘的距离不应小于50 mm。

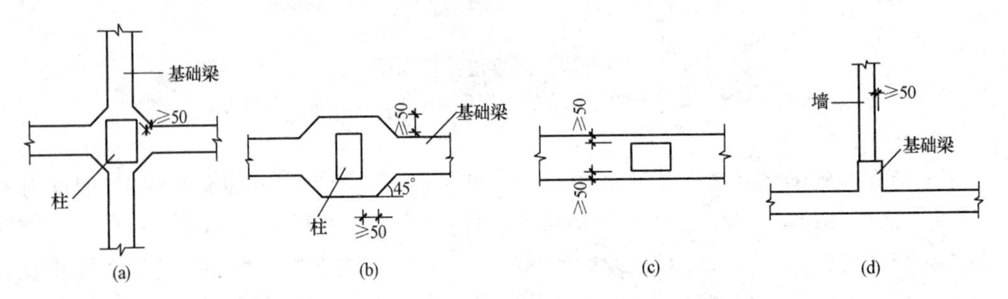

图7-31 地下室底层柱或剪力墙与梁板式筏形基础的基础梁连接的构造要求

1)当交叉基础梁的宽度小于柱截面的边长时，交叉基础梁连接处应设置八字角，柱角和八字角之间的净距不宜小于50 mm，如图7-31(a)所示。

2)单向基础梁与柱的连接，可按图7-31(b)、(c)设计。

3)基础梁与剪力墙的连接，可按图7-31(d)设计。

2. 筏形基础底板

梁板式筏形基础底板除计算正截面受弯承载力外，其厚度还应满足受冲切承载力、受剪切承载力的要求。对12层以上建筑的梁板式筏形基础，其底板厚度与最大双向板格的短边净跨之比不应小于1/14，且板厚不应小于400 mm。

3. 连接要求

(1)筏形基础与地下室外墙的接缝、地下室外墙沿高度处的水平接缝应严格按施工缝要求施工，必要时可设通长止水带。

(2)高层建筑筏形基础与裙房基础之间的构造应符合下列要求：

1)当高层建筑与相连的裙房之间设置沉降缝时，高层建筑的基础埋深应大于裙房基础的埋深至少2 m。地面以下沉降缝的缝隙应用粗砂填实，如图7-32所示。

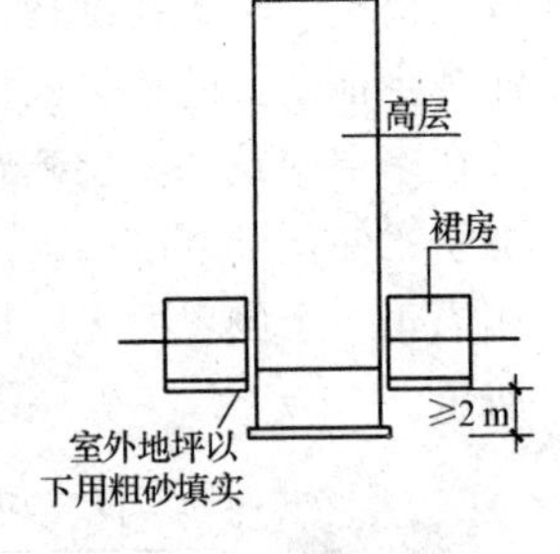

图7-32 高层建筑与裙房间的沉降缝处理

2)当高层建筑与相连的裙房之间不设置沉降缝时，宜在裙房一侧设置用于控制沉降差的后浇带，后浇带的位置宜设在距主楼边柱的第二跨内。当沉降实测值和计算确定的后期沉降差满足设计要求后，方可进行后浇带混凝土浇筑。

3)当高层建筑与相连的裙房之间不允许设置沉降缝和后浇带时，应进行地基变形验算，验算时需考虑地基与结构变形的相互影响并采取相应的有效措施。

(3)筏形基础地下室施工完毕后，应及时进行基坑回填工作。回填基坑时，应先清除基坑中的杂物，并应在相对的两侧或四周同时回填并分层夯实，回填土的压实系数不应小于0.94。

二、筏形基础地基的计算

1. 基础底面积的确定

筏形基础底面积应满足以下地基承载力公式要求：

$$p(x,y)=\frac{F+G}{A}\pm\frac{M_x y}{I_x}+\frac{M_y x}{I_y} \tag{7-35}$$

$$p\leqslant f_a \tag{7-36}$$

$$p_{max}\leqslant 1.2f_a \tag{7-37}$$

式中 F——相应于荷载效应标准组合时，筏形基础上由墙或柱传来的竖向荷载总和(kN)；

G——筏形基础自重(kN)；

A——筏形基础底面积(m^2)；

M_x，M_y——相应于荷载效应标准组合时，竖向荷载F对通过筏形基础底面形心的x轴和y轴的力矩(kN·m)；

I_x，I_y——筏形基础底面积对x轴和y轴的惯性矩(m^4)；

x，y——计算点的x轴和y轴的坐标(m)；

p，p_{max}——平均基底压力和最大基底压力(kPa)；

f_a——基础持力层土的地基承载力特征值(kPa)。

2. 基础偏心距的计算

高层建筑筏形基础的平面尺寸，应根据工程地质条件、上部结构的布置、地下结构底层平面以及荷载分布等因素确定。对单幢建筑物，在地基土比较均匀的条件下，基底平面形心宜与结构竖向永久荷载重心重合。当不能重合时，在荷载效应准永久组合下，偏心距e应符合式(7-38)的要求：

$$e\leqslant 0.1\frac{W}{A} \tag{7-38}$$

式中 W——与偏心距方向一致的基础底面边缘抵抗矩(m^3)；

A——基础底面积(m^2)。

3. 基础沉降量的计算

筏形基础的沉降量可用分层总和法计算。

本章小结

基础工程中，埋置深度不大(一般小于5 m)，只需要经过一般施工方法就可以施工的基础通常称为浅基础。浅基础因为施工简单、造价低廉，应用范围非常广泛，在确保建筑物的安全和正常使用前提下，首选天然地基上的浅基础方案。浅基础设计需要依据一定的规范，按照相应的步骤和方法进行，满足相应计算要求的才符合最终设计方案。

本章主要对无筋扩展基础、扩展基础、柱下条形基础及高层建筑筏形基础进行了详细的介绍，结合地基与基础设计的基本规定，对刚性浅基础的设计理论进行学习，并结合例题进行计算步骤的分析和学习。

思考与练习

一、选择题

1. 在建筑地基与基础设计等级中，下列选项中设计等级属于甲级的是(　　)。

A. 18层以上的高层建筑　　B. 深度为10 m的基坑工程

C. 地质条件复杂的一般建筑　　D. 七层的轻型建筑

2. 在满足地基稳定和变形要求的前提下，当上层地基的承载力大于下层土时，宜利用上层土作持力层。除岩石地基外，基础埋深不宜小于(　　)m。

A. 0.5　　B. 0.8　　C. 1.0　　D. 1.5

3. 基础的埋置深度的确定条件不包括(　　)。

A. 建筑物基础的材料　　B. 作用在地基上的荷载大小和性质

C. 工程地质和水文地质条件　　D. 相邻建筑物的基础埋深

4. 条形基础的端部宜向外伸出，其长度宜为第一跨距的(　　)倍。

A. 0.25　　B. 0.3　　C. 0.5　　D. 1

5. 现浇柱与条形基础梁的交接处，基础梁的平面尺寸应大于柱的平面尺寸，且柱的边缘至基础梁边缘的距离不得小于(　　)mm。

A. 15　　B. 30　　C. 50　　D. 100

二、简答题

1. 简述天然地基上浅基础的设计程序。
2. 决定地基埋置深度的因素有哪些？
3. 简述基础底面尺寸的计算方法。
4. 无筋扩展基础的特点有哪些？
5. 无筋扩展基础高度如何确定？
6. 对柱下条形基础构造有何要求？柱下条形基础如何计算？

三、计算题

1. 某条形基础如图7-33所示，在室内地坪±0.00标高处的轴向设计值$F=200$ kN/m，基础埋深为1.70 m，室内外高差为0.30 m。地基为黏性土，$\gamma=18$ kN/m^3，$f_k=120$ kPa。在基础埋深范围内没有地下水，求基础宽度。

2. 试确定如图7-34所示的某轴心受压框架柱下基础底面尺寸。

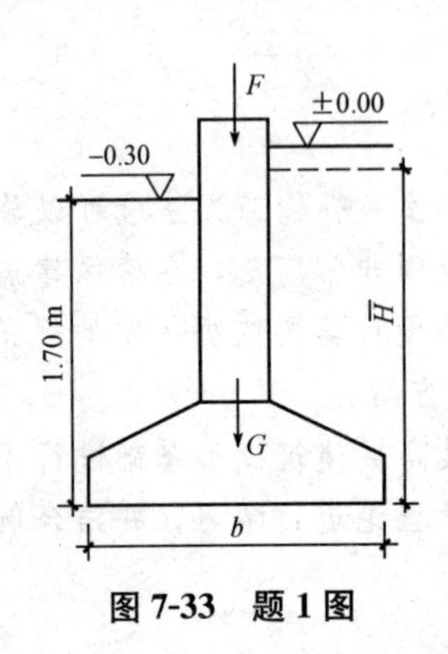

图7-33　题1图

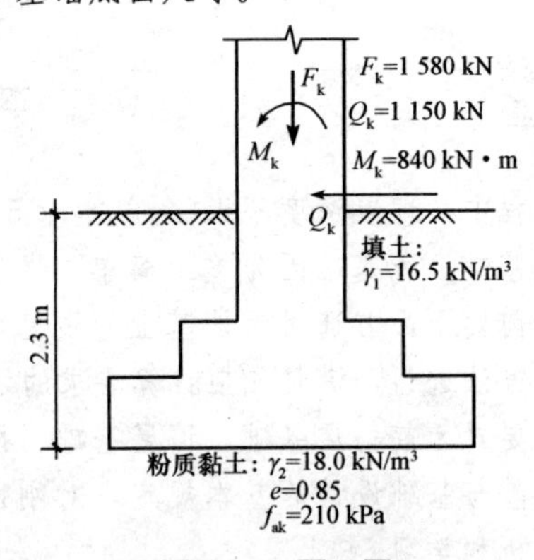

图7-34　题2图

3. 某砖混结构房屋山墙基础，传至基础顶面的荷载 $F_k=185$ kN/m，室内外高差为0.45 m，墙厚为 0.37 m，地质条件如图 7-35 所示；基础采用 3∶7 灰土叠合材料条形基础，采用 MU10 烧结普通砖，M5.0 水泥砂浆砌筑；基础平均埋深 $d=1.40$ m，基础平均埋深为1.63 m，经计算持力层地基承载力特征值 $f_a=175$ kPa。试设计该条形基础。

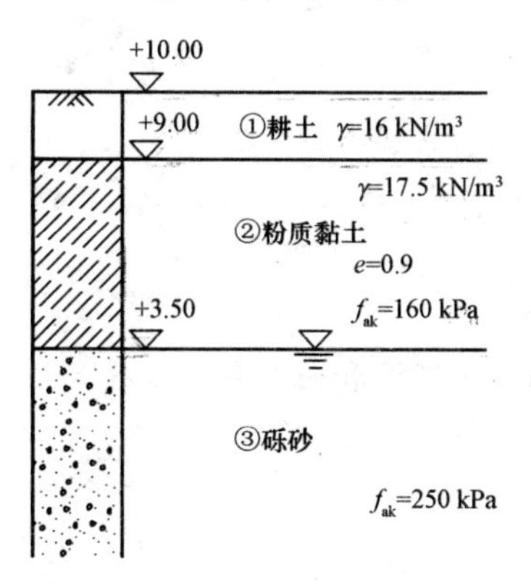

图 7-35　题 3 图

第八章　桩基础设计

能力目标

能够在工程设计过程中根据不同环境和施工条件选择合适类型的桩基础，并可以对单桩及群桩的水平荷载力和竖向承载力进行简单的验算。

知识目标

1. 了解桩的基本类型及其选用条件；
2. 熟悉桩基础的构造要求和设计内容；
3. 掌握桩基础的竖向承载力及水平荷载力计算方法。

第一节　概　　述

一、桩基础的基本概念

随着近代科学技术的发展，桩的种类，桩基础的形式，施工工艺、设备以及桩基础理论、设计方法，都有了很大的发展。桩基础已成为在土质不良地区修建各种建筑物，特别是高层建筑、重型厂房、桥梁、码头和具有特殊要求的建筑物、构筑物所采用的最广泛的基础形式。

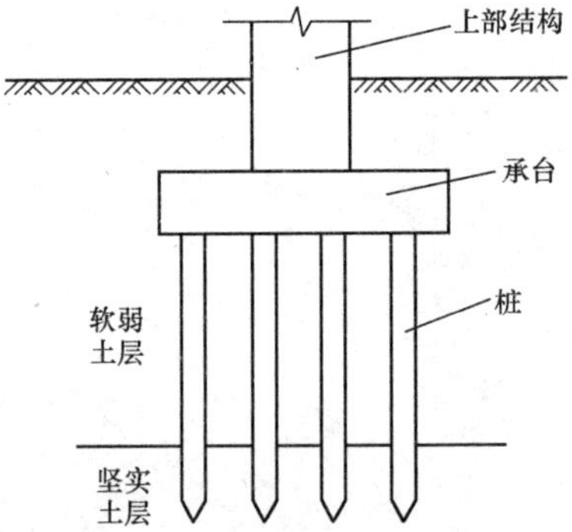

桩基础按承台位置可以分为低桩承台基础和高桩承台基础(简称低桩承台和高桩承台)。低桩承台的承台底面位于地面(或冲刷线)以下，如图 8-1 所示；高桩承台的承台底面位于地面(或冲刷线)以上，其结构特点是基桩部分桩身沉入土中，部分桩身外露在地面以上(成为桩的自由长度)。

图 8-1　低桩承台基础示意

二、桩基础的选用条件

根据桩基础的特性，在下列情况下可以考虑选用桩基础方案：

(1)地基上层土的土质太差而下层土的土质较好；或地基土软硬不均匀；或荷载不均匀，不能满足上部结构对不均匀变形限值的要求。

(2)地基软弱或地基土性特殊，如存在埋深较深、较厚的软土、可液化土层、自重湿陷性黄土、膨胀土及季节性冻土等，不宜采用地基改良和加固措施。

(3)除承受大竖向荷载外，还有较大偏心荷载、水平荷载、动力荷载或周期性荷载。例如，重型工业厂房、荷载很大的仓库、料仓；需要减弱振动影响的动力机器基础。

(4)上部结构对不均匀沉降相当敏感，或建筑物受到大面积超载的影响。

(5)地下水水位很高，采用其他基础形式施工困难或位于水中的构筑物基础。

(6)需要长期保存，具有重要历史意义的建筑物。

桩基础设计时既要注意满足承载力要求，也要注意满足变形要求。为了有效防止工程事故的发生，在桩基础设计和施工中，应做到勘察地基、慎重选择方案、精心设计、精心施工。

三、建筑工程桩基础的特点及作用

桩基础通常作为荷载较大的建筑的基础，具有承载力高，稳定性好，沉降量小而均匀，便于机械施工，适用性强，可以减少机器基础的振幅，降低机器振动对结构的不利影响，可以提高建筑物的抗震能力等特点。在建筑工程中，桩基础的主要作用如下：

(1)桩支撑于坚硬的(基岩、密实的卵砾石层)或较硬的(硬塑黏性土、中密砂)持力层，具有很高的单桩竖向承载力或群桩承载力，足以承担高层建筑的全部竖向荷载(包括偏心荷载)。

(2)桩基础具有很大的竖向单桩刚度(端承型桩)或群桩刚度(摩擦型桩)，在建筑物自重或相邻荷载影响下，不会产生过大的不均匀沉降，并能保证建筑物的倾斜不超过允许范围。

(3)凭借巨大的单桩刚度(大直径桩)或群桩基础的侧向刚度及整体抗倾覆能力，能抵御风和地震作用引起的水平内力，保证高层建筑抗倾覆能力。

(4)箱、筏承台底土分担上部结构荷载。

(5)桩身穿过液化土层支撑在稳定坚固土层或嵌固在基岩内，在地震引起浅层液化土层液化或震陷的情况下，桩基础凭借其支撑在深部稳固土层仍具有足够的抗压及抗拔承载力，从而确保高层建筑稳定，不产生过大的沉陷与倾斜。

四、桩基础中桩的分类

桩是桩基础中最重要的组成部分，其作用是将上部结构的荷载通过桩身传递到深部较坚硬的压缩性较小的土层上。桩可以大致分以下几类：

1. 预制桩

预制桩是指在施工打桩前先根据设计要求制作桩，施工打桩时通过专用的打桩设备锤击、振动打入、静力压入或旋入地基土中的桩。预制桩根据所用的材料不同，可分为混凝土预制桩、钢桩和木桩。

(1)混凝土预制桩。工程中常用的混凝土预制桩的形式有实心方桩和预应力混凝土管桩(图 8-2)两种。混凝土预制桩的优点是长度和截面形状、尺寸可在一定范围内根据需要选择，质量较易保证，桩端(桩尖)可达坚硬黏性土或强风化基岩，承载能力高，耐久性好。

(2)钢桩。常用的钢桩分为开口或闭口的钢管桩及 H 型钢桩等。钢桩的穿透能力强、自重轻、锤击沉桩效果好，承载能力高，无论起吊、运输或是沉桩、接桩都很方便。但钢桩的耗钢量大，成本高，一般只在少数工程中使用。

(3)木桩。木桩常用松木、杉木做成，其桩径(尾径)为 160～260 mm，桩长一般为 4～6 m，

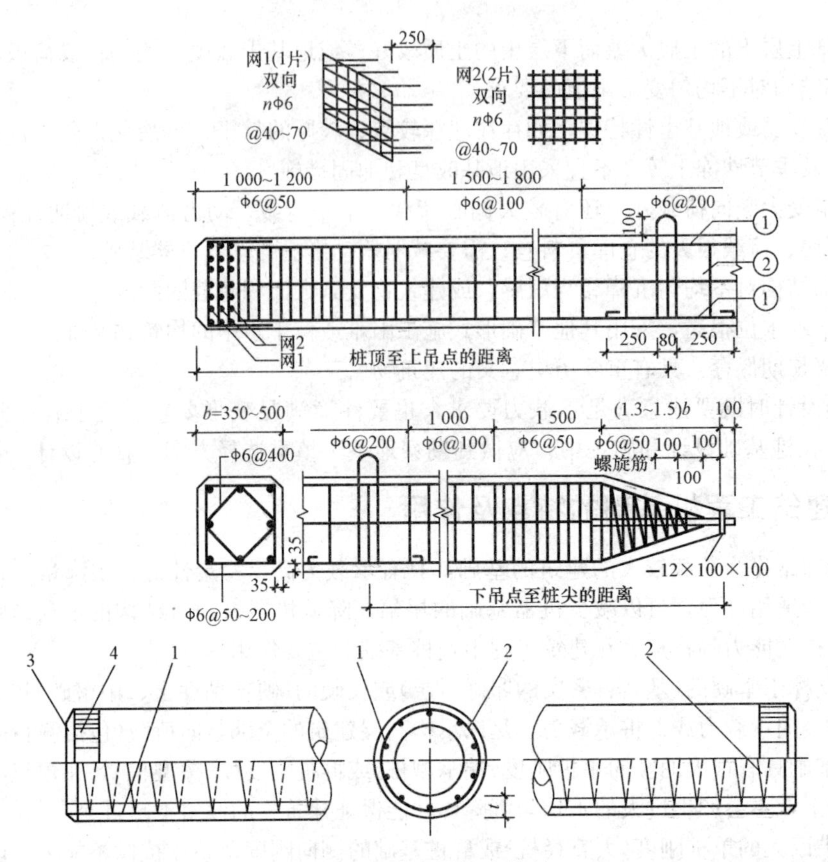

图 8-2　预应力混凝土管桩

1—预应力钢筋；2—螺旋箍筋；3—端头板；4—钢套箍；t—壁厚

杉木桩长些。木材自重轻，具有一定的弹性和韧性，便于加工、运输和设置。在淡水下木桩耐久性良好，但在干湿交替变换的环境中容易腐烂，故应打入桩底地下水水位以下0.5 m。一般木桩用于承载力较小的应急工程中。

2. 灌注桩

灌注桩通常称为就地灌注桩，它是在所设计桩位处成孔，然后在孔内放置钢筋笼浇灌混凝土而成。与预制桩相比，具有以下优点：

(1)适用于各种地层，适应性广泛。

(2)桩长可根据持力层的深浅变化，具有很大的灵活性。

(3)按使用期桩身内力大小配筋或不配筋，用钢量较省。

(4)采用大直径钻孔或挖孔灌注桩时，可获得较高的承载能力。

(5)一般情况下比预制桩经济。

灌注桩品种较多，一般有几十种，大致可以归纳为沉管灌注桩、钻孔灌注桩和挖孔桩三类。灌注桩可采用套管(或沉管)护壁、泥浆护壁或干作业等方法成孔。

(1)沉管灌注桩。沉管灌注桩简称沉管桩，它是采用锤击、振动、振动冲击等方法使沉管开孔，然后在钢管中放入(或不放入)钢筋笼，再一边灌注混凝土，一边振动拔出套管，沉管灌注桩的施工工序如图 8-3 所示。

(2)钻孔灌注桩。钻孔灌注桩在施工时，首先要把桩孔位置的土排出地面，然后清除孔底沉

渣，安放钢筋笼，最后浇筑混凝土。钻孔灌注桩的施工工序如图 8-4 所示。

冲孔和钻孔之间的区别在于使用的钻具不同，因此，功能上略有区别。冲孔钻头易于击碎孤石和穿越粒径较大的卵石层，而钻孔所用的牙轮钻头能磨削坚硬的岩石，以便嵌岩，若能改装特种钻头，还能扩孔。

(3)挖孔桩。挖孔桩可以采用人工挖孔和机械挖孔，目前国内大都采用人工挖孔(图 8-5)。挖孔桩的优点是可以直接观察底层情况，孔底可以清除干净，设备简单，噪声小，无振动，无淤泥等污物，也无挤土情况，场地内各桩孔可同时作业，适应性强，较经济；挖孔桩的缺点是在流砂层或软土层中难以成孔，甚至无法成孔。

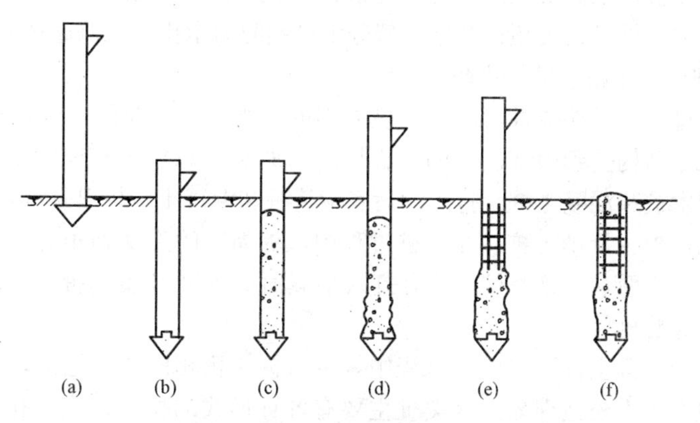

图 8-3　沉管灌注桩的施工工序

(a)打桩就位；(b)沉管；(c)浇灌混凝土；(d)边拔管边振动

(e)安放钢筋笼，继续浇筑混凝土；(f)成型

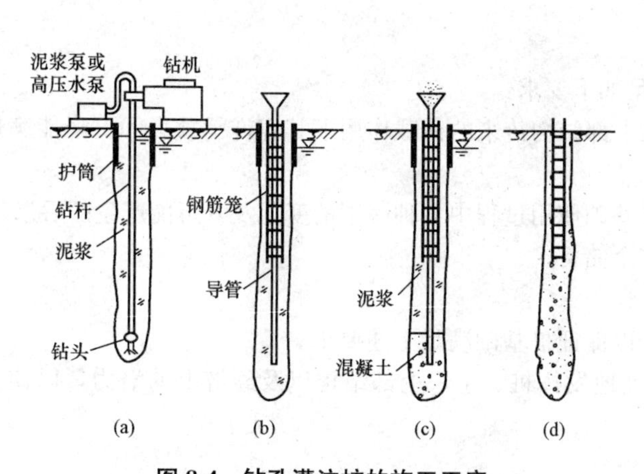

图 8-4　钻孔灌注桩的施工工序

(a)成孔；(b)下导管钢筋笼；(c)浇灌混凝土；(d)成型

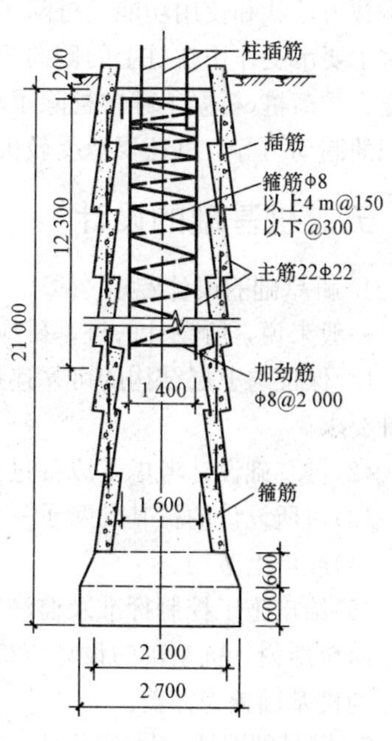

图 8-5　挖孔桩示意

3. 摩擦型桩

摩擦型桩是指在竖向荷载作用下，桩顶荷载全部或主要由桩侧摩擦阻力承担的桩。根据桩侧摩擦阻力分担荷载的比例不同，摩擦型桩又可分为摩擦桩和端承摩擦桩两类。其中，摩擦桩是指桩顶荷载绝大部分由桩侧阻力承担，桩端阻力较小的桩；端承摩擦桩是指桩顶荷载由桩侧摩擦阻力和桩端阻力共同承担，但桩端侧摩擦阻力分担荷载比较大的桩。

4. 端承型桩

端承型桩是指在竖向荷载作用下，桩顶荷载全部或主要由桩端阻力承担，桩侧摩擦阻力相对于桩端阻力较小的桩。根据桩端阻力分担荷载的比例，端承型桩又可分为端承桩和摩擦型端承桩两类。其中，端承桩是指桩顶荷载绝大部分由桩端阻力承担，桩侧摩擦可以忽略不计的桩。

5. 挤土桩、部分挤土桩、非挤土桩

挤土桩也称为排土桩，在成桩过程中，桩周围的土被压密或挤开，因而使桩周围土层受到严重扰动，土的原始结构受到破坏。土的工程性质与原始状态相比有很大改变。这类桩主要有打入或压入的预制木桩和混凝土桩、打入的封底钢管桩和混凝土管桩以及沉管灌注桩。

部分挤土桩也称为少量排土桩，在成桩过程中，桩周围的土受到相对较小的扰动，土的原始工程结构性质变化不明显。这类桩主要有打入小截面 I 型和 H 型钢桩、钢板桩，开口的钢管桩(管内土挖除)和螺旋桩等。

非挤土桩也称为非排土桩，在成桩过程中，将与桩体积相同的土挖出，因而桩周围的土受到较轻的扰动，但有应力松弛现象。这类桩主要有各种形式的挖孔桩或钻孔桩、井筒管桩和预钻孔埋桩等。

6. 其他桩

根据桩的材料，桩可分为天然材料桩、混凝土桩、钢桩、水泥桩、砂浆桩、特种桩等。根据承载力性状和使用功能，桩除了分为端承桩和摩擦桩外，还可分为侧向受荷桩(如基坑工程中的桩主要承受作用在桩上的侧向荷载)、抗拔桩(如抗浮桩、板桩墙后的锚桩主要抵抗拉拔荷载)和复合受荷桩(桥梁工程中桩除了承受竖向荷载外，由于波浪、风、地震、船舶的撞击以及车辆荷载的制动力等，桩还要承受较大的其他荷载)。在工程应用时，根据实际需要选用适合的桩。

五、桩基础的设计

1. 桩基础的设计要求

一般来说，所设计的桩基础应能满足如下要求：

(1)保证与上层结构的可靠连接，在上部结构传来的荷载作用下其容许承载力和沉降能满足设计要求。

(2)桩基础设计考虑了成桩过程及桩基础使用过程中各种因素的变化及其可能产生的后果。

(3)对所设计的桩基础赋予一定的安全储备。

(4)经济上节约。

(5)给出施工控制标准及监测手段，以保证桩基础满足上述要求。

简单地说，桩基础的设计应最大限度地发挥桩、土、上部结构以及经济上的潜力，以使所设计的桩基础较为完美。

2. 桩基础设计的基本规定

桩基础的设计应力求安全适用，且经济合理。根据规范要求，桩基础设计应符合下列规定：

(1)所有桩基础均应进行承载力和桩身强度计算。对预制桩，还应进行运输、吊装和锤击等过程中的强度和抗裂验算。

(2)计算桩基础沉降时，最终沉降量宜按单向压缩分层总和法计算。地基内的应力分布宜采用各向同性均质线性变形体理论，按实体深基础方法或明德林应力公式方法进行计算。

(3)桩基础的抗震承载力验算应符合现行国家标准《建筑抗震设计规范(2016 年版)》(GB 50011—2010)的有关规定。

(4)桩基础宜选用中、低压缩性土层作桩端持力层。

(5)同一结构单元内的桩基础，不宜选用压缩性差异较大的土层作桩端持力层，不宜采用部分摩擦桩和部分端承桩。

(6)由于欠固结软土、湿陷性土和场地填土的固结，场地大面积堆载、降低地下水水位等原因，引起桩周土的沉降大于桩的沉降时，应考虑桩侧负摩擦力对桩基础承载力和沉降的影响。

(7)对位于坡地、岸边的桩基础，应进行桩基础的整体稳定验算。桩基础应与边坡工程统一规划，同步设计。

(8)岩溶地区的桩基础，当岩溶上覆土层的稳定性有保证，且桩端持力层承载力及厚度满足要求，可利用上履土层作为桩端持力层。当必须采用嵌岩桩时，应对岩溶进行施工勘察。

(9)应考虑桩基础施工中挤土效应对桩基础及周边环境的影响；在深厚饱和软土中不宜采用大片密集有挤土效应的桩基础。

(10)应考虑深基坑开挖中，坑底土回弹隆起对桩身受力及桩承载力的影响。

(11)桩基础设计时，应结合地区经验考虑桩、土、承台的共同工作。

(12)在承台及地下室周围的回填中，应满足填土密实度的要求。

3. 桩型的选择

桩型的选择要根据桩的特点、地质条件、建筑结构特点、施工和环境条件、工期、制桩材料及技术经济效果等因素，进行综合分析、比较后才能确定。

(1)地质条件。桩型地质条件是桩型选择时需要首先考虑的因素。地质条件具有客观性和不可变性，桩型的选择必须适合和满足场地条件，对多种可供选择的桩型中要通过经济技术分析比较，确定相对最优化的桩型为所选桩型。

(2)建筑结构特点。建筑结构特点包括建筑体型、结构类型和荷载分布与大小，以及对沉降的敏感性要求等。

建筑体型复杂，体量大、高层或超高层建筑上部结构的荷载很大，传力途径相对复杂，桩基础选型需要满足的条件就多，此类建筑可选择单位工程量大、施工复杂的桩型，如大直径的灌注桩、截面尺寸大的钢筋混凝土预制桩、高强度空心预应力混凝土管桩、钢管桩等。

体量小的建筑荷载小，允许产生一定沉降的建筑物或构筑物可选择工程量小、施工简单、投资成本低且工期短的桩型，可与地基处理方案一同进行综合分析比较，如深厚软土地区的多层建筑可选择普通预制桩、沉管灌注桩及低强度等级桩、水泥搅拌桩等地基加固方法。

不同的结构类型上部结构的竖向荷载和水平荷载向基础传递的途径和方式也不同，与之对应的桩型也不同。对于有特殊要求的建筑物，或构筑物可根据其特性选择桩型，以满足特殊要求。

(3)施工和环境条件。施工条件包括施工设备、材料和运输条件及当地的施工经验。桩型的选择要充分考虑施工技术力量、施工设备和相关材料供应等条件，选择合理可行的桩型方案。

桩基础施工过程中不可避免地要对周围环境造成一定的影响，如振动、噪声、污水、泥浆、底面隆起、土体位移等，有可能对周围建筑物、地下各种管线等基础设施造成不同程度的影响。选择桩型时，要对施工阶段潜在的环境影响因素有充分的分析论证，选择环境条件允许或对环境影响在可接受范围内的桩型。

(4)技术经济效果和工期可能性。对满足以上几个条件的各种桩型进行技术经济性、工期等的比较后，在工期可行的几种方案中选择经济性好的桩型。通常情况下，按每 10 kN 的单桩承载力造价进行比较，择优选定。

4. 桩基础的布置形式及要求

(1)桩的排列形式。常见桩的排列形式如图 8-6 所示，桩基础的平面排列形式应符合下列要求：

1)试验表明，单列的群桩，不管桩的间距多大，群桩效率系数 η 均小于 1；梅花形排列较方形或矩形排列的 η 值大。在桩数相同的情况下，方形排列的 η 值略高于矩形排列，矩形排列的 η 值又略高于条形排列。

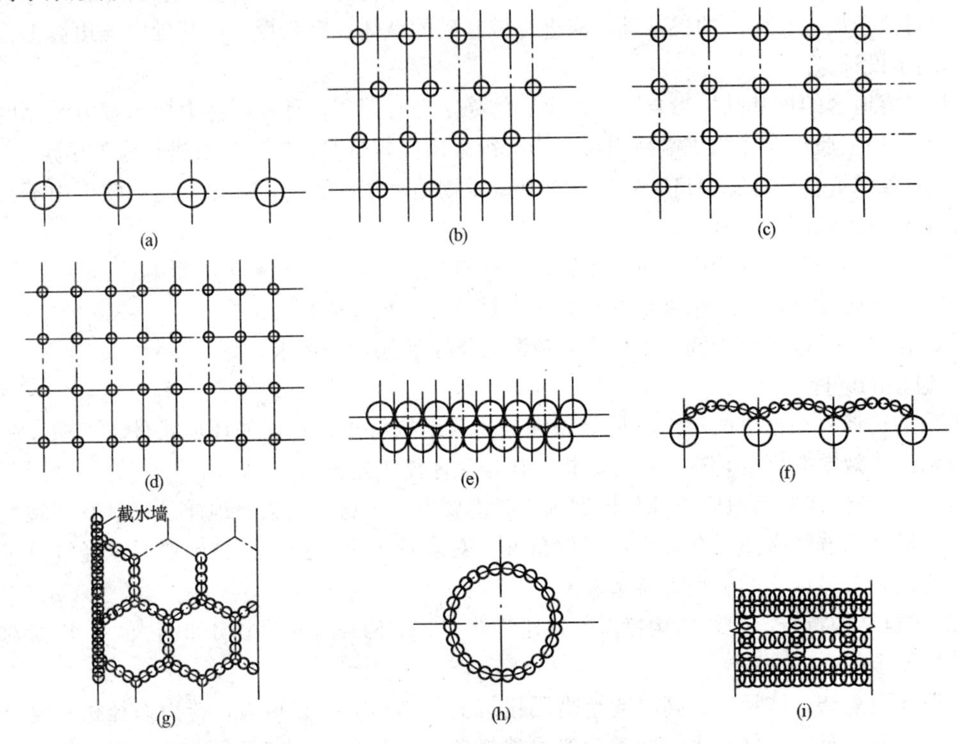

图 8-6　桩的排列形式

(a)纵向单列排列；(b)梅花形排列；(c)方形排列；(d)矩形排列；(e)纵向双排桩墙排列；(f)直线拱形混合排列；(g)六角形蜂窝排列；(h)环形排列；(i)格栅形排列

2)条形排列群桩比方形排列群桩的承台分担荷载比大，但条形排列的桩群其承载力要比由几排桩组成的桩群的承载力低得多。

3)环形排列的桩群等于一个受外侧压的厚壁圆筒，环形护壁主要是受压力而非受拉力，而且内力自身平衡，在使用深层水泥搅拌桩等柔性桩时，符合扬长避短的原则。

4)桩的排列形式对群桩效率的影响实质上是一个“围封效应”问题，在打入桩的沉桩挤土过程中，桩的排数增加、桩位相互错开形成的排土障碍越多，围封效应越显著，因而η值越大。这种情况在砂土地基中更为显著，此时，群桩和桩间土(被击实的土核)形成一个“实体基础”，共同支撑着上部荷载。

5)桩的连续紧密的排列形式一般用于深开挖基坑的坑壁支挡与防渗，即作为围护桩。格栅形排列的桩群组成重力式挡墙，利用搅拌桩抗压不抗拉的特点去承受侧向土压力，而格仓内的

土也有利于增加桩墙的强度和抗滑稳定性。

6)用深层水泥搅拌桩组成的六角形蜂窝排列结构具有一种特殊的功能，曾被用来加固美国大蒂顿山脚下的杰克逊湖坝，以防止坝基中沉积层在地震作用下的液化。

7)群桩的合理排列也能起到减小承台尺寸的作用，如图 8-7 所示的桩群平面布置示例是从不同工程中归纳出来的几种有用的桩群平面图形，可供设计者参考使用。实践中应用的排列形式，柱下多为对称多边形；墙下多为行列式；筏形基础或箱形基础下则尽量沿柱网、肋梁或隔墙的轴线设置。

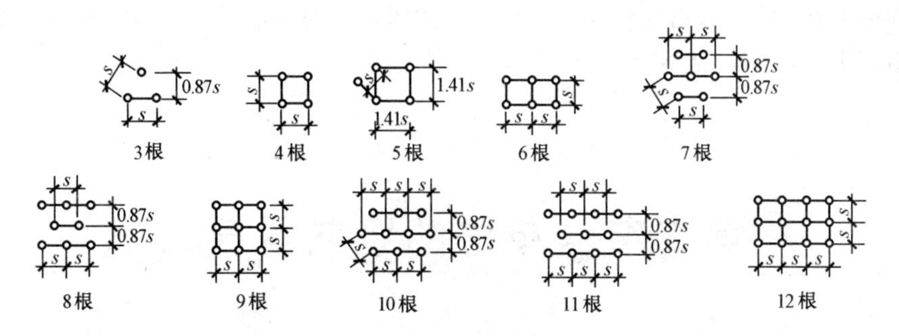

图 8-7　桩群平面布置示例

s—最小桩距

(2)桩基础平面布置规定。《建筑桩基技术规范》(JGJ 94—2008)对桩基础平面布置的规定如下：

1)基桩的最小中心距应符合表 8-1 的规定；当施工中采取减小挤土效应的可靠措施时，可根据当地经验适当减小。

表 8-1　基桩的最小中心距

土类与成桩工艺		排数不少于 3 排且桩数不少于 9 根的摩擦型桩桩基础	其他情况
非挤土灌注桩		$3.0d$	$3.0d$
部分挤土桩	非饱和土、饱和非黏性土	$3.5d$	$3.0d$
	饱和黏性土	$4.0d$	$3.5d$
挤土桩	非饱和土、饱和非黏性土	$4.0d$	$3.5d$
	饱和黏性土	$4.5d$	$4.0d$
钻、挖孔扩底桩		$2D$ 或 $D+2.0$ m(当 $D>2$ m)	$1.5D$ 或 $D+1.5$ m(当 $D>2$ m)
沉管夯扩、钻孔挤扩桩	非饱和土、饱和非黏性土	$2.2D$ 且 $4.0d$	$2.0D$ 且 $3.5d$
	饱和黏性土	$2.5D$ 且 $4.5d$	$2.2D$ 且 $4.0d$

注：1. d 为圆桩直径或方桩边长，D 为扩大端设计直径。
2. 当纵横向桩距不相等时，其最小中心距应满足“其他情况”一栏的规定。
3. 当为端承型桩时，非挤土灌注桩的“其他情况”一栏可减小至 $2.5d$。

2)排列基桩时，宜使桩群承载力合力点与竖向永久荷载合力作用点重合，并使基桩受水平力和力矩较大方向有较大抗弯截面模量。

3)对于桩箱基础、剪力墙结构桩筏(含平板和梁板式承台)基础，宜将桩布置于墙下。

4)对于框架-核心筒结构桩筏基础应按荷载分布考虑相互影响，将桩相对集中布置于核心筒和柱下；外围框架柱宜采用复合桩基础，有合适桩端持力层时，桩长宜小于核心筒下基桩。

5)应选择较硬土层作为桩端持力层。桩端全断面进入持力层的深度，对于黏性土、粉土不宜小于 $2d$，砂土不宜小于 $1.5d$，碎石类土不宜小于 $1\ d$。当存在软弱下卧层时，桩端以下硬持力层厚度不宜小于 $3d$。

6)对于嵌岩桩，嵌岩深度应综合荷载、上覆土层、基岩、桩径、桩长等诸因素确定；对于嵌入倾斜的完整和较完整岩的全断面深度不宜小于 $0.4d$ 且不小于 0.5 m，倾斜度大于 30%的中风化岩，宜根据倾斜度及岩石完整性适当加大嵌岩深度；对于嵌入平整、完整的坚硬岩和较硬岩的深度不宜小于 $0.2d$，且不应小于 0.2 m。

第二节 单桩的竖向承载力

一、单桩竖向承载力的概念

单桩竖向承载力是指单桩在竖向荷载作用下不失去稳定性(即不发生急剧的、不停滞的下沉，桩端土不发生大量塑性变形)，也不产生过大沉降(即保证建筑物桩基础在长期荷载作用下的变形不超过允许值)时，所能承受的最大荷载。

二、单桩竖向承载力的确定原则

设计时应采用的单桩竖向极限承载力标准值，设计等级为甲级的建筑桩基础，应通过单桩静载试验确定；设计等级为乙级的建筑桩基础，当地质条件简单时，可参照地质条件相同的试桩资料，结合静力触探等原位测试和经验参数综合确定；其余均应通过单桩静载试验确定；设计等级为丙级的建筑桩基础，可根据原位测试和经验参数确定。

单桩竖向承载力特征值 R_a 应按式(8-1)确定：

$$R_a = \frac{1}{K} Q_{uk} \tag{8-1}$$

式中 Q_{uk}——单桩竖向极限承载力标准值；

K——安全系数，取 $K=2$。

单桩竖向极限承载力标准值、极限侧阻力标准值和极限端阻力标准值应按下列规定确定：

(1)单桩竖向静载试验应按现行行业标准《建筑基桩检测技术规范》(JGJ 106—2014)执行；

(2)对于大直径端承型桩，也可通过深层平板(平板直径应与孔径一致)荷载试验确定极限端阻力；

(3)对于嵌岩桩，可通过直径为 0.3 m 岩基平板荷载试验确定极限端阻力标准值，也可通过直径为 0.3 m 嵌岩短墩荷载试验确定极限侧阻力标准值和极限端阻力标准值；

(4)桩的极限侧阻力标准值和极限端阻力标准值宜通过埋设桩身轴力测试元件由静荷载试验确定。并通过测试结果建立极限侧阻力标准值和极限端阻力标准值与土层物理指标、岩石饱和单轴抗压强度，以及与静力触探等土的原位测试指标之间的经验关系，以经验参数法确定单桩竖向极限承载力。

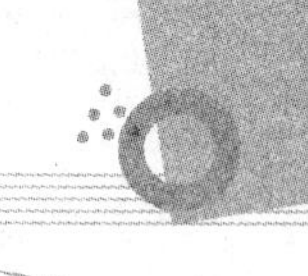

三、单桩竖向承载力的测定方法

(一)《建筑地基基础设计规范》(GB 50007—2011)相关公式

《建筑地基基础设计规范》(GB 50007—2011)规定地基设计是采用正常使用极限状态这一原则，即按变形设计的原则。初步设计时，单桩竖向承载力特征值可按式(8-2)进行估算：

$$R_a = q_{pa}A_p + u_p \sum q_{sia} l_i \tag{8-2}$$

式中 R_a——单桩竖向承载力特征值(kN)；

q_{pa}，q_{sia}——桩端阻力、桩侧阻力特征值(kPa)，由当地静荷载试验结果统计分析算得；

A_p——桩底端横截面面积(m^2)；

u_p——桩身周边长度(m)；

l_i——第 i 层岩土的厚度(m)。

桩端嵌入完整及较完整的硬质岩中，当桩长较短且入岩较浅时，可按式(8-3)估算单桩竖向承载力特征值：

$$R_a = q_{pa}A_p \tag{8-3}$$

式中 q_{pa}——桩端岩石承载力特征值(kPa)。

其余符号意义同前。

【例 8-1】 柱下桩基础的地基剖面如图 8-8 所示，承台底面位于杂填土的下层面，其下黏土层厚 6.0 m，液性指数 $I_L = 0.6$，$q_{s1a} = 26.8$ kPa，$q_{p1a} = 800$ kPa；下面为 9.0 m 厚的中密粉细砂层，$q_{s2a} = 25$ kPa，$q_{p2a} = 1\ 500$ kPa。拟采用直径为 30 cm 的钢筋混凝土预制桩基础，如要求单桩竖向承载力特征值达 350 kN，试求桩的长度。

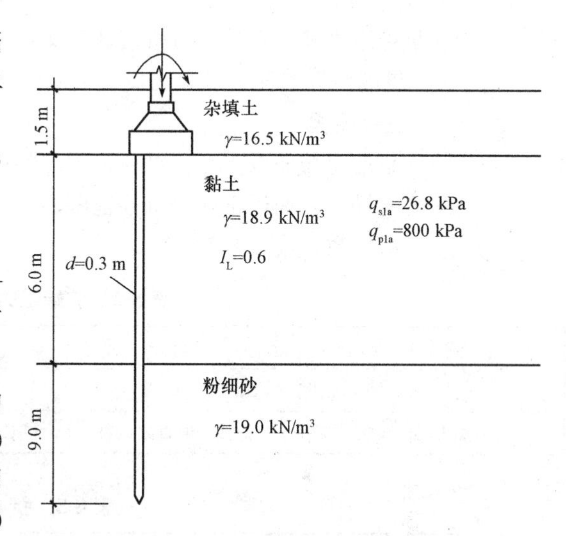

图 8-8 桩基础剖面

解：桩径 $d = 0.3$ m，则

截面积 $A_p = \frac{\pi d^2}{4} = 0.07 m^2$

桩周长 $u_p = \pi d = 0.94 m$

桩侧阻力特征值：黏土层 $q_{s1a} = 26.8$ kPa

粉砂层 $q_{s2a} = 25$ kPa

桩端阻力特征值： $q_{p2a} = 1\ 500$ kPa

将以上数据代入式(8-2)，得

$$350 = 1\ 500 \times 0.07 + 0.94 \times (26.8 \times 6.0 + 25 \times l_2)$$

求得 $l_2 = 4.0$ m。

故桩长为

$$l = l_1 + l_2 = 6.0 + 4.0 = 10.0(m)$$

(二)《建筑桩基技术规范》(JGJ 94—2008)相关公式

1. 原位测试法

(1)当根据土的物理指标与承载力参数之间的经验关系确定单桩竖向极限承载力标准值时，

宜按下式估算：

$$Q_{uk}=Q_{sk}+Q_{pk}=u\sum q_{sik}l_i+\alpha p_{sk}A_p \tag{8-4}$$

当 $p_{sk1}\leqslant p_{sk2}$

$$p_{sk}=\frac{1}{2}(p_{sk1}+\beta\cdot p_{sk2}) \tag{8-5}$$

当 $p_{sk1}>p_{sk2}$

$$p_{sk}=p_{sk2} \tag{8-6}$$

式中 Q_{sk}，Q_{pk}——总极限侧阻力标准值和总极限端阻力标准值；

u——桩身周长；

q_{sik}——用静力触探比贯入阻力值估算的桩周第 i 层土的极限侧阻力；

l_i——桩周第 i 层土的厚度；

α——桩端阻力修正系数，可按表 8-2 取值；

p_{sk}——桩端附近的静力触探比贯入阻力标准值(平均值)；

A_p——桩端面积；

p_{sk1}——桩端全截面以上 8 倍桩径范围内的比贯入阻力平均值；

p_{sk2}——桩端全截面以下 4 倍桩径范围内的比贯入阻力平均值；

β——折减系数，按表 8-3 取用。

表 8-2　桩端阻力修正系数 α

桩长/m	$l<15$	$15\leqslant l\leqslant 30$	$30<l\leqslant 60$
α	0.75	0.75～0.90	0.90
注：桩长 15 m$\leqslant l\leqslant$30 m，α 值按 l 值直线内插；l 为桩长(不包括桩尖高度)。			

表 8-3　折减系数

p_{sk2}/p_{sk1}	$\leqslant 5$	7.5	12.5	$\geqslant 15$
β	1	5/6	2/3	1/2
注：β 值可内插取值。				

(2)当根据双桥探头静力触探资料确定混凝土预制桩单桩竖向极限承载力标准值时，对于黏性土、粉土和砂土，如无当地经验时，可按式(8-7)计算：

$$Q_{uk}=Q_{sk}+Q_{pk}=u\sum l_i\cdot\beta_i\cdot f_{si}+\alpha q_c A_p \tag{8-7}$$

式中 f_{si}——第 i 层土的探头平均侧阻力(kPa)；

q_c——桩端平面上、下探头阻力，取桩端平面以上 $4d$(d 为桩的直径或边长)范围内按土层厚度的探头阻力加权平均值(kPa)，然后再和桩端平面以下 $1d$ 范围内的探头阻力进行平均；

α——桩端阻力修正系数，对于黏性土、粉土取 2/3，饱和砂土取 1/2；

β_i——第 i 层土桩侧阻力综合修正系数，黏性土、粉土：$\beta_i=10.04(f_{si})^{-0.55}$；砂土：$\beta_i=5.05(f_{si})^{-0.45}$。

注：双桥探头的圆锥底面积为 15 cm^2，锥角为 60°，摩擦套筒高为 21.85 cm，侧面积为 300 cm^2。

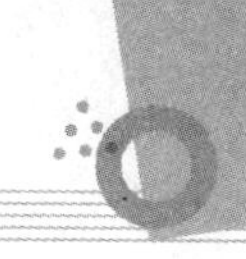

2. 经验参数法

(1)当根据土的物理指标与承载力参数之间的经验关系确定单桩竖向极限承载力标准值时，宜按式(8-8)进行估算：

$$Q_{uk}=Q_{sk}+Q_{pk}=u\sum q_{sik}l_i+q_{pk}A_p \tag{8-8}$$

式中 q_{sik}——桩侧第 i 层土的极限侧阻力标准值，如无当地经验时，可按表 8-4 取值；

q_{pk}——极限端阻力标准值，如无当地经验时，可按表 8-5 取值。

表 8-4　桩的极限侧阻力标准值 q_{sik}　　kPa

土的名称	土的状态		混凝土预制桩	泥浆护壁钻(冲)孔桩	干作业钻孔桩
填土	—		22～30	20～28	20～28
淤泥	—		14～20	12～18	12～18
淤泥质土	—		22～30	20～28	20～28
黏性土	流塑	$I_L>1$	24～40	21～38	21～38
	软塑	$0.75<I_L\leqslant1$	40～55	38～53	38～53
	可塑	$0.50<I_L\leqslant0.75$	55～70	53～68	53～66
	硬可塑	$0.25<I_L\leqslant0.50$	70～86	68～84	66～82
	硬塑	$0<I_L\leqslant0.25$	86～98	84～96	82～94
	坚硬	$I_L\leqslant0$	98～105	96～102	94～104
红黏土	$0.7<a_w\leqslant1$		13～32	12～30	12～30
	$0.5<a_w\leqslant0.7$		32～74	30～70	30～70
粉土	稍密	$e>0.9$	26～46	24～42	24～42
	中密	$0.75\leqslant e\leqslant0.9$	46～66	42～62	42～62
	密实	$e<0.75$	66～88	62～82	62～82
粉细砂	稍密	$10<N\leqslant15$	24～48	22～46	22～46
	中密	$15<N\leqslant30$	48～66	46～64	46～64
	密实	$N>30$	66～88	64～86	64～86
中砂	中密	$15<N\leqslant30$	54～74	53～72	53～72
	密实	$N>30$	74～95	72～94	72～94
粗砂	中密	$15<N\leqslant30$	74～95	74～95	76～98
	密实	$N>30$	95～116	95～116	98～120
砾砂	稍密	$5<N_{63.5}\leqslant15$	70～110	50～90	60～100
	中密(密实)	$N_{63.5}>15$	116～138	116～130	112～130
圆砾、角砾	中密、密实	$N_{63.5}>10$	160～200	135～150	135～150
碎石、卵石	中密、密实	$N_{63.5}>10$	200～300	140～170	150～170
全风化软质岩	—	$30<N\leqslant50$	100～120	80～100	80～100

续表

土的名称	土的状态		混凝土预制桩	泥浆护壁钻(冲)孔桩	干作业钻孔桩
全风化硬质岩	—	$30<N\leqslant 50$	140~160	120~140	120~150
强风化软质岩	—	$N_{63.5}>10$	160~240	140~200	140~220
强风化硬质岩	—	$N_{63.5}>10$	220~300	160~240	160~260

注：1. 对于尚未完成自重固结的填土和以生活垃圾为主的杂填土，不计算其侧阻力。

2. a_w 为含水比，$a_w=w/w_l$，w 为土的天然含水量，w_l 为土的液限。

3. N 为标准贯入击数；$N_{63.5}$ 为重型圆锥动力触探击数。

4. 全风化、强风化软质岩和全风化、强风化硬质岩系指其母岩分别为 $f_{rk}\leqslant 15$ MPa、$f_{rk}>30$ MPa 的岩石。

表 8-5　桩的极限端阻力标准值 q_{pk}　　kPa

土的名称	土的状态 \ 桩型		混凝土预制桩桩长 l/m				泥浆护壁钻(冲)孔桩桩长 l/m				干作业钻孔桩桩长 l/m		
			$l\leqslant 9$	$9<l\leqslant 16$	$16<l\leqslant 30$	$l>30$	$5\leqslant l<10$	$10\leqslant l<15$	$15\leqslant l<30$	$l\geqslant 30$	$5\leqslant l<10$	$10\leqslant l<15$	$l\geqslant 15$
黏性土	软塑	$0.75<I_L\leqslant 1$	210~850	650~1 400	1 200~1 800	1 300~1 900	150~250	250~300	300~450	300~450	200~400	400~700	700~950
	可塑	$0.50<I_L\leqslant 0.75$	850~1 700	1400~2 200	1 900~2 800	2 300~3 600	350~450	450~600	600~750	750~800	500~700	800~1 100	1 000~1 600
	硬可塑	$0.25<I_L\leqslant 0.50$	1 500~2 300	2 300~3 300	2 700~3 600	3 600~4 400	800~900	900~1 000	1 000~1 200	1 200~1 400	850~1 100	1 500~1 700	1 700~1 900
	硬塑	$0<I_L\leqslant 0.25$	2 500~3 800	3 800~5 500	5 500~6 000	6 000~6 800	1 100~1 200	1 200~1 400	1 400~1 600	1 600~1 800	1 600~1 800	2 200~2 400	2 600~2 800
粉土	中密	$0.75\leqslant e\leqslant 0.9$	950~1 700	1 400~2 100	1 900~2 700	2 500~3 400	300~500	500~650	650~750	750~850	800~1 200	1 200~2 400	1 400~1 600
	密实	$e<0.75$	1 500~2 600	2 100~3 000	2 700~3 600	3 600~4 400	650~900	750~950	900~1 100	1 100~1 200	1 200~1 700	1 400~1 900	1 600~2 100
粉砂	稍密	$10<N\leqslant 15$	1 000~1 600	1 500~2 300	1 900~2 700	2 100~3 000	350~500	450~600	600~700	650~750	500~950	1 300~1 600	1 500~1 700
	中密、密实	$N>15$	1 400~2 200	2 100~3 000	3 000~4 500	3 800~5 500	600~750	750~900	900~1 100	1 100~1 200	900~1 000	1 700~1 900	1 700~1 900
细砂	中密、密实	$N>15$	2 500~4 000	3 600~5 000	4 400~6 000	5 300~7 000	650~850	900~1 200	1 200~1 500	1 500~1 800	1 200~1 600	2 000~2 400	2 400~2 700
中砂			4 000~6 000	5 500~7 000	6 500~8 000	7 500~9 000	850~1 050	1 100~1 500	1 500~1 900	1 900~2 100	1 800~2 400	2 800~3 800	3 600~4 400
粗砂			5 700~7 500	7 500~8 500	8 500~10 000	9 500~11 000	1 500~1 800	2 100~2 400	2 400~2 600	2 600~2 800	2 900~3 600	4 000~4 600	4 600~5 200
砾砂	中密、密实	$N>15$	6 000~9 500		9 000~10 500		1 400~2 000		2 000~3 200		3 500~5 000		
角砾、圆砾		$N_{63.5}>10$	7 000~10 000		95 00~11 500		1 800~2 200		2 200~3 600		4 000~5 500		
碎石、卵石		$N_{63.5}>10$	8 000~11 000		10 500~13 000		2 000~3 000		3 000~4 000		4 500~6 500		

续表

土的名称	桩型 / 土的状态	混凝土预制桩桩长 l/m				泥浆护壁钻(冲)孔桩桩长 l/m				干作业钻孔桩桩长 l/m		
		$l\leqslant 9$	$9<l\leqslant 16$	$16<l\leqslant 30$	$l>30$	$5\leqslant l<10$	$10\leqslant l<15$	$15\leqslant l<30$	$l\geqslant 30$	$5\leqslant l<10$	$10\leqslant l<15$	$l\geqslant 15$
全风化软质岩	$30<N\leqslant 50$	4 000～6 000				1 000～1 600				1 200～2 000		
全风化硬质岩	$30<N\leqslant 50$	5 000～8 000				1 200～2 000				1 400～2 400		
强风化软质岩	$N_{63.5}>10$	6 000～9 000				1 400～2 200				1 600～2 600		
强风化硬质岩	$N_{63.5}>10$	7 000～11 000				1 800～2 800				2 000～3 000		

注：1. 砂土和碎石类土中桩的极限端阻力限值，宜综合考虑土的密实度，桩端进入持力层的深径比 h_b/d，土越密实，h_b/d 越大，取值越高。
2. 预制桩的岩石极限端阻力指桩端支撑于中、微风化基岩表面或进入强风化岩、软质岩一定深度条件下极限端阻力。
3. 全风化、强风化软质岩和全风化、强风化硬质岩指其母岩分别为 $f_{rk}\leqslant 15$ MPa、$f_{rk}>30$ MPa 的岩石。

【例 8-2】 预制桩截面尺寸为 450 mm×450 mm，桩长为 16.7 m，依次穿越：厚度 $h_1=4.2$ m、液性指数 $I_L=0.74$ 的黏土层，厚度 $h_2=5.1$ m、孔隙比 $e=0.810$ 的粉土层和厚度 $h_3=4.4$ m、中密的粉细砂层，进入密实的中砂层 3 m，假定承台埋深为 1.5 m。试确定预制桩的极限承载力标准值。

解： 由表 8-4 查得，桩的极限侧阻力特征值 q_{sik} 为

黏土层 $q_{sik}=55\sim70$ kPa，取 $q_{sik}=55$ kPa；

粉土层 $q_{sik}=46\sim66$ kPa，取 $q_{sik}=56$ kPa；

粉细砂层 $q_{sik}=48\sim66$ kPa，取 $q_{sik}=58$ kPa；

中砂层 $q_{sik}=74\sim95$ kPa，取 $q_{sik}=85$ kPa。

桩的入土深度 $h=16.7-1.5=15.2$(m)，查表 8-2 得，预制桩修正系数为 1.0。

由表 8-5 查得，桩的极限端阻力特征值 $q_{pk}=5\,500\sim7\,000$ kPa，取 $q_{pk}=6\,500$ kPa。

故单桩竖向极限端阻力特征值为

$$\begin{aligned}R_a &= q_{pk}A_p + u_p\sum q_{sik}l_i \\ &= 6\,500\times0.45\times0.45+4\times0.45\times(55\times2.7+56\times5.1+58\times4.4+85\times3) \\ &= 1\,316.25+1\,699.74=3\,015.99(\text{kN})\end{aligned}$$

(2)根据土的物理指标与承载力参数之间的经验关系，确定大直径桩单桩极限承载力标准值时，可按式(8-9)计算：

$$Q_{uk}=Q_{sk}+Q_{pk}=u\sum\psi_{si}q_{sik}l_i+\psi_p q_{pk}A_p \tag{8-9}$$

式中 q_{sik}——桩侧第 i 层土极限侧阻力标准值，如无当地经验值时，可按表 8-4 取值，对于扩底桩变截面以上 $2d$ 长度范围不计侧阻力；

q_{pk}——桩径为 800 mm 的极限端阻力标准值，对于干作业挖孔(清底干净)可采用深层荷载板试验确定；当不能进行深层荷载板试验时，可按表 8-6 取值；

ψ_{si}、ψ_p——大直径桩侧阻力、端阻力尺寸效应系数，按表 8-7 取值；

u——桩身周长，当人工挖孔桩桩周护壁为振捣密实的混凝土时，桩身周长可按护壁外直径计算。

表 8-6　干作业挖孔桩(清底干净，D=800 mm)极限端阻力标准值 q_{pk}　　kPa

土的名称		状态		
黏性土		$0.25<I_L\leqslant 0.75$	$0<I_L\leqslant 0.25$	$I_L\leqslant 0$
		800～1 800	1 800～2 400	2 400～3 000
粉土		—	$0.75\leqslant e\leqslant 0.9$	$e<0.75$
		—	1 000～1 500	1 500～2 000
砂土、碎石类土		稍密	中密	密实
	粉砂	500～700	800～1 100	1 200～2 000
	细砂	700～1 100	1 200～1 800	2 000～2 500
	中砂	1 000～2 000	2 200～3 200	3 500～5 000
	粗砂	1 200～2 200	2 500～3 500	4 000～5 500
	砾砂	1 400～2 400	2 600～4 000	5 000～7 000
	圆砾、角砾	1 600～3 000	3 200～5 000	6 000～9 000
	卵石、碎石	2 000～3 000	3 300～5 000	7 000～11 000

注：1. 当桩进入持力层的深度 h_b 分别为：$h_b\leqslant D$，$D<h_b\leqslant 4D$，$h_b>4D$ 时，q_{pk}可相应取低、中、高值。

2. 砂土密实度可根据标贯击数判定，$N\leqslant 10$ 为松散；$10<N\leqslant 15$ 为稍密；$15<N\leqslant 30$ 为中密；$N>30$ 为密实。

3. 当桩的长径比 $l/d\leqslant 8$ 时，q_{pk}宜取较低值。

4. 当对沉降要求不严时，q_{pk}可取高值。

表 8-7　大直径灌注桩侧阻力尺寸效应系数 ψ_{si}、端阻力尺寸效应系数 ψ_p

土的类型	黏性土、粉土	砂土、碎石类土
ψ_{si}	$(0.8/d)^{1/5}$	$(0.8/d)^{1/3}$
ψ_p	$(0.8/D)^{1/4}$	$(0.8/D)^{1/3}$

注：当为等直径桩时，表中 $D=d$。

3. 钢管桩

当根据土的物理指标与承载力参数之间的经验关系确定钢管桩单桩竖向极限承载力标准值时，可按式(8-10)计算：

$$Q_{uk}=Q_{sk}+Q_{pk}=u\sum q_{sik}l_i+\lambda_p q_{pk}A_p \tag{8-10}$$

式中　q_{sik}，q_{pk}——按表 8-4、表 8-5 取与混凝土预制桩相同值；

λ_p——桩端土塞效应系数，对于闭口钢管桩 $\lambda_p=1$；对于敞口钢管桩，当 $h_b/d<5$ 时，$\lambda_p=0.16h_b/d$，当 $h_b/d\geqslant 5$ 时，$\lambda_p=0.8$；

h_b——桩端进入持力层深度；

d——钢管桩外径。

对于带隔板的半敞口钢管桩，应以等效直径 d_e 代替 d 确定 λ_p($d_e=d/\sqrt{n}$，其中 n 为桩端隔板分割数)。

4. 混凝土空心桩

当根据土的物理指标与承载力参数之间的经验关系确定敞口预应力混凝土空心桩单桩竖向

极限承载力标准值时，可按式(8-11)计算：

$$Q_{uk}=Q_{sk}+Q_{pk}=u\sum q_{sik}l_i+q_{pk}(A_j+\lambda_p A_{p1}) \tag{8-11}$$

式中 A_j——空心桩桩端净面积(m^2)，对于管桩，$A_j=\frac{\pi}{4}(d^2-d_1^2)$；对于空心方桩，$A_j=b^2-\frac{\pi}{4}d_1^2$；

A_{p1}——空心桩敞口面积(m^2)，$A_{p1}=\frac{\pi}{4}d_1^2$；

d，b——空心桩外径、边长(m)；

d_1——空心桩内径(m)。

5. 嵌岩桩

桩端置于完整、较完整基岩的嵌岩桩单桩竖向极限承载力，由桩周土总极限侧阻力和嵌岩段总极限阻力组成。当根据岩石单轴抗压强度确定单桩竖向极限承载力标准值时，可按式(8-12)～式(8-14)计算：

$$Q_{uk}=Q_{sk}+Q_{rk} \tag{8-12}$$

$$Q_{sk}=u\sum q_{sik}l_i \tag{8-13}$$

$$Q_{rk}=\zeta_r f_{rk}A_p \tag{8-14}$$

式中 Q_{sk}，Q_{rk}——土的总极限侧阻力标准值、嵌岩段总极限阻力标准值；

q_{sik}——桩周第 i 层土的极限侧阻力，无当地经验时，可根据成桩工艺按表 8-4 取值；

f_{rk}——岩石饱和单轴抗压强度标准值，黏土岩取天然湿度单轴抗压强度标准值；

ζ_r——嵌岩段侧阻和端阻综合系数，与嵌岩深径比 h_r/d、岩石软硬程度和成桩工艺有关，可按表 8-8 采用；表中数值适用于泥浆护壁成桩，对于干作业成桩(清底干净)和泥浆护壁成桩后注浆，ζ_r 应取表列数值的 1.2 倍。

表 8-8 嵌岩段侧阻和端阻综合系数 ζ_r

嵌岩深径比 h_r/d	0	0.5	1.0	2.0	3.0	4.0	5.0	6.0	7.0	8.0
极软岩、软岩	0.60	0.80	0.95	1.18	1.35	1.48	1.57	1.63	1.66	1.70
较硬岩、坚硬岩	0.45	0.65	0.81	0.90	1.00	1.04	—	—	—	—

注：1. 极软岩、软岩指 $f_{rk}\leqslant 15$ MPa，较硬岩、坚硬岩指 $f_{rk}>30$ MPa，介于二者之间可内插取值。
2. h_r 为桩身嵌岩深度，当岩面倾斜时，以坡下方嵌岩深度为准；当 h_r/d 为非表列值时，ζ_r 可内插取值。

6. 后注浆灌注桩

后注浆灌注桩的单桩极限承载力，应通过静荷载试验确定。在符合后注浆技术实施规定的条件下，其后注浆单桩极限承载力标准值可按式(8-15)估算：

$$\begin{aligned}Q_{uk}&=Q_{sk}+Q_{gsk}+Q_{gpk}\\&=u\sum q_{sjk}l_j+u\sum \beta_{si}q_{sik}l_{gi}+\beta_p q_{pk}A_p\end{aligned} \tag{8-15}$$

式中 Q_{sk}——后注浆非竖向增强段的总极限侧阻力标准值；

Q_{gsk}——后注浆竖向增强段的总极限侧阻力标准值；

Q_{gpk}——后注浆总极限端阻力标准值；

u——桩身周长；

l_j——后注浆非竖向增强段第 j 层土厚度；

l_{gi}——后注浆竖向增强段内第 i 层土厚度，对于泥浆护壁成孔灌注桩，当为单一桩端后注浆时，竖向增强段为桩端以上 12 m；当为桩端、桩侧复式注浆时，竖向增强段为桩端以上 12 m 及各桩侧注浆断面以上 12 m，重叠部分应扣除；对于干作业灌注桩，竖向增强段为桩端以上、桩侧注浆断面上下各 6 m；

q_{sik}，q_{sjk}，q_{pk}——后注浆竖向增强段第 i 土层初始极限侧阻力标准值、非竖向增强段第 j 土层初始极限侧阻力标准值、初始极限端阻力标准值；

β_{si}，β_p——后注浆侧阻力、端阻力增强系数，无当地经验时，可按表 8-9 取值。对于桩径大于 800 mm 的桩，应进行侧阻和端阻尺寸效应修正。

表 8-9　后注浆侧阻力、端阻力增强系数

土层名称	淤泥 淤泥质土	黏性土 粉土	粉砂 细砂	中砂	粗砂 砾砂	砾石 卵石	全风化岩 强风化岩
β_{si}	1.2～1.3	1.4～1.8	1.6～2.0	1.7～2.1	2.0～2.5	2.4～3.0	1.4～1.8
β_p	—	2.2～2.5	2.4～2.8	2.6～3.0	3.0～3.5	3.2～4.0	2.0～2.4

注：干作业钻、挖孔桩，β_p 按表列值乘以小于 1.0 的折减系数。当桩端持力层为黏性土或粉土时，折减系数取 0.6；为砂土或碎石土时，取 0.8。

后注浆钢导管注浆后可替代等截面、等强度的纵向主筋。

第三节　特殊条件下桩基础竖向承载力验算

一、软弱下卧层验算

对于桩距不超过 $6d$ 的群桩基础，桩端持力层下存在承载力低于桩端持力层承载力 1/3 的软弱下卧层时，可按式(8-16)和式(8-17)验算软弱下卧层的承载力(图 8-9)：

$$\sigma_z + \gamma_m z \leqslant f_{az} \tag{8-16}$$

$$\sigma_z = \frac{(F_k + G_k) - 3/2(A_0 + B_0)\sum q_{sik} l_i}{(A_0 + 2t \cdot \tan\theta)(B_0 + 2t \cdot \tan\theta)} \tag{8-17}$$

式中　σ_z——作用于软弱下卧层顶面的附加应力；

γ_m——软弱层顶面以上各土层重度(地下水水位以下取浮重度)按厚度加权平均值；

t——硬持力层厚度；

f_{az}——软弱下卧层经深度 z 修正的地基承载力特征值；

A_0、B_0——桩群外缘矩形底面的长、短边边长；

q_{sik}——桩周第 i 层土的极限侧阻力标准值，无当地经验时，可根据成桩工艺按表 8-4 取值；

θ——桩端硬持力层压力扩散角，按表 8-10 取值。

表 8-10　桩端硬持力层压力扩散角

E_{s1}/E_{s2}	$t=0.25B_0$	$t\geqslant 0.50B_0$
1	4°	12°
3	6°	23°
5	10°	25°
10	20°	30°

注：1. E_{s1}、E_{s2} 为硬持力层、软弱下卧层的压缩模量。

2. 当 $t<0.25B_0$ 时，取 $\theta=0°$，必要时，宜通过试验确定；当 $0.25B_0<t<0.50B_0$ 时，可内插取值。

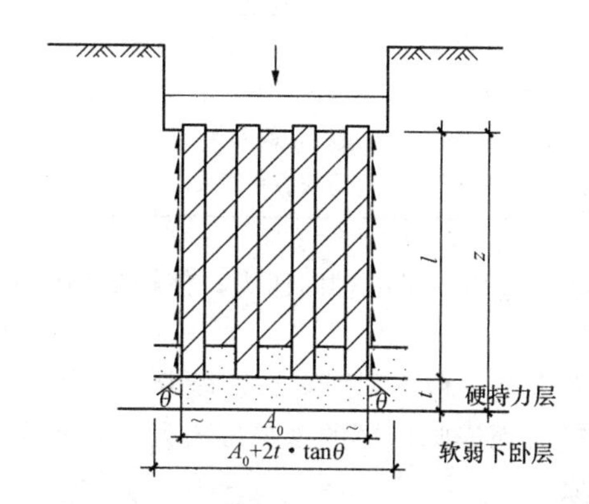

图 8-9　软弱下卧层承载力验算

二、桩的负摩阻力的计算

如图 8-10(a)所示，桩周有两种土层，下层(即持力层)较坚实，而厚度为 h_0 的上层由于某种原因发生沉降且未稳定。图 8-10(b)所示为桩身轴向位移 s 和桩侧土沉降 s' 随深度 y 的变化，当 $y<h_n$ 时，$s<s'$，因而在该深度内桩侧摩阻力为负；当 $y>h_n$ 时，$s>s'$，侧摩阻力为正，如图 8-10(c)所示。

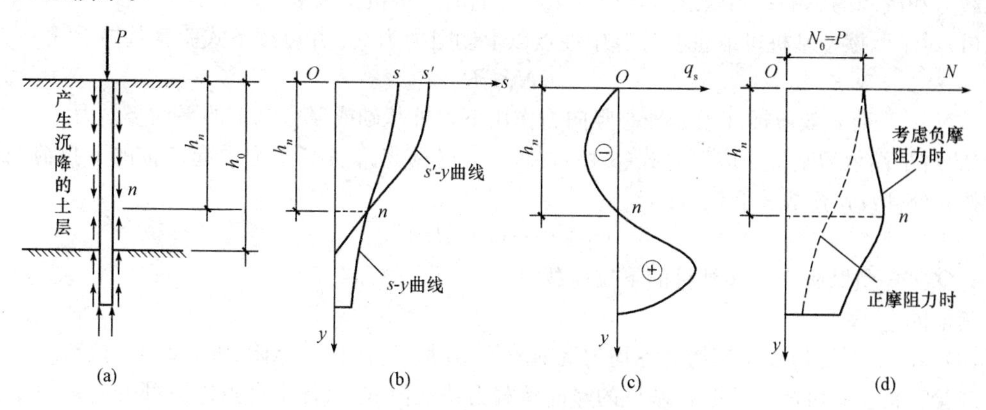

图 8-10　桩的负摩阻力

(a)桩及桩周土受力、沉降示意图；(b)各断面深度的桩、土沉降及相对位移；(c)摩阻力分布及中性点；(d)桩身轴力

在深度为 h_n 的 n 点处，桩土间的相对位移为 0，因而无摩阻力；在其上、下分别为负摩阻力和正摩阻力，即该点为正负摩阻力的分界点，通常称为中性点。一般来讲，在桩土体系受力初期，中性点的位置随桩的沉降加大而稍有上升，随着桩的沉降趋于稳定，中性点也逐渐固定下来。工程实测表明，其深度 h_n 随桩端持力层土的强度和刚度增大而增加；h_n 与桩侧产生沉降的土层的厚度 h_0 之比称为中性点深度比，设计时 h_n 可按 $s=s'$ 的条件通过计算确定，也可参照表 8-11 中的中性点深度比确定。

表 8-11　中性点深度比 l_n/l_0

持力层性质	黏性土、粉土	中密以上砂	砾石、卵石	基岩
中性点深度比 l_n/l_0	0.5～0.6	0.7～0.8	0.9	1.0

注：1. l_n、l_0 分别为自桩顶算起的中性点深度和桩周软弱土层下限深度。
2. 桩穿过自重湿陷性黄土层时，l_n 可按表列值增大 10%(持力层为基岩除外)。
3. 当桩周土层固结与桩基础固结沉降同时完成时，取 $l_n=0$。
4. 当桩周土层计算沉降量小于 20 mm 时，l_n 应按表列值乘以 0.4～0.8 折减。

负摩阻力引起的下拉力如同作用于桩的轴向压力，使桩身轴向力增大，其最大值在中性点 n 处，如图 8-10(d)所示。

因而负摩阻力对桩基础而言是一种不利因素。工程中，因负摩阻力引起的不均匀沉降造成建筑物开裂、倾斜或因沉降过大而影响使用的现象屡有发生，不得不花费大量资金进行加固，有的甚至无法继续使用而拆除。

《建筑桩基技术规范》(JGJ 94—2008)规定，符合下列条件之一的桩基础，当桩周土层产生的沉降超过基桩的沉降时，在计算基桩承载力时应计入桩侧负摩阻力：

(1)桩穿越较厚松散填土、自重湿陷性黄土、欠固结土、液化土层进入相对较硬土层时；

(2)桩周存在软弱土层，邻近桩侧地面承受局部较大的长期荷载，或地面大面积堆载(包括填土)时；

(3)由于降低地下水水位，使桩周土有效应力增大，并产生显著压缩沉降时。

当桩周土沉降可能引起桩侧负摩阻力时，设计时应根据工程具体情况考虑负摩阻力对桩基础承载力和沉降的影响；当缺乏可参照的工程经验时，可按下列规定验算：

(1)对于摩擦型基桩可取桩身计算中性点以上侧阻力为 0，并可按下式验算基桩承载力：

$$N_k \leqslant R_a \tag{8-18}$$

式中　N_k——荷载效应标准组合轴心竖向力作用下，桩基础或复合基桩的平均竖向力。

(2)对于端承型基桩除应满足式(8-18)要求外，还应考虑负摩阻力引起基桩的下拉荷载 Q_g^n，并可按式(8-19)验算基桩承载力：

$$N_k + Q_g^n \leqslant R_a \tag{8-19}$$

式中　Q_g^n——负摩阻力引起基桩的下拉荷载。

其他同上。

(3)当土层不均匀或建筑物对不均匀沉降较敏感时，还应将负摩阻力引起的下拉荷载计入附加荷载验算桩基础沉降。此时，基桩的竖向承载力特征值 R_a 只计中性点以下部分侧阻值及端阻值。影响负摩阻力的因素很多，如桩侧与桩端土的性质、土层的应力历史、地面堆载的大小与范围、降低地下水水位的深度与范围、桩顶荷载施加时间与发生负摩阻力时间之间的关系、桩的类型和成桩工艺等，要精确地计算负摩阻力是十分困难的，国内外大都采用近似的经验公式估算。根据实测加固分析，认为采用有效应力方法比较符合实际。反映有效应力影响的中性点

以上单桩桩周第 i 层土负摩阻力标准值可按式(8-20)计算：

$$q_{si}^{n}=\xi_{ni}\sigma'_{i} \tag{8-20}$$

式中 q_{si}^{n}——第 i 层土桩侧负摩阻力标准值(kPa)；当计算值大于正摩阻力准值时，取正摩阻力标准值进行设计；

ξ_{ni}——桩周第 i 层土负摩阻力系数，可按表 8-12取值；

σ'_{i}——桩周第 i 层土平均竖向有效应力(kPa)。

表 8-12 负摩阻力系数 ξ_n

土类	ξ_n
饱和软土	0.15～0.25
黏性土、粉土	0.25～0.40
砂土	0.35～0.50
自重湿陷性黄土	0.20～0.35

注：1. 在同一类土中，对于挤土桩，取表中较大值；对于非挤土桩，取表中较小值。
2. 填土按其组成取表中同类土的较大值。

当填土、自重湿陷性黄土湿陷、欠固结土层产生固结和地下水降低时，$\sigma'_{i}=\sigma'_{\gamma i}$；当地面分布大面积荷载时，$\sigma'_{i}=p+\sigma'_{\gamma i}$。其中，$\sigma'_{\gamma i}$ 按式(8-21)计算：

$$\sigma'_{\gamma i}=\sum_{e=1}^{i-1}\gamma_{e}\Delta z_{e}+\frac{1}{2}\gamma_{i}\Delta z_{i} \tag{8-21}$$

式中 $\sigma'_{\gamma i}$——由土自重引起的桩周第 i 层土平均竖向有效应力(kPa)，桩群外围桩自地面算起，桩群内部桩自承台底算起；

γ_i，γ_e——第 i 计算土层和其上第 e 土层的重度(kN/m^3)，地下水水位以下取浮重度；

Δz_i，Δz_e——第 i 层土、第 e 层土的厚度(m)；

p——地面均布荷载(kPa)。

考虑群桩效应的基桩下拉荷载 Q_g^n 可按式(8-22)和式(8-23)计算：

$$Q_{g}^{n}=\eta_{n}\cdot u\sum_{i=1}^{n}q_{si}^{n}l_{i} \tag{8-22}$$

$$\eta_{n}=s_{ax}\cdot s_{ay}\Big/\left[\pi d\left(\frac{q_{s}^{n}}{\gamma_{m}}+\frac{d}{4}\right)\right] \tag{8-23}$$

式中 n——中性点以上土层数；

l_i——中性点以上第 i 土层的厚度(m)；

η_n——负摩阻力群桩效应系数；

s_{ax}，s_{ay}——纵、横向桩的中心距(m)；

q_s^n——中性点以上桩周土层厚度加权平均负摩阻力标准值(kPa)；

γ_m——中性点以上桩周土层厚度加权平均重度(地下水水位以下取浮重度)(kN/m^3)。

对于单桩基础或按式(8-23)计算的群桩效应系数 $\eta_n>1$ 时，取 $\eta_n=1$。

工程中可采取适当措施来消除或减小负摩阻力。例如，对填土建筑场地，填土时保证其密实度符合要求，尽量在填土的沉降基本稳定后成桩；当建筑物地面有大面积堆载时，成桩前采取预压等措施，减小堆载引起的桩侧土沉降；对自重湿陷性黄土地基，先行用强夯、素土或灰土挤密桩等方法进行处理，消除或减轻桩侧土的湿陷性；对中性点以上桩身表面进行处理(如涂刷沥青等)。实践表明，根据不同情况采取相应措施，一般可以取得较好的效果。

三、抗拔桩基础承载力验算

承受拔力的桩基础，应按式(8-24)和式(8-25)同时验算群桩基础呈整体破坏和呈非整体破坏时基桩的抗拔承载力：

$$N_k \leqslant T_{gk}/2 + G_{gp} \tag{8-24}$$

$$N_k \leqslant T_{uk}/2 + G_p \tag{8-25}$$

式中 N_k——按荷载效应标准组合计算的基桩拔力；

T_{gk}——群桩呈整体破坏时基桩的抗拔极限承载力标准值；

T_{uk}——群桩呈非整体破坏时基桩的抗拔极限承载力标准值；

G_{gp}——群桩基础所包围体积的桩土总自重除以总桩数，地下水水位以下取浮重度；

G_p——基桩自重，地下水水位以下取浮重度，对于扩底桩应按表 8-13 确定桩、土柱体周长，计算桩、土自重。

表 8-13　扩底桩破坏表面周长

自桩底起算的长度 l_i	$\leqslant(4\sim10)d$	$>(4\sim10)d$
u_i	πD	πd
注：l_i 对于软土取低值，对于卵石、砾石取高值；l_i 取值按内摩擦角增大而增加。		

1. 群桩基础及其基桩的抗拔极限承载力的确定

群桩基础及其基桩的抗拔极限承载力的确定应符合下列规定：

(1)对于设计等级为甲级和乙级建筑桩基础，基桩的抗拔极限承载力应通过现场单桩上拔静荷载试验确定。单桩上拔静荷载试验及抗拔极限承载力标准值取值可按现行行业标准《建筑基桩检测技术规范》(JGJ 106—2014)进行。

(2)如无当地经验时，群桩基础及设计等级为丙级建筑桩基础，基桩的抗拔极限载力取值可按下列规定计算：

1)群桩呈非整体破坏时，基桩的抗拔极限承载力标准值可按式(8-26)计算：

$$T_{uk} = \sum \lambda_i q_{sik} u_i l_i \tag{8-26}$$

式中 T_{uk}——基桩抗拔极限承载力标准值；

u_i——桩身周长，对于等直径桩取 $u=\pi d$；对于扩底桩按表 8-13 取值；

λ_i——抗拔系数，可按表 8-14 取值；

q_{sik}——桩侧表面第 i 层土的抗压极限侧阻力标准值，可按表 8-4 取值。

表 8-14　抗拔系数

土类	λ 值
砂土	0.50～0.70
黏性土、粉土	0.70～0.80
注：桩长 l 与桩径 d 之比小于 20 时，λ 取小值。	

2)群桩呈整体破坏时，基桩的抗拔极限承载力标准值可按式(8-27)计算：

$$T_{gk} = \frac{1}{n} u_l \sum \lambda_i q_{sik} l_i \tag{8-27}$$

式中 u_l——桩群外围周长。

2. 季节性冻土上轻型建筑的短桩基础

季节性冻土上轻型建筑的短桩基础，应按式(8-28)和式(8-29)验算其抗冻拔稳定性：

$$\eta_f q_f u z_0 \leqslant T_{gk}/2 + N_G + G_{gp} \tag{8-28}$$

$$\eta_f q_f u z_0 \leqslant T_{uk}/2 + N_G + G_p \tag{8-29}$$

式中 η_f——冻深影响系数，按表 8-15 采用；

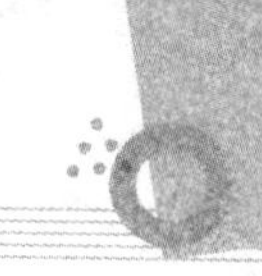

q_f——切向冻胀力，按表 8-16 采用；

z_0——季节性冻土的标准冻深；

T_{gk}——标准冻深线以下群桩呈整体破坏时基桩抗拔极限承载力标准值；

T_{uk}——标准冻深线以下单桩抗拔极限承载力标准值；

N_G——基桩承受的桩承台底面以上建筑物自重、承台及其上土重标准值。

表 8-15　冻深影响系数

标准冻深/m	$z_0 \leqslant 2.0$	$2.0 < z_0 \leqslant 3.0$	$z_0 > 3.0$
η_f	1.0	0.9	0.8

表 8-16　切向冻胀力　　kPa

冻胀性分类 土类	弱冻胀	冻胀	强冻胀	特强冻胀
黏性土、粉土	30～60	60～80	80～120	120～150
砂土、砾(碎)石 (黏粒、粉粒含量>15%)	<10	20～30	40～80	90～200

注：1. 表面粗糙的灌注桩，表中数值应乘以系数 1.1～1.3。
2. 本表不适用于含盐量大于 0.5%的冻土。

3. 膨胀土上轻型建筑的短桩基础

膨胀土上轻型建筑的短桩基础，应按式(8-30)和式(8-31)验算群桩基础呈整体破坏和非整体破坏的抗拔稳定性：

$$u\sum q_{ei}l_{ei} \leqslant T_{gk}/2 + N_G + G_{gp} \tag{8-30}$$

$$u\sum q_{ei}l_{ei} \leqslant T_{uk}/2 + N_G + G_p \tag{8-31}$$

式中　T_{gk}——群桩呈整体破坏时，大气影响急剧层下稳定土层中基桩的抗拔极限承载力标准值；

T_{uk}——群桩呈非整体破坏时，大气影响急剧层下稳定土层中基桩的抗拔极限承载力标准值；

q_{ei}——大气影响急剧层中第 i 层土的极限胀切力，由现场浸水试验确定；

l_{ei}——大气影响急剧层中第 i 层土的厚度。

第四节　桩基础沉降计算

一、桩基础沉降变形的指标

《建筑桩基技术规范》(JGJ 94—2008)规定，建筑桩基础沉降变形计算值不应大于桩基础沉降变形允许值。桩基础沉降变形可用下列指标表示：

(1)沉降量；

(2)沉降差；

(3)整体倾斜：建筑物桩基础倾斜方向两端点的沉降差与其距离的比值；

(4)局部倾斜：墙下条形承台沿纵向某一长度范围内桩基础两点的沉降差与其距离的比值。

二、桩基础变形指标的选用

计算桩基础沉降变形时，桩基础变形指标应按下列规定选用：

(1)由土层厚度与性质不均匀、荷载差异、体型复杂、相互影响等因素引起的地基沉降变形，对于砌体承重结构应由局部倾斜控制；

(2)对于多层或高层建筑和高耸结构应由整体倾斜值控制；

(3)当其结构为框架、框架-剪力墙、框架-核心筒结构时，还应控制柱(墙)之间的差异沉降。

三、桩基础沉降变形允许值

建筑桩基础沉降变形允许值应按表 8-17 规定采用。

表 8-17　建筑桩基础沉降变形允许值

变形特征		允许值
砌体承重结构基础的局部倾斜		0.002
各类建筑相邻柱(墙)基的沉降差 框架、框架-剪力墙、框架-核心筒结构 砌体墙填充的边排柱 当基础不均匀沉降时不产生附加应力的结构		 $0.002l_0$ $0.000\,7l_0$ $0.005l_0$
单层排架结构(柱距为 6 m)桩基础的沉降量/mm		120
桥式吊车轨面的倾斜(按不调整轨道考虑) 纵向 横向		 0.004 0.003
多层和高层建筑的整体倾斜	$H_g \leqslant 24$ $24 < H_g \leqslant 60$ $60 < H_g \leqslant 100$ $H_g > 100$	0.004 0.003 0.002 5 0.002
高耸结构桩基础的整体倾斜	$H_g \leqslant 20$ $20 < H_g \leqslant 50$ $50 < H_g \leqslant 100$ $100 < H_g \leqslant 150$ $150 < H_g \leqslant 200$ $200 < H_g \leqslant 250$	0.008 0.006 0.005 0.004 0.003 0.002
高耸结构基础的沉降量/mm	$H_g \leqslant 100$ $100 < H_g \leqslant 200$ $200 < H_g \leqslant 250$	350 250 150
体型简单的剪力墙结构 高层建筑桩基础最大沉降量/mm	—	200
注：l_0 为相邻柱(墙)二测点间距离，H_g 为自室外地面算起的建筑物高度(m)。		

四、桩基础沉降量的计算

1. 桩中心距不大于 6 倍桩径的桩基础沉降计算

(1)对于桩中心距不大于 6 倍桩径的桩基础，其最终沉降量计算可采用等效作用分层总和法。等效作用面位于桩端平面，等效作用面积为桩承台投影面积，等效作用附加压力近似取承台底平均附加压力。等效作用面以下的应力分布采用各向同性均质直线变形体理论。计算模式如图 8-11 所示，桩基础任一点最终沉降量可用角点法按式(8-32)计算：

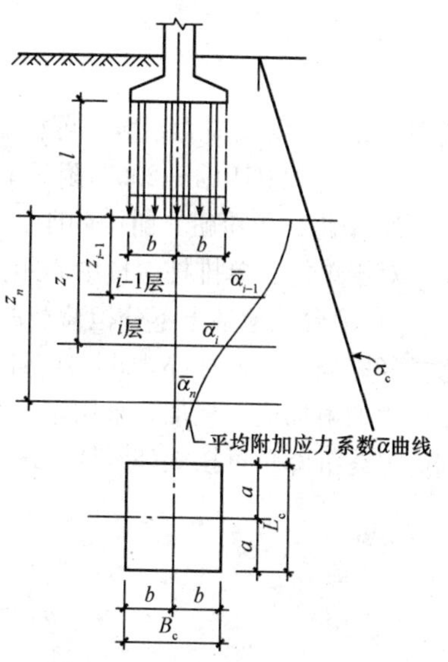

图 8-11　桩基础沉降计算示意图

$$s=\psi\cdot\psi_e\cdot s'$$

$$=\psi\cdot\psi_e\sum_{j=1}^{m}p_{0j}\sum_{i=1}^{n}\frac{z_{ij}\,\bar{\alpha}_{ij}-z_{(i-1)j}\,\bar{\alpha}_{(i-1)j}}{E_{si}} \tag{8-32}$$

式中　s——桩基础最终沉降量(mm)；

s'——采用布辛奈斯克(Boussinesq)解，按实体深基础分层总和法计算出的桩基础沉降量(mm)；

ψ——桩基础沉降计算经验系数；

ψ_e——桩基础等效沉降系数，可按下列公式计算：

$$\psi_e=C_0+\frac{n_b-1}{C_1(n_b-1)+C_2}$$

$$n_b=\sqrt{n\cdot B_c/L_c}$$

n_b——矩形布桩时的短边布桩数；

C_0，C_1，C_2——根据群桩距径比 s_a/d、长径比 l/d 及基础长宽比 L_c/B_c，按《建筑桩基技术规范》(JGJ 94—2008)附录 E 确定；

L_c，B_c，n——矩形承台的长、宽及总桩数；

m——角点法计算点对应的矩形荷载分块数；

p_{0j}——第 j 块矩形底面在荷载效应准永久组合下的附加压力(kPa)；

n——桩基础沉降计算深度范围内所划分的土层数；

E_{si}——等效作用面以下第 i 层土的压缩模量(MPa)，采用地基土在自重压力至自重压力加附压力作用时的压缩模量；

z_{ij}，$z_{(i-1)j}$——桩端平面第 j 块荷载作用面至第 i 层土、第$(i-1)$层土底面的距离(m)；

$\bar{\alpha}_{ij}$，$\bar{\alpha}_{(i-1)j}$——桩端平面第 j 块荷载计算点至第 i 层土、第$(i-1)$层土底面深度范围内平均附加应力系数，可按《建筑桩基技术规范》(JGJ 94—2008)附录 D 选用。

(2)计算矩形桩基础中点沉降时，桩基础沉降量可按式(8-33)简化计算：

$$s=\psi\cdot\psi_e\cdot s'=4\cdot\psi\cdot\psi_e\cdot p_0\sum_{i=1}^{n}\frac{z_i\,\bar{\alpha}_i-z_{i-1}\,\bar{\alpha}_{i-1}}{E_{si}} \tag{8-33}$$

式中　p_0——在荷载效应准永久组合下承台底的平均附加压力；

$\bar{\alpha}_i$，$\bar{\alpha}_{i-1}$——平均附加应力系数，根据矩形长宽比 a/b 及深宽比 $\frac{z_i}{b}=\frac{2z_i}{B_c}$，$\frac{z_{i-1}}{b}=\frac{2z_{i-1}}{B_c}$，可按《建筑桩基技术规范》(JGJ 94—2008)附录 D 选用。

(3)桩基础沉降计算深度 z_n 应按应力比法确定，即计算深度处的附加应力 σ_z 与土的自重应力 σ_c 应符合式(8-34)和式(8-35)要求：

$$\sigma_z \leqslant 0.2\sigma_c \tag{8-34}$$

$$\sigma_z = \sum_{j=1}^{m} \alpha_j p_{0j} \tag{8-35}$$

式中 α_j——附加应力系数，可根据角点法划分的矩形长宽比及深宽比按《建筑桩基技术规范》(JGJ 94—2008)附录D选用。

2. 单桩、单排桩、桩中心距大于6倍桩径的基桩基础沉降计算

对于单桩、单排桩、桩中心距大于6倍桩径的基桩基础的沉降计算应符合下列规定：

(1)承台底地基土不分担荷载的桩基础。桩端平面以下地基中由基桩引起的附加应力，按考虑桩径影响的明德林(Mindlin)解计算确定。将沉降计算点水平面影响范围内各基桩对应力计算点产生的附加应力叠加，采用单向压缩分层总和法计算土层的沉降，并计入桩身压缩 s_e。桩基础的最终沉降量可按式(8-36)～式(8-38)计算：

$$s = \psi \sum_{i=1}^{n} \frac{\sigma_{zi}}{E_{si}} \Delta z_i + s_e \tag{8-36}$$

$$\sigma_{zi} = \sum_{j=1}^{m} \frac{Q_j}{l_j^2} [\alpha_j I_{p,ij} + (1-\alpha_j) I_{s,ij}] \tag{8-37}$$

$$s_e = \xi_e \frac{Q_j l_j}{E_c A_{ps}} \tag{8-38}$$

式中 m——以沉降计算点为圆心，0.6倍桩长为半径的水平面影响范围内的基桩数；

n——沉降计算深度范围内土层的计算分层数；分层数应结合土层性质，分层厚度不应超过计算深度的0.3倍；

σ_{zi}——水平面影响范围内各基桩对应力计算点桩端平面以下第 i 层土1/2厚度处产生的附加竖向应力之和；应力计算点应取与沉降计算点最近的桩中心点；

Δz_i——第 i 计算土层厚度(m)；

E_{si}——第 i 计算土层的压缩模量(MPa)，采用土的自重压力至土的自重压力加附加压力作用时的压缩模量；

Q_j——第 j 桩在荷载效应准永久组合作用下(对于复合桩基础应扣除承台底土分担荷载)桩顶的附加荷载(kN)，当地下室埋深超过5 m时，取荷载效应准永久组合作用下的总荷载为考虑回弹再压缩的等效附加荷载；

l_j——第 j 桩桩长(m)；

A_{ps}——桩身截面面积(m^2)；

α_j——第 j 桩总桩端阻力与桩顶荷载之比，近似取极限总端阻力与单桩极限承载力之比；

$I_{p,ij}$，$I_{s,ij}$——第 j 桩的桩端阻力和桩侧阻力对计算轴线第 i 计算土层1/2厚度处的应力影响系数，可按《建筑桩基技术规范》(JGJ 94—2008)附录F确定；

E_c——桩身混凝土的弹性模量；

s_e——计算桩身压缩沉降量；

ξ_e——桩身压缩系数。端承型桩，取 $\xi_e=1.0$；摩擦型桩，当 $l/d \leqslant 30$ 时，取 $\xi_e=2/3$；$l/d \geqslant 50$ 时，取 $\xi_e=1/2$；介于两者之间可线性插值；

ψ——沉降计算经验系数，无当地经验时，可取1.0。

(2)承台底地基土分担荷载的复合桩基础。将承台底土压力对地基中某点产生的附加应力按布辛奈斯克(Boussinesq)解，即《建筑桩基技术规范》(JGJ 94—2008)附录D计算，与基桩产生的

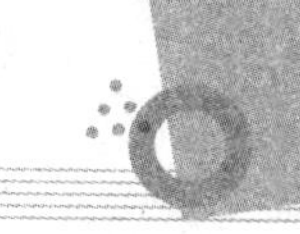

附加应力叠加，采用与(1)相同方法计算沉降。其最终沉降量可按式(8-39)和式(8-40)计算：

$$s=\psi\sum_{i=1}^{n}\frac{\sigma_{zi}+\sigma_{zci}}{E_{si}}\Delta z_i+s_e \tag{8-39}$$

$$\sigma_{zci}=\sum_{k=1}^{n}\alpha_{ki}\cdot p_{c,k} \tag{8-40}$$

式中 σ_{zci}——承台压力对应力计算点桩端平面以下第 i 计算土层 1/2 厚度处产生的应力；可将承台板划分为 u 个矩形块，可按《建筑桩基技术规范》(JGJ 94—2008)附录 D 采用角点法计算；

$p_{c,k}$——第 k 块承台底均布压力，可按 $p_{c,k}=\eta_{c,k}\cdot f_{ak}$ 取值，其中 $\eta_{c,k}$ 为第 k 块承台底板的承台效应系数，按表 8-18 确定；f_{ak} 为承台底地基承载力特征值；

α_{ki}——第 k 块承台底角点处，桩端平面以下第 i 计算土层 1/2 厚度处的附加应力系数，可按《建筑桩基技术规范》(JGJ 94—2008)附录 D 确定。

表 8-18 承台效应系数

B_c/l \ s_a/d	3	4	5	6	>6
≤0.4	0.06～0.08	0.14～0.17	0.22～0.26	0.32～0.38	0.50～0.80
0.4～0.8	0.08～0.10	0.17～0.20	0.26～0.30	0.38～0.44	
>0.8	0.10～0.12	0.20～0.22	0.30～0.34	0.44～0.50	
单排桩条形承台	0.15～0.18	0.25～0.30	0.38～0.45	0.50～0.60	

注：1. 表中 s_a/d 为桩中心距与桩径之比；B_c/l 为承台宽度与桩长之比。当计算基桩为非正方形排列时，$s_a=\sqrt{A/n}$，A 为承台计算域面积，n 为总桩数。
2. 对于桩布置于墙下的箱、筏承台，η_c 可按单排桩条形承台取值。
3. 对于单排桩条形承台，当承台宽度小于 1.5d 时，η_c 按非条形承台取值。
4. 对于采用后注浆灌注桩的承台，η_c 宜取低值。
5. 对于饱和黏性土中的挤土桩基础、软土地基上的桩基础承台，η_c 宜取低值的 0.8 倍。

对于单桩、单排桩、疏桩复合桩基础的最终沉降计算深度 z_n，可按应力比法确定，即 z_n 处由桩引起的附加应力 σ_z、由承台土压力引起的附加应力 σ_{zc} 与土的自重应力 σ_c 应符合式(8-41)要求：

$$\sigma_z+\sigma_{zc}=0.2\sigma_c \tag{8-41}$$

第五节 软土地基减沉复合疏桩基础

一、减沉复合疏桩基础的基本概念

疏桩基础作为复合桩基础，又称为减少沉降量桩基础。在土体地基天然地基承载力基本满足要求情况下，为减小沉降量采用疏布摩擦型桩的复合桩基础，此类桩基础即为减沉复合疏桩基础。

软土地区的多层单栋建筑，天然地基承载力多能满足设计要求，如果按常规桩基础设计，桩数过多；此类建筑对差异控制要求不严格，仅需要对绝对沉降进行控制。

二、确定承台面积和桩数

当软土地基上多层建筑，地基承载力基本满足要求(以底层平面面积计算)时，可设置穿过软土层进入相对较好土层的疏布摩擦型桩，由桩和桩间土共同分担荷载。该种减沉复合疏桩基础，可按式(8-42)和式(8-43)确定承台面积和桩数：

$$A_c = \xi \frac{F_k + G_k}{f_{ak}} \tag{8-42}$$

$$n \geqslant \frac{F_k + G_k - \eta_c f_{ak} A_c}{R_a} \tag{8-43}$$

式中 A_c——桩基础承台总净面积；

f_{ak}——承台底地基承载力特征值；

ξ——承台面积控制系数，$\xi \geqslant 0.60$；

n——基桩数；

η_c——桩基础承台效应系数，可按表 8-18 取值。

三、减沉复合疏桩基础沉降计算

减沉复合疏桩基础中点沉降可按式(8-44)～式(8-47)计算：

$$s = \psi(s_s + s_{sp}) \tag{8-44}$$

$$s_s = 4p_0 \sum_{i=1}^{m} \frac{z_i \overline{\alpha}_i - z_{i-1} \overline{\alpha}_{i-1}}{E_{si}} \tag{8-45}$$

$$s_{sp} = 280 \frac{\overline{q}_{su}}{\overline{E}_s} \frac{d}{(s_a/d)^2} \tag{8-46}$$

$$p_0 = \eta_p \frac{F - nR_a}{A_c} \tag{8-47}$$

式中 s——桩基础中心点沉降量；

s_s——由承台底地基土附加压力作用下产生的中点沉降(图 8-12)；

s_{sp}——由桩土相互作用产生的沉降；

p_0——按荷载效应准永久值组合计算的假想天然地基平均附加压力(kPa)；

E_{si}——承台底以下第 i 层土的压缩模量，应取自重压力至自重压力与附加压力段的模量值；

m——地基沉降计算深度范围的土层数；沉降计算深度按 $\sigma_z = 0.1\sigma_c$ 确定；

$\overline{q}_{su}$，$\overline{E}_s$——桩身范围内按厚度加权的平均桩侧极限摩阻力、平均压缩模量；

d——桩身直径，当为方形桩时，$d = 1.27b$ (b 为方形桩截面边长)；

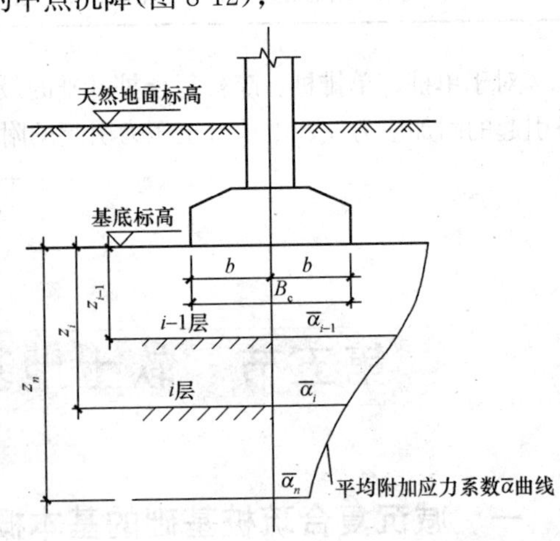

图 8-12 复合疏桩基础沉降计算的分层示意图

s_a/d——等效距径比；

z_i，z_{i-1}——承台底至第 i 层、第 $(i-1)$ 层土底面的距离；

$\overline{\alpha}_i$，$\overline{\alpha}_{i-1}$——承台底至第 i 层、第 $(i-1)$ 层土层底范围内的角点平均附加应力系数；根据

承台等效面积的计算分块矩形长宽比 a/b 及深宽比 $z_i/b=2z_i/B_c$，由《建筑桩基技术规范》(JGJ 94—2008)附录D确定；其中承台等效宽度 $B_c=B\sqrt{A_c}/L$ (B、L 为建筑物基础外缘平面的宽度和长度)；

F——荷载效应准永久值组合下，作用于承台底的总附加荷载(kN)；

η_p——基桩刺入变形影响系数；按桩端持力层土质确定，砂土为1.0，粉土为1.15，黏性土为1.30；

ψ——沉降计算经验系数，无当地经验时，可取1.0。

第六节　桩的水平荷载力

一、桩水平荷载的基本概念

单桩或群桩一般都承受竖向垂直荷载作用，高层建筑由于承受很大的水平荷载或水平地震作用，故其桩基础承受的水平力有时对设计起控制作用。桩承受的水平荷载包括长期作用的水平荷载和反复作用的水平荷载两部分。

(1)地下室外墙上的土、水的侧压力及拱结构在桩基础中产生的水平推力属于长期作用的水平荷载；

(2)风荷载、机械振动及水平地震作用产生的惯性力属于反复作用的水平荷载。

斜桩在理论上承受水平荷载的效能明显，但设计施工中却难以实现。通常当水平荷载和竖向荷载的合力与竖直线的夹角不超过5°时，竖直桩的水平承载力比较容易满足设计要求，应采用竖直桩。

二、单桩水平荷载力与位移计算

受水平荷载的一般建筑物和水平荷载较小的高大建筑物单桩基础和群桩中基桩应满足式(8-48)要求：

$$H_{ik}\leqslant R_h \tag{8-48}$$

式中　H_{ik}——在荷载效应标准组合下，作用于基桩 i 桩顶处的水平力；

R_h——单桩基础或群桩中基桩的水平承载力特征值，对于单桩基础，可取单桩的水平承载力特征值 R_{ha}。

单桩的水平承载力特征值的确定应符合下列规定：

(1)对于受水平荷载较大的设计等级为甲级、乙级的建筑桩基础，单桩水平承载力特征值应通过单桩水平静荷载试验确定，试验方法可按现行行业标准《建筑基桩检测技术规范》(JGJ 106—2014)执行。

(2)对于钢筋混凝土预制桩、钢桩、桩身配筋率不小于0.65%的灌注桩，可根据静荷载试验结果取地面处水平位移为10 mm(对于水平位移敏感的建筑物取水平位移6 mm)所对应的荷载的75%为单桩水平承载力特征值。

(3)对于桩身配筋率小于0.65%的灌注桩，可取单桩水平静荷载试验的临界荷载的75%为单桩水平承载力特征值。

(4)当缺少单桩水平静荷载试验资料时，可按式(8-49)估算桩身配筋率小于0.65%的灌注桩的单桩水平承载力特征值：

$$R_{ha}=\frac{0.75\alpha\gamma_m f_t W_0}{\nu_M}(1.25+22\rho_g)\left(1\pm\frac{\xi_N N_k}{\gamma_m f_t A_n}\right) \tag{8-49}$$

式中 α——桩的水平变形系数；

R_{ha}——单桩水平承载力特征值，“±”号根据桩顶竖向力性质确定，压力取“+”号，拉力取“−”号；

γ_m——桩截面模量塑性系数，圆形截面 $\gamma_m=2$，矩形截面 $\gamma_m=1.75$；

f_t——桩身混凝土抗拉强度设计值；

W_0——桩身换算截面受拉边缘的截面模量，对于圆形截面，$W_0=\frac{\pi d}{32}[d^2+2(\alpha_E-1)\rho_g d_0^2]$，对于方形截面，$W_0=\frac{b}{6}[b^2+2(\alpha_E-1)\rho_g b_0^2]$（$d$ 为桩直径，d_0 为扣除保护层厚度的桩直径，b 为方形截面边长，b_0 为扣除保护层厚度的桩截面宽度，α_E 为钢筋弹性模量与混凝土弹性模量的比值）；

ν_M——桩身最大弯矩系数，按表 8-19 取值，当单桩基础和单排桩基础纵向轴线与水平力方向相垂直时，按桩顶铰接考虑；

ρ_g——桩身配筋率；

A_n——桩身换算截面积，对于圆形截面，$A_n=\frac{\pi d^2}{4}[1+(\alpha_E-1)\rho_g]$；对于方形截面，$A_n=b^2[1+(\alpha_E-1)\rho_g]$；

ξ_N——桩顶竖向力影响系数，竖向压力取 0.5，竖向拉力取 1.0；

N_k——在荷载效应标准组合下桩顶的竖向力(kN)。

表 8-19 桩顶(身)最大弯矩系数 ν_M 和桩顶水平位移系数 ν_x

桩顶约束情况	桩的换算埋深 αh	ν_M	ν_x
铰接、自由	4.0	0.768	2.441
	3.5	0.750	2.502
	3.0	0.703	2.727
	2.8	0.675	2.905
	2.6	0.639	3.163
	2.4	0.601	3.526
固接	4.0	0.926	0.940
	3.5	0.934	0.970
	3.0	0.967	1.028
	2.8	0.990	1.055
	2.6	1.018	1.079
	2.4	1.045	1.095

注：1. 铰接(自由)的 ν_M 系桩身的最大弯矩系数，固接的 ν_M 系桩顶的最大弯矩系数。
2. 当 $\alpha h>4$ 时，取 $\alpha h=4.0$。

(5)对于混凝土护壁的挖孔桩，计算单桩水平承载力时，其设计桩径取护壁内直径。

(6)当桩的水平承载力由水平位移控制，且缺少单桩水平静荷载试验资料时，可按式(8-50)估算预制桩、钢桩、桩身配筋率不小于 0.65%的灌注桩单桩水平承载力特征值：

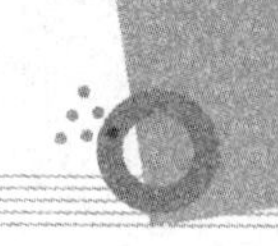

$$R_{ha}=0.75\frac{\alpha^3 EI}{\nu_x}\chi_{0a} \tag{8-50}$$

式中　EI——桩身抗弯刚度，对于钢筋混凝土桩，$EI=0.85E_cI_0$（E_c 为混凝土弹性模量，I_0 为桩身换算截面惯性矩：圆形截面为 $I_0=W_0d_0/2$；矩形截面为 $I_0=W_0b_0/2$）；

χ_{0a}——桩顶允许水平位移；

ν_x——桩顶水平位移系数，按表 8-19 取值，取值方法同 ν_M。

（7）验算永久荷载控制的桩基础的水平承载力时，应将上述（2）～（5）方法确定的单桩水平承载力特征值乘以调整系数 0.80；验算地震作用桩基础的水平承载力时，应将按上述（2）～（5）方法确定的单桩水平承载力特征值乘以调整系数 1.25。

三、群桩水平荷载力与位移计算

群桩基础（不含水平力垂直于单排桩基础纵向轴线和力矩较大的情况）的基桩水平承载力特征值应考虑由承台、桩群、土相互作用产生的群桩效应，可按式（8-51）～式（8-59）确定：

$$R_h=\eta_h R_{ha} \tag{8-51}$$

考虑地震作用且 $s_a/d\leqslant 6$ 时

$$\eta_h=\eta_i\eta_r+\eta_l \tag{8-52}$$

$$\eta_i=\frac{\left(\frac{s_a}{d}\right)^{0.015n_2+0.45}}{0.15n_1+0.10n_2+1.9} \tag{8-53}$$

$$\eta_l=\frac{m\chi_{0a}B_c'h_c^2}{2n_1n_2R_{ha}} \tag{8-54}$$

$$\chi_{0a}=\frac{R_{ha}\nu_x}{\alpha^3 EI} \tag{8-55}$$

其他情况

$$\eta_h=\eta_i\eta_r+\eta_l+\eta_b \tag{8-56}$$

$$\eta_b=\frac{\mu P_c}{n_1n_2R_h} \tag{8-57}$$

$$B_c'=B_c+1 \tag{8-58}$$

$$P_c=\eta_c f_{ak}(A-nA_{ps}) \tag{8-59}$$

式中　η_h——群桩效应综合系数；

η_i——桩的相互影响效应系数；

η_r——桩顶约束效应系数（桩顶嵌入承台长度 50～100 mm 时），按表 8-20 取值；

η_l——承台侧向土水平抗力效应系数（承台外围回填土为松散状态时取 $\eta_l=0$）；

η_b——承台底摩阻效应系数；

s_a/d——沿水平荷载方向的距径比；

n_1，n_2——沿水平荷载方向与垂直水平荷载方向每排桩中的桩数；

χ_{0a}——桩顶（承台）的水平位移允许值，当以位移控制时，可取 $\chi_{0a}=10$ mm（对水平位移敏感的结构物取 $\chi_{0a}=6$ mm），当以桩身强度控制（低配筋率灌注桩）时，可近似按式（8-55）确定；

B_c'——承台受侧向土抗力一边的计算宽度（m）；

B_c——承台宽度（m）；

h_c——承台高度（m）；

μ——承台底与地基土间的摩擦系数，可按表 8-21 取值；

m——承台侧向土水平抗力系数的比例系数，当无试验资料时可按表 8-22 取值；

P_c——承台底地基土分担的竖向总荷载标准值；

η_c——按表 8-18 确定；

A——承台总面积(m^2)；

A_{ps}——桩身截面面积(m^2)。

表 8-20　桩顶约束效应系数 η_r

换算深度 αh	2.4	2.6	2.8	3.0	3.5	≥4.0
位移控制	2.58	2.34	2.20	2.13	2.07	2.05
强度控制	1.44	1.57	1.71	1.82	2.00	2.07

注：$\alpha=\sqrt[5]{\frac{mb_0}{EI}}$，$h$ 为桩的入土长度。

表 8-21　承台底与地基土间的摩擦系数 μ

土的类别		摩擦系数 μ
黏性土	可塑	0.25～0.30
	硬塑	0.30～0.35
	坚硬	0.35～0.45
粉土	密实、中密(稍湿)	0.30～0.40
中砂、粗砂、砾砂		0.40～0.50
碎石土		0.40～0.60
软岩、软质岩		0.40～0.60
表面粗糙的较硬岩、坚硬岩		0.65～0.75

桩的水平变形系数和地基土水平抗力系数的比例系数可按下列规定确定：

(1)桩的水平变形系数 $\alpha(1/m)$。

$$\alpha=\sqrt[5]{\frac{mb_0}{EI}} \tag{8-60}$$

式中　m——桩侧土水平抗力系数的比例系数；

b_0——桩身的计算宽度(m)。

对于圆形桩，当直径 $d\leqslant 1$ m 时，$b_0=0.9(1.5d+0.5)$；

当直径 $d>1$ m 时，$b_0=0.9(d+1)$。

对于方形桩，当边宽 $b\leqslant 1$ m 时，$b_0=1.5b+0.5$；

当边宽 $b>1$ m 时，$b_0=b+1$。

(2)地基土水平抗力系数的比例系数 m，宜通过单桩水平静荷载试验确定，当无静荷载试验资料时，可按表 8-22 取值。

表 8-22　地基土水平抗力系数的比例系数 m

序号	地基土类别	预制桩、钢桩		灌注桩	
		$m/$ $(MN\cdot m^{-4})$	相应单桩在地面处水平位移/mm	$m/$ $(MN\cdot m^{-4})$	相应单桩在地面处水平位移/mm
1	淤泥；淤泥质土；饱和湿陷性黄土	2～4.5	10	2.5～6	6～12

续表

序号	地基土类别	预制桩、钢桩		灌注桩	
		m/(MN·m^{-4})	相应单桩在地面处水平位移/mm	m/(MN·m^{-4})	相应单桩在地面处水平位移/mm
2	流塑($I_L>1$)、软塑($0.75<I_L\leqslant1$)状黏性土；$e>0.9$粉土；松散粉细砂；松散、稍密填土	4.5～6	10	6～14	4～8
3	可塑($0.25<I_L\leqslant0.75$)状黏性土、湿陷性黄土；$e=0.75$～0.9粉土；中密填土；稍密细砂	6～10	10	14～35	3～6
4	硬塑($0<I_L\leqslant0.25$)、坚硬($I_L\leqslant0$)状黏性土、湿陷性黄土；$e<0.75$粉土；中密的中粗砂；密实老填土	10～22	10	35～100	2～5
5	中密、密实的砾砂、碎石类土	—	—	100～300	1.5～3

注：1. 当桩顶水平位移大于表列数值或灌注桩配筋率较高(≥0.65%)时，m值应适当降低；当预制桩的水平向位移小于10 mm时，m值可适当提高。
2. 当水平荷载为长期或经常出现的荷载时，应将表列数值乘以0.4降低采用。

第七节　承台的设计

一、承台的构造

承台设计是桩基础设计中的一个重要组成部分，承台应有足够的强度和刚度，以便把上部结构的荷载可靠地传给各桩，并将各单桩连成整体。

承台分为高桩承台和低桩承台。高桩承台是指桩顶位于地面以上相当高度的承台，多应用于桥梁、码头工程中；凡桩顶位于地面以下的桩承台称为低桩承台，低桩承台与浅基础一样要求底面埋置于当地冻结深度以下。

无论是哪种承台，其最小宽度不应小于500 mm，边桩中心至承台边缘的距离不小于桩的直径或边长，桩的外边缘至承台边缘的距离不小于150 mm。对于墙下条形承台，桩的外边缘至承台边缘的距离不小于75 mm。

条形承台和柱下独立桩基础承台的最小厚度为300 mm。

承台混凝土强度不低于C20，承台底面钢筋混凝土保护层厚度不小于70 mm。当有混凝土垫层时，可适当减少。

承台的配筋：对于矩形承台，应双向均匀通长布筋，直径不小于10 mm，间距不大于

200 mm；对于三桩承台，最里面的三根钢筋围成的三角形应在桩截面范围内。

桩顶嵌入承台内的长度不应小于 50 mm。主筋伸入承台内的锚固长度不应小于 HPB300 钢筋直径的 30 倍和 HRB335 和 HRB400 钢筋直径的 35 倍。对于大直径灌注桩，当采用一柱一桩时，可设置承台或将桩和柱直接连接。

承台之间的连接：对于单桩承台，可在两个互相垂直方向上设置连系梁；对于两桩承台，宜在其短向上设置连系梁；对于抗震要求柱下独立承台，宜在两个主轴方向设置连系梁。

连系梁顶面宜与承台位于同一标高。

二、承台受弯计算

柱下独立桩基础承台的正截面弯矩设计值可按下列规定计算：

(1)两桩条形承台和多桩矩形承台弯矩计算截面取在柱边和承台变阶处[图 8-13(a)]，可按式(8-61)和式(8-62)计算：

$$M_x = \sum N_i y_i \tag{8-61}$$

$$M_y = \sum N_i x_i \tag{8-62}$$

式中 M_x、M_y——绕 X 轴和绕 Y 轴方向计算截面处的弯矩设计值(kN·m)；

x_i、y_i——垂直 Y 轴和 X 轴方向自桩轴线到相应计算截面的距离(m)；

N_i——不计承台及其上土重，在荷载效应基本组合下的第 i 基桩或复合基桩竖向反力设计值(kN)。

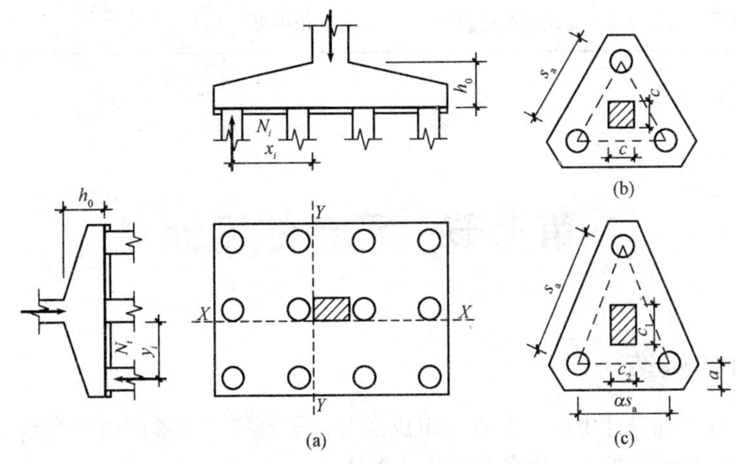

图 8-13 承台弯矩计算示意图

(a)矩形多桩承台；(b)等边三桩承台；(c)等腰三桩承台

(2)三桩承台的正截面弯矩值应符合下列要求：

1)等边三桩承台[图 8-13(b)]。

$$M=\frac{N_{max}}{3}\left(s_a-\frac{\sqrt{3}}{4}c\right) \tag{8-63}$$

式中 M——通过承台形心至各边边缘正交截面范围内板带的弯矩设计值(kN·m)；

N_{max}——不计承台及其上土重，在荷载效应基本组合下三桩中最大基桩或复合基桩竖向反力设计值(kN)；

s_a——桩中心距(m)；

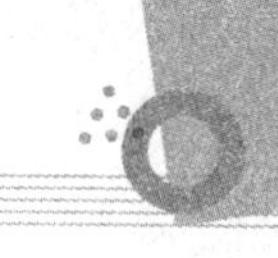

c——方柱边长(m)，圆柱时 $c=0.8d$(d 为圆柱直径)。

2)等腰三桩承台[图 8-13(c)]。

$$M_1=\frac{N_{max}}{3}\left(s_a-\frac{0.75}{\sqrt{4-\alpha^2}}c_1\right) \tag{8-64}$$

$$M_2=\frac{N_{max}}{3}\left(\alpha s_a-\frac{0.75}{\sqrt{4-\alpha^2}}c_2\right) \tag{8-65}$$

式中 M_1，M_2——通过承台形心至两腰边缘和底边边缘正交截面范围内板带的弯矩设计值(kN·m)；

s_a——长向桩中心距(m)；

α——短向桩中心距与长向桩中心距之比，当 $\alpha<0.5$ 时，应按变截面的二桩承台设计；

c_1，c_2——分别为垂直、平行于承台底边的柱截面边长(m)。

三、承台受冲切计算

在承台有效高度不够时将产生冲切破坏。其破坏方式可分为沿桩(墙)边的冲切和单一基桩对承台的冲切两类。当柱边冲切破坏锥体斜截面与承台底面夹角大于或等于 45°时，该斜面上周边位于柱与承台交接处或变阶处。

(1)柱对承台的冲切可按式(8-66)～式(8-69)计算：

$$N_l\leqslant 2[\alpha_{0x}(b_c+a_{0y})+\alpha_{0y}(h_c+a_{0x})]\beta_{hp}f_t h_0 \tag{8-66}$$

$$F_l=F-\sum N_i \tag{8-67}$$

$$\alpha_{0x}=\frac{0.84}{\lambda_{0x}+0.2} \tag{8-68}$$

$$\alpha_{0y}=\frac{0.84}{\lambda_{0y}+0.2} \tag{8-69}$$

式中 F_l——扣除承台及其上填土自重作用在冲切破坏锥体上相应于作用基本组合时的冲切力设计值(kN)，冲切破坏锥体应采用自柱边或承台变阶处相应桩顶边缘连线构成的锥体，锥体与承台地面的夹角不小于 45°，如图 8-14所示；

α_{0x}，α_{0y}——冲切系数；

f_t——承台混凝土抗拉强度设计值；

h_c——承台冲切破坏椎体的有效高度；

λ_{0x}，λ_{0y}——冲跨比，$\lambda_{0x}=a_{0x}/h_0$、$\lambda_{0y}=a_{0y}/h_0$，a_{0x}、a_{0y} 为柱边或变阶处至桩边的水平距离，当 a_{0x} (a_{0y}) $<0.25h_0$ 时，a_{0x} (a_{0y}) $=0.25h_0$，当 a_{0x} (a_{0y}) $>h_0$ 时，a_{0x}(a_{0y}) $=h_0$；

F——柱根部轴力设计值(kN)；

$\sum N_i$——冲切破坏锥体范围内各基桩的净反力设计值之和(kN)。

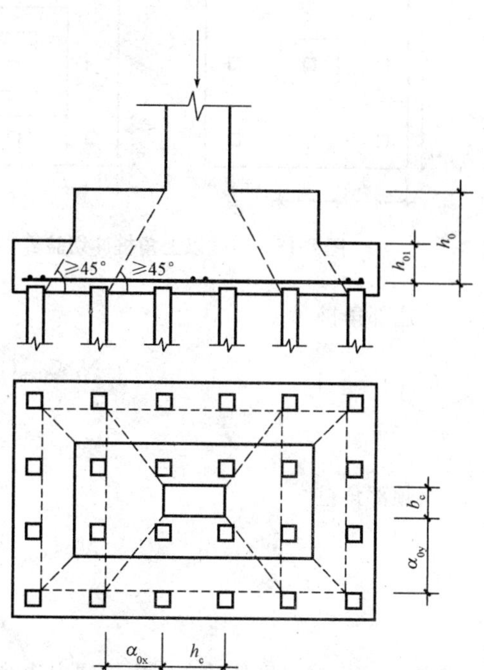

图 8-14 柱下承台的冲切

对中低压缩性土上承台，当承台与地基之间没有脱空现象时，可根据地区经验适当减少柱下桩基础独立承台受冲切计算的承台厚度。

对位于柱(墙)冲切破坏锥体以外的基桩，还应考虑单桩对承台的冲切作用，并按四柱、三柱承台的不同情况计算受冲切承载力。

(2)对四桩(含四桩)以上承台受角桩冲切的承载力可按式(8-70)～式(8-72)计算(图 8-15)：

$$N_l \leqslant [\alpha_{1x}(c_2 + a_{1y}/2) + \alpha_{1y}(c_1 + a_{1x}/2)]\beta_{hp} f_t h_0 \tag{8-70}$$

$$\alpha_{1x} = 0.56/(\lambda_{1x} + 0.2) \tag{8-71}$$

$$\alpha_{1y} = 0.56/(\lambda_{1y} + 0.2) \tag{8-72}$$

式中 N_l——扣除承台及其上填土自重的角桩桩顶相应于作用的基本组合时的竖向力设计值(kN)；

α_{1x}，α_{1y}——角桩冲切系数；

λ_{1x}，λ_{1y}——角桩冲垮比，$\lambda_{1x}=a_{1x}/h_0$，$\lambda_{1y}=a_{1y}/h_0$，其值均应满足 0.25～1.0 的要求；

c_1，c_2——从角桩内边缘至承台外边缘的距离(m)；

h_0——承台外边缘的有效高度(m)；

a_{1x}，a_{1y}——从承台底角桩内边缘引 45°冲切线与承台顶面相交点至角桩内边缘的水平距离(m)。

(3)对于三桩三角形承台受角桩冲切的承载力可按式(8-73)～式(8-76)计算(图 8-16)：

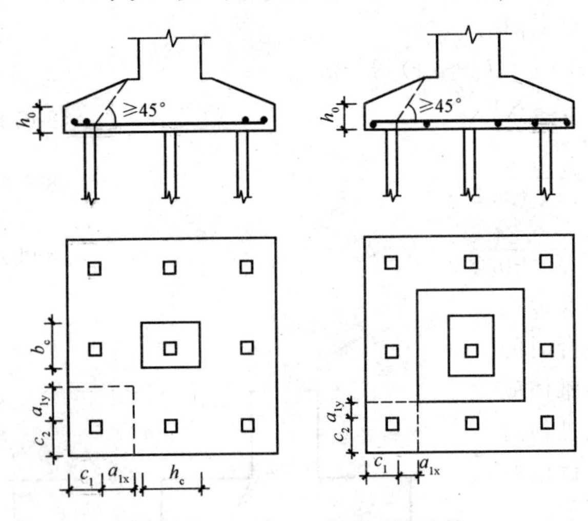

图 8-15 四柱以上角桩冲切验算

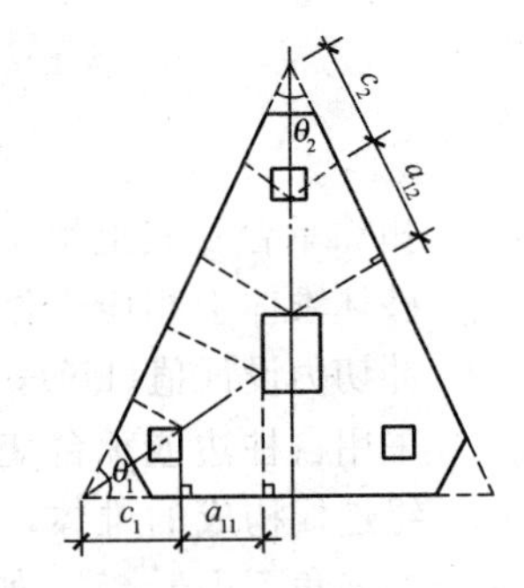

图 8-16 三桩三角形承台角桩冲切验算

底部角桩

$$N_l \leqslant \alpha_{11}(2c_1 + a_{11})\tan\frac{\theta_1}{2}\beta_{hp} f_t h_0 \tag{8-73}$$

$$\alpha_{11} = \frac{0.56}{\lambda_{11} + 0.2} \tag{8-74}$$

顶部角桩

$$N_l \leqslant \alpha_{12}(2c_2 + a_{12})\tan\frac{\theta_2}{2}\beta_{hp} f_t h_0 \tag{8-75}$$

$$\alpha_{12} = \frac{0.56}{\lambda_{12} + 0.2} \tag{8-76}$$

式中 a_{11}，a_{12}——从承台底角桩顶内边缘向相邻承台引 45°冲切线与承台顶面相交点至角桩内边缘的水平距离(m)；当柱边位于该 45°线以内时，则取由柱边与柱内边缘连

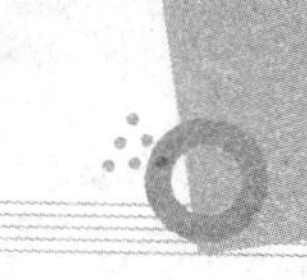

线为冲切锥体的锥线；

λ_{11}，λ_{12}——角桩冲跨比，$\lambda_{11}=a_{11}/h_0$，$\lambda_{12}=a_{12}/h_0$，其值均应满足0.25～1.0的要求。

四、承台受剪计算

桩基础承台斜截面受剪承载力计算同一般混凝土结构，但由于桩基础承台多属小剪跨比($\lambda<1.40$)情况，故需将混凝土结构所限制的剪跨比延伸到0.3的范围。

柱基承台的剪切破坏面为一通过柱(墙)边与桩边连线所形成的斜截面，如图8-17所示。当柱(墙)外有多排桩形成多个剪切斜截面时，对每一个斜截面都应进行受剪承载力计算。

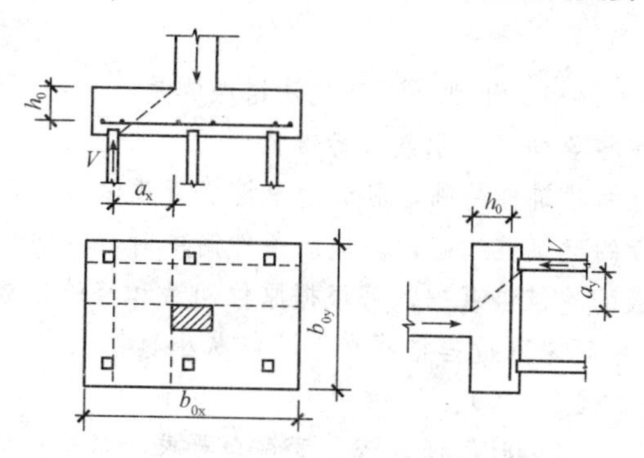

图8-17　承台斜截面受剪承载力计算

等厚度承台斜截面受剪承载力计算可按式(8-77)～式(8-79)计算：

$$V\leqslant\beta_{hs}\alpha f_t b_0 h_0 \tag{8-77}$$

$$\alpha=\frac{1.75}{\lambda+1} \tag{8-78}$$

$$\beta_{hs}=\left(\frac{800}{h_0}\right)^{1/4} \tag{8-79}$$

式中　V——不计承台及其上填土自重，在荷载效应基本组合下，斜截面的最大剪力设计值(kN)；

f_t——混凝土轴心抗拉强度设计值；

b_0——承台计算截面处的计算宽度(m)；阶梯形承台变阶处的计算宽度、锥形承台的计算宽度应按《建筑地基基础设计规范》(GB 50007—2011)附录U确定；

h_0——承台计算截面处的有效高度(m)；

α——剪切系数；

β_{hs}——受剪承载力截面高度影响系数；

λ——计算截面的剪跨比，$\lambda_x=a_x/h_0$，$\lambda_y=a_y/h_0$(a_x、a_y分别为柱边(墙边)或承台变阶处至x、y方向计算一排桩的桩边的水平距离)，当$\lambda<0.25$时，取$\lambda=0.25$；当$\lambda>3$时，取$\lambda=3$。

本章小结

基础工程中，当浅层地基土无法满足建筑物对地基变形和强度要求时，可以用深层较坚硬的土层作为持力层，设计成深基础。其中，桩基础以承载力高、沉降小、施工方便等特点得到广泛应用。

通过对单桩基础、群桩基础及承台的深入学习，掌握桩基础的类型、适用范围、施工工艺，以及桩体的竖向承载力、桩基础设计的一般步骤等。结合地基与基础设计及施工的基本规定，对桩基础基本理论进行学习，并结合例题对单桩和群桩竖向承载力及桩基础计算步骤进行分析和学习。

思考与练习

一、选择题

1. 关于单桩竖向承载力的确定原则，下列说法错误的是(　　)。

A. 设计时应采用单桩竖向极限承载力标准值

B. 设计等级为甲级的建筑桩基础，应通过单桩静荷载试验确定

C. 设计等级为乙级的建筑桩基础，当地质条件简单时，可通过单桩静荷载试验确定

D. 设计等级为丙级的建筑桩基础，可根据原位测试和经验参数确定

2. 在桩基础工程施工中可采取适当措施来消除或减小负摩阻力，下列选项中不属于消除或减小负摩阻力措施的是(　　)。

A. 对填土建筑场地，填土时保证其密实度符合要求，尽量在填土的沉降基本稳定后成桩

B. 当建筑物地面堆载面积较小时，成桩前采取预压等措施，减小堆载引起的桩侧土沉降

C. 对自重湿陷性黄土地基，先行用强夯方法消除或减轻桩侧土的湿陷性

D. 对中性点以上桩身表面进行处理(如涂刷沥青等)

3. 要弄清楚有限厚度硬层能否作为群桩的可靠持力层，需慎重对待。如果设计失当，可能产生较薄持力层冲切破坏而使桩基础整体失稳，或因下卧层的变形使桩基础沉降过大。其影响因素不包括(　　)。

A. 软弱下卧层的强度和压缩性

B. 硬持力层的强度、压缩性和厚度

C. 群桩的桩距、桩数

D. 桩长

4.《建筑地基基础设计规范》(GB 50007—2011)规定了不需进行桩基础沉降验算的情况为(　　)。

A. 地基基础设计等级为甲级的建筑物桩基础

B. 体型复杂、荷载不均匀或桩端以下存在软弱土层的设计等级为乙级的建筑物桩基础

C. 对嵌岩桩、设计等级为乙级的建筑物桩基础

D. 当有可靠地区经验时，对地质条件不复杂、荷载均匀、对沉降无特殊要求的端承型桩基础

5. 一般情况下，承台埋深的选择主要从结构和冻胀要求考虑，并不得小于(　　)mm。

A. 200　　B. 300　　C. 500　　D. 600

二、简答题

1. 试述桩基础的分类情况。
2. 简述桩基础的选用条件、特点及其作用。
3. 灌注桩与预制桩相比有哪些优点?
4. 简述常见桩的布置形式。

5. 如何选择桩长？

6. 试述桩基础设计的基本规定。

三、计算题

1. 柱下桩基础的地基剖面如图 8-18 所示，承台底面位于杂填土的下层面，其下黏土层厚 6.0 m，液性指数 $I_L=0.5$，$q_{s1a}=25.4$ kPa，$q_{p1a}=800$ kPa；下面为 9.0 m 厚的中密粉细砂层，$q_{s2a}=25$ kPa，$q_{p2a}=1\ 500$ kPa。拟采用直径为 30 cm 的钢筋混凝土预制桩基础，如要求单桩竖向承载力特征值达 420 kN，试按《建筑地基基础设计规范》(GB 5007—2011)求桩的长度。

2. 预制桩截面尺寸为 400 mm×400 mm，桩长为 15.5 m，依次穿透：厚度 $h_l=4.2$ m、液性指数 $I_L=0.74$ 的黏土层，厚度 $h_2=-5.0$ m、孔隙比 $e=0.810$ 的粉土层和厚度 $h_3=3.3$ m，中密的粉细砂层，进入密实的中砂层 3 m，假定承台埋深 1.5 m。试确定预制桩的极限承载力标准值。

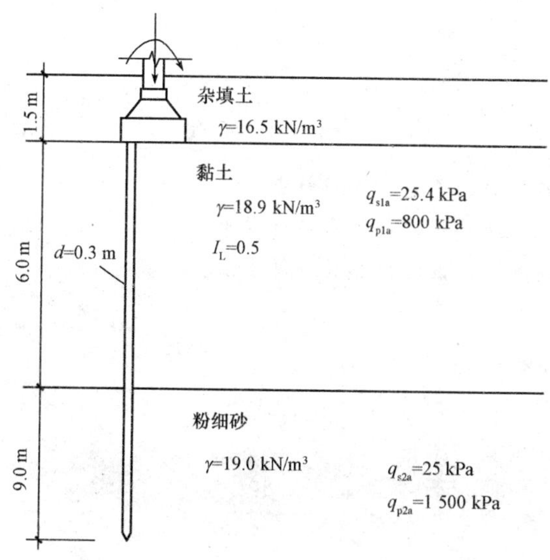

图 8-18　题 1 图

第九章　基坑与地下连续墙工程

能力目标

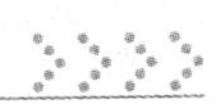

熟知基坑与地下连续墙的施工方法，并能对基坑与地下连续墙的设计荷载进行简单的计算。

知识目标

1. 了解基坑与地下连续墙的开挖和支护特点；
2. 熟悉基坑开挖与地下连续墙的分类和设计要求；
3. 掌握基坑与地下连续墙的设计荷载的计算方法。

第一节　概　述

一、基坑的组成及特点

基坑是建筑工程的一部分。随着高层建筑和超高层建筑的大量涌现，基坑的发展与建筑业的发展密切相关。典型基坑工程为一个从地面向下挖掘的大空间，基坑周围一般有垂直的挡土结构。常用的挡土材料有混凝土、钢、木等，如钢板桩、钢筋混凝土板桩、桩列式灌注桩、水泥土搅拌桩及地下连续墙等。

根据基坑的深度不同，挡土墙可以是悬臂的，更多的是单撑式(单锚式)或多撑式(多锚式)结构，支撑的目的是为板墙结构提供弹性支撑点。支撑的类型可以是基坑内部或外部受拉体系，前者为井字撑或其与斜撑组合的受压杆件体系，也有的做成在中间留出较大空间的周边桁架式体系；后者为锚固端在基坑周围地层中受拉锚固体系，可以提供利于基坑施工的全部基坑面积大空间。当基坑较深且有较大空间时，悬臂式挡土墙可做成厚度较大的实体式或格构式重力挡土墙。

由于大城市中心区建筑物密集，基坑周围复杂的地下设施使得放坡开挖基坑这一传统技术，不能满足现代城市建设的需要，因此深基坑开挖和支护已成为现代建筑地基与基础工程施工的一个主要内容。深基坑工程具有以下特点：

(1)建筑趋向高层化，基坑向大深度方向发展。

(2)基坑开挖面积大，长度和宽度有的达几百米，给支撑系统带来较大难度。

(3)在软弱的土层中，基坑开挖会产生较大的位移和沉降，对周围建筑物、市政设施和地下管线造成一定的影响。

(4)深基坑施工工期长，场地狭窄，降雨、重物堆放等对基坑稳定性不利。

(5)在相邻场地施工中，打桩、降水、挖土及基础浇筑混凝土等工序会相互制约与影响，增加协调工作的难度。

二、基坑的分类

基坑工程根据其开挖和施工方法分为有支护开挖和无支护开挖两种。

1. 有支护的基坑工程

有支护的基坑工程一般包括维护结构、支撑体系、土方开挖、降水工程、地基加固、现场监测和环境保护工程。有支护的基坑工程还可以分为无支撑维护和有支撑维护。

(1)无支撑维护开挖适用于开挖深度较浅、地质条件较好、周围环境保护要求较低的基坑工程，具有施工方便、工期短等特点。

(2)有支撑维护开挖适用于地层软弱、周围环境复杂、环境保护要求较高的深基坑开挖，但开挖机械的施工活动空间受限，支撑布置需要考虑适应主体工程施工，换拆支撑施工较复杂。

2. 无支护放坡基坑工程

无支护放坡基坑工程是在空旷施工场地环境下的一种常见的基坑开挖方法，一般包括降水工程、土方开挖、地基加固及土坡坡面保护。放坡开挖深度通常限于3～6 m，如果大于这一深度，则必须采取分段开挖，分段之间应设置平台，平台宽度为2～3 m。当挖土通过不同土层时，可根据土层情况改变放坡的坡率及平台宽度。

三、基坑设计的要求

基坑工程设计的基本技术要求如下：

(1)安全可靠性。确保基坑工程安全及周围环境安全。

(2)经济合理性。基坑支护工程在安全可靠的前提下，要从工期、设备材料、人工及周围环境保护等多方面综合研究经济合理性。

(3)施工便利性和工期保证性。在满足安全可靠性和经济性能的前提下，最大限度满足便利施工和尽量缩短工期的要求。

基坑工程按支护工程损坏造成破坏的严重性程度，根据《建筑基坑支护技术规程》(JGJ 120—2012)规定，可分为三级，各自的重要性系数见表9-1。

表9-1　基坑侧壁安全等级重要性系数

安全等级	破坏后果	γ_0
一级	支护结构失效、土体过大变形对基坑周边环境或主体结构施工安全的影响很严重	1.10
二级	支护结构失效、土体过大变形对基坑周边环境或主体结构施工安全的影响一般	1.00
三级	支护结构失效、土体过大变形对基坑周边环境或主体结构施工安全的影响不严重	0.90
注：有特殊要求的建筑基坑侧壁安全等级可根据具体情况另行确定。		

四、基坑工程的设计依据

在基坑工程设计的前期工作中，应对基坑内的主体工程设计、场地地质条件、周边环境、施工条件、设计规范等进行研究和收集，以全面掌握设计依据。

1. 深基坑支护工程勘察

在一般情况下，深基坑支护工程勘察应与主体工程的勘察同步进行。制定勘察任务书或编制勘察纲要时，应考虑深基坑支护工程的设计、施工的特点与内容，对深基坑支护工程的工程地质和水文地质的勘察工作提出专门要求。

(1)在建筑地基详细勘察阶段，对需要支护的工程，宜按下列要求进行勘察工作：

1)勘察范围应根据开挖深度及场地的岩土工程条件确定，并宜在开挖边界外按开挖深度的1～2倍范围内布置勘探点，当开挖边界外无法布置勘探点时，应根据调查取得相应的资料确定，对于软土地区应穿越软土层。

2)基坑周边勘探点的深度应根据基坑支护结构设计要求确定，不宜小于1倍的开挖深度，对于软土地区应穿越软土层。

3)勘探点间距应视地层条件确定，可在15～30 m间选择，地层变化较大时，应增加勘探点，查明地质分布规律。

(2)场地水文地质勘察应达到以下要求：

1)查明开挖范围内及邻近场地内含水层和隔水层的层位、埋深及分布情况，查明各含水层(包括上层滞水、潜水、承压水)的补给条件和水力关系。

2)测量场地各含水层的湿透系数和渗透影响半径。

3)分析施工工程中水位变化对支护结构和基坑周围环境的影响，提出拟采取的措施。

(3)基坑开挖支护工程勘察报告应包括以下主要内容：

1)分析场地的地层分布和岩土的物理力学性质。

2)基坑支护方式的建议、计算参数及支护结构的设计原则。

3)地下水控制方式和计算参数。

4)基坑开挖工程中应注意的问题及其防治措施。

5)基坑开挖施工中应进行的现场监测项目。

2. 基坑周围环境调查

基坑支护设计施工前，应对周围环境进行详细调查，查明影响范围内已有建筑物、地下结构物、道路及地下管线设施的位置、现状，并预测由于基坑开挖和降水对周围环境的影响，提出必要的预防、控制和监测措施。基坑周围环境调查应包括以下内容：

(1)查明影响范围内建(构)筑物的结构类型、层数、基础类型、埋深、基础荷载大小及上部结构的现状。

(2)查明基坑周边的各类地下设施，包括地表水、地下水、电缆、煤气、污水、雨水、热力等管线或管道的分布和性状。

(3)查明场地周围和邻近地区地表水汇流、排泄情况，地下水管渗透情况及对基坑开挖的影响程度。

(4)查明基坑到四周道路的距离及车辆的载重情况。

3. 基坑支护结构的设计资料

基坑支护结构设计、施工前应取得以下基本资料：

(1)建筑场地及周边区域地表至支护结构底面下一定深度范围内地层分布、土(岩)的物理力学性质、地下水水位及渗透系数等资料。

(2)标有建筑红线、施工红线的地形图及基础结构设计图。

(3)建筑场地及其附近的地下管线、地下埋设物的位置、深度、结构形式及埋设时间等

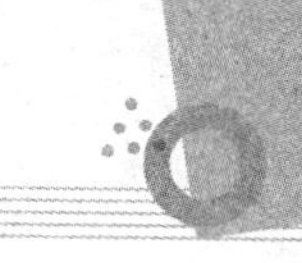

资料。

(4)邻近的已有建筑的位置、层数、高度、结构类型、完好程度、已建时间及基础类型、埋置深度、主要尺寸、基础距基坑上口周围的净距离等资料。

(5)基坑周围的地面排水情况，地面雨水与污水、上下水管线排入或渗入基坑的可能性。

(6)基坑附近地面堆载及大型车辆的动、静荷载情况。

(7)已有相似支护工程的经验性资料。

4. 基坑支护结构的设计原则

基坑支护结构设计应符合以下原则：

(1)满足边坡和支护结构稳定的要求，即不产生倾覆、滑移和整体或局部失稳；基坑底部不产生隆起、管涌；锚杆系统不致拉拔失效。

(2)满足支护结构构件受荷后不致弯曲折断、剪短和压屈。

(3)水平位移和地基沉降不超过允许值，支护结构的最大水平位移允许值及变形控制保护等级标准见表9-2和表9-3，地基沉降按邻近建筑不同结构形式的要求控制；当邻近有重要管线和支护结构作为永久性结构时，其水平位移和沉降按其特殊要求控制。

表 9-2　支护结构最大水平位移允许值

安全等级	支护结构最大水平位移允许值	
	排桩、地下连续墙、放坡、土钉墙	钢板桩、深层搅拌
一级	0.002 5h	—
二级	0.005 0h	0.010 0h
三级	0.010 0h	0.020 0h

表 9-3　基坑变形控制保护等级标准

保护等级	地面最大沉降量及围墙水平位移控制要求	环境保护要求
特级	(1)地面最大沉降量≤0.1%H (2)围护路最大水平位移≤0.14%H且≥2.2	离基坑10 m，周围有地铁、共同沟、煤气管、大型压力总水管等重要建筑及设施，必须确保安全
一级	(1)地面最大沉降量≤0.1%H (2)围护路最大水平位移≤0.3%H且≥2.2	离基坑周围为坑深(H)范围内没有较重要干线、水管、大型在使用的建(构)筑物
二级	(1)地面最大沉降量≤0.5%H (2)围护路最大水平位移≤0.7%H且≥2.0	离基坑周围为坑深(H)范围内没有较重要支线管道和一般建筑设施
三级	(1)地面最大沉降量≤1%H (2)围护路最大水平位移≤1.4%H且≥2.0	在基坑周围30 cm范围内没有需要保护的建筑设施和管线、构筑物

5. 基坑支护结构的设计依据

基坑支护结构的设计依据应包含以下两个方面的内容：

(1)基坑支护结构设计必须依据国家及地区现行有关设计、施工技术规范、规程。如地下连续墙、钻孔灌注桩、搅拌桩等设计施工技术规程、规范和钢筋混凝土结构、钢结构等设计规范。因此，设计前必须调研和汇总有关规范和规程，并注意各类规范的统一和协调。

(2)调研当地相似基坑工程成败的原因，汲取经验，吸取教训。在基坑工程设计中应以此为重要设计依据。

第二节 基坑工程

一、基坑工程设计的内容

(1)支护结构体系的方案和技术经济比较；

(2)支护体系的稳定性验算；

(3)支护结构的承载力、稳定和变形计算；

(4)地下水控制设计；

(5)对周边环境影响的控制设计；

(6)基坑土方开挖方案；

(7)基坑工程的监测要求。

二、基坑工程设计应具备的资料

(1)岩土工程勘察报告；

(2)建筑物总平面图、用地红线图；

(3)建筑物地下结构设计资料，以及桩基础或地基处理设计资料；

(4)基坑环境调查报告，包括基坑周边建(构)筑物、地下设施及地下交通工程等的相关资料。

三、基坑支撑方案设计

1. 支撑结构类型

深基坑支护体系由围护墙和土层锚杆两部分组成。在基坑工程中，基坑结构是承受围护墙所传递土压力的结构体系。作用在围护墙上的土体水平压力、水的压力通过支撑可以有效传递和平衡，也可以由坑外设置的土锚维持其平衡，还能减少支护结构的位移。内支撑可以直接平衡坑内两端维护墙上所受的侧压力，具有构造简单、传力明确等特点。土锚设置在围护墙的背后，为挖土和结构施工创造空间，有利于提高施工效率。

支撑系统按材料性质不同可分为钢支撑和钢筋混凝土支撑。根据工程情况，有时在同一个基坑中还可以采用两种支撑组成的组合支撑。钢支撑具有自重小，安装和拆除方便，可重复使用等优点。使用钢支撑可以通过调整轴力有效控制围护墙的变形，对控制墙体变形十分有利；钢筋混凝土支撑则有较大的刚度，适应于各种复杂平面形状的基坑支撑。

2. 支撑体系的结构形式

支撑体系的结构形式可分为以下几种：

(1)单跨压杆式支撑。当基坑平面呈窄长条状，短边的长度不大时，所用的支撑杆件在该长度下的极限承载力尚能满足支护系统的需要，则采用这种形式具有受力明确、设计简洁、施工安装方便灵活等优点，如图 9-1(a)所示。

(2)多跨压杆式支撑。当基坑平面尺寸较大，所用支撑杆件在基坑短边长度下的极限承载力尚不能满足支护系统要求时，就需要在支撑杆件中部加设若干支点，在水平支撑杆上加设垂直支点，组成多跨压杆式的支撑系统。这种形式的支撑受力也较明确，施工安装较单跨压杆式支撑要复杂，如图 9-1(b)所示。

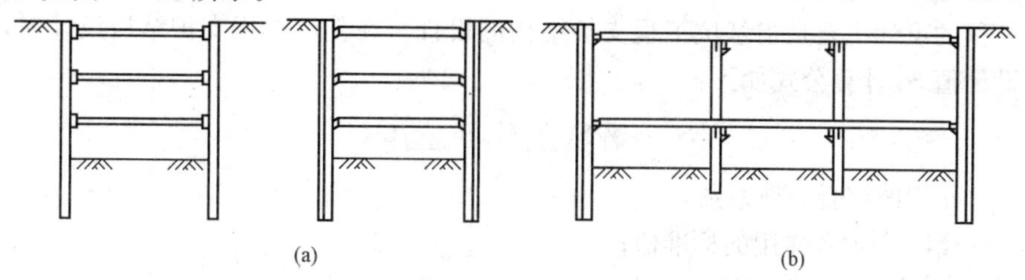

图 9-1　支撑结构示意图

(a)单跨压杆式支撑；(b)多跨压杆式支撑

3. 支撑体系的布置

在工程实际中，支撑体系的布置设计通常应考虑以下要求：

(1)能够因地制宜并合理选定支撑材料和支撑体系布置形式，使其综合技术经济指标得以优化。

(2)支撑体系受力明确，充分协调发挥各杆件的力学性能，安全可靠，经济合理，能够在稳定性和控制变形方面满足对周围环境保护的设计标准要求。

(3)支撑体系布置能在安全可靠的前提下，最大限度地满足土方开挖和主体结构的快速施工要求。

工程中常用的支撑体系的布置形式如图 9-2 所示。

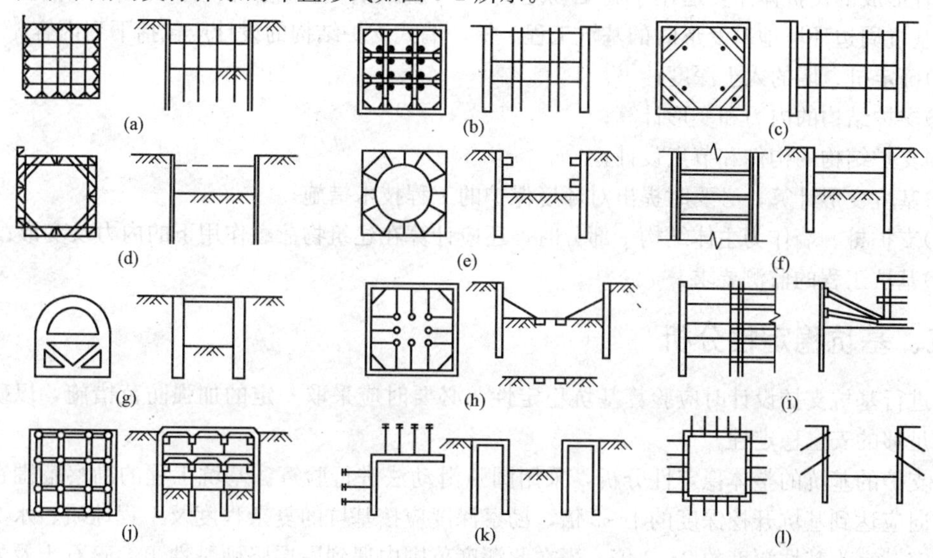

图 9-2　常用支撑体系的布置形式

(a)平面交叉式(单层或多层)支撑；(b)井字式支撑；(c)角(斜)撑式支撑；(d)周边桁架；(e)圆形环梁；(f)水平压杆支撑；(g)圆拱形支撑；(h)斜向支撑；(i)中心岛式开挖及支撑；(j)逆作法；(k)锚杆；(l)拉锚(锚破)

四、基坑工程设计

作用于支护结构的荷载一般包括土的压力、水的压力、影响区范围内建(构)筑物的荷载、施工阶段车辆与吊车及场地堆载，若支护结构作为主体结构的一部分，应考虑地震作用、温度影响和混凝土收缩引起的附加荷载。

基坑工程的设计主要是指基坑工程支护结构的设计。在基坑工程支护结构设计时，基本组合的效应设计值 S_d 计算公式如下：

$$S_d = \gamma_F S(\sum_{i\geqslant 1} G_{ik} + \sum_{j\geqslant 1} Q_{jk}) \tag{9-1}$$

式中 γ_F——作用的综合分项系数；

G_{ik}——第 i 个永久作用的标准值；

Q_{jk}——第 j 个可变作用的标准值。

基本组合的效应设计值可采用简化规则，应按式(9-2)进行计算：

$$S_d = 1.25S_k \tag{9-2}$$

式中 S_d——基本组合的效应设计值；

S_k——标准组合的效应设计值。

对于以轴向受力为主的构件，S_d 简化计算可按式(9-3)进行：

$$S_d = 1.35S_k \tag{9-3}$$

支护结构的入土深度应满足基坑支护结构稳定性及变形验算的要求，并结合地区工程经验综合确定。有地下水渗流作用时，应满足抗渗流稳定的验算，并宜插入坑底下部不透水层一定深度。

桩、墙式支护可为柱列式排桩、板桩、地下连续墙、型钢水泥土墙等独立支护或与内支撑、锚杆组合形成的支护体系，适用于施工场地狭窄、地质条件差、基坑较深或需要严格控制支护结构或基坑周边环境地基变形时的基坑工程。桩、墙式支护结构的设计应包括下列内容：

(1)确定桩、墙的入土深度；

(2)支护结构的内力和变形计算；

(3)支护结构的构件和节点设计；

(4)基坑变形计算，必要时提出对环境保护的工程技术措施；

(5)支护桩、墙作为主体结构一部分时，还应计算在建筑物荷载作用下的内力及变形；

(6)基坑工程的监测要求。

五、基坑稳定性分析

在进行基坑支护设计时应验算基坑稳定性，必要时应采取一定的加强防范措施，以确保地基具有足够的安全稳定性。

有支护的基坑的整体稳定性分析，采用圆弧滑动法进行验算。基坑工程的勘察范围在基坑水平方向应达到基坑开挖深度的1～2倍，勘察深度应按基坑的复杂程度及工程地质、水文地质条件确定，宜为基坑深度的2～3倍，当在此深度范围内遇到厚层坚硬黏性土、碎石土及岩石层时，应注意支护结构一般有内支撑或外侧锚拉结构和墙面垂直的特点，不同于边坡稳定的圆弧滑动，滑动面的圆心一般在挡土墙上方的靠坑内侧附近。

支护结构的入土深度(在坑底面以下的部分称为插入深度)不仅要保证结构本身的强度和稳定性，还应满足坑底地基的稳定性和抗渗要求。

1. 基坑的抗隆起稳定性验算

当基坑底为软土时，基坑开挖后常会发现基地隆起、坑顶下陷和板桩向坑内倾斜，最终导致坑顶下陷，坑底隆起，严重的可能造成坑壁坍塌、坑底破坏等。因此，应对基坑的抗隆起稳定性进行验算。

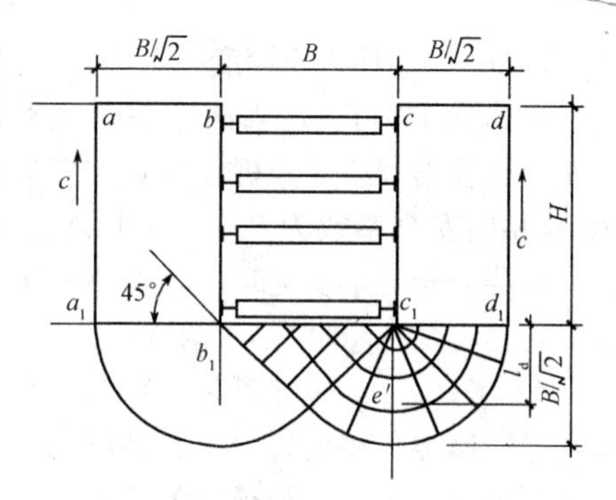

图 9-3　抗隆起计算的太沙基-派克法

(1)太沙基-派克法。太沙基研究的坑底稳定条件是，假设黏土的内摩擦角 $\varphi=0°$，滑动面由圆筒面与平面组成，如图 9-3 所示。太沙基认为，对基坑底部的平面来说，基坑两侧的土就如作用在该断面上的均布超载。这个超载有趋向使无超载的坑底发生隆起的现象。当考虑 dd_1 面上的黏聚力 c 时，c_1d_1 面上的全荷载为

$$P=\frac{B}{\sqrt{2}}\gamma H-cH \tag{9-4}$$

式中　γ——土的湿重度；

B——基坑宽度；

c——土的黏聚力；

H——基础开挖的深度。

其荷载强度为

$$P_v=\gamma H-\frac{\sqrt{2}cH}{B} \tag{9-5}$$

若荷载强度超过地基极限承载力就会产生隆起。以黏聚力 c 表达黏土地基承载为

$$q_d=5.7c \tag{9-6}$$

则隆起的安全系数为

$$K=\frac{q_d}{P_v}=\frac{5.7c}{\gamma H-\frac{\sqrt{2}cH}{B}} \tag{9-7}$$

这种方法适用于一般的基坑开挖工程，但没有考虑刚度很大且有一定插入深度的板桩墙对抗隆起的有利作用。

(2)柯克-克里泽尔法。如果基坑挡墙的插入深度不够，即使在无水的情况下，基坑底面也有隆起的危险，如图 9-4 所示，坑底通过沿着 ACB 曲线滑动，造成抬高现象。设以墙底的水平面为基准面，则非开挖 A 点上的竖向应力为

$$q_1=\gamma H \tag{9-8}$$

在开挖侧的竖向应力为

$$q_2=\gamma D \tag{9-9}$$

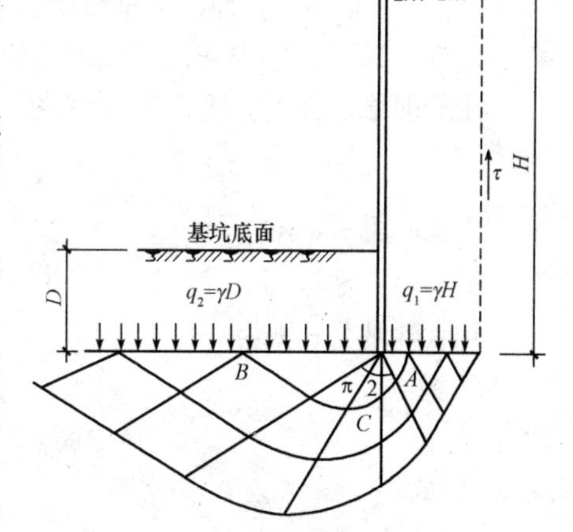

图 9-4　基坑底面抗隆起计算示意

根据滑移线理论可以导得

$$q_1=q_2\tan^2\left(45°+\frac{\varphi}{2}\right)e^{\pi\tan\varphi}=q_2K_pe^{\pi\tan\varphi} \tag{9-10}$$

即

$$D=\frac{H}{K_pe^{\pi\tan\varphi}} \tag{9-11}$$

式中　H——挡墙高度；

K_p——被动土压力系数，即 $K_p=\tan^2\left(45°+\frac{\varphi}{2}\right)$；

γ——土的重度；

φ——土的内摩擦角；

D——墙体入土深度。

由式(9-11)可见，当内摩擦角很大时，所需插入深度很小。根据太沙基分析，当 $\varphi=30°$ 时，若插入深度为 0，则相应安全系数为 8。实际上 A 点的竖向应力小于 γ_H，因为当塑流量发生时，墙背必定有一条土带在下沉，这种位移将受到摩阻力 τ 的阻碍。

(3)考虑 c、φ 的抗隆起计算法。在土体抗剪强度中应包括内摩擦角和黏聚力二者共同的影响因素，将墙底面的平面作为求极限承载力的基准面，其滑移线形状如图 9-5 所示。此时，采用式(9-12)进行抗隆起稳定验算，以求得墙体的插入深度：

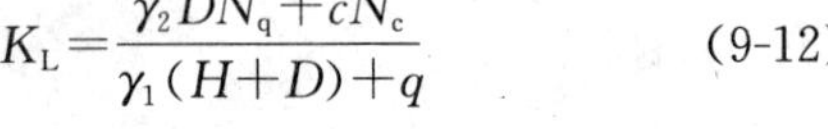

$$K_L=\frac{\gamma_2 DN_q+cN_c}{\gamma_1(H+D)+q} \tag{9-12}$$

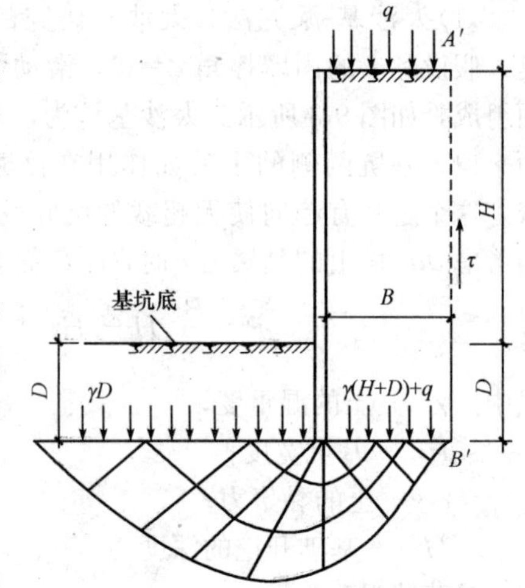

图 9-5　考虑 c、φ 的抗隆起计算示意

式中　K_L——安全系数；

D——墙体入土深度；

H——基坑开挖深度；

q——地面超载；

γ_1——坑外地面至墙底，各土层天然重度的加权平均值；

γ_2——坑内开挖面以下至墙底、各土层天然重度的加权平均值；

N_q、N_c——地基极限承载力的计算系数。

用普朗德尔公式，N_q、N_c 分别为

$$N_{qp}=\tan^2\left(45°+\frac{\varphi}{2}\right)e^{\pi\tan\varphi} \tag{9-13}$$

$$N_{cp}=(N_{qp}-1)\frac{1}{\tan\varphi} \tag{9-14}$$

用太沙基公式则为

$$N_{qT}=\frac{1}{2}\left[\frac{e^{\left(\frac{3}{4}\pi-\frac{\varphi}{2}\right)\tan\varphi}}{\cos\left(45°+\frac{\varphi}{2}\right)}\right] \tag{9-15}$$

$$N_{cT}=(N_{qT}-1)\frac{1}{\tan\varphi} \tag{9-16}$$

用本方法验算抗隆起安全系数时，由于图 9-5 中的 $A'B'$ 上的抗剪强度抵抗隆起作用没有考虑，故安全系数 K_L 可以取得低一些，一般采用 $K_L \geqslant 1.2 \sim 1.3$。

2. 基坑的抗渗稳定性验算

(1)抗管涌稳定性验算。在含水饱和的土层中进行深基坑开挖过程中，随时都要考虑到水压的存在。为了确保稳定，有必要验算在渗流情况下是否存在发生管涌(流砂)现象的可能性。

管涌的验算方法是建立在以下极限平衡公式上的，如图 9-6 所示的基坑，在基坑底部渗流出口处管涌范围 B 上的全部渗透压力为

$$J=\gamma_w hB \tag{9-17}$$

式中　h——在 B 范围内从墙底到基坑底面的水头的损失，一般可取 $h\approx h_w/2$；

γ_w——水的重度；

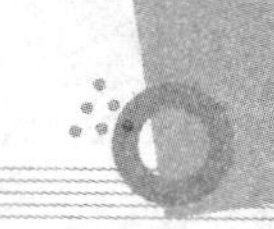

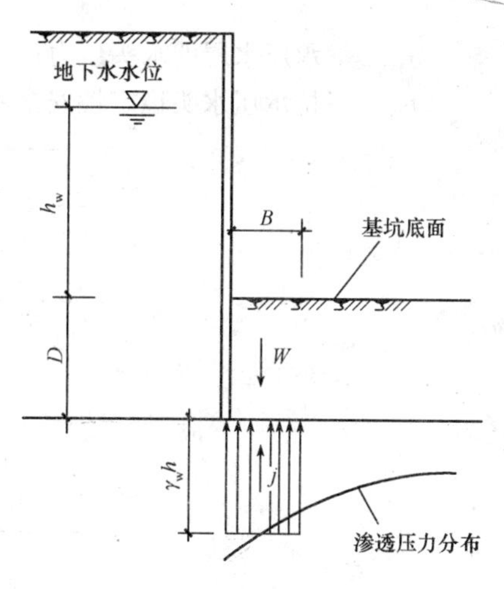

图 9-6 管涌验算示意图

B——流砂发生的范围，根据试验结果，首先发生在离坑壁大约等于挡墙插入深度一半范围内，即 $B\approx D/2$；

$$W=\gamma' DB \tag{9-18}$$

式中 γ'——土的浮重度；

D——地下墙的插入深度。

如果满足 $W>J$ 的条件，则不会发生管涌现象，即必须满足以下条件：

$$K_s=\frac{\gamma' D}{\gamma_w h}=\frac{2\gamma' D}{\gamma_w h_w} \tag{9-19}$$

式中 K_s——抗管涌的安全系数，一般取为 $K_s\geqslant1.5$。

此外，由于基坑挡墙作为临时挡土结构，为简化计算，可近似取最短流线，即用紧贴地下墙的流线来求最大渗流力 j 为

$$j=i\gamma_w=\frac{h_w}{L}\gamma_w \tag{9-20}$$

$$i=\frac{h_w}{L} \tag{9-21}$$

$$L=\sum L_h+m\sum L_v \tag{9-22}$$

式中 i——坑底土的渗流水力坡度；

h_w——坑底内外的水头差；

L——最大渗径流线长度；

$\sum L_h$——渗流水平段总长度；

$\sum L_v$——渗流垂直段总长度；

m——渗流垂直段换算为水平段换算系数，单排帷幕墙时，取 $m=1.5$；多排帷幕墙时，取 $m=2.0$。

坑底土抗渗流或管涌稳定性可按式(9-23)计算：

$$K_s=\frac{\gamma'}{j}=\frac{\gamma'}{i\gamma_w}=\frac{i_c\gamma_w}{i\gamma_w}=\frac{i_c}{i} \tag{9-23}$$

式中 i_c——坑底土体的临界水力坡度，$i_c=\frac{\gamma'}{\gamma_w}=\frac{d_s-1}{1+e}$；

d_s——土粒相对密度；

e——土洞孔隙比；

K_s——抗渗流或抗管涌稳定性安全系数，取 1.5～2.0，坑底土为砂性土、砂质土或黏性土与粉土中有明显薄弱粉砂夹层时取大值。

(2)抗承压水头稳定性验算。在不透水的粉土层下，有一层承压含水层，或者含水层中虽然不是承压水，但土方开挖形成的基坑内外水头差使基坑内侧含水层中的水压力大于静水压力，如图 9-7 所示，可按式(9-24)验算基坑底部上的抗承压水的稳定性：

$$K_y=\frac{\sigma_{cz}}{\sigma_{wy}} \tag{9-24}$$

式中 σ_{cz}——基坑开挖面以下至承压水层顶板间覆盖土的自重压力；

σ_{wy}——承压水层的水头压力；

K_y——抗承压水头稳定性安全系数，取1.05。

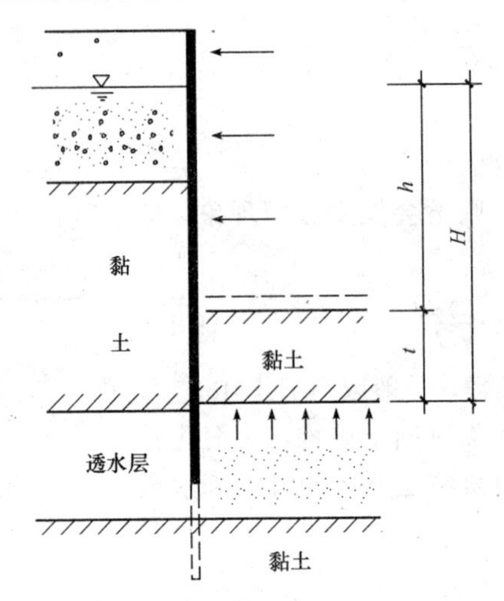

图 9-7　承压水引起的隆起

六、地下水的控制

1. 地下水控制的要求

基坑工程地下水控制应防止基坑开挖过程及使用期间的管涌、流砂、坑底突涌及与地下水有关的坑外地层过度沉降。地下水控制设计应满足下列要求：

(1)地下工程施工期间，地下水控制在基坑面以下0.5～1.5 m；

(2)满足坑底突涌验算要求；

(3)满足坑底和侧壁抗渗流稳定的要求；

(4)控制坑外地面沉降量及沉降差，保证邻近建(构)筑物及地下管线的正常使用。

2. 地下水控制的内容

地下水控制应包括下列内容：

(1)基坑降水系统设计应包括下列内容：

1)确定降水井的布置、井数、井深、井距、井径、单井出水量；

2)疏干井和减压井过滤管的构造设计；

3)人工滤层的设置要求；

4)排水管路系统。

(2)验算坑底土层的渗流稳定性及抗承压水突涌的稳定性。

(3)计算基坑降水域内各典型部位的最终稳定水位及水位降深随时间的变化。

(4)计算降水引起的对邻近建(构)筑物及地下设施产生的沉降。

(5)回灌井的设置及回灌系统设计。

(6)渗流作用对支护结构内力及变形的影响。

(7)降水施工、运营、基坑安全监测要求，除对周边环境的监测外，还应包括对水位和水中微细颗粒含量的监测要求。

3. 隔水帷幕的设计

隔水帷幕设计应符合下列规定：

(1)采用地下连续墙或隔水帷幕隔离地下水，隔离帷幕渗透系数宜小于 1.0×10^{-4} m竖向截水帷幕深度应插入下卧不透水层，其插入深度应满足抗渗流稳定的要求。

(2)对封闭式隔水帷幕，在基坑开挖前应进行坑内抽水试验，并通过坑内外的观测井观察水位变化、抽水量变化等确认帷幕的止水效果和质量。

(3)当隔水帷幕不能有效切断基坑深部承压含水层时，可在承压含水层中设置减压井，通过设计计算，控制承压含水层的减压水头，按需减压，确保坑底土不发生突涌。对承压水进行减压控制时，因降水减压引起的坑外地面沉降不得超过环境控制要求的地面变形允许值。

(4)基坑地下水控制设计应与支护结构的设计统一考虑，由降水、排水和支护结构水平位移引起的地层变形和地表沉陷不应大于变形允许值。

(5)高地下水位地区，当水文地质条件复杂，基坑周边环境保护要求高，设计等级为甲级的基坑工程应进行地下水控制专项设计。

第三节　土层锚杆

一、土层锚杆的概念

土层锚杆简称土锚杆，是在深基础土壁未开挖的土层内钻孔，达到一定深度后，在孔内放入钢筋、钢管、钢丝束、钢绞线等材料，灌入泥浆或化学浆液，使其与土层结合成为抗拉(拔)力强的锚杆。锚杆端部与护壁桩连接，防止土壁坍塌或滑坡。由于坑内不设支撑，所以施工条件较好。

二、土层锚杆的布置要求

土层锚杆锚固段不应设置在未经处理的软弱土层、不稳定土层和不良地质地段及钻孔注浆引发较大土体沉降的土层。锚杆杆体材料宜选用钢绞线、螺纹钢筋，当锚杆极限承载力小于400 kN时，可采用HRB335钢筋。锚杆布置与锚固体强度应满足下列要求：

(1)锚杆锚固体上下排间距不宜小于2.5 m，水平方向间距不宜小于1.5 m；锚杆锚固体上覆土层厚度不宜小于4.0 m。锚杆的倾角宜为15°～35°。

(2)锚杆定位支架沿锚杆轴线方向宜每隔1.0～2.0 m设置一个，锚杆杆体的保护层不得少于20 mm。

(3)锚固体宜采用水泥砂浆或纯水泥浆，浆体设计强度不宜低于20.0 MPa。

(4)土层锚杆钻孔直径不宜小于120 mm。

三、土层锚杆的设计内容

土层锚杆设计应包括下列内容：

(1)确定锚杆类型、间距、排距和安设角度、断面形状及施工工艺；

(2)确定锚杆自由段长度、锚固段长度、锚固体直径、锚杆抗拔承载力特征值；

(3)设计锚杆筋体材料；

(4)设计锚具、承压板、台座及腰梁；

(5)确定预应力锚杆张拉荷载值、锁定荷载值；

(6)确定锚杆试验和监测要求；

(7)进行支护结构变形控制需要的锚杆补张拉设计。

四、土层锚杆的设计计算

锚杆预应力筋的截面面积应按式(9-25)确定：

$$A \geqslant 1.35\frac{N_t}{\gamma_p f_{pt}} \tag{9-25}$$

式中 N_t——相应于作用的标准组合时，锚杆所承受的拉力值(kN)；

γ_p——锚杆张拉施工工艺控制系数，当预应力筋为单束时可取 1.0，当预应力筋为多束时可取 0.9；

f_{pt}——钢筋、钢绞线强度设计值(kPa)。

土层锚杆锚固段长度(L_a)应按基本试验确定，初步设计时也可按式(9-26)估算：

$$L_a \geqslant \frac{KN_t}{\pi \cdot D \cdot q_s} \tag{9-26}$$

式中 D——锚固体直径(m)；

K——安全系数，可取 1.6；

q_s——土体与锚固体间黏结强度特征值(kPa)，由当地锚杆抗拔试验结果统计分析算得。

锚杆应在锚固体和外锚头强度达到设计强度的 80%以上后逐根进行张拉锁定，张拉荷载宜为锚杆所受拉力值的 1.05～1.10 倍，并在稳定 5～10 min 后退至锁定荷载锁定。锁定荷载宜取锚杆设计承载力的 0.70～0.85 倍。

锚杆自由段超过潜在的破裂面不应小于 1 m，自由段长度不宜小于 5 m，锚固段在最危险滑动面以外的有效长度应满足稳定性计算要求。

对设计等级为甲级的基坑工程，锚杆轴向拉力特征值应按《建筑地基基础设计规范》(GB 50007—2011)附录 Y 确定；对设计等级为乙级、丙级的基坑工程可按物理参数或经验数据设计，并通过现场试验验证。

第四节 地下连续墙

一、地下连续墙的适用条件

地下连续墙是用特殊的挖槽设备在地下构筑的连续墙体，常用于挡土、截水、防渗及承重等。地下连续墙在城市建设和公共交通的发展领域，如高层建筑、重型厂房、大型地下设施和地铁、桥梁等工程领域广泛使用。地下连续墙在基础工程中的适用条件如下：

(1)基坑深度不少于 10 m；

(2)软土地基或砂土地基；

(3)在密集建筑群中施工基坑，对周围地面沉降、建筑物沉降要求必须严格限制时，宜用地下连续墙；

(4)维护结构与主体结构相结合，作为主体结构的一部分，对抗渗有较严格的要求时，宜采用地下连续墙；

(5)采用逆作法施工，内衬与护壁形成复合结构的工程。

二、地下连续墙的分类及特点

地下连续墙，按其填筑的材料分为土质墙、钢筋混凝土墙、预制钢筋混凝土板和现浇混凝土的组合或预制钢筋混凝土墙板和自凝水泥膨润土泥浆的组合墙；按成墙方式分为桩排式(由钻孔灌注桩并排连接形成)、壁板式(采用专用设备，利用泥浆护壁在地下开挖深槽，水下浇筑混凝土所形成)和桩壁组合式(将桩排式和壁板式地下连续墙组合起来使用的连续墙)；按其用途可分为临时挡土墙、防渗墙、用作主体结构兼作临时挡土墙的地下连续墙。

在部分施工环境下，地下连续墙支护具有明显的优越性。其优点如下：

(1)可以减少工程施工对环境的影响。施工时振动少，噪声低，能够紧邻相邻的建筑物及地下管线施工，对沉降及变位较易控制。

(2)地下连续墙的墙体高度大，整体性好，结构和地基的变形都较小，既可用于超深维护结构，也可用于主体结构。

(3)地下连续墙为整体连续结构，加上现浇墙壁厚度一般不小于600 mm，钢筋保护层较大，耐久性好，抗渗性也较好。

(4)可实行逆作法施工，有利于施工安全，加快施工进度，降低造价。

除以上优点外，地下连续墙还具有以下缺点：

(1)弃土及废泥浆的处理。除增加工程费用外，若处理不当，会造成新的环境污染。

(2)地质条件和施工的适应性。地下连续墙最适应的地层为软塑、可塑的黏性土层。当地层条件复杂时，就会增加施工难度和工程造价。

(3)槽壁坍塌。地下水水位急剧上升，护壁泥浆液面急剧下降、有软弱疏松或砂性夹层、泥浆的性质不当或已变质，施工管理不当等，都可引起槽壁坍塌。槽壁坍塌，轻则引起槽壁混凝土超方和结构尺寸超出允许界限，重则引起相邻地面沉降、坍塌，危害邻近建筑物或地下管线的安全。

(4)其造价比钻孔灌注桩和深层搅拌桩昂贵。

三、地下连续墙的设计

用专门挖槽机开挖狭而深的基槽，在槽内分段浇筑而成的钢筋混凝土墙即为地下连续墙。这种墙可作为挡土墙、防渗墙及高层建筑地下室的外墙。

施工时，先修导墙，采用泥浆护壁、槽内挖土，放钢筋笼，浇筑混凝土后成墙，依次进行下一槽段的施工。墙身完成后再进行墙内基坑挖土，继续完成基础结构及上部结构的施工。地下连续墙的结构设计应考虑以下两种情况：

(1)作挡土结构用时，墙承受土压力、水压力的挡土墙结构计算，应考虑在施工不同阶段，墙两侧压力的变化情况。

(2)作主体承重结构用时，施工阶段按挡土墙结构计算，也要进行墙身在各种荷载作用下的强度计算及墙底地基强度验算。

四、地下连续墙的施工

地下连续墙的施工需要经过以下几个工艺过程，即导墙、成槽、吊放接头管、吊放钢筋笼、浇筑水下混凝土及拔出接头管成墙等，如图 9-8 所示。

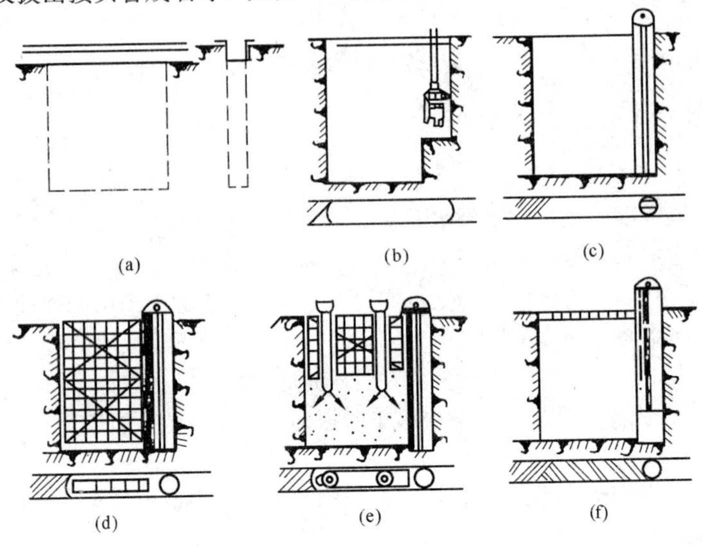

图 9-8　地下连续墙施工顺序

(a)挖导沟、筑导墙；(b)挖槽；(c)吊放接头管；

(d)吊放钢筋笼；(e)浇筑水下混凝土；(f)拔出接头管成墙

1. 导墙

修筑导墙是地下连续墙施工的第一道工序，以此保证开挖槽段竖直作导向，并防止机械上下运行时碰坏槽壁。导墙位于地下连续墙的墙面线两侧。导墙的施工，通常采用在现场开挖导沟，现场浇筑混凝土。混凝土强度等级为 C15，拆模后，应立即在导墙之间加设支撑，导墙深度一般为 1～2 m，顶面略高于施工地面。导墙的内墙面应竖直。内、外导墙面之间为地下连续墙的设计厚度加施工余量，一般不小于 600 mm。

2. 槽段开挖

槽段开挖宽度及内外导墙之间的间距。施工时，沿地下连续墙长度分段开挖槽孔。

3. 制备泥浆

泥浆以膨润土或细粒在现场加水搅拌而成，用以平衡侧向地下水压力和土压力，保持槽壁不致坍塌，并起到携渣、防渗作用。泥浆液面应保持高出地下水水位 0.5～1.0 m，相对密度应大于地下水的密度。

4. 分段衔接

地下连续墙标准槽段为 6 m 长，最长不得超过 8 m。分段施工，两端之间的接头可采用圆形或凸形接头管，使相邻槽段紧密相接；还可放置竖向止水带防止渗漏。接头管应能承受混凝土的压力，在浇筑混凝土过程中，需经常转动或提动转头管，以防止接头管与一侧混凝土固结在一起。当混凝土凝固，不会发生流动或坍塌时，即可拔出接头管。

5. 钢筋笼制作与吊放

钢筋笼的尺寸应根据单元槽段的规格与接头形式确定，并应在平面制作台上成型或预留插放导管的位置，为了保证钢筋保护层的厚度，可采用水泥砂浆滚轮固定在钢筋笼两面的外侧。同时应采用纵向钢筋桁架及在主筋平面内加斜向拉条等措施，使钢筋笼在清槽换浆合格后立即安装，用起重机整段吊起，对准槽孔徐徐落下，安置在槽段的准确位置。

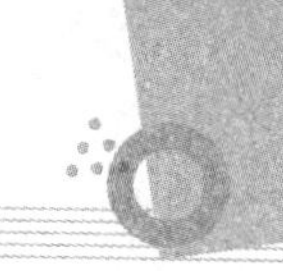

6. 混凝土浇筑

在槽段中的接头管和钢筋笼就位后，用导管浇筑混凝土，混凝土的水胶比不大于0.6，水泥用量不少于370 kg/m³，坍落度宜为18～20 mm，扩散度为34～38 cm，应通过试验确定。混凝土的细骨料为中、粗砂，粗骨料为粒径不大于40 mm的卵石或碎石。

浇筑时，要求槽段内混凝土的上升速度不应小于2 m/h；导管埋入混凝土内的深度在1.5～6.0 m。一个单元槽段应连续浇筑混凝土，直至混凝土顶面高于设计标高300～500 mm。凿去浮浆层后的墙顶标高应符合设计要求。重复上述步骤直到完成全部地下连续墙的施工为止。

本章小结

基坑支护工程是随着我国建设事业的发展而出现的一种较新类型的岩土工程。发展至今，量多面广的基坑工程已成为城市岩土工程的主要内容之一。基坑开挖是基础和地下工程施工中一个古老的课题，同时又是一个综合性的岩土工程难题，既涉及土力学中典型强度与稳定问题，又包含了变形问题，同时还涉及土与支护结构的共同作用。基坑工程一般位于城市中，地质条件和周边环境条件复杂，有各种建筑物、构筑物、管线等，一旦失事就会造成生命和财产的重大损失。因此，在基坑支护工程的设计和施工过程中，一定要对地质条件和周边环境进行充分考察，充分认识到在基坑施工过程中还会遇到很多设计阶段难以预测到的问题，及时和施工人员联系，全面把握施工进展状况，处理施工中遇到的意外情况。

本章主要学习基坑与地下连续墙的特点及设计方法。由于各工程场地的地质、环境条件千差万别，在每个深基坑工程设计施工的具体技术方案的制订中，必须因地制宜，切不可生搬硬套。

思考与练习

一、选择题

1. 下列关于基坑工程设计的基本技术要求，错误的是(　　)。
   A. 安全可靠性　　B. 经济合理性　　C. 施工便利性　　D. 环境保护性
2. 深基坑支护勘察应与主体工程的勘察同步进行。下列选项不属于在制定勘察任务书或编制勘察纲要时应考虑的内容是(　　)。
   A. 支护工程的设计　　B. 施工的特点与内容
   C. 施工的安全措施　　D. 工程地质和水文地质的勘察
3. 基坑支护设计施工前，应对周围环境进行详细调查，下列选项不属于基坑周边环境勘察包括的内容是(　　)。
   A. 查明基坑周围土质情况
   B. 查明基坑周边各类地下设施的分布和性状
   C. 查明场地周围和邻近地区地表水情况及对基坑开挖的影响程度
   D. 查明基坑到四周道路的距离及车辆的载重情况
4. 关于地下连续墙的优点，下列说法错误的是(　　)。
   A. 可以减少工程施工对环境的影响

B. 地下连续墙可用于超深维护结构，也可用于主体结构

C. 地下连续墙为整体连续结构，耐久性好，抗渗性也较好

D. 可实行逆作法施工，有利于施工安全，加快施工进度，但造价较高

二、简答题

1. 目前我国基坑工程具有哪些特点？
2. 简述基坑的设计依据。
3. 基坑中支撑体系的结构形式有哪几种？
4. 对基坑中支撑体系的布置有哪些要求？
5. 地下连续墙适用于哪些情况？
6. 简述地下连续墙的优缺点。
7. 简述地下连续墙的施工工艺。

第十章 软弱地基处理

能力目标

能够根据不同的软土类型选择正确的地基处理方法并对其进行设计与施工。

知识目标

1. 了解软弱地基的基本概念及其种类；
2. 熟悉常用地基的处理方法的原理及适用范围；
3. 掌握地基处理的各种方法，并重点掌握换土垫层法的设计与施工要求。

第一节 概 述

一、软弱地基处理的目的

在工程建设中，不可避免地会遇到地质条件不良的软弱地基，若在这样的地基上修建建筑物，则不能满足其设计和正常使用的要求。另外，随着科学技术的不断发展，高层建筑不断涌现，建筑物的荷载日益增大，建筑物对地基变形的要求越来越严格。因此，即使原来认为良好的基础，也可能在特定的条件下必须进行软弱地基处理(是指对不满足承载力和变形要求的软弱地基进行的人工处理，也称为地基加固)。其处理的目的如下：

1. 改善抗剪特性

地基的剪切破坏及稳定性，取决于地基土的抗剪强度。因此，为了防止剪切破坏及减轻土压力，需要采取一定措施以增加地基土的抗剪强度。另外，防止侧向流动(塑性流动)产生的剪切变形，也是改善剪切特性的目的之一。

2. 改善压缩特性

需要研究采用何种措施以提高地基土的压缩模量，以便减少地基土的沉降。

3. 改善透水特性

针对在地下水的运动中所出现的问题，需要研究采取何种措施使地基土变得不透水或减轻其水压力。

4. 改善动力特性

地震时饱和松散粉细砂(包括一部分粉质黏土)将会产生液化。为此，需要研究采取何种措施以防止地基土液化，改善其振动特性以提高地基的抗震性能。

5. 改善特殊土不良地基特性

改善特殊土不良地基特性主要是指消除或减少黄土的湿陷性和膨胀土的胀缩性等特殊土的不良地基特性。

二、软弱地基处理的对象

软弱地基一般是指高压缩性土($\alpha_{1-2} \geqslant 0.5\ \text{MPa}^{-1}$)地基。由于软弱土的物质组成、成因及存在环境(如水的影响等)不同，不同软弱地基的性质是完全不同的。根据工程地质特征，软弱地基是指主要由软土(淤泥和淤泥质土)、冲填土、杂填土及其他高压缩性土层构成的地基。

1. 软土

软土是第四纪后期形成的海相、三角洲相、湖相及河相的黏性土沉积物，有的属于新近淤积物。其地质成因甚为复杂。所有这些不同成因的地层，其接近地面部分主要为淤泥和淤泥质土，它们是在静水或缓慢的流水环境中沉积，并经生物化学作用形成的。其主要物理力学特性表现为以下几个方面：

(1)含水量高、孔隙比大。软土的天然含水量大于或等于液限，天然孔隙比大于1.0。沿海淤泥质土的含水量大多为35%～50%，淤泥的含水量一般为56%～100%。含水量一般随液限成正比增加。软土因其含水量高、孔隙比大，因而使软土地基具有变形大、强度低的特点。软土的饱和度通常在95%以上。液性指数大多大于1.0。

(2)高压缩性。与高含水量、高孔隙比相对应，软土的压缩性也很高，压缩系数 $\alpha_{1-2} > 0.5\ \text{MPa}^{-1}$，但沿海淤泥大多超过 $1.5\ \text{MPa}^{-1}$。

(3)天然抗剪强度低。软土的渗透系数很小，其天然强度可通过进行三轴不排水试验、无侧限抗压强度试验或现场十字板剪切试验得到。三轴不排水试验内摩擦角 $\varphi_u \approx 0°$，黏聚力 C_u 一般小于25 kPa，无侧限抗压强度 q_u 一般小于50 kPa。地基土如不做处理，其承载力会很低。

(4)渗透系数小。大部分软土地区，土层具有薄层理构造，其垂直向渗透系数较水平向的小，一般为 1×10^{-8}～1×10^{-6} cm/s。由于土层的渗透性小，加上软土层较厚，在建筑物荷载下土层固结缓慢，建筑物竣工时所完成的沉降占总沉降的比例很小，一般为5%～20%，但建筑物使用后的沉降大、延续时间很长。

(5)触变性。软土为絮凝结构，是结构性沉积物，具有触变性，其结构未受扰动时，具有一定的结构强度，一旦受到扰动，强度很快降低，其后强度又可慢慢恢复。软土中亲水性矿物(如蒙脱石)含量多时，结构性较强，其触变性比较显著。触变性大小常用灵敏度来表示，软土的灵敏度一般为3～4，个别达到8～9。

(6)流变性。软土除了瞬时变形和固结变形引起的建筑物沉降以外，还会发生缓慢而长期的流变变形。内陆和山区软土性质和沿海软土相近，但一般分布范围较小，土层厚度较薄，均匀性较差。

2. 冲填土

冲填土是由水力冲填泥砂而形成的填土。一般是结合整治或疏浚江河航道，用高压泥浆泵将河底泥砂通过输泥管排放到地面而形成的大片冲填土层。冲填土具有以下特点：

(1)颗粒组成随泥砂来源而不同，粗细不一，有的是砂粒，但大多数情况是黏粒和粉粒。在吹泥的入口处，沉积的土粒较粗，顺着出口方向则逐渐变细。土粒沉淀后常形成约1%的

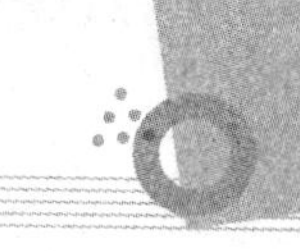

坡度。

(2)由于土粒不均匀分布，以及受表面形成的自然坡度影响，因而距入口处越远，土料越细，排水越慢，土的含水量也越大。

(3)冲填土的含水量较大，一般都大于液限。

(4)冲填前原地面形状和冲填过程中是否采取排水措施对冲填土的排水固结影响很大。如原地面高低不平或局部低洼，冲填后土内水不易排出，长期处于饱和软弱状态。

3. 杂填土

杂填土按其组成的物质成分可分为建筑垃圾、生活垃圾和工业废料等。建筑垃圾由碎砖、瓦砾等与黏性土混合而成，成分较纯，有机质含量较少；生活垃圾成分极为复杂，含大量有机质；工业废料有矿渣、炉渣(常见的如钢渣，孔隙很大，搭空现象严重，不稳定)和其他工业废料(要特别注意化学废料对混凝土的侵蚀性)。

杂填土的特性表现如下：

(1)不均匀性。由于物质来源和组成成分的复杂性，使得杂填土的性质很不均匀，密度变化大，缺乏规律性，这是杂填土的主要特点和薄弱环节。

(2)填土龄期。龄期是影响杂填土性质的一个重要因素，一般来说堆填时间越长，则土层越密实，其有机质含量相对较少。新近填筑的杂填土，本身处于欠压密状态，存在自重压密变形，因而具有较高的压缩性。

(3)地基浸水后的稳定性和湿陷性。杂填土遇水后往往会产生湿陷和潜蚀现象。

三、软弱地基处理的问题

衡量地基好坏的一个主要标准就是看其承载力和变形性能是否满足要求。地基处理就是利用换填、夯实、挤密、排水、胶结、加筋等方法对地基进行加固，用以改良地基土的特性。工程实际中建筑地基所需处理的问题表现在以下几个方面：

1. 地基的强度与稳定性问题

当地基的抗剪强度不足以支撑上部结构传来的荷载时，地基就会产生局部剪切或整体滑移破坏，它不仅影响建筑物的正常使用，还将对建筑物的安全构成很大威胁，以至于造成灾难性的后果。

2. 地基的变形问题

地基在上部荷载作用下，产生严重沉降或不均匀沉降时，就会影响建筑物的正常使用，甚至引发建筑物整体倾斜、墙体开裂、基础断裂等事故。

3. 地基的渗漏与溶蚀

水库一类构筑物的地基发生渗漏就会使库内存水渗漏，严重的会引起溃坝等破坏。溶蚀会使地面塌陷。

4. 地基振动液化与振沉

强烈地震会引起地表以下一定深度范围内含水饱和的粉土和砂土产生液化，使地基丧失承载力，造成地表、地基或公路发生破坏；会造成软弱黏性土发生振沉现象，导致地基下沉。

建筑物的天然地基，存在上述问题时，就必须采取地基处理措施，以确保建筑物的安全性、适用性和耐久性。

四、地基处理方法的分类

地基处理方法的分类见表 10-1。

表 10-1　地基处理方法的分类

序号	分类	处理方法	原理及作用	适用范围
1	换土垫层法	机械碾压法	通过挖除浅层软弱土，分层碾压或夯实来压实土，按回填的材料可分为砂垫层、碎石垫层、灰土垫层、二灰垫层和素土垫层等。它可提高持力层的承载力，减少沉降量，消除或部分消除土的湿陷性和胀缩性，防止土的冻胀作用，以及改善土的抗液化性	机械碾压法常适用于基坑面积大和开挖土方量较大的回填土方工程，一般适用于处理浅层软土地基、湿陷性黄土地基、膨胀土地基和季节性冻土地基
		重锤夯实法		重锤夯实法一般适用于地下水水位以上稍湿的黏性土、砂土、湿陷性黄土、杂填土及分层填土地基
		平板振动法		平板振动法适用于处理无黏性土或黏粒含量少和透水性好的杂填土地基
2	深层密实法	强夯法	强夯法是利用强大的夯击功，迫使深层土液化和动力固结而密实	强夯法一般适用于碎石土、砂土、杂填土、黏性土、湿陷性黄土及人工填土，对淤泥质土经试验证明施工有效时方可使用
		振动水冲法	挤密法是通过挤密或振动使深层土密实，并在振动挤密过程中，回填砂、砾石、灰土、土或石灰等，形成砂桩、碎石桩、灰土桩、二灰桩、土桩或石灰桩，与桩间土一起组成复合地基，从而提高地基承载力、减少沉降量、消除或部分消除土的湿陷性，改善土的抗液化性	振动水冲法一般适用于杂填土和松散砂土，对软弱地基经试验证明加固有效时方可使用
		灰土、二灰或土桩挤密法		灰土、二灰或土桩挤密法一般适用于地下水水位以上，深度为5～10 m的湿陷性黄土和人工填土
		粉体喷射搅拌法、石灰桩挤密法	粉体喷射搅拌法是将生石灰或水泥等粉体材料，利用粉体喷射机械，以雾状喷入地基深部，由钻头叶片旋转，将粉体加固料与原位置软土搅拌均匀，使软土硬结，可提高地基承载力、减少沉降量、加快沉降速率和增加边坡稳定性	粉体喷射搅拌法和石灰桩挤密法一般都适用于各种软弱地基
3	排水固结法	堆载预压法、真空预压法、降水预压法、电渗排水法	通过布置垂直排水井，改善地基的排水条件，以及采取加压、抽气、抽水和电渗等措施，以加速地基土的固结和强度增长，提高地基土的稳定性，并使沉降提前完成	适用于处理厚度较大的饱和软土和冲填土地基，但需要具有预压的荷载和时间的条件。对于较厚的泥炭层则要慎重对待
4	化学加固法	灌浆法、混合搅拌法（高压喷射浆法、深层搅拌法）	通过注入水泥或化学浆液，或将水泥等浆液进行喷射或机械拌和等措施，使土粒胶结，用以改善土的性质，提高地基承载力，增加稳定性，减少沉降，防止渗漏	适用于处理砂土、黏性土、湿陷性黄土及人工填土的地基。尤其适用于对已建成的由于地基问题而产生工程事故的托换技术
5	加筋法	土工织物	在软弱土层建造树根桩或碎石桩，或在人工填土的路堤或挡墙内铺设土工织物、钢带、钢条、尼龙绳或玻璃纤维等作为拉筋，使这种人工复合的土体，可承受抗拉、抗压、抗剪和抗弯作用，以提高地基承载力、增加地基稳定性和减少沉降	土工织物适用于砂土、黏性土和软土
		加筋土		加筋土适用于人工填土的路堤和挡墙结构
		树根桩		树根桩适用于各类土
		碎石桩（包括砂桩）		碎石桩（包括砂桩）适用于黏性土，对于软土，经试验证明施工有效时方可采用

续表

序号	分类	处理方法	原理及作用	适用范围
6	热学法	热加固法	热加固法是通过渗入压缩的热空气和燃烧物，并依靠热传导，将细颗粒土加热到适当温度，如温度在 100 ℃以上，则土的强度就会增加，压缩性随之降低	热加固法适用于非饱和黏性土、粉土和湿陷性黄土
		冻结法	冻结法是采用液体氮或二氧化碳膨胀的方法，或采用普通的机械制冷设备与一个封闭式液压系统相连接，使冷却液在里面流动，从而使软而湿的土冻结，以提高土的强度和降低土的压缩性	冻结法适用于各类土。对临时性支撑和地下水进行控制；特别是在软土地质条件，开挖深度大于 7～8 m，以及低于地下水水位的情况下，它是一种普遍而有用的施工措施

第二节　软弱地基的利用与处理措施

一、软弱地基的一般规定

当地基压缩层主要由淤泥、淤泥质土、冲填土、杂填土或其他高压缩性土层构成时应按软弱地基进行设计。在建筑地基的局部范围内有高压缩性土层时，应按局部软弱土层处理。

勘察时，应查明软弱土层的均匀性、组成、分布范围和土质情况；冲填土应查明排水固结条件；杂填土应查明堆积历史，确定自重压力下的稳定性、湿陷性等。

设计时，应考虑上部结构和地基的共同作用。对建筑体型、荷载情况、结构类型和地质条件进行综合分析，确定合理的建筑措施、结构措施和地基处理方法。

施工时，应注意对淤泥和淤泥质土基槽底面的保护，减少扰动。荷载差异较大的建筑物，宜先建重、高部分，后建轻、低部分。

活荷载较大的构筑物或构筑物群(如料仓、油罐等)，使用初期应根据沉降情况控制加载速率，掌握加载间隔时间，或调整活荷载分布，避免过大倾斜。

二、软弱地基的利用与处理

(1)利用软弱土层作为持力层时，应符合下列规定：

1)对于淤泥和淤泥质土，宜利用其上覆较好土层作为持力层，当上覆土层较薄，应采取避免施工时对淤泥和淤泥质土扰动的措施。

2)对于冲填土、建筑垃圾和性能稳定的工业废料，当均匀性和密实度较好时，可利用其作为轻型建筑物地基的持力层。

(2)局部软弱土层以及暗塘、暗沟等，可采用基础梁、换土、桩基础或其他方法处理。当地基承载力或变形不能满足设计要求时，地基处理可选用机械压实、堆载预压、真空预压、换填垫层或复合地基等方法。处理后的地基承载力应通过试验确定。

1)机械压实，包括重锤夯实、强夯、振动压实等方法，可用于处理由建筑垃圾或工业废料组成的杂填土地基，处理有效深度应通过试验确定。

2)堆载预压，可用于处理较厚淤泥和淤泥质土地基。预压荷载宜大于设计荷载，预压时间应根据建筑物的要求以及地基固结情况确定，并应考虑堆载大小和速率对堆载效果和周围建筑物的影响。采用塑料排水带或砂井进行堆载预压和真空预压时，应在塑料排水带或砂井顶部做排水砂垫层。

3)换填垫层(包括加筋垫层)，可用于软弱地基的浅层处理。垫层材料可采用中砂、粗砂、砾砂、角(圆)砾、碎(卵)石、矿渣、灰土、黏性土以及其他性能稳定、无腐蚀性的材料。加筋材料可采用高强度、低徐变、耐久性好的土工合成材料。

4)复合地基设计，应满足建筑物承载力和变形要求。

三、软弱地基的建筑措施

在满足使用和其他要求的前提下，软弱地基上的建筑体型应力求简单。当软弱地基上的建筑体型比较复杂时，宜根据其平面形状和高度差异情况，在适当部位用沉降缝将其划分成若干个刚度较好的单元；当高度差异或荷载差异较大时，可将两者隔开一定距离，当拉开距离后的两单元必须连接时，应采用能自由沉降的连接构造。

当建筑物设置沉降缝时，应符合下列规定：

(1)建筑物的下列部位，宜设置沉降缝：

1)建筑平面的转折部位；

2)高度差异或荷载差异处；

3)长高比过大的砌体承重结构或钢筋混凝土框架结构的适当部位；

4)地基土的压缩性有显著差异处；

5)建筑结构或基础类型不同处；

6)分期建造房屋的交界处。

(2)沉降缝应有足够的宽度，沉降缝宽度可按表10-2选用。

表10-2　房屋沉降缝的宽度

房屋层数	沉降缝宽度/mm
2～3	50～80
4～5	80～120
>5	≥120

相邻建筑物基础间的净距，可按表10-3选用。相邻高耸结构或对倾斜要求严格的构筑物的外墙间隔距离，应根据倾斜允许值计算确定。

表10-3　相邻建筑物基础间的净距

被影响建筑的长高比 / 影响建筑的预估平均沉降量 s/mm	$2.0\leqslant\frac{L}{H_f}<3.0$	$3.0\leqslant\frac{L}{H_f}<5.0$
70～150	2～3	3～6
160～250	3～6	6～9
260～400	6～9	9～12

续表

被影响建筑的长高比 / 影响建筑的预估平均沉降量 s/mm	$2.0 \leqslant \frac{L}{H_f} < 3.0$	$3.0 \leqslant \frac{L}{H_f} < 5.0$
>400	9~12	≥12
注：1. 表中 L 为建筑物长度或沉降缝分隔的单元长度(m)；H_f 为自基础底面标高算起的建筑物高度(m)。 2. 当被影响建筑的长高比为 $1.5 < L/H_f < 2.0$ 时，其间净距可适当缩小。		

建筑物各组成部分的标高，应根据可能产生的不均匀沉降采取下列相应措施：

(1)室内地坪和地下设施的标高，应根据预估沉降量予以提高。建筑物各部分(或设备之间)有联系时，可将沉降较大者标高提高。

(2)建筑物与设备之间，应留有净空。当建筑物有管道穿过时，应预留孔洞，或采用柔性的管道接头等。

四、软弱地基的结构措施

1. 减少建筑物沉降和不均匀沉降的措施

为减少建筑物沉降和不均匀沉降，可采用下列措施：

(1)选用轻型结构，减轻墙体自重，采用架空地板代替室内填土；

(2)设置地下室或半地下室，采用覆土少、自重轻的基础形式；

(3)调整各部分的荷载分布、基础宽度或埋置深度；

(4)对不均匀沉降要求严格的建筑物，可选用较小的基底压力。

2. 增强整体刚度和承载力的措施

对于建筑体型复杂、荷载差异较大的框架结构，可采用箱基、桩基础、筏基等加强基础整体刚度，减少不均匀沉降。对于砌体承重结构的房屋，宜采用下列措施增强整体刚度和承载力：

(1)对于 3 层和 3 层以上的房屋，其长高比 L/H_f 不宜大于 2.5；当房屋的长高比为 $2.5 < L/H_f \leqslant 3.0$ 时，宜做到纵墙不转折或少转折，并应控制其内横墙间距或增强基础刚度和承载力。当房屋的预估最大沉降量不大于 120 mm 时，其长高比可不受限制。

(2)墙体内宜设置钢筋混凝土圈梁或钢筋砖圈梁。

(3)在墙体上开洞时，宜在开洞部位配筋或采用构造柱及圈梁加强，圈梁应按下列要求设置：

1)在多层房屋的基础和顶层处应各设置一道，其他各层可隔层设置，必要时也可逐层设置。单层工业厂房、仓库，可结合基础梁、连系梁、过梁等酌情设置。

2)圈梁应设置在外墙、内纵墙和主要内横墙上，并宜在平面内连成封闭系统。

五、地基上有大面积地面荷载的设计

在建筑范围内有地面荷载的单层工业厂房、露天车间和单层仓库的设计，应考虑由于地面荷载所产生的地基不均匀变形及其对上部结构的不利影响。当有条件时，宜利用堆载预压过的建筑场地。

地面荷载是指生产堆料、工业设备等地面堆载和天然地面上的大面积填土。其中，地面堆载应均衡，并应根据使用要求、堆载特点、结构类型和地质条件确定允许堆载量和范围，但堆载不宜压在基础上；大面积的填土，宜在基础施工前三个月完成。

地面堆载应满足地基承载力、变形、稳定性的要求，并应考虑对周边环境的影响。当堆载量超过地基承载力特征值时，应进行专项设计。

厂房和仓库的结构设计，可适当提高柱、墙的抗弯能力，增强房屋的刚度。对于中小型仓库，宜采用静定结构。对于在使用过程中允许调整吊车轨道的单层钢筋混凝土工业厂房和露天车间的天然地基设计，除应遵守《建筑地基基础设计规范》(GB 50007—2011)的有关规定外，还应符合式(10-1)的要求：

$$s'_g \leqslant [s'_g] \tag{10-1}$$

式中 s'_g——由地面荷载引起柱基内侧边缘中点的地基附加沉降量计算值；

$[s'_g]$——由地面荷载引起柱基内侧边缘中点的地基附加沉降量允许值，可按表10-4采用。

表 10-4 地基附加沉降量允许值 mm

b \ a	6	10	20	30	40	50	60	70
1	40	45	50	55	55			
2	45	50	55	60	60			
3	50	55	60	65	70	75		
4	55	60	65	70	75	80	85	90
5	65	70	75	80	85	90	95	100

注：表中 a 为地面荷载的纵向长度(m)；b 为车间跨度方向基础底面边长(m)。

按《建筑地基基础设计规范》(GB 50007—2011)的有关规定设计时，应考虑在使用过程中垫高或移动吊车轨道和吊车梁的可能性。应增大吊车顶面与屋架下弦间的净空和吊车边缘与上柱边缘间的净距，当地基土平均压缩模量 E_s 为3 MPa左右，地面平均荷载大于25 kPa时，净高宜大于300 mm，净距宜大于200 mm。并应按吊车轨道可能移动的幅度，加宽钢筋混凝土吊车梁腹部及配置抗扭钢筋。

具有地面荷载的建筑地基遇到下列情况之一时，宜采用桩基础：

(1)不符合《建筑地基基础设计规范》(GB 50007—2011)有关要求；

(2)车间内设有起重量300 kN以上、工作级别大于A5的吊车；

(3)基底下软土层较薄，采用桩基础经济者。

第三节 换土垫层法

换土垫层法，又称换填法，就是将基础底面下一定深度范围内的软弱土层部分或全部挖掉，然后换填强度较大的砂、碎石、素土、灰土、粉煤灰、干渣等性能稳定且无侵蚀性的材料，并分层夯压至要求的密实度。换填法可有效地处理荷载不大的建筑物地基问题，常可作为地基浅层处理的方法。

换填法处理地基时换填材料所形成的垫层，按其材料的不同，可分为砂垫层、砂石垫层、碎石垫层、素土垫层、灰土垫层、粉煤灰垫层、干渣垫层等。对于不同材料的垫层，虽然其应力分布有所差异，但测试结果表明，其极限承载力还是比较接近的，并且不同材料垫层上建筑物的沉降特点也基本相似，故各种材料垫层的设计都可近似按砂垫层方法进行。但对于湿陷性黄土、膨胀土和季节性冻土等特殊土采用换填法进行地基处理时，因其主要目的是消除或部分消除地基土的湿陷性、胀缩性和冻胀性，所以在设计中考虑解决问题的关键应有所不同。

一、换填法的适用范围

换填法的适用范围见表 10-5。

表 10-5　换填法的适用范围

垫层种类	适用范围
砂（砂石、碎石）垫层	适用于一般饱和、非饱和的软弱土和水下黄土地基处理，不宜用于湿陷性黄土地基，也不宜用于大面积堆载、密集基础和动力基础下的软弱地基处理，砂垫层不宜用于地下水流速快和流量大地区的地基处理
素土垫层	适用于中、小型工程及大面积回填和湿陷性黄土的地基处理
灰土垫层	适用于中、小型工程，尤其是适用于湿陷性黄土的地基处理
粉煤灰垫层	适用于厂房、机场、港区陆域和堆场等工程的大面积填筑
干渣垫层	适用于中、小型建筑工程，尤其是适用于地坪、堆场等工程的大面积地基处理和场地平整。对于受酸性或碱性废水影响的地基不得采用干渣垫层

二、换填法垫层的设计

垫层的设计不但要满足建筑物对地基变形及稳定的要求，而且应符合经济合理的原则。换填法设计的主要内容是确定断面的合理厚度和宽度。对于垫层，应保持足够的断面厚度以增加地基持力层承载力，防止地基浅层剪切变形，保持足够的宽度以防止垫层向两侧挤出。对于有排水要求的垫层，除要求有一定的厚度和宽度外，还需形成一个排水面，促进软弱土层的固结，提高其强度，以满足上部荷载的要求。

1. 垫层厚度的确定

垫层的厚度 z 应根据需要置换软弱土层的深度或垫层底部下卧土层的承载力确定，并符合下卧层验算的要求。因此，垫层的厚度必须满足如下要求：当上部荷载通过垫层按一定的扩散角传至下卧软弱土层时，该下卧软弱土层顶面所受的自重力与附加应力之和不大于同一标高处软弱土层的地基承载力特征值，表达式如下，垫层内应力的分布如图 10-1 所示。

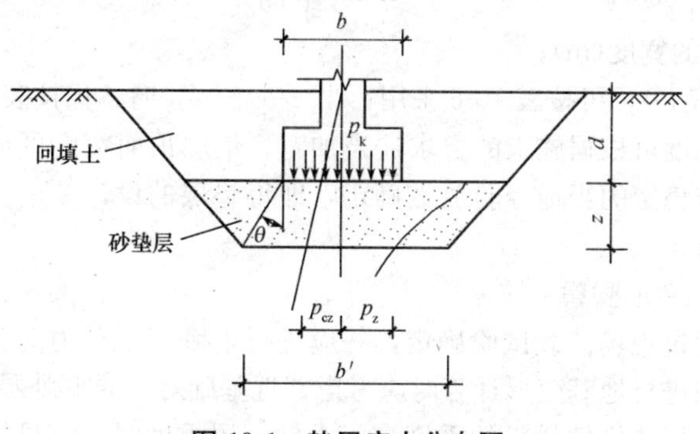

图 10-1　垫层应力分布图

$$p_z + p_{cz} \leqslant f_{az} \tag{10-2}$$

式中　p_z——相应于作用的标准组合时，垫层底面处土的附加压力值(kPa)；

p_{cz}——垫层底面处土的自重压力值(kPa)；

f_{az}——垫层底面处经深度修正后的地基承载力特征值(kPa)。

垫层底面处的附加压力值 p_z 为

对于条形基础
$$p_z = \frac{b(p_k - p_c)}{b + 2z\tan\theta} \tag{10-3}$$

对于矩形基础
$$p_z = \frac{bl(p_k - p_c)}{(b + 2z\tan\theta)(l + 2z\tan\theta)} \tag{10-4}$$

式中　b——矩形基础或条形基础底面的宽度(m)；

l——矩形基础底面的长度(m)；

p_k——相应于作用的标准组合时，基础底面处的平均压力值(kPa)；

p_c——基础底面处土的自重压力值(kPa)；

z——基础底面下垫层的厚度(m)；

θ——垫层的压力扩散角(°)，宜通过试验确定，当无试验资料时，可按表10-6采用。

表10-6　垫层的压力扩散角 θ

换填材料 / z/b	中砂、粗砂、砾砂、圆砾、角砾、石屑、卵石、碎石、矿渣	粉质黏土、粉煤灰	灰土
0.25	20°	6°	28°
≥0.50	30°	23°	

注：1. 当 $z/b<0.25$ 时，除灰土仍取 $\theta=28°$ 外，其余材料均取 $\theta=0°$，必要时，宜由试验确定。
　　2. 当 $0.25<z/b<0.50$ 时，θ 值可内插求得。

换填垫层的厚度不宜小于0.5 m，也不宜大于3 m，太厚工程施工困难，而太薄则换填垫层的作用不明显。计算时，一般先根据工程实况初步设定一个垫层厚度进行验算，若不符合要求，则改变厚度，重新验算，直至满足要求。

2. 垫层宽度的确定

垫层的宽度除要满足应力扩散的要求外，还应防止垫层向两边挤出。若垫层宽度不足，就有可能部分挤入侧面软弱土中，增加基础沉降。垫层宽度的计算通常可按应力扩散角法进行。

垫层底面的宽度应满足基础底面应力扩散的要求，可按式(10-5)确定：

$$b' \geqslant b + 2z\tan\theta \tag{10-5}$$

式中　b'——垫层底面的宽度(m)；

θ——压力扩散角(°)，可按表10-6采用；当 $z/b<0.25$ 时，仍按表中 $z/b=0.25$ 取值。

整片垫层底面的宽度可根据施工的要求适当加宽。垫层顶面宽度可从垫层底面两侧向上按基坑开挖期间保持边坡稳定的当地经验放坡确定，即得垫层的设计断面。垫层顶面每边超出基础底边不应小于300 mm。

3. 垫层的承载力和变形验算

垫层的承载力宜通过现场荷载试验确定，并应进行下卧层承载力的验算。对于垫层下存在软弱下卧层的建筑，在进行地基变形计算时应考虑邻近基础对软弱下卧层顶面应力叠加的影响。当超出原地面标高的垫层或换填材料的重度高于天然土层重度时，宜早换填，并应考虑其附加的荷载对建筑及邻近建筑的影响。

垫层地基的变形由垫层自身变形和下卧层变形组成。换填垫层在满足断面有足够厚度、宽度和垫层压实标准的条件下，垫层地基的变形可仅考虑其下卧层的变形。对沉降要求严的或垫层厚的建筑，应计算垫层自身的变形。垫层下卧层的变形量可按现行国家标准《建筑地基基础设计规范》(GB 50007—2011)的有关规定计算。

【例 10-1】 某工程地基为软弱地基，采用换填法处理，换填材料为砾砂，垫层厚度为 1 m，已知：该基础为条形基础，基础宽度为 2 m，基础埋深位于地表下 1.5 m，上部结构作用在基础上的荷载 $p=200$ kN/m；自地面至 6.0 m 均为淤泥质土，其天然重度为17.6 kN/m^3，饱和重度为 19.7 kN/m^3，承载力特征值为 80 kPa，地下水水位在地表下2.7 m，试判定其下卧层承载力是否满足要求，并确定垫层的宽度。

解：基础底面处的平均压力值 p_k 为

$$p_k=\frac{F_k+G_k}{b}=\frac{200+20\times2\times1.5}{2}=130(\text{kPa})$$

垫层底面处的附加压力值 p_z：

由于 $z/b=1/2=0.5$，查表 10-6 可得，垫层的压力扩散角 $\theta=30°$

$$p_z=\frac{b(p_k-p_c)}{b+2z\tan\theta}=\frac{2\times(130-17.6\times1.5)}{2+2\times1\times\tan30°}=65.78(\text{kPa})$$

垫层底面处土的自重压力值 p_{cz} 为

$$p_{cz}=17.6\times2.5=44(\text{kPa})$$

查《建筑地基基础设计规范》(GB 50007—2011) 中承载力修正系数表得 $\eta_d=1.0$，则经深度修正后淤泥质土的承载力特征值 f_{az} 为

$$f_{az}=f_{ak}+\eta_d\gamma_m(d-0.5)=80+1.0\times17.6\times(2.5-0.5)=115.2(\text{kPa})$$

则

$$p_z+p_{cz}=65.78+44=109.78(\text{kPa})\leqslant f_{az}=115.2\ \text{kPa}$$

故满足要求。

垫层宽度 b' 为

$$b'=b+2z\tan\theta=2+2\times1\times\tan30°=3.15(\text{m})$$

取 $b'=3.2$ m。

4. 垫层材料的选择

(1)砂石。宜选用碎石、卵石、角砾、圆砾、粗砂、中砂或石屑，并应级配良好，不含植物残体、垃圾等杂质。当使用粉细砂或石粉时，应掺入不少于总质量 30% 的碎石或卵石。砂石的最大粒径不宜大于 50 mm。对湿陷性黄土地基不得选用砂石等透水性材料。

(2)粉质黏土。土料中有机质含量不得超过 5%，且不得含有冻土或膨胀土。当含有碎石时，其最大粒径不宜大于 50 mm。用于湿陷性黄土或膨胀土地基的粉质黏土垫层，土料中不得夹有砖、瓦或石块等。

(3)灰土。体积配合比宜为 2∶8 或 3∶7。石灰宜选用新鲜的消石灰，其最大粒径不得大于 5 mm。土料宜选用粉质黏土，不宜使用块状黏土，且不得含有松软杂质，土料应过筛且最大粒径不得大于 15 mm。

(4)粉煤灰。选用的粉煤灰应满足相关标准对腐蚀性和放射性的要求。粉煤灰垫层上宜覆土 0.3～0.5 m。粉煤灰垫层中采用掺加剂时，应通过试验确定其性能及适用条件。粉煤灰垫层中的金属构件、管网应采取防腐措施。大量填筑粉煤灰时，应经场地地下水和土壤环境的不良影响评价合格后，方可使用。

(5)矿渣。宜选用分级矿渣、混合矿渣及原状矿渣等高炉重矿渣。矿渣的松散重试不应小

于11 kN/m³，有机质及含泥总量不得超过5%。垫层设计、施工前应对所选用的矿渣进行试验，确认性能稳定并满足腐蚀性和放射性安全的要求。对易受酸、碱影响的基础或地下管网不得采用矿渣垫层。大量填筑矿渣时，应经场地地下水和土壤环境的不良影响评价合格后，方可使用。

(6)其他工业废渣。在有充分依据或成功经验时，可采用质地坚硬、性能稳定、透水性强、无腐蚀性和无放射性危害的其他工业废渣材料，但应经过现场试验证明其经济技术效果良好且施工措施完善后方可使用。

(7)土工合成材料加筋垫层所选用土工合成材料的品种与性能及填料，应根据工程特性和地基土质条件，按照现行国家标准《土工合成材料应用技术规范》(GB/T 50290—2014)的要求，通过设计计算并进行现场试验后确定。土工合成材料应采用抗拉强度较高、耐久性好、抗腐蚀的土工带、土工格栅、土工格室、土工垫或土工织物等土工合成材料。垫层填料宜用碎石、角砾、砾砂、粗砂、中砂等材料，且不宜含氯化钙、碳酸钠、硫化物等化学物质。当工程要求垫层具有排水功能时，垫层材料应具有良好的透水性。在软土地基上使用加筋垫层时，应保证建筑物稳定并满足允许变形的要求。

三、垫层施工

(1)垫层施工应根据不同的换填材料选择施工机械。粉质黏土、灰土宜采用平碾、振动碾或羊足碾，中小型工程也可采用蛙式夯、柴油夯。砂石等宜用振动碾。粉煤灰宜采用平碾、振动碾、平板振动器、蛙式夯。矿渣宜采用平板振动器或平碾，也可采用振动碾。

(2)一般情况下，垫层的分层铺填厚度可取200～300 mm。为保证分层压实质量，应控制机械碾压速度。换填垫层施工应注意基坑排水，除采用水撼法施工砂垫层外，不得在浸水条件下施工，必要时应采用降低地下水水位的措施。垫层底面宜设在同一标高上，如深度不同，基坑底土面应挖成阶梯或斜坡搭接，并按先深后浅的顺序进行垫层施工时，搭接处应夯压密实。

(3)粉质黏土和灰土垫层土料的施工含水量宜控制在最优含水量($w_{op}\pm2\%$)的范围内，粉煤灰垫层的施工含水量宜控制在($w_{op}\pm4\%$)的范围内。粉质黏土及灰土垫层分段施工时，不得在柱基、墙角及承重窗间墙下接缝。上下两层的缝距不得小于500 mm。接缝处应夯压密实。灰土应拌和均匀并应当日铺填夯压。灰土夯压密实后3天内不得受水浸泡。粉煤灰垫层铺填后宜当天压实，每层验收后应及时铺填上层或封层，防止干燥后松散起尘污染，同时应禁止车辆碾压通行。

(4)铺设土工合成材料时，下铺地基土层顶面应平整，防止土工合成材料被刺穿、顶破。铺设时应把土工合成材料张拉平直、绷紧，严禁有褶皱；端头应固定或回折锚固；切忌暴晒或裸露；连接宜用搭接法、缝接法和胶粘法，并均应保证主要受力方向的连接强度不低于所采用材料的抗拉强度。

第四节　强　夯　法

强夯法也称动力固结法。强夯法处理地基是20世纪60年代末由法国路易斯梅那德(Louismenard)技术公司首先创用的。强夯法就是以8～30 t的重锤，8～20 m的落距(最高为40 m)自由下落对土进行强力夯击的一种地基加固方法。强夯时对地基土施加很大的夯击能，在地基土中产生的冲击波和动应力，可提高土体强度，降低土的压缩性，起到改善砂土的振动液化性和消除湿陷性黄土的湿陷性等作用。同时，夯击还能提高土层的均匀程度，减少将来可能出现的不均匀沉降。

强夯法是在重锤夯实的基础上发展起来的，但二者机理又不相同，其根本区别在于后者采用的夯击能量较小，仅适用于含水量较低的回填土表层加固，影响深度为1～2 m，而强夯法主要是深层加固，加固深度和所采用的能量远远超过浅层重锤夯实法。强夯法已广泛应用于杂填土、碎石土、砂土、低饱和度粉土、黏性土及湿陷性黄土等地基的加固中。它不但可以在陆上施工，而且也可在水下夯实。工程实践表明，强夯法加固地基具有施工简单、使用经济、加固效果好等优点，因而被各国工程界所重视。其缺点是施工时噪声和振动较大，一般不宜在人口密集的城市内使用。对高饱和度的粉土与黏性土等地基，当采用夯坑内回填块石、碎石或其他粗颗粒材料进行强夯置换时，应通过现场试验确定其适用性。

类似的还有强夯置换法，但其在设计前必须通过现场试验确定其适用性和处理效果。

强夯法和强夯置换法施工前，应在施工现场有代表性的场地上选取一个或几个试验区，进行试夯或试验性施工。试验区数量应根据建筑场地复杂程度、建筑规模及建筑类型确定。

一、强夯法的适用条件

(1)强夯加固深度最好不超过15 m(特殊情况除外)。

(2)对于饱和软土，地表面应铺一层较厚的砾石、砂土等粗颗粒填料。

(3)地下水水位离地面宜为2～3 m。

(4)夯击对象最好由粗颗粒土组成。

(5)施工现场与既有建筑物之间有足够的安全距离(一般应大于10 m)，否则不宜施工。

二、强夯法的加固处理

强夯法在实践中虽已被证实是一种较好的地基处理方法，但到目前为止还没有一套成熟和完善的理论和设计计算方法，许多参数的确定只是参考经验或半经验公式。

实践表明，在夯击过程中，由于巨大的夯击能和冲击波，土体中因含有许多可压缩的微气泡而立即产生几十厘米的沉降；土体局部产生液化后，结构遭到破坏，强度下降到最小值；随后在夯击点周围出现径向裂缝，成为加速孔隙水压力消散的主要通道；黏性土具有的触变性，使已经降低的强度得到恢复和增强。这就是强夯法加固机理。在进行强夯时，气体体积压缩，孔隙水压力增大，然后气体有所膨胀，在孔隙水排出的同时，孔隙水压力减少。根据试验，每夯击一遍，气体体积可减少40%。土体的沉降量与夯击能成正比。

当孔隙水压力上升到与覆盖压力相等的能量级时，土体即产生液化，吸附水变成了自由水，此时，土的强度下降到最小值，当所出现的超孔隙水压力大于颗粒间的侧向压力时，致使颗粒间出现裂隙，形成排水通道，土的渗透系数骤增，孔隙水得以顺利排出。当孔隙水压力消散到小于土颗粒间的侧向压力后，裂隙自行闭合，土中水的运动又恢复常态。有规则地布置网格夯点，由于积聚的夯击能量，在夯坑四周会形成有规则的垂直裂缝；而不规则的和紊乱的夯击，将破坏这些排水通道的连续性。

随着孔隙水压力的消散和土颗粒间接触紧密以及吸附水层逐渐固定，土的抗剪强度和变形模量就有较大幅度的增长。在触变恢复期间，土体的变形(沉降)是很小的。

三、强夯法设计

1. 有效加固深度

影响强夯法有效加固深度的因素很多，有锤重、锤底面积和落距，还有地基土性质、土层分布、地下水水位以及其他有关设计参数等。强夯法的有效加固深度应根据现场试夯或当地经验确定。我国常采用的是根据国外经验公式进行修正后的估算公式：

$$H=\alpha\sqrt{Mh} \tag{10-6}$$

式中 M——夯锤重量(kN)；

h——落距(m)；

α——影响系数，根据所处理地基土的性质而定，对黏性土可取0.5，对砂性土可取0.7，对黄土可取0.35～0.5。

若缺少试验资料或经验也可按表10-7预估。

表10-7 强夯法的有效加固深度 m

单击夯击能 E/(kN·m)	碎石土、砂土等粗颗粒土	粉土、黏性土、湿陷性黄土等细颗粒土
1 000	4.0～5.0	3.0～4.0
2 000	5.0～6.0	4.0～5.0
3 000	6.0～7.0	5.0～6.0
4 000	7.0～8.0	6.0～7.0
5 000	8.0～8.5	7.0～7.5
6 000	8.5～9.0	7.5～8.0
8 000	9.0～9.5	8.0～8.5
10 000	9.5～10.0	8.5～9.0
12 000	10.0～11.0	9.0～10.0

注：强夯法的有效加固深度应从最初起夯面算起；单击夯击能 E 大于12 000 kN·m时，强夯的有效加固深度应通过试验确定。

2. 单位夯击能

单位夯击能是指单位面积上所施加的总夯击能。它的大小应根据地基土的类别、结构类型、荷载大小和处理的深度等综合考虑，并通过现场试夯确定。对粗粒土可取1 000～4 000 kN·m/m^2；对细粒土可取1 500～5 000 kN·m/m^2。夯锤底面积对砂类土一般为3～4 m^2，对黏性土不宜小于6 m^2。

3. 单点夯击数、夯击遍数、时间间隔

单点夯击数是指单个夯点一次连续夯击的次数。强夯法夯点的单点夯击数应按现场试夯得到的夯击数和夯沉量关系曲线确定，并应同时满足以下条件：

(1)最后两击的平均夯沉量，宜满足表10-8的要求，当单击夯击能 E 大于12 000 kN·m时，应通过试验确定。

表 10-8　强夯法最后两击平均夯沉量

单击夯击能 E/(kN・m)	最后两击平均夯沉量不大于/mm
E<4 000	50
4 000≤E<6 000	100
6 000≤E<8 000	150
8 000≤E<12 000	200

(2)夯坑周围地面不应发生过大的隆起。

(3)不因夯坑过深而发生提锤困难。

4. 夯击点位置与间距

强夯法处理范围应大于建筑物基础范围，每边超出基础外缘的宽度宜为基底下设计处理深度的 1/3～1/2，并不宜小于 3 m。

夯击点位置应根据基底平面的形状采用等边三角形、等腰三角形或正方形；夯击点间距(夯距)的确定，一般根据地基土的性质和要求处理的深度而定，以保证使夯击能量传递到深处和邻近夯坑免遭破坏为基本原则。第一遍夯击点间距可取夯锤直径的 2.5～3.5 倍，第二遍夯击点位于第一遍夯击点之间，以后各遍夯击点间距可适当减小。对处理深度较大或单击夯击能量较大的工程，第一遍夯击点间距宜适当增大。

第五节　振　冲　法

振冲法又称振动水冲法，是以起重机吊起振冲器，启动潜水电机后带动偏心块，使振冲器产生高强振动；同时开动水泵，使高压水通过喷嘴喷射高压水流，在边振边冲的联合作用下将振冲器沉到土中的预定深度；经过清孔后，就可从地面向孔中逐段填入碎石，每段填料均在振动作用下被振挤密实，达到所要求的密实度后提升振冲器，如此重复填料和振密，直至地面，从而在地基中形成一根大直径的很密实的桩体。如图 10-2 所示为振冲法施工顺序示意图。

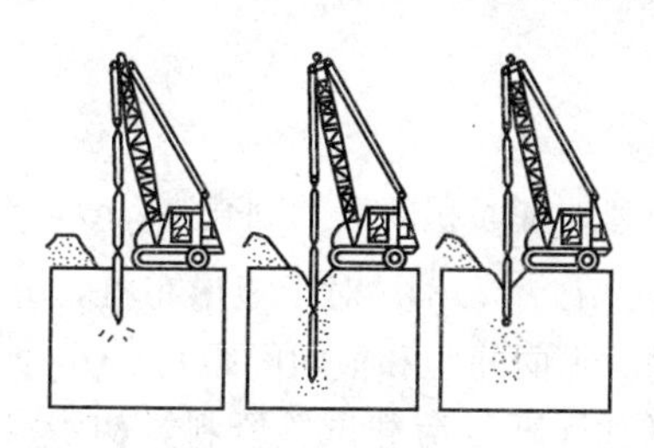

图 10-2　振冲法施工顺序示意图

一、振冲法的分类及适用范围

振冲法可分为振冲置换法和振冲密实法两类。振冲置换法适用于处理不排水抗剪强度不小于 20 kPa 的黏性土、粉土、饱和黄土和人工填土等地基。这类土难以挤密、振密，故本身密实度提高不大或不提高，地基承载力依靠所加填料形成的密实桩柱与其构成复合地基，由于桩身为散体材料，其抗压强度与周围压力有关，故过软的土层不宜使用。振冲密实法适用于处理砂土和粉土等地基，这类土可被振冲器振密和挤密。桩柱可加填料或不加填料，不加填料仅适用于处理黏粒含量小于10%的粗砂、中砂地基。

二、振冲法设计

1. 破坏形式

(1)刺入破坏，如图10-3(a)所示。当桩比较短，而且没有打到硬层时，在荷载作用下容易发生刺入破坏，即整个桩体在地基中下沉。

(2)鼓出破坏，如图10-3(b)所示。当桩比较长，在荷载作用下，桩上段往往会出现鼓出破坏，实践中常出现的是这种破坏形式。

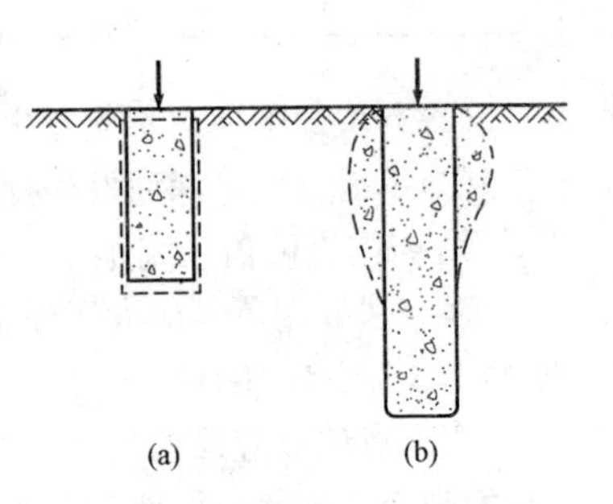

图10-3 碎石桩的破坏形式

2. 桩孔布置

振冲法处理范围应根据建筑物的重要性和场地条件确定，当用于多层建筑和高层建筑时，宜在基础外缘扩出1～2排桩。当要求消除地基液化时，基础外缘扩大宽度不应小于基底下可液化土层厚度的1/2。因此，应根据上部结构的荷载在地基中形成的土中应力来确定桩孔位置。对大面积满堂基础和独立基础，可采用三角形、正方形和矩形布桩；对条形基础，可沿基础轴线采用单排布桩或对称轴线多排布桩。

3. 承载力计算

振冲桩复合地基承载力特征值应通过现场复合地基荷载试验确定，初步设计时也可按式(10-7)和式(10-8)估算：

$$f_{spk} = mf_{pk} + (1-m)f_{sk} \tag{10-7}$$

$$m = \frac{d^2}{d_e^2} \tag{10-8}$$

式中 f_{spk}——振冲桩复合地基承载力特征值(kPa)；

f_{pk}——桩体承载力特征值(kPa)；

f_{sk}——振后桩间土承载力特征值(kPa)，宜按当地经验取值；如无经验时，可取天然地基承载力特征值；

m——桩土面积置换率；

d——桩身平均直径(m)；

d_e——一根桩分担的处理地基面积的等效圆直径(m)，对于等边三角形布桩，$d_e=1.05s$；对于正方形布桩，$d_e=1.13s$；对于矩形布桩，$d_e=1.13\sqrt{s_1s_2}$(s、s_1、s_2分别为桩间距、矩形布桩时纵向间距和横向间距)。

对小型工程的黏性土地基如无现场荷载试验资料，初步设计时，复合地基的承载力特征值也可按式(10-9)估算：

$$f_{spk} = [1+m(n-1)]f_{sk} \tag{10-9}$$

式中 n——桩土应力比，在无实测资料时，可取2～4，原土强度低时取大值，原土强度高时取小值。

其余符号意义同前。

【例10-2】 用直径为1 m的振冲碎石桩加固软黏土地基，由单桩和桩间土荷载试验得 $f_{pk}=$

250 kPa，$f_{sk}=90$ kPa，要求达到的 $f_{spk}=150$ kPa，等边三角形布置，试确定振冲碎石桩的置换率 m 和间距 s。

解：由振冲桩复合地基承载力公式(10-7)得

$$m=\frac{f_{spk}-f_{sk}}{f_{pk}-f_{sk}}=\frac{150-90}{250-90}=0.375$$

由面积置换率公式(10-8)得 $d_e=\sqrt{\frac{d^2}{m}}=\sqrt{\frac{1}{0.375}}=1.633(\text{m})$

因此，对于等边三角形布桩有 $s=\frac{d_e}{1.05}=\frac{1.633}{1.05}=1.56(\text{m})$

第六节　排水固结法

排水固结法是利用地基排水固结的特性，通过施加预压荷载，并增设各种排水条件(砂井和排水垫层等排水体)，以加速饱和软黏土固结，提高土体强度的一种软弱地基处理方法。排水固结法加固软弱地基是一种比较成熟的方法，它可以解决饱和黏性土地基两个方面的问题：

(1)沉降问题。可使地基的沉降在加载预压期间大部分或基本完成，使建筑物在使用期间不致产生较大的沉降量和沉降差。

(2)稳定问题。可加速地基土抗剪强度的增长，从而提高地基的承载力和稳定性。

排水固结法加固的基本原理是，软黏土地基在荷载作用下，土中孔隙水慢慢排出，孔隙体积不断减小，地基发生固结变形；同时，随着超静孔隙水压力的逐渐消散，土的有效应力增大，地基强度逐步增长。影响预压固结效果的主要因素如下：

(1)必要的预压荷载。必要的预压荷载包括堆载预压荷载、真空预压荷载、自重预压荷载、降水预压荷载等。

(2)良好的排水边界条件。良好的排水边界条件包括水平向排水垫层、竖向排水砂井、袋装砂井、塑料排水带等。

综合以上因素，排水固结法一般由排水系统和加压系统两部分组成。

排水系统主要用于改变原有地基的排水条件，缩短排水距离，使地基有良好的排水边界条件。该系统是由水平向的排水垫层和竖向排水体构成的。当软土层较薄或土的渗透性较好而施工期较长时，可仅在地面铺设一定厚度的砂垫层，然后加载。当软土层较厚且土的渗透性较差时，可在地基中设置砂井等竖向排水体，再与砂垫层相连，构成排水系统，加快土体固结。加压系统即对地基施加起固结作用的预压荷载，它可使地基土的有效应力增加而产生固结。根据所施加的预压荷载不同，预压法可分为堆载预压法、真空预压法、自重预压法、降水预压法等。在实际工程中，可单独使用一种方法，也可将几种方法联合使用。

排水固结法适用于处理淤泥、淤泥质土和冲填土等饱和黏性土地基。

一、堆载预压法

1. 加压方法及适用范围

堆载预压法是直接在地基上加载而使地基固结的方法，堆载一般用填土、砂土等材料，由于堆载需要大量的土石料，往往需要到外地运输，工程量很大，造价高。对于砂类土和粉土，以及软土层厚度不大或软土层含较多薄粉砂夹层，且固结速率能满足工期要求，则可直接用堆载预压法；对深厚软黏土地基，应设置塑料排水带或砂井等排水竖井。

2. 设计的内容和具体方法

堆载预压法处理地基的设计应包括下列内容：

(1)选择塑料排水带或砂井，确定其断面尺寸、间距、排列方式和深度。

(2)确定预压区范围、预压荷载大小、荷载分级、加载速率和预压时间。

(3)计算地基土的固结度、强度增长、抗滑稳定性和变形。

设计的具体方法如下：

(1)设置排水竖井和排水带。排水竖井分为普通砂井、袋装砂井和塑料排水带。普通砂井直径可取 300～500 mm，袋装砂井直径可取 70～120 mm。排水竖井的平面布置可采用等边三角形或正方形排列。竖井的有效排水直径 d_e 与间距 l 的关系如下：等边三角形排列时，$d_e=1.05l$；正方形排列时，$d_e=1.13l$。

排水竖井的间距可根据地基土的固结特性和预定时间内所要求达到的固结度确定。设计时，竖井的间距可按井径比 n 选用($n=d_e/d_w$，d_w 为竖井直径)。塑料排水带或袋装砂井的间距可按 $n=15\sim22$ 选用，普通砂井的间距可按 $n=6\sim8$ 选用。

排水竖井的深度应根据建筑物对地基的稳定性、变形要求和工期确定。对以地基抗滑稳定性控制的工程，竖井深度至少应超过最危险滑动面 2.0 m。对以变形控制的建筑，竖井深度应根据在限定的预压时间内需完成的变形量确定。竖井宜穿透受压土层。

(2)确定预压荷载。预压荷载大小应根据设计要求确定。对于在沉降有严格限制的建筑，应采用超载预压法处理，超载量大小应根据预压时间内要求完成的变形量通过计算确定，并宜使预压荷载下受压土层各点的有效竖向应力大于建筑物荷载引起的相应点的附加应力。

预压荷载顶面的范围应大于或等于建筑物基础外缘所包围的范围。

加载速率应根据地基土的强度确定。当天然地基土的强度满足预压荷载下地基的稳定性要求时，可一次性加载，否则应分级逐渐加载，待前期预压荷载下地基土的强度增长满足下一级荷载下地基的稳定性要求时方可加载。

(3)铺设砂垫层。堆载预压法处理地基必须在地表铺设与排水竖井相连的砂垫层，砂垫层厚度不应小于 500 mm。砂垫层砂料宜用中粗砂，黏粒含量不宜大于 3%，砂料中可混有少量粒径小于 50 mm 的砾石。在预压区边缘应设置排水沟，在预压区内宜设置与砂垫层相连的排水盲沟。

(4)计算变形量。预压荷载下地基的最终竖向变形量可按式(10-10)计算：

$$s_f=\xi\sum_{i=1}^{n}\frac{e_{0i}-e_{1i}}{1+e_{0i}}h_i \tag{10-10}$$

式中 s_f——最终竖向变形量(m)；

e_{0i}——第 i 层中点土自重应力所对应的孔隙比，由室内固结试验 e-p 曲线查得；

e_{1i}——第 i 层中点土自重应力与附加应力之和所对应的孔隙比，由室内固结试验 e-p 曲线查得；

h_i——第 i 层土层厚度(m)；

ξ——经验系数，对正常固结饱和黏性土地基可取 $\xi=1.1\sim1.4$。荷载较大、地基土较软弱时取较大值，否则取较小值。

变形计算时，可取附加应力与土自重应力的比值为 0.1 的深度作为受压层的计算深度。

二、真空预压法

1. 加压方法及适用范围

真空预压法是通过对覆盖于竖井地基表面的不透气薄膜内抽真空，而使地基固结的方法。它是在软土表面铺设一层透水的砂或砾石，然后打设竖向排水通道袋装砂井或塑料排水板，并在砂或砾石层上覆盖不透水的薄膜材料，如塑料布、橡胶布或沥青等，使软土与大气隔绝。通过在砂垫层里预埋的吸水管道，用真空泵抽气形成真空，利用大气压力加压。

真空预压法适用于能在加固区形成(包括采取措施后形成)稳定负压边界条件的软土地基。

2. 设计的内容和具体方法

真空预压法处理地基必须设置排水竖井。设计内容包括：

(1)竖井断面尺寸、间距、排列方式和深度的选择；

(2)预压区面积和分块大小；

(3)真空预压工艺；

(4)要求达到的真空度和土层的固结度；

(5)真空预压和建筑物荷载下地基的变形计算；

(6)真空预压后地基土的强度增长计算等。

设计的具体方法如下：

(1)排水竖井的设计同堆载预压法，砂井的砂料应选用中粗砂，其渗透系数应大于1×10^{-2} cm/s。

(2)真空预压区边缘应大于建筑物基础轮廓线，每边增加量不得小于3.0 m。每块预压面积宜尽可能大且呈方形。

真空预压的膜下真空度应稳定地保持在650 mmHg以上，且应均匀分布，竖井深度范围内土层的平均固结度应大于90%。

第七节　化学加固法

化学加固法是在软土地基土中掺入水泥、石灰等，用喷射、搅拌等方法使其与土体充分混合固化；或把一些能固化的化学浆液(水泥浆、水玻璃、氯化钙溶液等)注入地基土孔隙，以改善地基土的物理力学性质，达到加固软土地基的目的。化学加固法，按固化剂的状态可分为粉体类(水泥、石灰粉末)加固法和浆液类(水泥浆及其他化学浆液)加固法；按施工工艺可分为低压搅拌法(粉体喷射搅拌法、水泥土搅拌法)、高压喷射注浆法(高压旋喷法等)和浆液灌注胶结法(灌浆法、硅化法)。

一、水泥土搅拌法

水泥土搅拌法是以水泥为固化剂，通过深层搅拌机在地基深部就地将软土和固化剂强制拌和，利用固化剂和软土发生一系列物理化学反应，使其凝结成具有整体性、较高强度和水稳性好的水泥土，与天然地基形成复合地基，从而提高地基承载力及其他特性。

水泥土搅拌法分为深层搅拌法(以下简称湿法)和粉体喷搅法(以下简称干法)。水泥土搅拌法适用于处理正常固结的淤泥与淤泥质土、粉土、饱和黄土、素填土、黏性土以及无流动地下水的饱和松散砂土等地基。当地基土的天然含水量小于30%(黄土含水量小于25%)、大于70%或地下水的pH值小于4时不宜采用干法。

1. 水泥土搅拌桩设计

水泥土搅拌法形成的水泥土加固体，可作为竖向承载的复合地基。竖向承载搅拌桩的平面布置可根据上部结构特点及对地基承载力和变形的要求，采用柱状、壁状、格栅状或块状等加固形式。只在基础平面范围内布置桩，独立基础下的桩数不宜少于3根。柱状加固可采用正方形、等边三角形等布桩形式。竖向承载搅拌桩的长度应根据上部结构对承载力和变形的要求确定，并宜穿透软弱土层到达承载力相对较高的土层。为提高抗滑稳定性而设置的搅拌桩，其桩长应超过危险滑弧以下2 m。湿法的加固深度不宜大于20 m；干法不宜大于15 m。水泥土搅拌桩的桩径不应小于500 mm。

2. 水泥土搅拌桩复合地基的承载力计算

竖向承载水泥土搅拌桩复合地基的承载力特征值应通过现场单桩或多桩复合地基荷载试验确定。初步设计时也可按式(10-11)估算：

$$f_{spk}=mR_a/A_p+\beta(1-m)f_{sk} \tag{10-11}$$

式中 A_p——桩面积(m^2)；

m——面积转换频率；

f_{spk}——复合地基承载力特征值(kPa)；

f_{sk}——桩间土承载力特征值(kPa)，可取天然地基承载力特征值；

R_a——单桩竖向承载力特征值(kN)；

β——桩间土承载力折减系数，当桩端土未经修正的承载力特征值大于桩周土的承载力特征值的平均值时，可取0.1～0.4，差值大时取低值；当桩端土未经修正的承载力特征值小于或等于桩周土的承载力特征值的平均值时，可取0.5～0.9，差值大或设置褥垫层时均取高值。

单桩竖向承载力特征值应通过现场荷载试验确定。应使由桩身材料强度确定的单桩承载力大于或等于由桩周土和桩端土的抗力所提供的单桩承载力：

$$R_a=\eta f_{cu}A_p \tag{10-12}$$

式中 f_{cu}——与搅拌桩桩身水泥土配比相同的室内加固土试块(边长为70.7 mm的立方体，也可采用边长为50 mm的立方体)在标准养护条件下90天龄期的立方体抗压强度标准值(kPa)；

η——桩身强度折减系数，干法可取0.20～0.30，湿法可取0.25～0.33。

【例10-3】 某小区六层民用住宅，地基土为厚层淤泥质粉质黏土，$f_{sk}=80$ kPa，$\beta=0.7$，采用水泥土搅拌桩，桩身水泥土$f_{cu}=870$ kPa，桩身强度折减系数$\eta=0.45$，单桩荷载试验$R_a=256$ kN，采用$d=0.7$ m的双孔搅拌桩；$A_p=0.71$ m^2，基础面积$A=228.04$ m^2，设计要求$f_{spk}=152.2$ kPa。试确定水泥土搅拌桩的单桩承载力置换率m和桩数n。

解： 先确定单桩竖向承载力值：

由式(10-12)得 $R_a=\eta f_{cu}A_p=0.45\times870\times0.71=278(\text{kN})>256$ kN

则取小值，$R_a=256$ kN

由式(10-11)得，置换率 $m=\dfrac{f_{spk}-\beta f_{sk}}{\dfrac{R_a}{A_p}-\beta f_{sk}}=\dfrac{152.2-0.7\times80}{\dfrac{256}{0.71}-0.7\times80}=0.316$

桩数 $$n=\frac{mA}{A_p}=\frac{0.316\times228.04}{0.71}=102(\text{根})$$

二、高压喷射注浆法

高压喷射注浆法是利用高压喷射化学浆液与土混合固化处理地基的一种方法。它是利用钻机把带有喷嘴的注浆管钻进至土层的预定位置后，以高压设备使浆液或水以 20～40 MPa的高压射流从喷嘴中喷射出来，冲击破坏土体，同时钻杆以一定的速度逐渐向上提升，将浆液与土粒强制搅拌混合，浆液凝固后，在土中形成一个固结体。高压喷射注浆法处理深度可达 8～12 m。

高压喷射注浆法适用于处理淤泥、淤泥质土、流塑、软塑或可塑黏性土、粉土、砂土、黄土、素填土和碎石土等地基。

1. 高压喷射桩设计

高压喷射注浆法，按喷射方向和形成固结体的形状不同可分为旋转喷射注浆(旋喷法)、定向喷射注浆(定喷法)、在某一角度范围内摆动喷射注浆(摆喷法)，对应形成的固结体形状分别为圆柱状、墙壁状、扇形状；按注浆管类型不同可分为单管法(单管旋喷注浆法)、二重管法(所用注浆管为具有双通道的二重注浆管)和三重管法(所用注浆管分别为传送高压水、压缩空气和水泥浆三种介质的三重注浆管)。

竖向承载旋喷桩的平面布置可根据上部结构和基础特点确定。独立基础下的桩数一般不应少于 4 根。竖向承载旋喷桩复合地基宜在基础和桩顶之间设置褥垫层。褥垫层厚度可取 200～300 mm，其材料可选用中砂、粗砂、级配砂石等，最大粒径不宜大于 30 mm。

2. 竖向承载旋喷桩复合地基承载力计算

竖向承载旋喷桩复合地基承载力特征值应通过现场复合地基荷载试验确定。初步设计时，也可按式(10-11)估算，公式中 β 为桩间土承载力折减系数，可根据试验或类似土质条件工程经验确定，当无试验资料或经验时，可取 0～0.5，承载力较低时取低值。单桩竖向承载力特征值可通过现场单桩荷载试验确定，也可按式(10-13)和式(10-14)估算，取其中较小值：

$$R_a=\eta f_{cu}A_p \tag{10-13}$$

$$R_a=u_p\sum_{i=1}^{n}q_{si}l_i+q_pA_p \tag{10-14}$$

式中 f_{cu}——与旋喷桩桩身水泥土配比相同的室内加固土试块(边长为 70.7 mm 的立方体)在标准养护条件下 28 天龄期的立方体抗压强度标准值(kPa)；

η——桩身强度折减系数，可取 0.33；

u_p——桩的周长(m)；

n——桩长范围内所划分的土层数；

q_{si}——桩周第 i 层土的侧阻力特征值，可按现行国家标准《建筑地基基础设计规范》(GB 50007—2011)有关规定确定；

l_i——桩长范围内第 i 层土的厚度(m)；

q_p——桩端地基土未经修正的承载力特征值(kPa)，可按现行国家标准《建筑地基基础设计规范》(GB 50007—2011)有关规定确定。

三、浆液灌注胶结法

浆液灌注胶结法主要是利用化学溶液或流质胶结剂灌入土中后能将土粒胶结起来的性能，提高地基承载力。常用的浆液如下：

(1)水泥浆液，以强度等级高的硅酸盐水泥和速凝剂组成的浆液用得较多，适用于最小粒径为0.4 mm的砂砾地基；

(2)以硅酸钠(水玻璃)为主的浆液，适用于土料较细的地基土，常称硅化法或电渗硅化法。

本章小结

软弱地基处理的目的是选择合理的地基处理方法，对不能满足直接使用要求的天然地基进行有针对性的处理，以解决不良地基所存在的承载力、变形、液化及渗流等问题，从而满足工程建设的要求。

本章主要学习换土垫层、强夯、振冲、排水固结和化学加固等地基处理方法，以多种地基处理技术针对软弱地基进行处理。

思考与练习

一、选择题

1. 换填垫层法的换填垫层的厚度不宜小于(　　)m，也不宜大于(　　)m。

A. 0.3，1　　B. 0.5，3　　C. 0.75，1　　D. 1，3

2. 整片垫层底面的宽度可根据施工的要求适当加宽。垫层顶面每边超出基础底边不宜小于(　　)mm。

A. 100　　B. 300　　C. 500　　D. 1 000

3. 粉质黏土及灰土垫层分段施工时，不得在柱基、墙角及承重窗间墙下接缝。上下两层的缝距不得小于(　　)mm。

A. 100　　B. 300　　C. 500　　D. 1 000

4. 强夯加固深度最好不超过(　　)m。

A. 5　　B. 8　　C. 10　　D. 15

5. 强夯法处理范围应大于建筑物基础范围，每边超出基础外缘的宽度宜为基底下设计处理深度的1/3～1/2，并不宜小于(　　)m。

A. 3　　B. 5　　C. 8　　D. 10

二、简答题

1. 软弱地基的处理目的是什么？
2. 软弱地基土的处理方法有哪些？
3. 简述换土垫层法的作用和适用范围。
4. 简述化学加固法的分类及适用范围。

第十一章　特殊土地基

能力目标

能够充分认识特殊土地基的特性及变化规律，并对特殊土地基与基础进行设计。

知识目标

1. 了解特殊土的分类与分布情况；
2. 熟悉湿陷性黄土地基、膨胀土地基及红黏土地基的基本概念及其特性；
3. 掌握湿陷性黄土地基、膨胀土地基及红黏土地基的设计要求及其承载力的计算。

第一节　特殊土的分类与分布

一、特殊土的概念

我国地域辽阔，从沿海到内陆，由山区到平原，分布着多种多样的土类。某些区域的土类，由于不同的地理环境、气候条件、地质成因、历史过程、物质成分和次生变化等原因，而具有与一般土明显不同的特殊性质。当其作为建筑物地基时，如果不注意它们的这些特性，很可能引起事故。人们把具有特殊工程性质的土类称为特殊土。各种天然形成的特殊土的地理分布，存在着一定的规律性，表现出一定的区域性，所以有区域性特殊土之称。我国区域性特殊土主要有西北、华北、东北等地区的湿陷性黄土，沿海和内陆地区的软土以及分散各地的膨胀土、红黏土和高纬度及高海拔地区的多年冻土等。

二、特殊土的分类及主要分布

我国山区(包括丘陵地带)面积广阔，广泛分布在我国西南地区的山区地基同平原地基相比，其工程地质条件更为复杂。山区有多种不良地质现象，如滑坡、崩塌、岩溶和土洞等，对建筑物具有直接或潜在威胁。在一些山区建设中，由于对不良地质现象认识不足，工程建成后，有的被迫搬迁，有的耗费大量整治费用，甚至有的工程遭受破坏。

我国区域性特殊土的分类及主要分布见表11-1。

表 11-1　特殊土的分类及主要分布

项 目	内 容	
软土	基本概念	软土一般是指在静水或缓慢流水环境中沉积而成的，以黏粒为主并伴有微生物作用的一种细粒土
	性能指标	(1)天然含水量 w 大于液限 w_L，一般超过 30%，常为 35%～80%。 (2)天然孔隙比 e 大于 1.0，常为 1.0～2.0。 (3)压缩系数 α_{1-2} 大于 0.5 MPa^{-1}。 (4)不排水抗剪强度 c 小于 20 kPa。 (5)渗透系数为 $1\times10^{-8}\sim1\times10^{-6}$cm/s
	在我国的主要分布地区	沿海地区、内陆平原、山区
黄土	基本概念	(1)以粉粒为主，经过风力搬运、沉积，具有大孔隙富含碳酸盐类的黄色或褐黄色土称为黄土。 (2)有些黄土，在上覆土自重压力或自重压力与建筑物附加荷载的作用下受水浸湿后，会迅速发生显著的附加沉降，强度急剧降低，被称为湿陷性黄土；不发生湿陷的黄土，则称为非湿陷性黄土
	性能指标	影响黄土湿陷性的主要指标为天然孔隙比和天然含水量。其他条件相同时，黄土的孔隙比越大，湿陷性越强
	在我国的主要分布地区	黄河流域及其以北各省、市、自治区，以黄河中游分布最多
冻土	基本概念	凡温度低于或等于 0 ℃，且含有冰的土，称为冻土。 冻结状态连续保持 3 年或 3 年以上者，称为多年冻土。 冬季冻结夏季融化，每年冻融交替一次的土层称为季节性冻土
	在我国的主要分布地区	青藏高原，东北大、小兴安岭，以及东部和西部地区的一些高山顶部
填土	基本概念	填土是指由于人类活动而堆填的土，根据填土的组成物质和堆填方式形成的工程性质的差异，划分为素填土、杂填土、冲填土和压实填土
	在我国的主要分布地区	城市及其他道路交通沿线
膨胀土	基本概念	膨胀土一般是指黏粒成分主要由强亲水性的蒙脱石和伊利石矿物组成，具有吸水膨胀和失水收缩，胀缩性能显著的黏性土
	性能指标	黏粒含量一般很高，液限 $w_L>40\%$，塑性指数 $I_P>17$，多为 22～35，自由膨胀率一般超过 40%
	在我国的主要分布地区	呈岛状分布，在广西、云南、贵州、湖北、河北、河南、四川、安徽、山东、陕西、江苏、广东等地均有不同范围的分布
红黏土	基本概念	红黏土包括原生与次生红黏土。颜色为棕红或褐黄，覆盖于碳酸盐岩系之上，其液限大于或等于 50%的高塑性黏土，称为原生红黏土。原生红黏土经搬运、沉积后仍保留其基本特征，且液限大于 45%的黏土，可判定为次生红黏土
	在我国的主要分布地区	以贵州、云南、广西等省区最为典型，且分布较广
盐渍岩土	基本概念	盐渍岩土是指易溶盐含量大于 0.3%，且具有溶陷、盐胀、腐蚀等工程特性的岩土。 盐渍岩按主要的含盐矿物成分可分为石膏盐渍岩、芒硝盐渍岩等
	在我国的主要分布地区	西北干旱地区的新疆、青海、甘肃、宁夏、内蒙古等地，以及低洼的盆地和平原，其次为华北平原、松辽平原等

第二节　湿陷性黄土地基

湿陷性土是指那些非饱和的结构不稳定土，在一定压力作用下受水浸湿时，其结构迅速破坏，并发生显著的附加下沉。凡在上覆土的自重应力下受水浸湿发生湿陷的，称为自重湿陷性土。凡在上覆土的自重应力下受水浸湿不发生湿陷的，称为非自重湿陷性土。它们必须在土自重应力和由外部荷载所引起的附加应力的共同作用下受水浸湿才会发生湿陷。在地球上，大多数地区几乎都存在湿陷性土，主要有风积的砂和黄土(含次生的黄土状土)、疏松的填土和冲积土以及由黄岗岩和其他酸性岩浆岩风化而成的残积土，另外，还有来源于火山灰沉积物、石膏质土、由可溶盐胶结的松砂、分散性黏土、钠基蒙脱石黏土及某些盐渍土等，其中又以湿陷性黄土为主。世界各大洲的湿陷性黄土主要分布在中纬度干旱和半干旱地区的大陆内部、温带荒漠和半荒漠地区的外缘，以及分布于第四纪冰川地区的外缘，在俄罗斯、中国和美国的分布面积较大。

一、黄土湿陷性的影响因素

黄土的湿陷现象是一个复杂的地质、物理和化学过程，黄土受水浸湿和压力作用是湿陷发生所必需的外部条件，黄土的结构特征及其物质成分是产生湿陷性的内在因素。影响黄土湿陷性的因素如下：

(1)黄土的物质成分。黄土中骨架颗粒的大小、含量和胶结物的聚集形式，对于黄土湿陷性的强弱有着重要的影响。骨架颗粒较粗，胶结物含量较少，呈薄膜状包围颗粒，则粒间连接脆弱，粒间孔隙大，因而湿陷性较强；相反，骨架颗粒较细，胶结物丰富，颗粒被完全胶结，则粒间连接牢固，结构致密，湿陷性弱或无湿陷性。黄土中黏土粒的含量较多，并均匀分布在骨架颗粒之间，则具有较大的胶结作用，土的湿陷性较弱。黄土中的盐类，如以较难溶解的碳酸钙为主而具有胶结作用时，湿陷性较弱，而石膏及易溶盐含量较大时，土的湿陷性较强。

(2)黄土的物理性质。黄土的湿陷性与其天然孔隙比、天然含水量密切相关。天然孔隙比越大，或天然含水量越小，则湿陷性越强。在一定的天然孔隙比和天然含水量情况下，黄土的湿陷变形将随浸湿程度的增加而增大。

(3)外加压力。黄土的湿陷性还与外加压力有关。外加压力越大，湿陷量也显著增加，但当压力超过某一数值后，再增加压力，湿陷量反而减少。

二、黄土的湿陷性判别

1. 是否具有湿陷性的判断

黄土是否具有湿陷性可通过湿陷系数 δ_s 来衡量，湿陷系数是单位厚度土样在规定压力作用下受水浸湿后所产生的湿陷量，可由室内压缩试验测定，其计算公式为

$$\delta_s=\frac{h_p-h_p'}{h_0} \tag{11-1}$$

式中　h_p'——保持天然湿度和结构的土样，加压至一定压力时，下沉稳定后的高度(cm)；

h_p——上述加压稳定后的土样，在浸水(饱和)作用下，附加下沉稳定后的高度(cm)；

h_0——土样的初始高度(cm)。

在工程中，$\delta_s=0.015$ 作为湿陷性黄土的界限值，$\delta_s<0.015$ 时，应定为非湿陷性黄土；$\delta_s\geq 0.015$ 时，应定为湿陷性黄土。根据湿陷系数的大小可以大致判断湿陷性黄土湿陷性的强弱，一般认为，$0.015\leq\delta_s\leq0.03$ 为弱湿陷性的；$0.03<\delta_s\leq0.07$ 为中等湿陷性的；$\delta_s>0.07$ 为强湿陷性的。

2. 湿陷类型的判断

自重湿陷性黄土在无外荷载作用时，浸水后也会迅速发生剧烈的湿陷，而非自重湿陷性黄土地基则很少发生。故对这两种湿陷性黄土地基，所采取的措施应有所区别。因此，必须正确划分场地的湿陷类型。建筑物场地的湿陷类型，一般按计算自重湿陷量 Δ_{zs} 来判定。计算自重湿陷量可按式(11-2)计算：

$$\Delta_{zs}=\beta_0\sum_{i=1}^{n}\delta_{zsi}h_i \tag{11-2}$$

式中 δ_{zsi}——第 i 层土的自重湿陷系数；

h_i——第 i 层土的厚度(cm)；

n——总计算土层内湿陷土层的数目；总计算厚度应从天然地面算起(当挖、填方厚度及面积较大时，自设计地面算起)至其下全部湿陷性黄土层的底面为止，但 $\delta_{zs}<0.015$ 的土层不计；

β_0——因土质地区而异的修正系数，陇西地区可取 1.5，陇东—陕北—晋西地区取 1.2，关中地区取 0.9，其他地区可取 0.5。

当 $\Delta_{zs}\leq7$ cm 时，应定为非自重湿陷性黄土地基；当 $\Delta_{zs}>7$ cm 时，应定为自重湿陷性黄土地基。

3. 湿陷性黄土等级的判断

湿陷性黄土地基的湿陷等级，应根据基底下各土层累计的总湿陷量和计算自重湿陷量的大小等因素按表 11-2 判定。总湿陷量 Δ_s 是湿陷性黄土地基在规定压力下充分浸水后可能发生的湿陷变形值，可按式(11-3)计算：

$$\Delta_s=\sum_{i=1}^{n}\beta\delta_{si}h_i \tag{11-3}$$

式中 δ_{si}——第 i 层土的湿陷系数(cm)；

h_i——第 i 层土的厚度(cm)；

β——考虑地基土的侧向挤出和浸水概率等因素的修正系数；基底下 0～5 m 深度内可取 1.5；5～10 m 深度内取 $\beta=1.0$；基底下 10 m 以下至非湿陷性黄土层顶面，在自重湿陷性黄土场地，可取工程所在地区的 β_0 值。

表 11-2 湿陷性黄土地基的湿陷等级

湿陷类型 / Δ_{zs}/mm / Δ_s/mm	非自重湿陷性场地	自重湿陷性场地	
	$\Delta_{zs}\leq70$	$70<\Delta_{zs}\leq350$	$\Delta_{zs}>350$
$50<\Delta_s\leq100$	Ⅰ(轻微)	Ⅰ(轻微)	Ⅱ(中等)
$100<\Delta_s\leq300$		Ⅱ(中等)	
$300<\Delta_s\leq700$	Ⅱ(中等)	Ⅱ(中等)或Ⅲ(严重)	Ⅲ(严重)
$\Delta_s>700$	Ⅱ(中等)	Ⅲ(严重)	Ⅳ(很严重)

注：对 $70<\Delta_s\leq350$，$300<\Delta_s\leq700$ 一挡的划分，当湿陷量的计算值 $\Delta_s>600$ mm、自重湿陷量的计算值 $\Delta_{zs}>300$ mm 时，可判断为Ⅲ级，其他情况可判断为Ⅱ级。

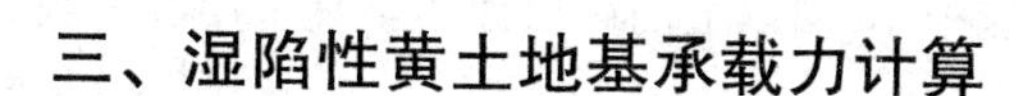

三、湿陷性黄土地基承载力计算

(1)地基承载力基本特征值 f_0。

1)对晚更新世 Q_3、全新世 Q_4^1 湿陷性黄土，新近堆积黄土(Q_4^2)地基上的各类建筑饱和黄土，地基上的乙、丙类建筑，可根据土的物理力学性质指标的平均值或建议值，查表 11-3～表 11-6 确定。

表 11-3　晚更新世(Q_3)、全新世(Q_4^1)湿陷性黄土承载力 f_0　　kPa

w_L/e	w/%				
	<13	16	19	22	25
22	180	170	150	130	110
25	190	180	160	140	120
28	210	190	170	150	130
31	230	210	190	170	150
34	250	230	210	190	170
37	—	250	230	210	190

注：对小于塑限含水量的土，宜按塑限含水量确定土的承载力。

表 11-4　新近堆积黄土(Q_4^2)承载力 f_0　　kPa

a/MPa^{-1}	w/w_L					
	0.4	0.5	0.6	0.7	0.8	0.9
0.2	148	143	138	133	128	123
0.4	136	132	126	122	116	112
0.6	125	120	115	110	105	100
0.8	115	110	105	100	95	90
1.0	—	100	95	90	85	80
1.2	—	—	85	80	75	70
1.4	—	—	—	70	65	60

注：压缩系数 a 值，可取 50～150 kPa 或 100～200 kPa 压力下的较大值。

表 11-5　新近堆积黄土(Q_4^2)承载力 f_0　　kPa

p_s/MPa	0.3	0.7	1.1	1.5	1.9	2.3	2.8	3.3
f_0	55	75	92	108	124	140	161	182

表 11-6　新近堆积黄土(Q_4^2)承载力 f_0　　kPa

N_{10}(锤击数)	7	11	15	19	23	27
f_0	80	90	100	110	120	135

2)对饱和黄土地基上的甲类建筑和乙类建筑中10层以上的高层建筑，宜采用静荷载试验确定。

3)对丁类建筑，可根据邻近建筑的施工经验确定。

(2)地基承载力特征值 f_{ak}。地基承载力特征值 f_{ak} 可用荷载试验或其他原位测试、公式计算，并结合工程实践经验等方法综合确定，也可按式(11-4)计算：

$$f_{ak}=\psi_f \cdot f_0 \tag{11-4}$$

式中 ψ_f——回归修正系数，对湿陷性黄土地基上的各类建筑与饱和黄土地基上的一般建筑，ψ_f 宜取1；对饱和黄土地基上的甲类建筑和乙类中的重要建筑，应按 $\psi_f=1-\left(\frac{2.884}{\sqrt{n}}+\frac{7.918}{n^2}\right)\delta$ 计算确定(δ 为变异系数)。

(3)修正后的承载力特征值 f_a。

$$f_a=f_{ak}+\eta_b\gamma(b-3)+\eta_d\gamma_0(d-1.5) \tag{11-5}$$

式中 f_a——地基承载力经基础宽度和基础埋深修正后的特征值(kPa)；

f_{ak}——地基承载力特征值(kPa)；

η_b，η_d——基础宽度和埋置深度的地基承载力修正系数；

γ——基底以下土的重度(kN/m^3)，地下水水位以下取有效重度；

γ_0——基底以上土的加权平均重度(kN/m^3)，地下水水位以下取有效重度；

b——基础底面宽度(m)，当基底宽度小于3 m时按3 m计，大于6 m时按6 m计；

d——基础埋置深度(m)，当基础埋深小于1.5 m时，按1.5 m计。

四、湿陷性黄土地基变形计算

湿陷性黄土地基的沉降量，包括压缩变形和湿陷变形两部分，即

$$s=s_h+s_w \tag{11-6}$$

$$s_w=\sum_{i=1}^{n}\frac{\Delta e_i}{1+e_{1i}}h_i \tag{11-7}$$

式中 s——黄土地基总沉降量(mm)；

s_h——天然含水量黄土未浸水的沉降量(mm)；

s_w——黄土浸水后的湿陷变形量(mm)；

Δe_i——在相应的附加压力作用下，第 i 层土样浸水前后孔隙比的变化；

e_{1i}——第 i 层土样浸水前的孔隙比；

h_i——第 i 层黄土的厚度(mm)。

五、湿陷性黄土地基的处理方法

湿陷性黄土地基常用的处理方法见表11-7。

表11-7 湿陷性黄土地基常用的处理方法

名称	适用范围	一般可处理(或穿透)基底下的湿陷性土层厚度/m
垫层法	地下水水位以上，局部或整片处理	1~3

续表

名称		适用范围	一般可处理(或穿透)基底下的湿陷性土层厚度/m
夯实法	强夯	S_r<60%的湿陷性黄土，局部或整片处理	3～6
	重夯		1～2
挤密法		地下水水位以上，局部或整片处理	5～15
桩基础		基础荷载大，有可靠的持力层	≤30
预浸水法		Ⅲ、Ⅳ级自重湿陷性黄土场地，6 m以上尚应采用垫层等方法处理	可消除地面下6 m以下全部土层的湿陷性
单液硅化或碱液加固法		一般用于加固地下水水位以上的已有建筑物地基	单液硅化加固的最大深度可达20 m

第三节　膨胀土地基

一、膨胀土的概念

膨胀土一般是指黏粒成分主要由强亲水性的蒙脱石和伊利石矿物组成，具有显著吸水膨胀和失水收缩性能的黏性土。

二、膨胀土的特性

(1)胀缩性。膨胀土吸水体积膨胀，使建筑物隆起，如果膨胀受阻即产生膨胀力，失水体积收缩，造成土体开裂，并使建筑物下沉。

(2)崩解性。膨胀土浸水后体积膨胀，发生崩解，强膨胀土浸水后几分钟即完全崩解。弱膨胀土崩解缓慢且不完全。

(3)多裂隙性。膨胀土中的裂隙，主要分为垂直裂隙、水平裂隙和斜交裂隙3种类型。这些裂隙将土层分割成具有一定几何形状的块体，破坏了土体的完整性，容易造成边坡塌滑。

(4)超固结性。膨胀土大多具有超固结性，天然孔隙比小，密实度大，初始结构强度高。

(5)风化特性。膨胀土受气候因素影响很敏感，极易产生风化破坏作用，基坑开挖后，在风力作用下，土体很快会产生碎裂、剥落，结构遭到破坏，强度降低。受大气、风作用影响深度各地不完全一样，云南、四川、广西地区在地表下3～5 m；其他地区在2 m左右。

(6)强度衰减性。膨胀土的抗剪强度为典型的变动强度，具有极高的峰值，而残余强度又极低，由于膨胀土的超固结性，初期强度极高，现场开挖很困难。然而由于胀缩效应和风化作用时间增加，抗剪强度大幅度衰减。在风化带以内，湿胀干缩效应显著，经过多次湿胀干缩循环以后，特别是黏聚力 c 大幅度下降，而内摩擦角 φ 变化不大，一般反复循环2～3次以后趋于稳定。

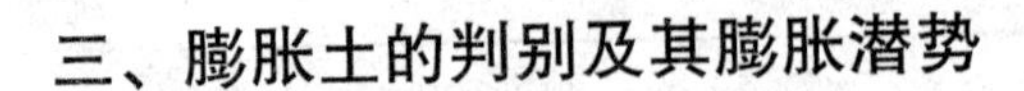

三、膨胀土的判别及其膨胀潜势

1. 膨胀土的判别

膨胀土的判别是解决膨胀土地基设计的首要问题。其主要依据是工程地质特征与自由膨胀率 δ_{ef}，按式(11-8)计算。

$$\delta_{ef}=\frac{V_w-V_0}{V_0}\times 100\% \tag{11-8}$$

式中 V_0——试样原有体积(mL)；

V_w——土样在水中膨胀稳定后测得的试样体积(mL)。

凡具有下列工程地质特征的场地和建筑物破坏形态，且土的自由膨胀率 $\delta_{ef}\geqslant 40\%$ 的黏性土应判定为膨胀土：

(1)土的裂隙、发育，常有光滑面和擦痕，有的裂隙中充填有灰白、灰绿等杂色黏土。在自然条件下呈坚硬或硬塑状态。

(2)多处露于二级或二级以上的阶地、山前和盆地边缘的丘陵地带，地形较平缓，无明显自然陡坎。

(3)常见有浅层滑坡、地裂，新开挖坑(槽)壁易发生坍塌等。

(4)建筑物多呈“倒八字”“×”或水平裂缝，裂缝随气候变化而张开和闭合。

2. 膨胀土的膨胀潜势

不同胀缩性能的膨胀土对建筑物的危害程度明显不同。当判定为膨胀土后，还要进一步确定膨胀土的胀缩性能，即胀缩强弱。δ_{ef} 较小的膨胀土，膨胀潜势较弱，建筑物损坏轻微；δ_{ef} 较大的膨胀土，膨胀潜势较强，建筑物损坏严重。因此，按自由膨胀率 δ_{ef} 大小划分土的膨胀潜势强弱，以判别土的胀缩性高低，见表11-8。

表 11-8 膨胀土的膨胀潜势分类

自由膨胀率/%	膨胀潜势
$40\leqslant\delta_{ef}<65$	弱
$65\leqslant\delta_{ef}<90$	中
$\delta_{ef}\geqslant 90$	强

四、膨胀土地基设计

1. 地基膨胀等级划分

地基膨胀等级划分见表11-9。

2. 膨胀土地基承载力

膨胀土地基承载力见表11-10。

表 11-9 地基膨胀等级划分

地基分级变形量 s_e/mm	级别
$15\leqslant s_e<35$	Ⅰ
$35\leqslant s_e<70$	Ⅱ
$s_e\geqslant 70$	Ⅲ

注：膨胀土地基分级变形量应按式(11-9)～式(11-11)计算，式中膨胀率采用的压力应为50 MPa。

表 11-10 膨胀土地基承载力 kPa

含水比 α_w \ 孔隙比 e	0.6	0.9	1.1
<0.5	350	280	200
0.5～0.6	300	220	170
0.6～0.7	250	200	150

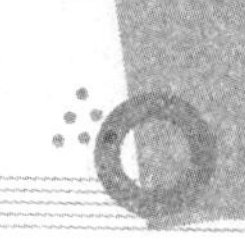

3. 按变形控制进行膨胀土地基设计

按变形控制进行膨胀土地基设计时应满足下列要求：

$$s_j \leqslant [s_j] \tag{11-9}$$

式中 s_j——天然地基或人工地基及采用其他处理措施后的地基变形量计算值(mm)；

$[s_j]$——建筑物的地基允许变形值(mm)，可按表 11-11 采用。

表 11-11 建筑物的膨胀土地基容许变形值

结构类型	相对变形		变形量/mm
	种类	数值	
砖混结构	局部倾斜	0.001	15
房屋长度为三到四开间及四角有构造柱或配筋砖混承重结构	局部倾斜	0.001 5	30
工业与民用建筑相邻柱基： (1)框架结构无填充墙时； (2)框架结构有填充墙时； (3)当基础不均匀升降时，不产生附加应力的结构	 变形差 变形差 变形差	 0.001l 0.000 5l 0.003l	 30 20 40
注：l 为相邻柱基的中心距离(m)。			

膨胀土地基的变形量，可按下列三种情况分别计算：

(1)当离地表下 1 m 处地基上的天然含水量等于或接近最小值时，或地面有覆盖且无蒸发可能时，以及建筑物在使用期间经常有水浸湿的地基，按膨胀变形量 s_e 计算。

(2)当离地表下 1 m 处地基土的天然含水量大于 1.2 倍塑限含水量时，或直接受高温作用时，按收缩变形量 s_s 计算。

(3)其他情况下按胀缩变形量计算。

当对膨胀土地基变形量进行取值时，应符合下列规定：

(1)膨胀变形量，应取基础某点的最大膨胀上升量。

(2)收缩变形量，应取基础某点的最大收缩下沉量。

(3)胀缩变形量，应取基础某点的最大膨胀上升量与最大收缩下沉量之和。

(4)变形差，应取相邻两基础的变形量之差。

(5)局部倾斜，应取砖混承重结构沿纵墙 6～10 m 内基础两点的变形量之差与其距离的比值。

下面分别说明膨胀土地基的膨胀变形量、收缩变形量和胀缩变形量的计算方法。地基土的膨胀变形量 s_e 应按式(11-10)计算：

$$s_e = \psi_e \sum_{i=1}^{n} \delta_{epi} h_i \tag{11-10}$$

式中 s_e——地基土的膨胀变形量(mm)；

ψ_e——计算膨胀变形量的经验系数，宜根据当地经验确定，若无可依据经验时，3 层及 3 层以下建筑物，可采用 0.6；

δ_{epi}——基础底面下第 i 层土在该层土的平均自重压力与平均附加压力之和作用下的膨胀率，由室内试验确定；

h_i——第 i 层土的计算厚度(mm)；

n——自基础底面至计算深度内所划分的土层数[图 11-1(a)]，计算深度应根据大气影响深度确定；有浸水可能时，可按浸水影响深度确定。

地基土的收缩变形量 s_s 应按式(11-11)计算：

$$s_s = \psi_s \sum_{i=1}^{n} \lambda_{si} \Delta w_i h_i \tag{11-11}$$

式中 s_s——地基土的收缩变形量(mm)；

ψ_s——计算收缩变形量的经验系数，宜根据当地经验确定，若无可依据经验时，三层及三层以下建筑物，可采用 0.8；

λ_{si}——第 i 层土的收缩系数，应由室内试验确定；

Δw_i——地基土收缩过程中，第 i 层土可能发生的含水量变化的平均值(以小数表示)；

n——自基础底面至计算深度内所划分的土层数[图 11-1(b)]，计算深度可取大气影响深度，当有热源影响时，应按热源影响深度确定。

地基土的胀缩变形量 s 应按式(11-12)计算：

$$s = \psi \sum_{i=1}^{n} (\delta_{epi} + \lambda_{si} \Delta w_i) h_i \tag{11-12}$$

式中 ψ——计算胀缩变形量的经验系数，可取 0.7。

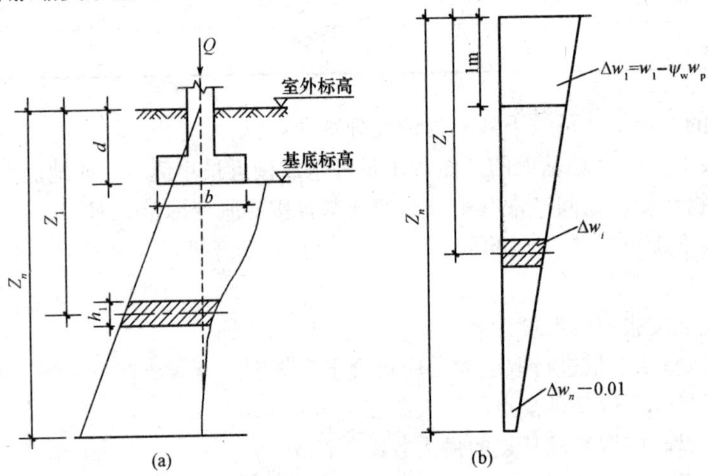

图 11-1 地基土变形计算示意图

第四节 红黏土地基

一、红黏土的概念

红黏土包括原生红黏土和次生红黏土，颜色为棕红或褐黄，覆盖于碳酸盐岩系之上。其液限大于或等于 50%的高塑性黏土，称为原生红黏土。原生红黏土经搬运、沉积后仍保留其基本特征。其液限大于 45%的黏土，可判定为次生红黏土。其通常是在炎热湿润气候条件下的石灰

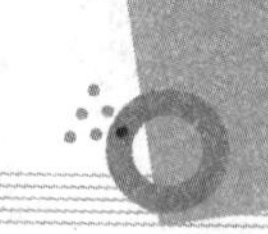

岩、白云岩等碳酸盐岩系的裸露区，由于岩石在长期的化学风化作用(又称红土化作用)下而形成。它常堆积于山麓坡地、丘陵、谷地等处。我国的红黏土以贵州、云南、广西等省区最为典型，且分布较广。

二、红黏土的特性

红黏土具有高分散性，黏粒含量高，粒间胶体氧化铁具有较强的黏结力，并形成团粒。因此反映出具有高塑性的特征，特别是液限 w_L 比一般黏性土高，都在50%以上。自然状态下的红黏土呈致密状态，无层理，表面受大气影响呈坚硬、硬塑状态。当失水后土体发生收缩，土体中出现裂缝。接近地表的裂缝呈竖向开口状，往深处逐渐减弱，呈网状微裂隙且闭合。由于裂隙的存在，土体整体性遭到破坏，总体强度大为削弱。此外，裂隙又促使深部失水。有些裂隙发展成为地裂，如图 11-2 所示。从图 11-2 中标出的裂缝周围含水量的等值线可以看出，在地裂缝附近含水量低于远处。

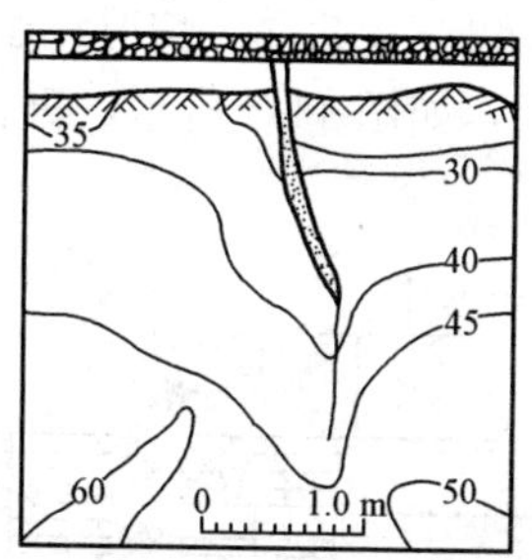

图 11-2　地裂附近土体中含水量等值线

三、红黏土地基承载力的确定

1. 按经验法确定

经验法确定红黏土地基承载力有两种方法：一种是根据状态指标与荷载试验结果经统计求红黏土地基承载力的经验公式；另一种是根据静力触探指标进行统计的经验公式确定，即

$$f_0 = 121.8 \times 0.596\,8 I_r \times (2.820)^{\frac{1}{\alpha}} \tag{11-13}$$

$$f_0 = 0.09 p_s + 90 \tag{11-14}$$

式中　f_0——红黏土地基承载力特征值(kPa)；

I_r——液塑比，$I_r = \frac{w_L}{w_P}$；

α_w——含水比，$\alpha_w = \frac{w}{w_L}$；

p_s——静力触探比贯入阻力(kPa)。

2. 按公式确定

按红黏土地基承载力公式计算时，抗剪强度指标应由三轴压缩试验求得。当用直剪仪快剪指标时，计算参数应予修正，对 c 值一般乘以 0.6～0.8 的系数；对 φ 值乘以 0.8～1.0 的系数。

四、红黏土地基处理

1. 不均匀地基处理

土层厚度不均匀的一般情况如图 11-3 所示。不均匀地基的处理方法有：

(1)下卧岩层单向倾斜较大时可调整基础的深度、宽度或采用桩基础等处理，如图 11-4 所示，将条形基础沿基岩的倾斜方向分段做成阶梯形，使地基变形趋于一致。

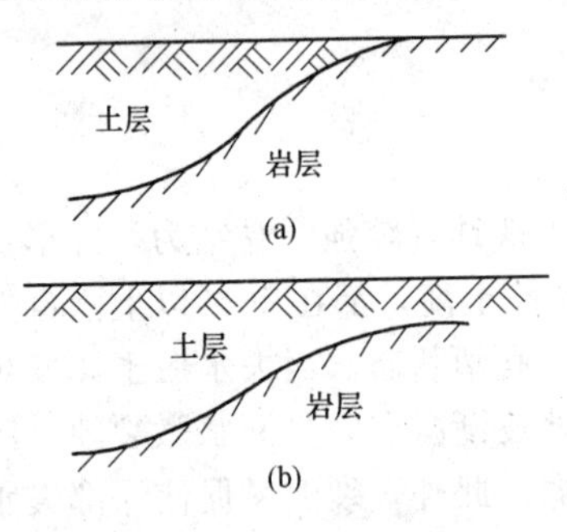

图 11-3　土层厚度不均匀情况

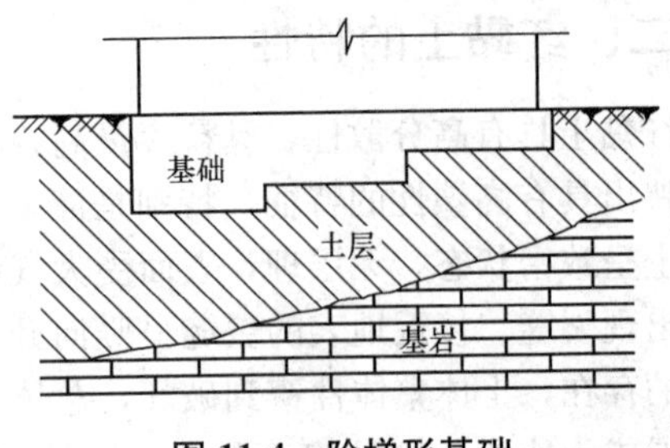

图 11-4　阶梯形基础

(2)对于大块孤石石芽、石笋或局部岩层出露等情况宜在基础与岩石接触的部位将岩石露头削低，做厚度不小于 50 cm 的褥垫层，如图 11-5 所示，再根据土质情况，结合结构措施综合处理。

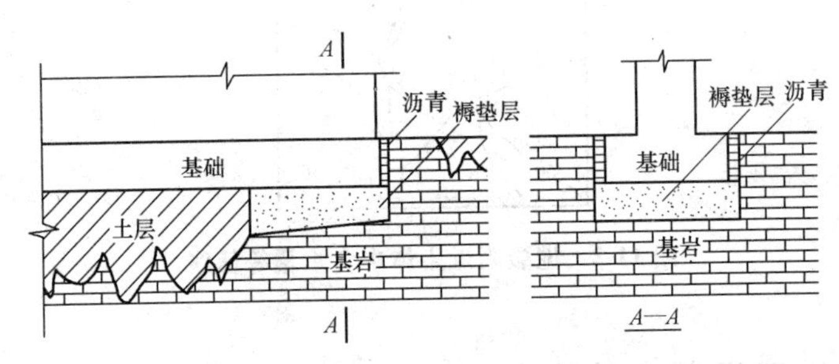

图 11-5　褥垫层构造

2. 土中裂缝的问题

(1)土中出现的细微网状裂缝可使抗剪强度降低 50%以上，主要影响土体的稳定性。所以，当承受较大水平荷载或外侧地面倾斜、有临空面等时，应验算其稳定性。当仅受竖向荷载时，应适当折减地基承载力。

(2)土中深长的地裂缝对工程危害极大。地裂缝长可达数千米，深 8～9 m。其上的建筑都会受到不同程度的损坏，不是一般工程措施可治理的，因此，原则上应避开地裂缝地区。

3. 胀缩性问题

红黏土的胀缩特性，能引起建筑物的损坏，特别是对一些低层建筑影响较大，所以应采取有效的防水措施。

本章小结

本章主要介绍湿陷性黄土地基、膨胀土地基及红黏土地基的特性及设计方法。本章内容需要依托土力学基本理论知识，对多种区域地基土的工程特点进行理解。

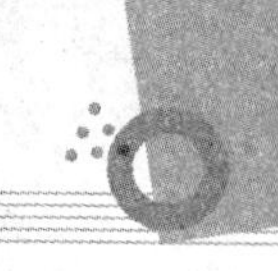

思考与练习

一、选择题

1. 对饱和黄土地基上的甲类建筑和乙类建筑中(　　)层以上的高层建筑，宜采用静荷载试验确定。

A. 6　　B. 10　　C. 12　　D. 15

2. 下列关于膨胀土特性的说法中，错误的是(　　)。

A. 膨胀土具有胀缩性　　B. 膨胀土具有崩解性

C. 膨胀土具有多裂隙性　　D. 膨胀土具有高分散性

3. 当对膨胀土地基变形量进行取值时，下列说法错误的是(　　)。

A. 膨胀变形量，应取基础某点的最大膨胀上升量

B. 收缩变形量，应取基础某点的最大收缩下沉量

C. 胀缩变形量，应取基础某点的最大膨胀上升量与最大收缩下沉量之和

D. 变形差，应取最大膨胀上升量与最大收缩下沉量之差

二、简答题

1. 影响黄土湿陷性的因素有哪些？地基处理时应采取哪些工程措施？

2. 膨胀土具有哪些工程特征？影响膨胀土胀缩变形的主要因素有哪些？

3. 红黏土具有哪些工程特征？影响红黏土胀缩变形的主要因素有哪些？

三、计算题

1. 某黄土试样原始高度为20 mm，加压至240 kPa，下沉稳定后的土样高度为19.50 mm；然后浸水，下沉稳定后的高度为19.20 mm，试判断该土是否为湿陷性黄土。

2. 某膨胀土地基试样原始体积$V_0=15$ mL，膨胀稳定后的体积$V_w=18$ mL，试计算该土样的自由膨胀率δ_{ef}，并确定其膨胀潜势。

第十二章　土工试验

试验一　相对密度试验(又称比重试验)

土粒的相对密度是土在100 ℃～105 ℃下烘至恒重时土粒的密度与同体积4 ℃时纯水密度的比值。

一、试验目的

测定土的相对密度(比重)，为计算土的孔隙比、饱和度以及为其他土的物理力学试验(如颗粒分析的比重计法试验、压缩试验等)提供必需的数据。

二、试验方法

相对密度试验的方法取决于试样的粒度大小和土中是否含有水溶盐，若土中不含水溶盐时，可采用比重瓶和纯水煮沸排气法；若土中含有水溶盐时，要用比重瓶和中性液体真空抽气法。粒径小于5 mm的土，用比重瓶法进行；粒径不小于5 mm的土，且其中粒径大于20 mm的颗粒含量小于10%时，应用浮称法；粒径大于20 mm的颗粒含量不小于10%时，应用虹吸筒法。

三、仪器设备

(1)比重瓶：容量100 mL或50 mL，分长颈和短颈两种。

(2)天平：称量200 g，最大允许误差应为0.001 g。

(3)恒量水槽：灵敏度±1 ℃。

(4)电热砂浴(或可调电热器)。

(5)孔径5 mm的土样筛、烘箱、研钵、漏斗、盛土器、纯水、蒸馏水发生器等。

四、试验步骤

(1)重瓶烘干。当使用100 ml比重瓶时，应称粒径小于5 mm的烘干土15 g装入；当使用50 m比重瓶时，应称粒径小于5 mm的烘干土12 g装入。

(2)用煮沸法或真空抽气法排除土中的空气。向已装有干土的比重瓶注入纯水至瓶的一半处，摇动比重瓶，将瓶放在砂浴上煮沸，煮沸时间自悬液沸腾起砂土不得少于30 min，细粒土不得少于1 h。煮沸时应注意不使土液溢出瓶外。

(3)将纯水注入比重瓶，当采用长颈比重瓶时，注水至略低于瓶的刻度处；当采用短颈比重

瓶时，应注水至近满，有恒温水槽时，可将比重瓶放于恒温水槽内。待瓶内悬液温度稳定及瓶上部悬液澄清。

(4)当采用长颈比重瓶时，用滴管调整液面恰至刻度处，以弯液面下缘为准，擦干瓶外及瓶内壁刻度以上部分的水，称瓶、水、土总质量；当采用短颈比重瓶时，塞好瓶塞，使多余水分自瓶塞毛细管中溢出，将瓶外水分擦干后，称瓶、水、土总质量。称量后应测定瓶内水的温度。

(5)根据测得的温度，从已绘制的温度与瓶、水总质量关系中查得瓶、水总质量。

(6)当土粒中含有易溶盐、亲水性胶体或有机质时，测定其土粒比重应用中性液体代替纯水，用真空抽气法代替煮沸法，排除土中空气。抽气时真空度应接近一个大气负压值(−98 kPa)，抽气时间可为1～2 h，直至悬液内无气泡逸出时为止。

五、试验记录及数据处理

(1)试验记录的数据(见表12-1)。

表12-1　试验记录表

土样编号	比重瓶号	瓶＋土质量 m_1/g	瓶质量 m_2/g	土质量 m_0/g	瓶＋水质量 m_3/g	瓶＋水＋土质量 m_4/g	排开水质量 $m_0+m_3-m_4/g$	相对密度 d_s	平均相对密度

(2)按下式计算相对密度：

$$d_s=\frac{m_0}{m_0+m_3-m_4}\cdot\frac{\rho_{w,T}}{\rho_{w,4℃}}$$

式中　m_0——干土质量(g)，$m_0=m_1-m_2$；

m_1——瓶加土质量(g)；

m_2——瓶质量[根据瓶号可查试验记录表得到(g)]。

六、有关问题的说明

(1)煮沸的作用是破坏试样中尚存的团粒和封闭的孔隙，排出空气以达到使土粒分散的目的。在规定的时间内，为防止带土粒的悬液从瓶中冲出，必须随时守候观察，当发现有可能冲出时，除了可调节砂浴温度外，必要时还可用滴管滴入数滴冷纯水，使稍微降温。

(2)比重瓶的计算容积是指比重瓶瓶塞顶部毛细管管口以下部分的空间容积，因此无论称量 m_3 还是 m_4 时，瓶中水面都必须与瓶塞毛细管管口平齐。

(3)每组作两次测定，平行差值不得大于0.02，取其算术平均值，以两位小数表示。

试验二　密度试验(环刀法)

土的密度是指天然状态下单位土体积内湿土的质量。

一、试验目的

测定土的密度，以了解土的疏密和干湿状态。供换算土的其他物理性质指标和工程设计及控制施工质量之用。

这里所指的密度是湿密度ρ，除此之外，还有干密度ρ_d、饱和密度ρ_{sat}和浮密度ρ'。

二、试验方法

密度的测定，对一般黏性土采用环刀法，如试样易碎或难以切削成有规则的形状时可采用蜡封法、水银排开法、灌砂法等。本试验采用环刀法。

三、仪器设备

(1)环刀：内径60～80 mm，高20 mm，壁厚1.5～2.0 mm。

(2)天平：称量500g，分度值0.1 g；称量200 g，分度值0.01 g。

(3)切土刀(钢丝锯)、凡士林等。

四、试验步骤

(1)按工程需要取原状土或制备所需状态的扰动土试样。用切土刀整平其上下两端，刃环刀内壁涂一薄层凡士林，刃口向下放在试样上。

(2)用切土刀将土样削成略大于环刀直径的土柱。然后将环刀垂直下压，边压边削，至土样伸出环刀为止，将两端余土消去修平，取剩余的代表土样测定含水率。

(3)擦净环刀外壁称量，准确至0.1 g。

五、试验记录及数据处理

(1)试验记录的数据(见表12-2)。

(2)按下式计算土的密度：

$$\rho=\frac{m_0}{V}$$

$$\rho_d=\frac{\rho}{1+0.012\,0}$$

式中　ρ——试样的湿密度($g\cdot cm^{-3}$)；

ρ_d——试样的干密度($g\cdot cm^{-3}$)；

V——环刀容积(cm^3)。

表 12-2　密度试验记录表(环刀法)

任务单号				试验者			
试验日期				计算者			
天平编号				校核人员			
烘箱编号							
试样编号	环刀号	环刀体积 V/cm^3	湿土质量 m_0/g	湿密度 $\rho/(\mathrm{g\cdot cm^{-3}})$	含水率 $w/\%$	干密度 $\rho_d/(\mathrm{g\cdot cm^{-3}})$	平均干密度 $\bar{\rho}_d/(\mathrm{g\cdot cm^{-3}})$

六、有关问题的说明

(1)用环刀切试样时，环刀应垂直均匀下压，防止环刀内试样结构被扰动。

(2)夏天室温很高，为防止称质量时试样中的水分被蒸发，影响试验结果，宜用两玻璃片盖住环刀上、下口称取质量，但计算时必须扣除玻璃片的质量。

(3)每组作两次平行测定，其最大允许平行差值应为±0.03 $\mathrm{g\cdot cm^{-3}}$，取算术平均值作为最后结果。

试验三　含水率试验(烘干法)

土的含水量(也称土的湿度)是土在温度100 ℃～105 ℃下烘至恒重时失去的水分质量与达到恒重后干土质量的比值，以百分数表示。

一、试验目的

测定土的含水量，以了解土的含水情况，是计算土的孔隙比、液性指数、饱和度和其他物理力学性质不可缺少的一个基本指标。

二、试验方法

测定含水量的方法很多，其区别是土样干燥的方法不同，常用的有以下两种方法：

(1)烘干法：在室内将湿土放入烘箱内，在100 ℃～105 ℃的温度下烘干，要求有机质含量小于10%的土，一般均用此法求含水量。

(2)酒精燃烧法：将酒精倒入土中，燃烧使其水分蒸发。此方法一般在野外现场测试，它的特点是速度快。

本试验采用第一种方法(烘干法)测定含水量。

三、仪器设备

(1)烘箱：可采用电热烘箱或温度能保持105℃～110℃的其他能源烘箱。

(2)天平：称量200 g，分度值0.01 g。

(3)干燥器(用装有无水氯化钙干燥剂的玻璃干燥缸)。

(4)烘土盒：又叫作称量盒，每个烘土盒的质量都已称量，并登记备查。

四、试验步骤

(1)取有代表性试样：细粒土15～30 g，砂类土50～100 g，砂砾石2～5 kg。将试样放入称量盒内，立即盖好盒盖，称量，细粒土、砂类土称量应准确至0.01 g，砂砾石称量应准确至1 g。当使用恒质量盒时，可先将其放置在电子天平或电子台秤上清零，再称量装有试样的恒质量盒，称量结果即为湿土质量。

(2)揭开盒盖，将试样和盒放入烘箱，在105℃～110℃下烘到恒量。烘干时间，对黏质土，不得少于8 h；对砂类土，不得少于6 h；对有机质含量为5%～10%的土，应将烘干温度控制在65℃～70℃的恒温下烘至恒量。

(3)将烘干后的试样和盒取出，盖好盒盖放入干燥器内冷却至室温，称干土质量。

五、试验记录及数据处理

(1)试验记录的数据(见表12-3)。

表12-3　含水率试验记录表

任务单号						试验者			
试验日期						计算者			
天平编号						校核者			
烘箱编号									
试样编号	试样说明	盒号	盒质量/g	盒加湿土质量/g	盒加干土质量/g	水分质量/g	干土质量 m_δ /g	含水率 w /%	平均含水率 $\overline{w}$ /%
			(1)	(2)	(3)	(4)=(2)−(3)	(5)=(3)−(1)	(6)=$\frac{(4)}{(5)}\times 100$	(7)

(2)按下式计算含水量(精确至0.1%)：

$$w=\left(\frac{m_0}{m_d}-1\right)\times 100$$

式中　w——含水率(%)；

m_0——天然湿土质量(g)；

m_d——干土质量(g)。

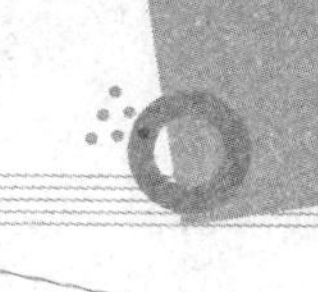

六、有关问题的说明

(1)含水量试验用的土应在打开土样包装后立即取用，以免水分改变，影响结果。

(2)本试验须平行测定，每组以两次试样测定含水量，取其算术平均值作为最后成果。但两次试验的平行差值不得大于表12-4的规定。

表12-4　允许平行差

含水量 w/%	最大允许平行差值
<10	±0.5
10～40	±1.0
>40	±2.0

试验四　土的液限、塑限试验

土的液限是指黏性土的可塑状态与流动状态的界限含水量。土的塑限是指黏性土的半固体状态与可塑状态的界限含水量。

一、试验目的

测定土的液限和塑限，与天然含水量试验结合，可用以计算土的塑性指数和液性指数，并作为黏性土分类以及估算地基土承载力的一个依据。

二、试验方法

测定液限和塑限常用的有以下三种方法：

(1)液塑限联合测定法：通过测定土样3个不同含水率状态下的圆锥体下沉深度，绘制出圆锥下沉深度与含水率关系曲线，然后从曲线上查得液限、塑限值。

(2)滚搓法：通过滚搓土条找到土的塑限状态，测出塑限状态下的含水量即为塑限。

(3)碟式液限仪法：通过碟式液限仪测定土的液限，划分土类，计算天然稠度、塑性指数。

三、仪器设备

(1)塑限试验仪器：毛玻璃片、卡尺、天平、筛、烘箱、干燥缸、铝盒。

(2)液限试验仪器：液塑限联合测定仪、碟式液限仪、试样杯、天平、筛、烘箱、干燥缸。

四、试验步骤

方法一：液塑限联合测定法

(1)液塑限联合试验宜采用天然含水率的土样制备试样，也可用风干土制备试样。

(2)当采用天然含水率的土样时，应剔除粒径大于0.5 mm的颗粒，再分别按接近液限、塑限和二者的中间状态制备不同稠度的土膏，静置湿润。静置时间可视原含水率的大小而定。

(3)当采用风干土样时，取过 0.5 mm 筛的代表性土样约 200 g，分成 3 份，分别放入 3 个盛土皿中，加入不同数量的纯水，使其分别达到第(2)步中所述的含水率，调成均匀土膏，放入密封的保湿缸中，静置 24 h。

(4)将制备好的土膏用调土刀充分调拌均匀，密实地填入试样杯中，应使空气逸出。高出试样杯的余土用刮土刀刮平，将试样杯放在仪器底座上。

(5)取圆锥仪，在锥体上涂以薄层润滑油脂，接通电源，使电磁铁吸稳圆锥仪。当使用游标式或百分表式时，提起锥杆，用旋钮固定。

(6)调节屏幕准线，使初读数为 0。调节升降座，使圆锥仪锥角接触试样面，指标灯亮时圆锥在自重下沉入试样内，当使用游标式或百分表式时用手扭动旋扭，松开锥杆，经 5 s 后测读圆锥下沉深度。然后取出试样杯，挖去锥尖入土处的润滑油脂，取锥体附近的试样不得少于 10 g，放入称量盒内，称量，准确至 0.01 g，测定含水率。

(7)应按本标准第(2)～(6)步的规定，测试其余 2 个试样的圆锥下沉深度和含水率。

方法二：采用滚搓法测塑限

(1)取过 0.5 mm 筛的代表性试样约 100 g，加纯水拌和，浸润静置过夜。

(2)将试样在手中捏揉至不黏手，捏扁，当出现裂缝时，表示含水率已接近塑限。

(3)取接近塑限的试样一小块，先手用捏成橄榄形，然后再用手掌在毛玻璃板上轻轻搓滚。搓滚时手掌均匀施加压力于土条上，不得使土条在毛玻璃板上无力滚动，土条不得有空心现象，土条长度不宜大于手掌宽度。

(4)当土条搓成 3 mm 时，产生裂缝，并开始断裂，表示试样达到塑限；当不产生裂缝及断裂时，表示这时试样的含水率高于塑限；当土条直径大于 3 mm 时即断裂，表示试样含水率小于塑限，应弃去，重新取土试验；当土条在任何含水率下始终搓不到 3 mm 即开始断裂，则该土无塑性。

(5)取直径符合 3 mm 断裂土条 3～5 g，放入称量盒内，盖紧盒盖，测定含水率。此含水率即为塑限。

方式三：碟式液限仪法

(1)取过 0.5 mm 筛的土样(天然含水率的土样或风干土样均可)约 100 g，放在调土皿中，按需要加纯水，用调土刀反复拌匀。

(2)取一部分试样，平铺于土碟的前半部。铺土时应防止试样中混入气泡。用调土刀将试样面修平，使最厚处为 10 mm，多余试样放回调土皿中。以蜗形轮为中心，用划刀自后至前沿土碟中央将试样划成槽缝清晰的两半(图 12-1)。为避免槽缝扯裂或试样在土碟中滑动，允许从前至后，再从后至前多划几次，将槽逐步加深，以代替一次划槽，最后一次从后至前的划槽能明显地接触碟底，但应尽量减少划槽的次数。

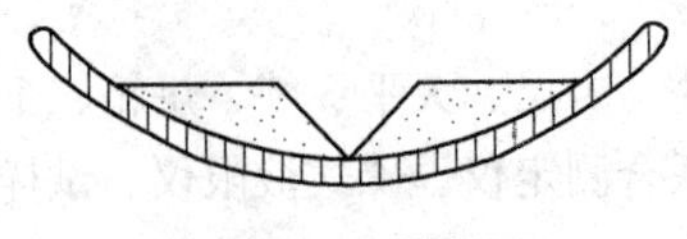

图 12-1　划槽状况

(3)以每秒 2 转的速率转动摇柄，使土碟反复起落，坠击于底座上，数计击数，直至试样两边在槽底的合拢长度为 13 mm 为止(图 12-2)，记录击数，并在槽的两边采取试样 10 g 左右，测定其含水率。

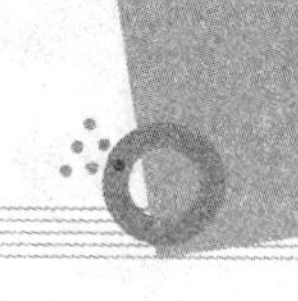

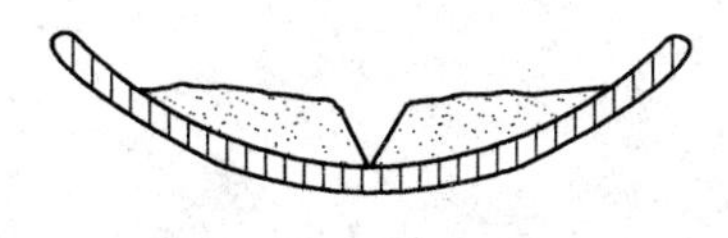

图 12-2　合拢状况

(4)将土碟中的剩余试样移至调土皿中，再加水彻底拌和均匀，应按第(2)、(3)步的规定至少再做两次试验。这两次土的稠度应使合拢长度为 13 mm 时所需击数为 15～35 次，其中 25 次以上及以下各 1 次。然后测定各击次下试样的相应含水率。

参考文献

[1]中华人民共和国住房和城乡建设部. GB 50007—2011 建筑地基基础设计规范[S]. 北京：中国建筑工业出版社，2012.

[2]中华人民共和国住房和城乡建设部. JGJ 94—2008 建筑桩基技术规范[S]. 北京：中国建筑工业出版社，2008.

[3]李广信，张丙印，于玉贞. 土力学[M]. 2版. 北京：清华大学出版社，2013.

[4]崔高航，韩春鹏. 土力学[M]. 南京：江苏科学技术出版社，2013.

[5]郭莹. 土力学[M]. 北京：中国建筑工业出版社，2014.

[6]王文睿. 土力学与基础工程[M]. 北京：中国建筑工业出版社，2012.

[7]何世玲. 土力学与地基基础[M]. 北京：化学工业出版社，2005.

[8]陈书申，陈晓平. 土力学与地基基础[M]. 3版. 武汉：武汉理工大学出版社，2006.

[9]陈国兴，樊良本. 基础工程学[M]. 北京：中国水利水电出版社，2002.